全国高等院校水利水电类精品规划教材

水工钢结构

（第2版）

主　编　王正中　尹志刚

副主编　李平先　彭成山

李会军　蔡艳红

黄河水利出版社

·郑州·

内 容 提 要

全书共分六章，基本内容包括绪论、钢结构的材料及设计方法、钢结构的连接、钢梁、钢柱与钢压杆、钢桁架、平面钢闸门。章节前有内容提要、中有例题、后有章节小结，并附有思考题和习题等。

本书为全国高等院校水利水电类精品规划教材，可供水利水电工程建筑、农业水利工程、工程管理专业及相关专业选用，亦可作为水利水电工程专业技术人员的参考用书。

图书在版编目(CIP)数据

水工钢结构/王正中，尹志刚主编. —郑州：黄河水利出版社，2014.5

全国高等院校水利水电类精品规划教材

ISBN 978-7-5509-0783-6

Ⅰ. ①水… Ⅱ. ①王…②尹… Ⅲ. ①水工结构-钢结构-高等学校-教材 Ⅳ. ①TV34

中国版本图书馆 CIP 数据核字(2014)第 088187 号

组稿编辑：李洪良　电话：0371-66026352　E-mail：hongliang0013@163.com

出 版 社：黄河水利出版社

地址：河南省郑州市顺河路黄委会综合楼 14 层　邮政编码：450003

发行单位：黄河水利出版社

发行部电话：0371-66026940、66020550、66028024、66022620(传真)

E-mail：hhslcbs@126.com

承印单位：河南地质彩色印刷厂

开本：787 mm×1 092 mm　1/16

印张：18.5

字数：427 千字　　印数：1—2 100

版次：2010 年 3 月第 1 版　　印次：2010 年 3 月第 1 次印刷

2014 年 7 月第 2 版　　2014 年 7 月第 2 次印刷

定价：35.00 元

出版者的话

随着2011年中央1号文件《中共中央 国务院关于加快水利改革发展的决定》的发布和中央水利工作会议的召开，水利作为国家基础设施建设的优先领域迎来了前所未有的黄金期。到2015年全国水利投资总额达1.8万亿元，到2020年，水利投资达4万亿元。据《第一次全国水利普查公报》，截至2011年12月31日，全国堤防总长度为413 679公里（其中5级及以上在建堤防长度为7 963公里），共有水库98 002座（其中在建水库756座），共有水电站46 758座（其中在建水电站1 324座）。水利水电工程的大规模建设对设计、施工、运行管理等水利水电专业人才的需求也更为迫切，如何更好地培养适应现今水利水电事业发展的优秀人才，成为水利水电专业院校共同面临的课题。作为水利水电行业的专业性科技出版社，我社长期关注水利水电学科的建设与发展，并积极组织水利水电类专著与教材的出版。

在对水利水电类本科层次教材的深入了解中，我们发现，以应用型本科教学为主的众多水利水电类专业院校普遍缺乏一套完整构建在校本科生专业知识体系又兼顾实践工作能力的教材。在广泛调研与充分征求各课程主讲老师意见的基础上，按照高等学校水利学科专业教学指导委员会对教材建设的指导精神与要求，并结合教育部实施的多层次建设、打造精品教材的出版战略，我社组织编写了本系列“全国高等院校水利水电类精品规划教材”。

此次规划教材的特点是：

(1)以培养水利水电类应用型人才为目标，充分重视实践教学环节。

(2)在依据现有的专业规范和课程教学大纲的前提下，突出特色，力求创新。

(3)紧扣现行的行业规范与标准。

(4)基本理论与工程实例相结合，易于学生接受与理解。

本系列教材除了涵盖传统专业基础课及专业课外，还补充了多个新开课程的教材，以便于学生扩充知识与技能，填补课堂无合适教材可用的空缺。同时，部分教材由工程技术人员或有工程设计施工从业经历的老师参与编写，也是此次规划教材的创新。

本系列教材的编写与出版得到了全国21所高等院校的鼎力支持，特别是三峡大学原党委书记刘德富教授和华北水利水电大学副校长刘汉东教授对系列教材的编写与出版给予了精心指导，有效保证了教材出版的整体水平与质量。在此对推进此次规划教材编写与出版的各院校领导和参编老师致以最诚挚的谢意，是他们在编审过程中的无私奉献与辛勤工作，才使得教材能够按计划出版。

“十年树木，百年树人”，人才的培养需要教育者长期坚持不懈的努力，同样，好的教材也需要经过千锤百炼才能流传百世。本系列教材的出版只是我们打造精品专业教材的开始，希望各院校在对这些教材的使用过程中，提出改进意见与建议，以便日后再版时不断改正与完善。

黄河水利出版社

全国高等院校水利水电类精品规划教材

编审委员会

再版前言

本教材根据全国高等院校水利水电类精品规划教材出版规划，对第一版《水工钢结构》教材近五年使用中发现的问题并结合相关规范条文的变化，进行了系统修订的第二版本。本书仍定位于培养应用型人才的目标，主要作为高等院校水利水电工程建筑、农业水利工程、工程管理专业及相关专业教材，亦可作为水利水电工程专业技术人员的参考用书。

全书共分六章，基本内容包括钢结构设计的基本知识及基本理论、钢结构的连接和基本构件的设计及计算、平面钢闸门设计。为了加深对钢结构的设计原理、计算方法和构造处理的理解及应用，各章前有内容提要、中有例题、后有小结，并附有思考题和习题等。为了方便广大授课教师与学生，本书配有编者精心设计的各章 PPT 课件。同时，为了培养强化实践能力和精简学时，单独编写了《水工钢闸门设计指导书》配套辅助教材。

本教材编写中注重概念、原理、方法、思路及适用条件的阐述，简化公式推演；注重与相关课程联系和区别的介绍，避免与相关课程的重复，适当兼顾知识的系统性；注重分析问题、解决问题能力的培养，适当兼顾规范、经验及构造的介绍。打破水利、土木专业局限，在钢结构计算方法中对比两种规范异同，本书中只介绍极限状态法，避免了重复和混淆。

本教材由西北农林科技大学、郑州大学、长春工程学院、华北水利水电大学、黑龙江大学、南昌工程学院等六所院校合编。参加编写的人员有：郑州大学李平先（绪论、第一章）、黑龙江大学田春竹（第二章）、华北水利水电大学彭成山（第三章）、长春工程学院尹志刚（第四章）、南昌工程学院郑克红（第五章）、西北农林科技大学王正中（第六章）。此次修订由西北农林科技大学王正中、李会军，绥化学院蔡艳红完成。全书由王正中、李会军负责统稿。

原书从2010年出版以来，得到各兄弟院校和有关工程单位的大力支持，提出过许多宝贵意见，对提高本教材质量起到积极作用。本书修订过程中得到了黄河水利出版社编辑的精心帮助，在此，一并致谢。

对于本书中的缺点和错误，希望继续提出指正，编者不甚感激。

编　者

2014 年 3 月

前言

本教材根据全国高等院校水利水电类精品规划教材的出版规划，定位于培养应用型人才的目标，结合国家标准《钢结构设计规范》(GB 50017—2003)和《水利水电工程钢闸门设计规范》编写。

本书可作为高等院校水利水电工程建筑、农业水利工程、工程管理专业及相关专业教材，亦可作为水利水电工程专业技术人员的参考用书。全书共分六章，基本内容包括钢结构设计的基本知识及基本理论、钢结构的连接和基本构件的设计及计算、平面钢闸门设计。为了便于学习和掌握重点，各章前有内容提要、中有例题、后有小结，并附有思考题和习题等；同时，为了培养强化实践能力和精简学时，单独编写了《水工钢闸门设计指导书》配套辅助教材。

本教材编写中注重概念、原理、方法、思路及适用条件的阐述，简化公式推演；注重与相关课程联系和区别的介绍，避免与相关课程的重复，适当兼顾知识的系统性；注重分析问题、解决问题能力的培养，适当兼顾规范、经验及构造的介绍。打破水利、土木专业局限，在钢结构计算方法中对比两种规范异同，本书中只介绍极限状态法，避免了重复和混淆。

本教材由西北农林科技大学、郑州大学、长春工程学院、华北水利水电学院、黑龙江大学、南昌工学院等六所院校合编。参加编写的人员有：郑州大学李平先(绪论、第一章)、黑龙江大学田春竹(第二章)、华北水利水电学院彭成山(第三章)、长春工程学院尹志刚(第四章)、南昌工学院郑克红(第五章)、西北农林科技大学王正中(第六章)。全书由王正中负责统稿。

本书编写过程中得到了各兄弟单位和工程单位的大力支持，特别是得到黄河水利出版社编辑的精心帮助，在此表示衷心的感谢！

书中的错误和缺点在所难免，恳请读者批评指正。

编 者

2009 年 9 月

目　录

绪 论

内容提要

钢结构的特点和应用,钢结构的发展概况和发展方向。

第一节 钢结构的特点和应用

用型钢或钢板作为基本构件,根据使用要求,通过焊接或螺栓连接等方法,按照一定规律组成的承载结构叫做钢结构。

一、钢结构的特点

与其他材料的结构相比,钢结构具有以下特点。

(一)强度高,重量轻

钢与混凝土、砌体和木材相比,虽然容重较大,但强度高,故其密度与强度的比值较小,在同样受力条件下,钢结构构件的截面面积小、用料少、重量轻。

(二)材质均匀,可靠性高

与混凝土和砌体材料相比,钢材属单一材料,内部组织比较均匀,接近于均质各向同性体,在一定应力条件下,属于理想弹性材料,最符合固体力学对材料性能所作的基本假定,其计算结果与实际工作状态比较符合,因此钢结构可靠性高。

(三)塑性、韧性好

由于钢材的塑性好,钢结构在一般情况下不会因偶然超载或局部超载而突然断裂破坏;此外,钢材还具有良好的韧性,能很好地承受动力荷载。因此,它比混凝土及砌体结构的抗震性好,这些性能也为钢结构的安全可靠提供了充分的保证。

(四)具有可焊性

由于钢材具有可焊性,使钢结构的连接大为简化,可适应制造各种复杂结构形状的需要。但焊接时产生很高的温度,温度分布很不均匀,结构各部位的冷却速度也不同,因此不但在高温区(焊缝附近)的材料性质有变坏的可能,而且还产生较高的焊接残余应力和残余变形,使结构中的应力状态复杂化。

(五)工业化程度高

钢材由各种型材组成,都可采用机械加工,在专业化的金属结构制造厂加工制造,因而制作简便,成品的精度高。制成的构件运至施工现场拼装,制造周期短,施工方便。

(六)拆迁方便

由于钢材强度高,故可建造出重量轻、连接简便的可拆迁结构。

(七)密封性好

钢材本身组织非常致密,当采用焊接连接的钢板结构时,具有较好的水密性和气密性,可用来制作压力容器、管道等。

(八)具有可重复使用性

钢结构加工制造过程中产生的余料和碎屑,以及废弃和破坏了的钢结构或构件,均可回炉重新冶炼成钢材重复使用。因此,钢材被称为绿色建筑材料或可持续发展的材料。

(九)耐腐蚀性差

钢材在潮湿环境中,特别是处在有腐蚀性介质的环境中容易锈蚀,因此必须对钢结构采取防护措施,如除锈、刷漆、镀锌等,而且使用期间还应定期维护。这就使钢结构的维护费用较砌体和钢筋混凝土结构高。

(十)耐热但不耐高温

钢材耐热但不耐高温。随着温度的升高,钢材的强度降低。当温度小于200 ℃时,钢材的性能变化很小,具有较好的耐热性能;当温度达到450～600 ℃时,钢材的强度为零。因此,在有特殊防火要求的结构中,钢结构须采取隔热或防火措施。

二、钢结构的应用

根据钢结构的特点,结合我国国情,同时考虑建筑物的使用要求,钢结构在我国的应用范围大致如下。

(一)大跨结构、空间钢结构(包括膜结构)

结构跨度越大,自重在荷载中所占的比例就越大,减轻结构的自重会带来明显的经济效益。由于钢材轻质高强,因此钢结构在大跨空间结构和大跨桥梁结构中得到了广泛的应用。近年来,以网架和网壳为代表的空间结构迅速发展并且广泛应用于体育馆、候机楼、大剧院、博物馆等。如2008年北京奥运会体育场馆"鸟巢"(见图0-1),主体钢结构形成整体的巨型空间马鞍形钢桁架编织式"鸟巢"结构,主体建筑呈空间马鞍椭圆形,南北长333 m、东西宽294 m、高69 m,总用钢量4.2万t。图0-2为2008年北京奥运会体育场馆"水立方",地上部分的外形是长宽均为177 m、高为31 m的立方体,是由钢网架组成的新型多面体空间延性钢架结构。

图0-1　2008年北京奥运会体育场馆"鸟巢"

图0-2　2008年北京奥运会体育场馆"水立方"

(二)工业厂房

重型工业厂房的主要承重骨架、有强烈辐射热的车间(见图0-3)等,常采用钢结构。结构形式多为由钢屋架和阶形柱组成的门式刚架或排架,也有采用网架做屋盖的结构形式。

近年来,随着压型钢板等轻型屋面材料的采用,轻钢结构工业厂房得到了迅速发展。其结构形式主要为实腹式变截面门式刚架(见图0-4)。

图0-3　首钢曹妃甸钢铁厂

图0-4　轻型工业厂房门式刚架

(三)受动力荷载影响的结构

由于钢材具有良好的韧性,直接承受起重量较大或跨度较大的桥式吊车梁以及设有较大锻锤或产生动力作用的其他设备的厂房等,即使屋架跨度不大,也往往由钢制成。对于抗震能力要求高的结构,也多采用钢结构。

(四)高耸结构和高层建筑

高耸结构包括高压输电线路的塔架、广播、通信和电视发射用的塔架及桅杆、火箭(卫星)发射塔架等(见图0-5)。由于钢结构的综合效益指标优良,近年来在多层、高层民用建筑中也得到了广泛的应用(见图0-6)。

图0-5　上海的东方明珠电视塔

图0-6　上海世界金融中心

(五)活动式结构

钢结构广泛应用于水利工程中的钢闸门、阀门、拦污栅、船闸闸门、升船机和钢引桥等,图0-7为活动桥梁结构。图0-8为三峡工程永久船闸人字钢闸门,门高38.5 m、宽20.2 m、厚3 m,每扇门重约804 t,是目前世界上最大的船闸闸门。

图 0-7　活动桥梁结构

图 0-8　三峡工程永久船闸人字钢闸门

(六)装拆式结构

在水利工程中经常会遇到需要搬迁和周转使用的结构。例如,施工用的钢栈桥,钢模板,装配式的混凝土搅拌楼和砂、石骨料的输送架等。这类结构充分发挥了钢结构自重较轻、便于运输和安装的特点。

(七)钢-混凝土组合结构

钢-混凝土组合结构是充分发挥钢材和混凝土两种材料各自优点的合理组合,不但具有优良的静、动力工作性能,而且能大量节约钢材、降低工程造价和加快施工进度,同时对环境污染也较小,符合我国建筑结构发展的方向。

(八)容器和其他构筑物

冶金、石油、化工企业中大量采用钢板做成的容器结构,包括油罐、煤气罐、高炉、热风炉等。此外,经常使用的还有皮带通廊栈桥、管道支架、锅炉支架等其他钢构筑物,海上采油平台也大都采用钢结构(见图 0-9 和图 0-10)。

图 0-9　管道工程

图 0-10　海上采油平台

第二节　钢结构的发展概况和发展方向

一、钢结构的发展概况

钢结构的应用在我国已有悠久的历史。据历史记载,早在东汉明帝(公元 60 年前后)时,便在我国西南地区交通要道的高山峡谷上建造了铁链桥,其中兰津桥是最早的一座。其后,以明代建造的云南沅江桥、清代建造的四川泸定桥最为著名。泸定桥建于1706 年,净跨 100 m、宽 2.7 m,由 9 根桥面铁链(上铺木板)和 4 根手扶铁链组成,每根铁链重约 16 kN,铁链系于直径 20 cm、长 4 m 的铸铁锚桩上。当时的条件下,在水流湍急的大渡河上架起这样的铁链桥,充分表明了我国劳动人民的聪明才智和创造力。

除铁链悬桥外,我国古代还建有许多铁塔,如公元 1061 年(宋代)在湖北荆州玉泉寺建成的 13 层铁塔(塔身高 17.9 m,由生铁铸造,目前依然存在),还有山东济宁铁塔寺铁塔和江苏镇江甘露寺铁塔等。所有这些成果表明,中华民族对钢结构的应用曾经居于世界领先地位。

国外钢结构的应用比我国晚几个世纪,直到 1779 年,英国用生铁在塞文河上建造了第一座铸铁拱桥——科尔布鲁克代尔(Coalbrookdal)肋拱桥,跨长 30.5 m。随着冶金技术的发展,出现了熟铁铆钉连接结构,铸铁结构逐渐被锻铁结构取代。1850 年英国威尔士建成了麦奈海峡(Menaistraits)四跨箱型截面铁路桥,由锻铁型板和角铁经铆钉连接而成。随着 1855 年英国人发明贝氏转炉炼钢法和 1865 年法国人发明平炉炼钢法,以及 1870 年成功轧制出工字钢之后,形成了钢材生产的工业化及批量化,钢材开始在建筑领域逐渐取代锻铁材料,如 1889 年法国建成的巴黎埃菲尔铁塔(Eiffel)高 324 m。20 世纪初焊接技术的出现,以及 1934 年高强度螺栓连接的出现,极大地促进了钢结构的发展。如 1931 年美国建成了帝国大厦,高 381 m,102 层;1974 年在芝加哥建造了西尔斯(Cears)大厦,高 440 m,110 层;1981 年建成的英国亨伯(Humber)吊桥,主跨 1 410 m 等。此外,钢结构在苏联和日本等国家也获得了广泛的应用。

我国由于长期受封建制度的束缚,近代又遭受帝国主义的侵略,到新中国成立前钢结构在我国的发展比较缓慢。其间虽建有一些为数不多的钢结构桥梁和建筑物,但绝大多数是由外商承包设计和施工的。

新中国成立后,随着国家经济的飞速发展,在钢结构设计理论、结构制造安装水平等方面都有了较快的发展。在钢结构大跨度工业厂房、高耸结构和高层建筑、桥梁、水工钢闸门、采油平台等方面都有较多的应用。如 2008 年建成的体育场馆“鸟巢”和“水立方”,成为 2008 年北京奥运会标志性建筑。在钢结构桥梁方面,1957 年建成了武汉长江大桥,1968 年建成了南京长江大桥,1991 年建成了上海黄浦大桥,1993 年建成了九江长江大桥等。

随着科技的进步和国民经济的发展以及市场经济的不断完善,我国的钢结构技术政策也从“限制使用”改为积极合理地推广应用,应用范围日益扩大,特别是我国新的《钢结构设计规范》(GB 50017—2003)(简称《规范》)、《冷弯薄壁型钢结构技术规范》(GB 50018—2002)和《水利水电工程钢闸门设计规范》(SL 74—95)的颁布实施,为钢结构在我国的快速发展创造了条件。

二、钢结构的发展方向

随着我国经济建设和国际贸易的迅速发展、钢产量的提高、钢材品种的逐渐增多,钢结构的应用也会得到进一步发展。为了迎接挑战,在钢结构的发展中应注重以下几个方面。

(一) 高效钢材的研制和应用

高效钢材包括低合金钢材、热强化钢材、经济截面钢材、表面处理钢材、冷加工钢材、金属制品和粉末冶金等。采用高强度钢材可以用较少的材料做成功效较高的结构，对于跨度大、荷载大的结构和移动式结构极为有利。我国结构用钢主要为普通低合金钢，《钢结构设计规范》(GB 50017—2003)中规定的低合金结构钢有 Q345(16Mn)、Q390(15MnV 和 15MnTi)和 Q420(15MnVN)，它们的屈服强度分别为 345 N/mm^2、390 N/mm^2 和 420 N/mm^2。目前，屈服强度为 460 N/mm^2、厚度为 110 mm 的 Q460 钢已成功应用于 2008 年北京奥运会体育场馆"鸟巢"结构。即使如此，我们与国外水平相比仍有较大差距，如美国早在 1969 年已采用屈服点为 700 N/mm^2 的钢材。

另外，我国冶金工业部门正在努力研制和生产适合于结构用的新钢种，如《高层建筑结构用钢板》(YB 4104—2000)，有专门用于高层建筑和其他重要建(构)筑物厚板焊接截面构件的钢板，还有用于抗震耗能部件的低屈服点钢材以及耐候钢等。

(二) 新型结构的应用

新型结构包括轻型钢结构、空间结构、预应力钢结构、组合结构和膜结构等。

(1) 轻型钢结构。主要采用冷弯型钢和压型钢板等高效经济截面钢材，减轻结构自重，降低工程造价。

(2) 空间结构。近年来，大跨度空间结构在我国已有较大发展，如网架、网壳、悬索结构、弦支穹顶、张弦梁、索穹顶等。

(3) 预应力钢结构。一般是在结构体系中采用少量高强钢材，对其施加预应力，提高结构的承载力或刚度。如三峡工程中永久船闸人字钢闸门采用了预应力的门背斜拉杆，有效地减小了门扇在水中旋转时产生的挠曲变形和扭转变形。

(4) 组合结构。将钢与混凝土组合起来共同受力并发挥各自的优点，可有效节约材料。目前，推广应用的是钢与混凝土的组合梁和钢管混凝土结构。钢梁与钢筋混凝土板间用抗剪键相连而使整个结构整体工作。钢管混凝土结构不仅使混凝土受到钢管的约束而提高了其抗压强度，同时由于管内混凝土的填充也提高了钢管抗压的稳定性，因而构件的承载能力大为提高，且具有良好的塑性和韧性，经济效益显著。

(5) 膜结构。用高强膜材料和加强构件(如钢架、钢柱及钢索)组成。膜既是覆盖物，又是结构的一部分，重量轻，广泛应用于体育场馆、机场候机厅等。

(三) 更新设计理论

水工钢结构一直沿用容许应力设计法，这种方法的优点是计算简便，可以满足正常的使用要求，但缺点是所给定的容许应力不能保证各种结构具有比较一致的可靠度。因此，采用以概率理论为基础的极限状态设计法是其发展的必然趋势，水工钢结构应研究以一次二阶矩概率论为基础的极限状态设计法，我国《钢结构设计规范》(GB 50017—2003)采用的就是这一方法。

(四) 创新设计方法

由于计算机的广泛应用，为水工钢结构的优化设计及空间结构有限元分析提供了可能。如将水工钢闸门按空间结构进行分析计算，考虑面板与水平次梁的整体作用，其结果较真实地反映了闸门的工作情况。根据实践经验及理论分析，对于大型闸门，按空间结构计算可节省钢材10%～15%。

(五)研究和推广钢结构的新型连接方法

目前,钢构件的连接多采用焊接和螺栓连接,为提高焊接质量、改进焊接工艺,应研究与高强度结构钢相匹配的高质量焊接材料和焊接工艺,如采用二氧化碳气体保护焊、电渣焊等。摩擦型高强螺栓,由于其连接具有较好的塑性和韧性,避免了焊接中存在的焊接应力和焊接变形等缺点,因此在工程中应用较多。

第三节 水工钢结构课程的主要内容、性质、任务和基本要求

一、水工钢结构课程的主要内容

水工钢结构课程的主要内容包括材料、连接、基本构件(包括钢梁、钢柱等)和钢桁架、钢闸门等。

二、水工钢结构课程的性质

钢结构是结构工程中按材料划分出来的一门学科。这门学科主要是建立在建筑材料、材料力学、结构力学和其他工程力学及工程实践知识的基础上,按照结构物使用的目的,在预计的各种荷载作用下和预定的使用期间不致使结构失效。因此,在进行钢结构设计时就必须考虑具体的材料性能及其连接,综合运用力学知识及结构理论,研究结构在使用环境和荷载作用下的工作状况,才能设计出既安全适用,又经济合理的结构。本课程有时需要直接引用力学课程中的有关计算公式,有时还要通过适当的假定,把某些复杂公式转化成实用方便的简化公式。所以,对于设计工作者,必须熟悉这些力学课程的有关内容。

需要指出的是,钢结构这门学科不仅仅是力学的简单分析和运算,一个优秀的设计师,除应具备钢结构的基本知识外,还必须熟悉结构的使用要求,了解结构的工作状况,同时还需要有丰富的工程实践经验。

三、水工钢结构课程的任务和基本要求

本课程的任务是阐述常用的结构钢的工作性能、钢结构的连接设计、钢结构各类基本设计原理以及结合水利工程专业的要求讲述平面钢闸门的设计原理和方法。通过对本课程的学习,要求能具备钢结构的基本知识,掌握正确的设计原理和方法,能够对钢梁、钢柱等基本构件以及钢桁架、平面钢闸门进行设计。

小 结

(1)认识钢结构的特点,了解钢结构在我国的发展概况以及目前的应用情况,特别是在水利工程中的应用情况。

(2)了解钢结构在我国的合理应用范围及发展方向,随着我国经济的高速增长和现代化建设步伐的加快,钢结构的应用范围将日益扩大。

(3)钢结构是一门理论性较强但又密切联系实践的课程。学习时应掌握好基本理论,学习好基本概念,理论联系实际,不断总结经验。

思考题

0-1　钢结构有哪些特点?结合你所在地区使用钢结构的情况,你认为应该怎样合理选用钢结构?

0-2　该课程有哪些主要内容和特点?你准备怎样进行学习?

第一章　钢结构的材料及设计方法

内容提要

钢材的破坏形式，钢材的主要力学性能及其影响因素，钢材的疲劳特性及验算方法，钢材的分类、牌号、规格及选用，钢结构的设计方法，钢材和连接的强度设计值及容许应力值。

学习重点

钢材的主要机械性能、破坏形式及影响因素，钢结构的设计计算方法。

钢结构的主要材料是钢材，其性能对钢构件的工作特性有着直接影响。钢材的性能与其化学成分、组织构造、冶炼和成型方法等内在因素密切相关，同时也受到荷载类型、结构形式、连接方法和工作环境等外界因素的影响。由于钢材的种类繁多，性能差别很大，适用于钢结构的钢材只是其中的一小部分，为了确保质量和安全，这些钢材应具有较高的强度、塑性和韧性，以及良好的加工性能。

了解和掌握钢材在各种应力状态和不同使用条件下的工作性能，根据结构的重要性和试验要求、荷载性质、连接方法、构件的工作温度和周围环境、构件的受力特性和应力分布等，慎重地选择合适的钢材，降低造价。

本章重点介绍钢材的主要性能及其影响因素，钢材的疲劳特性及验算方法，钢材的种类、规格及选用原则。

第一节　钢材的破坏形式

钢材有两种完全不同的破坏形式：塑性破坏和脆性破坏。钢结构所用的钢材在正常使用条件下，虽然具有较高的强度、较好的塑性和韧性，但在某些条件下，仍然有发生脆性破坏的可能性。

钢材在常温和静力荷载作用下产生很大的变形以后发生的断裂破坏称为塑性破坏。其破坏特征是塑性变形很大且只有当构件中的应力达到抗拉强度 f_u 后才会发生破坏，破坏后的断口呈纤维状，色泽灰暗。由于破坏前的塑性变形很大，且变形持续时间较长，有十分明显的预兆，极易发现，故能及时采取必要的措施，防止事故发生。同时，由于较大塑性变形可使结构的内力重分布，使结构中部分应力趋于均匀，因而提高结构的承载力，钢结构的塑性设计就是建立在这种足够的塑性变形能力上的。

脆性破坏是指当钢材承受动荷载（包括冲击荷载和振动荷载）或处于复杂应力、低温等情况下所发生的低应力突然断裂现象。此时，其应力常低于钢材的屈服点 f_y，破坏断口平直，呈有光泽的晶粒状。由于破坏前的变形甚微，没有明显的塑性变形，破坏速度极快，无法察觉和补救,属突发性的破坏,而且个别构件的断裂常引起整个结构的坍塌,后果严重,损失较大。因此,在钢结构的设计、施工和使用过程中,要特别注意防止这种破坏的发生。

第二节　钢材的主要力学性能

由于钢结构在使用过程中要受到各种形式的外力作用,所以要求钢材应具有能抵抗外力作用而不超过允许的变形和不会引起破坏的能力,这种能力通称为钢材的力学性能(或机械性能)。钢材在外力作用下所表现出来的各种特性,如弹性、塑性、韧性、强度等称为力学性能指标,须由试验测定。

一、强度和塑性

(一)强度

在常温和静力荷载作用下,对钢材标准试件(见图 1-1)进行单向拉伸试验是力学性能试验中最具代表性的。该试验简单易行,可得到反映钢材强度和塑性的几项主要性能指标,且对其他受力状态(如受压、受剪等)也有代表性。

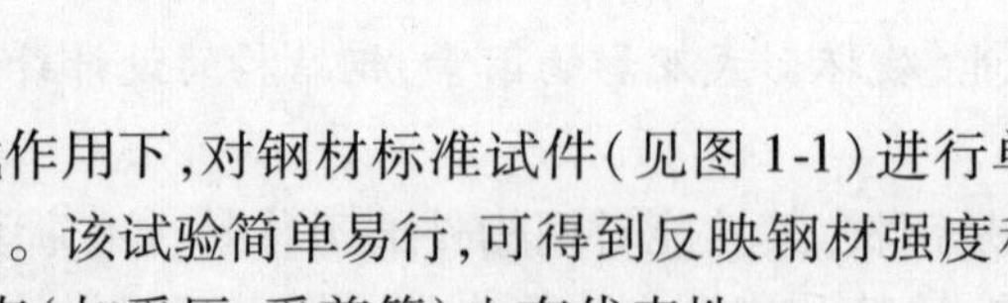

图 1-1　静力单向拉伸标准试件

图 1-2 为低碳钢和低合金结构钢标准试件在常温及静力荷载情况下的单向拉伸应力—应变曲线,通过该曲线可以获得钢材的多项性能指标。

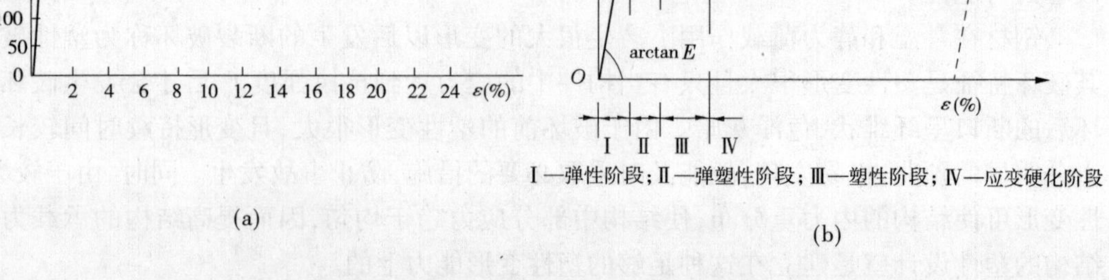

图 1-2　钢材单向拉伸应力—应变曲线

由图 1-2 可以看出,低碳钢和低合金结构钢从加载到破坏经历了四个阶段:弹性阶段(Ⅰ)——应力由零到比例极限 f_p,这是应力—应变图中直线段的最大应力值。严格地说，比f_p略高处还有弹性极限，但弹性极限与f_p极其接近，所以通常略去弹性极限的点，把f_p看做是弹性极限。弹塑性阶段（Ⅱ）——在f_p之后应变ε不再与应力成正比，而是曲线关系，一直到屈服点f_y。塑性阶段（Ⅲ）——应力维持屈服点f_y不变，而应变不断增加，即出现了一段纯塑性变形，也称为塑性平台。应变硬化阶段（Ⅳ）——屈服平台之后，钢材内部结晶组织自行调整，强度又有所提高，应力—应变曲线又上升，但相对来说应变比弹性阶段增加得快，直至在试件的某一薄弱截面发生颈缩现象而断裂破坏。破坏时，钢材达到其极限抗拉强度f_u。这种破坏形式就是前面提到的塑性破坏。

根据钢材的单向拉伸应力—应变曲线，可以得到钢材的三个重要力学性能指标：抗拉强度f_u、伸长率δ和屈服强度f_y。

抗拉强度f_u是钢材一项重要的强度指标，它反映钢材受拉时所能承受的极限应力，同时反映了钢材内部组织的优劣，并与疲劳强度有着密切关系。

虽然钢材在应力达到极限抗拉强度f_u时才发生断裂，但是结构强度设计时却以钢材的屈服点f_y作为静力强度的承载力极限，即屈服点f_y是钢结构设计中应力允许达到的最大限值，因为当构件中的应力达到屈服点时，结构会因过度的塑性变形而不适于继续承载。试验表明：当应力开始进入塑性阶段时，曲线的波动较大，而后才逐渐趋于平稳，即出现上屈服点和下屈服点。上屈服点与试验时的加载速度及试件形状等试验条件有关，而下屈服点则对此不太敏感，因而以下屈服点作为材料强度的标准。

由图1-2可以看到，屈服点以前的应变很小，若把钢材的弹性工作阶段提高到屈服点，且不考虑应变硬化阶段，则可把应力—应变曲线简化为如图1-3所示的两条直线，称为理想弹塑性体应力—应变曲线。它表示钢材在屈服点以前应力与应变关系符合虎克定律，接近理想弹性体工作；屈服点以后塑性平台阶段又近似于理想的塑性体工作。这一简化与实际误差不大，却大大方便了计算，成为钢结构弹性设计和塑性设计的理论基础。

钢材在一次压缩或剪切时所表现出来的应力与应变关系变化规律基本上与拉伸试验相似，只是剪切时的强度指标数值比拉伸或压缩时的小。

碳素结构钢和低合金结构钢有明显的屈服点和屈服平台（见图1-2(a)）。热处理钢材和调质处理的低合金结构钢却没有明显的屈服点和塑性平台。这类钢的屈服点以卸载后试件中残余应变为0.2%所对应的应力来人为定义，称为名义屈服点或协定流限（见图1-4），用$\sigma_{0.2}$表示。为简便起见，也可以用$\varepsilon=0.5\%$所对应的应力作为其屈服强度，因为它与$\sigma_{0.2}$相差不多。为简明统一，在钢结构中对f_y与$\sigma_{0.2}$不再区分，均用符号f_y表示，并统一用屈服强度一词。

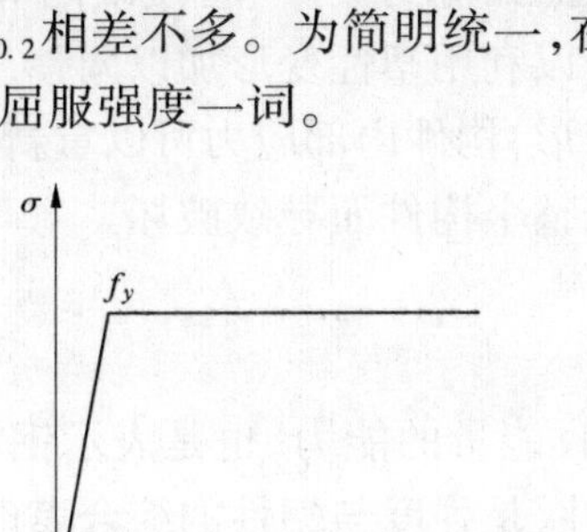

图1-3　理想弹塑性体应力—应变曲线

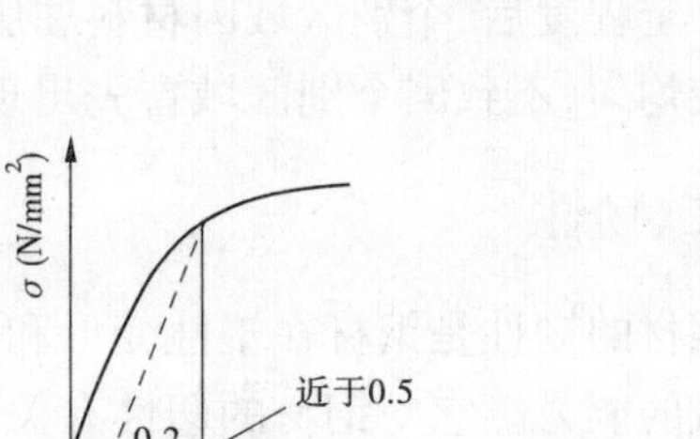

图1-4　名义屈服点

(二)塑性

钢材的塑性一般是指当应力超过屈服点后,能产生显著的残余变形(塑性变形)而不立即断裂的性质。衡量钢材塑性好坏的主要指标有伸长率 δ 和断面收缩率 ψ。

1.伸长率 δ

伸长率 δ 是反映钢材在荷载作用下塑性变形能力的指标,它等于试件拉断后原标距间的伸长度与原标距长度的比值,以百分数表示,即

$$\delta = \frac{l_1 - l_0}{l_0} \times 100\% \tag{1-1}$$

式中　l_0——试件原标距长度(见图 1-1);

l_1——试件拉断后标距的长度。

δ 随试件的标距长度与试件直径(见图1-1)的比值(l_0/d_0)增大而减小。取圆试件直径的 5 倍或 10 倍为标距长度,其相应伸长率分别用 δ_5 或 δ_{10} 表示。一般 $\delta_5 > \delta_{10}$,因为颈缩区塑性变形不受标距长度的影响,标距长度越大,颈缩区塑性变形相对值越小。

2.断面收缩率 ψ

断面收缩率 ψ 是指试件拉断后,颈缩区的断面面积缩小值与原断面面积的比值,以百分数表示,按式(1-2)计算

$$\psi = \frac{A_0 - A_1}{A_0} \times 100\% \tag{1-2}$$

式中　A_0——试件原来的断面面积;

A_1——试件拉断后颈缩区的断面面积。

断面收缩率 ψ 也是单向拉伸试验提供的一个塑性指标。ψ 越大,塑性越好。现行国家标准《厚度方向性能钢板》(GB/T 5313—2010)中,使用沿厚度方向的标准拉伸试件的断面收缩率来定义 Z 向钢的种类,如 ψ 分别大于等于 15%、25%、35% 时,为 Z15、Z25、Z35 钢。

伸长率 δ 是钢材均匀变形和集中变形(颈缩区)的总和,因此它不能代表钢材的最大塑性变形能力。断面收缩率 ψ 是衡量钢材塑性的一个比较真实和稳定的指标,但是在测量时容易产生较大的误差。

在实际工程中,结构和构件难免会存在一些缺陷(如应力集中、材质缺陷等)。当钢材具有良好的塑性时,构件缺陷所造成的应力集中可以利用塑性变形加以调整,即在受力达到一定程度后,个别区域因材料屈服而产生塑性变形,构件内部应力可以重新分布而趋于比较均匀,不致因个别区域首先出现裂纹并扩展到整个构件而导致破坏。

二、韧性

钢材的韧性是钢材在塑性变形和断裂过程中吸收能量的能力,也是表示钢材抵抗冲击荷载的能力。它与钢材的塑性有关而又不同于塑性,是强度与塑性的综合表现。

钢材在一次拉伸静力作用下断裂时所吸收的能量,用单位体积吸收的能量来表示,其值等于图 1-2(a)中应力—应变曲线与横坐标所包围的总面积。塑性好的钢材,其应力—应变曲线下的面积大,所以韧性值大。由单向拉伸试验获得的韧性没有考虑应力集中和

动荷载作用的影响，只能用来比较不同钢材在正常情况下的韧性好坏。然而，实际结构中脆性断裂并不发生在单向受拉的地方，而总是发生在有缺口高峰应力的地方，在缺口高峰应力的地方常呈三向受拉的应力状态。因此，最具有代表性的是钢材的缺口冲击韧性，简称冲击韧性。

冲击韧性也称缺口韧性，是评定带有缺口的钢材在冲击荷载作用下抵抗脆性破坏能力的指标，通常用带有夏比V形缺口的标准试件做冲击试验（见图1-5），由于V形缺口比较尖锐，因此缺口根部的高峰应力及其附近的应力状态能更好地描绘实际结构的缺陷。夏比缺口韧性用 A_{kv} 表示，其值为击断试件所消耗的冲击功，单位为J（1 J = 1 N · m，即1焦耳 = 1牛顿 · 米）。

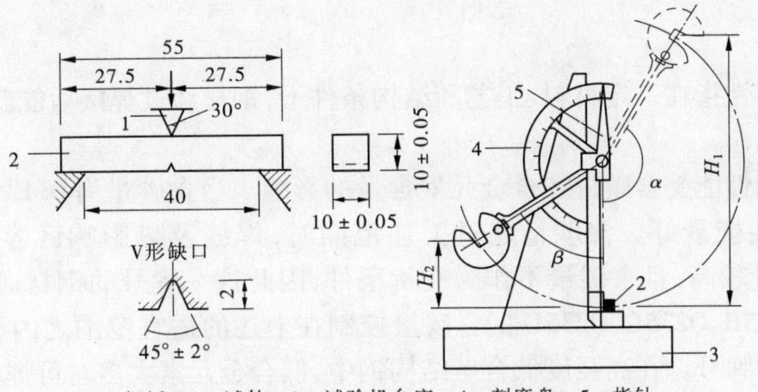

1—摆锤；2—试件；3—试验机台座；4—刻度盘；5—指针

图1-5 夏比V形缺口冲击试验和标准试件 （单位：mm）

试验表明，钢材的冲击韧性值随温度的降低而降低，但不同牌号和不同质量等级的钢材的降低规律又有很大的不同。因此，在寒冷地区承受动力作用的重要承重结构，应根据其工作温度和所用的钢材牌号，对钢材提出相应温度下的冲击韧性指标的要求，以防发生脆性破坏。

三、冷弯性能

冷弯性能指钢材在冷加工（即在常温下加工）产生塑性变形时，对产生裂缝的抵抗能力。用冷弯试验来检验钢材承受规定弯曲程度的弯曲变形性能，并显示其缺陷程度。

冷弯试验在材料试验机上进行（见图1-6）。试验时，根据钢材的牌号和板厚，按国家相关标准规定的弯心直径，通过冷弯冲头加压，在试验机上把试件弯曲180°，检查试件弯曲部分的外面、里面和侧面，若无裂纹、裂断或分层，即认为试件冷弯性能合格。

冷弯试验一方面是检验钢材能否适应构件制作中的冷加工工艺，另一方面通过试验还能暴露出钢材的内部缺陷（颗粒组织、结晶情况和非金属夹杂物分布等缺陷），鉴定钢材的塑性和可焊性。因此，钢材的冷弯性能是判别钢材塑性变形能力及冶金质量的综合指标，常作为静力拉伸试验和冲击试验等的补充试验。焊接承重结构以及重要的非焊接承重结构采用的钢材，均应具有冷弯试验的合格保证。

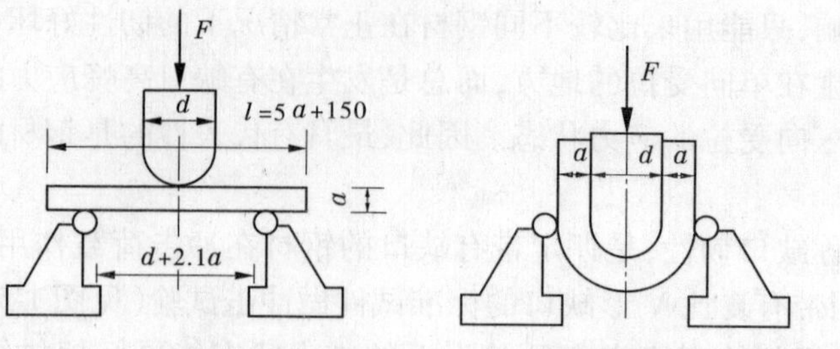

(a)试验前　　(b)试验后

图 1-6　冷弯试验　（单位:mm）

四、可焊性

钢材的可焊性指在一定材料、工艺和结构条件下,钢材经过焊接后能获得良好的焊接接头的性能。

钢材的焊接性能受含碳量和合金元素含量的影响。当含碳量为 0.12% ~0.20% 时,碳素钢的焊接性能最好。含碳量超过上述范围时,焊缝及热影响区容易变脆。一般 Q235A 的含碳量较高,且含碳量不作为交货条件,因此这一牌号的钢材通常不能用于焊接构件。而 Q235B、Q235C、Q235D 的含碳量控制在上述的适宜范围之内,是适合焊接使用的普通碳素钢牌号。在高强度低合金结构钢中,低合金元素大多对可焊性有不利影响。低合金结构钢的可焊性可根据其碳当量而定。碳当量是衡量普通低合金结构钢中各元素对焊后母材的碳化效应的综合性能,按各元素的重量百分比计算,其计算式为

$$C_E = \mathrm{C} + \frac{\mathrm{Mn}}{6} + \frac{\mathrm{Cr} + \mathrm{Mo} + \mathrm{V}}{5} + \frac{\mathrm{Ni} + \mathrm{Cu}}{15} \tag{1-3}$$

其中 C、Mn、Cr、Mo、V、Ni、Cu 分别为碳、锰、铬、钼、钒、镍、铜的百分含量。当 C_E 不超过 0.38% 时,钢材的可焊性很好,可以直接施焊;当 C_E 为 0.38% ~0.45% 时,钢材呈现淬硬倾向,施焊时需要控制焊接工艺,采取预热措施并使热影响区缓慢冷却,以免发生淬硬开裂;当 C_E 大于 0.45% 时,钢材的淬硬倾向更加明显,须严格控制焊接工艺和预热温度才能获得合格的焊缝。

钢材焊接性能的优劣除与钢材的碳当量有直接关系外,还与母材厚度、焊接方法、焊接工艺参数以及结构形式等条件有关。目前,国内外都采用可焊性试验的方法来检验钢材的焊接性能,从而制定出重要结构和构件的焊接制度与工艺。

第三节　影响钢材力学性能的主要因素

钢结构中常用的钢材,如 Q235、Q345 钢等,在一般情况下,既具有较高的强度,又有很好的塑性和韧性,是比较理想的承重结构材料。但是,仍有可能出现脆性断裂。促使钢材发生脆性断裂的因素很多,主要的因素有钢材的化学成分、冶炼和浇铸方法、轧制过程、时效和冷作硬化、工作温度、受力状态、加载速度等。

一、化学成分的影响

钢的基本元素是铁(Fe),碳素钢中纯铁约占99%,此外便是碳(C)、硅(Si)、锰(Mn)等杂质元素,以及在冶炼过程中不易除尽的有害元素硫(S)、磷(P)、氧(O)、氮(N)等,它们的总和约占1%。在低合金钢中,除上述元素外,还有少量合金元素,如铜(Cu)、钒(V)、钛(Ti)、铌(Nb)、铬(Cr)等,总含量通常不超过3%。尽管钢材中除铁外的其他元素含量不高,但对钢材的物理力学性能却有着极大的影响。

(一) 碳(C)

碳是各种钢中的重要元素之一,在碳素结构钢中是铁以外的最主要元素。钢材中大部分空间内为柔软的纯铁体,而化合物渗碳体(Fe_3C)及渗碳体与纯铁体的混合物——珠光体则十分坚硬,它们形成网络夹杂于纯铁体之间。钢材的强度来自渗碳体与珠光体,因此碳是形成钢材强度的主要成分。随着含碳量的提高,钢的强度逐渐增高,而塑性和韧性下降,冷弯性能、焊接性能和抗锈蚀性能等也变劣。碳素钢按碳的含量区分,小于0.25%的为低碳钢,0.25%~0.6%的为中碳钢,大于0.6%的为高碳钢。当含碳量超过0.3%时,钢材的抗拉强度很高,但却没有明显的屈服点,且塑性很小;当含碳量超过0.2%时,钢材的焊接性能将开始恶化。因此,规范推荐的钢材含碳量均不超过0.22%,对于焊接结构则严格控制在0.2%以内。

(二) 硅(Si)

在普通碳素钢中,硅是一种强脱氧剂,常与锰共同除氧,生产镇静钢。适量的硅可以细化晶粒、提高钢的强度,而对塑性、韧性、冷弯性能和焊接性能无显著不良影响。硅的含量在一般镇静钢中为0.12%~0.30%,在低合金钢中为0.2%~0.55%。过量的硅会恶化焊接性能和抗锈蚀性能。

(三) 锰(Mn)

锰是有益元素,在普通碳素钢中,它是一种弱脱氧剂,可提高钢材强度,降低硫、氧对钢材的热脆影响,改善钢材的热加工性能和冷脆倾向,且对钢材的塑性和韧性无明显影响。锰还是我国低合金钢的主要合金元素,其含量为0.8%~1.8%,但锰可使钢材的可焊性降低,故应限制其含量。

(四) 硫(S)

硫是有害元素,常以硫化铁形式夹杂于钢中。当温度达800~1 000 ℃时,硫化铁会熔化使钢材变脆,因而在进行焊接或热加工时,有可能引发热裂纹,称为热脆。此外,硫还会降低钢材的冲击韧性、疲劳强度、抗锈蚀性能和焊接性能等。非金属硫化物夹杂经热轧加工后还会在厚钢板中形成局部分层现象,在采用焊接连接的节点中,沿板厚方向承受拉力时,会发生层状撕裂破坏。因此,对硫的含量必须严加控制,一般不得超过0.045%~0.05%,对抗层间断裂的钢(厚度方向性能钢板),其含硫量限制更加严格。

(五) 磷(P)

磷既是有害元素也是能利用的合金元素。磷可提高钢材的强度和抗锈蚀能力,但却严重降低钢的塑性、韧性、冷弯性能和焊接性能,特别是在温度较低时使钢材变脆,称为冷脆。因此,应严格控制其含量,一般不超过0.05%。在焊接结构中不超过0.045%。

(六)氧(O)和氮(N)

氧和氮是冶炼时从空气进入钢材的有害气体,使钢材变得极脆。氧的作用与硫类似,引起钢材热脆;而氮的影响与磷类同,引起钢材冷脆。故其含量必须严加控制,一般氧的含量应低于0.05%,氮的含量应低于0.008%。

(七)钒(V)、铌(Nb)、钛(Ti)

钒、铌、钛等元素在钢中形成微细碳化物,加入适量能起到细化晶粒和弥散强化作用,从而既提高了钢材的强度和韧性,又可保持良好的塑性。我国的低合金钢都含有这三种元素,作为锰以外的合金元素。

(八)铝(Al)、铬(Cr)、镍(Ni)

铝是强脱氧剂,用铝进行补充脱氧,不仅进一步减少钢中的有害氧化物,而且能细化晶粒。低合金钢的C、D级及E级钢都规定铝含量不低于0.015%,以保证必要的低温韧性。铬、镍是提高钢材强度的合金元素,用于Q390及以上牌号的钢材中,但其含量应受到限制,以免影响钢材的其他性能。

二、钢材生产过程的影响

(一)冶炼

钢材的冶炼方法主要有平炉炼钢、氧气顶吹转炉炼钢、碱性侧吹转炉炼钢及电炉炼钢。

平炉炼钢是利用煤气或其他燃料供应热能,把废钢、生铁溶液或铸铁块和不同的合金元素等冶炼成各种用途的钢。平炉的原料广泛,容积大,产量高,冶炼工艺简单,化学成分易于控制,炼出的钢质量优良。但平炉炼钢周期长、效率低、成本高,现已逐渐被氧气顶吹转炉炼钢所取代。

氧气顶吹转炉炼钢是利用高压空气或氧气使炉内生铁溶液中的碳和其他杂质氧化,在高温下使铁液变为钢液。氧气顶吹转炉冶炼的钢中有害元素和杂质少,质量和加工性能优良,且可根据需要添加不同的元素冶炼碳素钢和合金钢。由于氧气顶吹转炉可以利用高炉炼出的生铁溶液直接炼钢,生产周期短、效率高、质量好、成本低,已成为国内外发展最快的炼钢方法。

碱性侧吹转炉炼钢生产的钢材质量较差,目前基本已被淘汰。

电炉炼钢是利用电热原理,以废钢和生铁等为主要原料,在电弧炉内冶炼。由于不与空气接触,易于清除杂质和严格控制化学成分,炼成的钢质量好。但因耗电量大,成本高,一般只用来冶炼特种用途的钢材。

因此,在建筑钢结构中,主要使用氧气顶吹转炉生产的钢材。冶炼这一冶金过程形成钢的化学成分与含量、钢的金相组织结构,不可避免地存在冶金缺陷,从而确定不同的钢种、钢号及其相应的力学性能。

(二)浇铸

把熔炼好的钢水浇铸成钢锭或钢坯有两种方法:一种是浇入铸模做成钢锭,另一种是浇入连续浇铸机做成钢坯。前者是传统的方法,所得钢锭需要经过初轧才能成为钢坯;后者是近年来迅速发展的新技术,浇铸和脱氧同时进行。铸锭过程中因脱氧程度不同,可将碳素结构钢分为沸腾钢、镇静钢、半镇静钢和特殊镇静钢四类。沸腾钢采用脱氧能力较弱的锰做脱氧剂，脱氧不完全，在将钢液浇入钢锭模时，会有气体逸出，出现钢液的沸腾现象。沸腾钢在铸模中冷却很快，钢液中的氧化铁和碳作用生成的一氧化碳气体不能全部逸出，凝固后在钢材中夹杂有较多的氧化铁和气孔，这种钢的质量较差。镇静钢采用锰加硅做脱氧剂，脱氧较完全，硅在还原氧化铁的过程中还会产生热量，使钢液冷却缓慢，气体充分逸出，浇铸时不会出现沸腾现象，这种钢质量好，但成本高。半镇静钢的脱氧程度介于上述二者之间。特殊镇静钢是在锰硅脱氧后，再用铝补充脱氧，其脱氧程度高于镇静钢。低合金高强度结构钢一般都是镇静钢。

(三)轧制

钢材的轧制在 1 200 ~ 1 300 ℃高温下进行，使钢具有很好的塑性和锻焊性能。在辊轧压力作用下，使钢锭中的小气泡、裂纹等缺陷焊合起来，使金属组织更加致密。轧制还可以破坏钢锭的铸造组织，使钢的晶粒变细，并消除显微组织缺陷，因而改善了钢材的力学性能。薄板因辊轧次数多，其强度比厚板略高，浇铸时的非金属夹杂物在轧制后能造成钢材的分层，所以分层是钢材(尤其是厚板)的一种缺陷。设计时应尽量避免拉力垂直于板面的情况，以防止层间撕裂。

(四)热处理

钢的热处理是将钢在固态范围内施以不同的加热、保温和冷却措施，以改变其内部组织构造，达到改善钢材性能的一种加工工艺。钢材的普通热处理包括退火、正火、回火和淬火四种基本工艺。

退火和正火是应用非常广泛的热处理工艺：在炉中将钢材加热至 850 ~ 900 ℃，保温一段时间后，若随炉温冷却至 500 ℃以下，再放至空气中冷却的工艺称为完全退火；若保温后从炉中取出在空气中冷却的工艺称为正火。正火的冷却速度比退火快，正火后的钢材组织比退火细，强度和硬度有所提高。如果钢材在终止热轧时的温度正好控制在上述范围内，可得到正火的效果，称为控轧。如果热轧卷板的成卷温度正好在上述范围内，则卷板内部的钢材可得到退火的效果，钢材会变软。回火是将钢材重新加热至 650 ℃并保温一段时间，然后在空气中自然冷却。淬火加回火也称调质处理，淬火是把钢材加热至 900 ℃以上，保温一段时间，然后放入水或油中快速冷却。

三、钢材缺陷的影响

钢在冶炼及浇铸过程中会不可避免地产生冶金缺陷。常见的冶金缺陷有偏析、非金属夹杂、裂纹及分层等。偏析是指钢中化学成分不一致和不均匀性，特别是硫、磷偏析严重恶化钢材的塑性、韧性和可焊性。非金属夹杂指钢中含有硫化物和氧化物等杂质，它会降低钢材的力学性能和工艺性能。无论是微观抑或宏观的裂纹，不论其成因如何，均使钢的冷弯性能、冲击韧性和疲劳强度显著降低，并增加钢材脆性破坏的危险。分层指沿钢材厚度方向形成层间并不相互脱离的分层，不影响厚度方向的强度，但显著降低冷弯性能。在分层的夹缝处还易锈蚀。

四、钢材的硬化

钢材的硬化有三种情况:时效硬化、应变(冷作)硬化和应变时效。

在冶炼时溶于铁中的少量氮和碳,随着时间的增长逐渐从固溶体中析出,生成氮化物和碳化物,散存在铁素体晶粒的滑动界面上,对晶粒的塑性滑移起到遏制作用,从而使钢材的强度提高,塑性和韧性下降(见图1-7)。这种现象称为时效硬化,又称老化。产生时效硬化的过程一般较长,但在振动荷载、反复荷载及温度变化等情况下会加速发展。

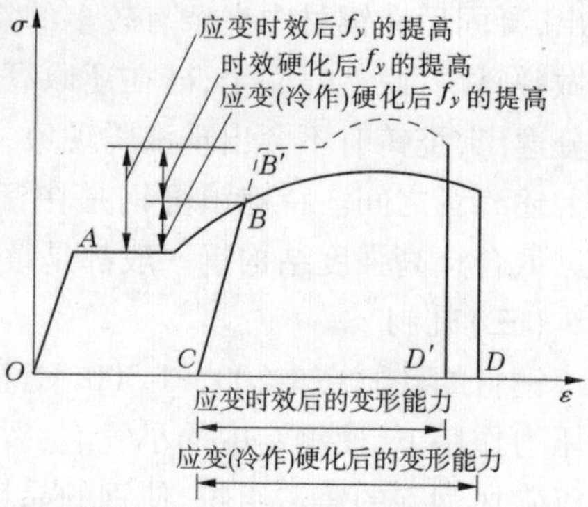

图1-7　钢材的硬化

在常温下加工叫冷加工。在冷加工(或一次加载)使钢材产生较大的塑性变形的情况下,卸荷后再重新加载,钢材的屈服点提高,塑性和韧性降低的现象称为应变(冷作)硬化。

当钢材产生塑性变形后,晶体中的氮化物和碳化物将更容易析出(特别是在高温作用下),因此使已经冷作硬化的钢材又伴着时效硬化,故称为应变时效。

硬化使钢材的塑性和韧性降低,故在普通钢结构中不利用硬化现象所提高的强度。对于重要的结构,要求对钢材进行人工时效后检验其塑性和冲击韧性,有时还要采取措施,消除或减轻硬化的不良影响,保证结构具有足够的抗脆性破坏能力。对局部硬化部分可用刨边或钻孔予以消除。

五、温度的影响

前面所讨论的均是钢材在常温下的工作性能,但当温度升高时,钢材的抗拉强度、屈服强度及弹性模量均有变化,一般来说,随着温度升高,钢材强度降低、塑性增大。然而在250 ℃左右时,钢材的抗拉强度却略有提高,而塑性和韧性则下降,这种现象称为蓝脆现象(因表面氧化膜呈蓝色)。在蓝脆区进行热加工可能引起裂纹,因此应避免在蓝脆区进行热加工。当温度为260～320 ℃时,钢材将产生徐变现象。当温度达600 ℃时,钢材的抗拉强度、屈服强度和弹性模量均接近于零。因此,当结构的表面长期受辐射热达150 ℃以上或可能受到火焰作用时,须采取隔热层加以保护。

当温度从常温开始下降时,随着温度的降低,钢材的强度虽略有提高,但其塑性和韧性降低,材料逐渐变脆,尤其是当温度下降到某一温度区时,钢材的冲击韧性急剧降低,材料的破坏特征明显地由塑性破坏转变为脆性破坏,即出现通常的低温脆断。因此,对于低温下工作的结构,特别是受动力荷载作用的钢结构,使用的钢材应具有负温冲击韧性的合格证,以提高抗低温脆断的能力。

六、应力集中的影响

在钢结构中一般都存在着刻槽、孔洞、凹角、裂纹(内部的或表面的)以及截面的厚度或宽度改变部位,在这些部位,由于应力线曲折、密集,将出现高峰应力,而距这些部位较远处应力降低,且分布很不均匀,这种现象称为应力集中。在应力高峰区域总是存在着同号的双向或三向应力场,这是因为材料的某一点在 x 方向伸长的同时,在 y 方向(横向)将要收缩,当板厚较大时还将引起 z 方向收缩。处于复杂受力状态的钢材,特别是处于同号应力场时,钢材的塑性变形受到限制,有变脆的倾向。

具有不同缺口形状的钢材拉伸试验结果也表明(见图 1-8,其中第 1 种试件为标准试件,第 2、3、4 种试件为不同应力集中水平的对比试件),截面改变的尖锐程度越大的试件,应力集中现象就越严重,引起钢材脆性破坏的危险性就越大。第 4 种试件已无明显屈服点,表现出高强钢的脆性破坏特征。

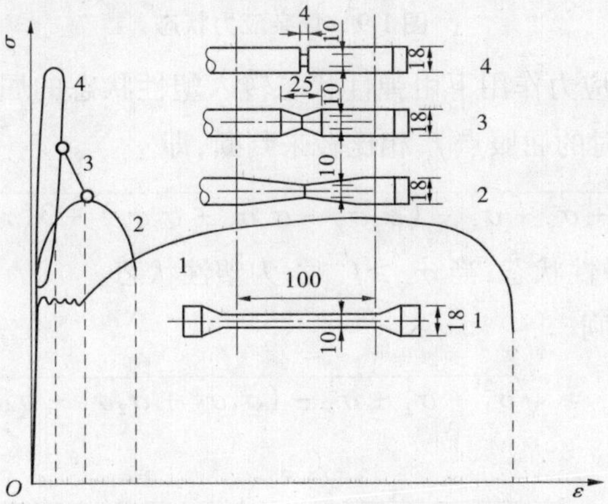

图 1-8　应力集中对钢材性能的影响　(单位:mm)

应力集中现象还可能由内应力产生。内应力的特点是力系在钢材内自相平衡,而与外力无关,其在浇铸、轧制和焊接加工过程中,因不同部位钢材的冷却速度不同,或因不均匀加热和冷却而产生。其中,焊接残余应力的量值往往很高,在焊缝附近的残余拉应力常达到屈服点,而且在焊缝交叉处经常出现双向甚至三向残余拉应力场,使钢材局部变脆。当外力引起的应力与内应力处于不利组合时,会引发脆性破坏。

因此,在进行钢结构设计时,应尽量使构件和连接节点的形状与构造合理,防止截面的突然改变。在进行钢结构的焊接构造设计和施工时,应尽量减少焊接残余应力。

第四节　复杂应力下钢材的工作性能

在单向拉伸试验中,单向应力达到屈服点时,钢材即进入塑性状态,则单向应力作用下钢材的屈服条件是 $\sigma \geqslant f_y$。但在复杂应力作用下,钢材是否进入塑性状态就不能按其中某一项应力是否达到 f_y 来判定,这时确定钢材的屈服条件则要用强度理论来解决。对于接近理想弹塑性体的建筑钢材来说,用能量强度理论(或称第四强度理论)来确定屈服条件比较合适。

能量强度理论认为,当钢材单元处于三向应力状态下(见图 1-9)由弹性状态转入塑性状态时，其单位体积的形状改变能应等于单向拉伸达到屈服状态时积聚于单位体积中的应变能。

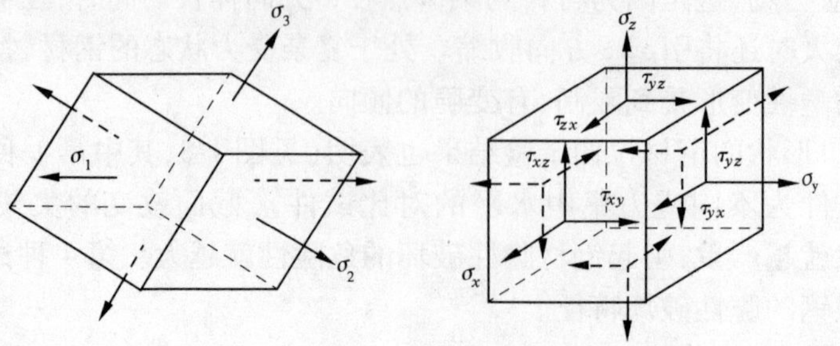

图 1-9　复杂应力状态

因此，钢材在多轴应力作用下由弹性状态转入塑性状态的屈服条件可以用折算应力 σ_{eq} 与钢材在单向应力时的屈服点 f_y 相比较来判断，即

$$\sigma_{eq} = \sqrt{\sigma_x^2 + \sigma_y^2 + \sigma_z^2 - (\sigma_x\sigma_y + \sigma_y\sigma_z + \sigma_z\sigma_x) + 3(\tau_{xy}^2 + \tau_{yz}^2 + \tau_{zx}^2)} \tag{1-4}$$

当 $\sigma_{eq} < f_y$ 时，为弹性状态；当 $\sigma_{eq} \geqslant f_y$ 时，为塑性状态。

若用主应力表示，则

$$\sigma_{eq} = \sqrt{\sigma_1^2 + \sigma_2^2 + \sigma_3^2 - (\sigma_1\sigma_2 + \sigma_2\sigma_3 + \sigma_3\sigma_1)} \tag{1-5}$$

也可表示为

$$\sigma_{eq} = \sqrt{\frac{1}{2}[(\sigma_1 - \sigma_2)^2 + (\sigma_2 - \sigma_3)^2 + (\sigma_3 - \sigma_1)^2]} \tag{1-6}$$

由式(1-6)可以看出，如果材料处于三向同号应力场，它们的绝对值又相差不大，即使 σ_1、σ_2、σ_3 的绝对值很大，甚至远远超过屈服点，材料也不易进入塑性状态，因而材料处于同号应力场中容易产生脆性破坏；反之，当其中有异号应力，且同号的两个应力相差又较大时，即使最大的一个应力尚未达到屈服点 f_y，材料也已进入塑性工作状态，这说明钢材处于异号应力状态时，容易发生塑性破坏。

当材料处于平面应力状态时，式(1-4)和式(1-5)可分别简化为

$$\sigma_{eq} = \sqrt{\sigma_x^2 + \sigma_y^2 - \sigma_x\sigma_y + 3\tau_{xy}^2} \tag{1-7}$$

$$\sigma_{eq} = \sqrt{\sigma_1^2 + \sigma_2^2 - \sigma_1\sigma_2} \tag{1-8}$$

在一般实腹梁腹板中，只存在正应力 σ 和剪应力 τ，则

$$\sigma_{eq} = \sqrt{\sigma^2 + 3\tau^2} \tag{1-9}$$

当处于纯剪切状态时，$\sigma_{eq} = \sqrt{3\tau^2} = \sqrt{3}\tau = f_y$，由此得

$$\tau = f_{vy} = \frac{f_y}{\sqrt{3}} \approx 0.58 f_y \tag{1-10}$$

因此，钢结构设计规范确定钢材抗剪强度设计值为抗拉强度设计值的 0.58 倍。

第五节　钢材的疲劳

一、疲劳破坏的特点

钢材在连续反复荷载作用下，虽然应力还低于抗拉强度，甚至低于屈服强度，也有可能发生脆性断裂破坏，这种现象称为钢材的疲劳。疲劳断裂是微观裂缝在连续反复荷载作用下不断扩展直至断裂的脆性破坏。断口可能贯穿于母材，可能贯穿于连接焊缝，也可能贯穿于母材及焊缝。

虽然从宏观看，疲劳断裂是突然发生的，但实际上是在钢材内部经历了长期的发展过程才出现的。在连续反复荷载作用下，总会在钢材内部质量薄弱的个别点（如不均匀夹杂、化学成分偏析、轧制时形成的微裂纹，或加工制造形成的刻槽、孔洞和裂纹等）上首先出现塑性变形，并硬化而逐渐形成一些微裂痕，以后裂痕的数量增加并互相连通形成钢材内部的裂缝。这时，有效截面减小、应力集中现象加剧，最后晶体内的结合力终于抵抗不住高峰应力，钢材突然断裂。由此可见，钢材的疲劳破坏首先是由钢材内部构造不均匀和应力分布不均匀引起的。应力集中可以使个别晶粒很快出现塑性变形、硬化等，从而大大降低钢材的疲劳强度。

疲劳破坏后的截面断口，一般具有光滑和粗糙两个部分。光滑部分由裂缝扩张和闭合缓慢进展而形成，粗糙部分由钢材瞬间断裂而形成。

钢材在某一连续反复荷载作用下，发生疲劳破坏时相应的最大应力 σ_{max} 称为疲劳强度。钢材的疲劳强度与反复荷载引起的应力种类（拉应力、压应力、剪应力和复杂应力等）、应力循环形式、应力循环次数、应力集中程度和残余应力等有着密切关系。

二、影响疲劳强度的主要因素

试验表明，影响钢材疲劳强度的主要因素为应力集中、作用的应力幅和应力的循环次数，而与钢材的静力强度无关。

（一）应力集中

应力集中对疲劳强度的影响以截面几何形状突然改变处最为明显。但对截面没有改变的钢材，其本身也存在着微观裂纹等引起应力集中的因素，如焊接结构的焊缝及其附近主体金属中的裂纹、夹杂等，非焊接结构中的孔洞、刻槽，钢材内部的偏析、非金属夹渣，制造过程的剪切、冲孔、切割等，热轧和焊接时产生的热残余应力等。根据试验研究，可将构件和连接形式按应力集中的影响程度由低到高分为 8 类（见表 1-1），其中第 1 类为没有应力集中的主体金属，第 8 类为应力集中最严重的角焊缝，第 2 ~ 7 类为有不同程度应力集中的主体金属。

表 1-1　疲劳计算的构件和连接分类

项次	简图	说明	类别
1	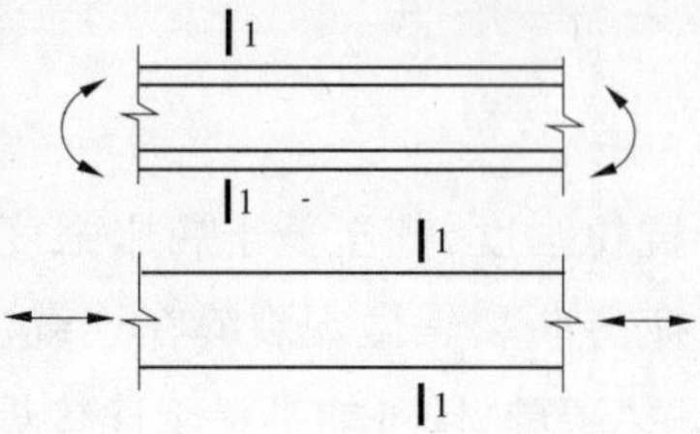	无连接处的主体金属	
		(1) 轧制型钢	1
		(2) 钢板	
		a. 两边为轧制边或刨边	1
		b. 两边为自动、半自动切割边（切割质量标准应符合现行国家标准《钢结构工程施工质量验收规范》（GB 50205—2001）	2
2	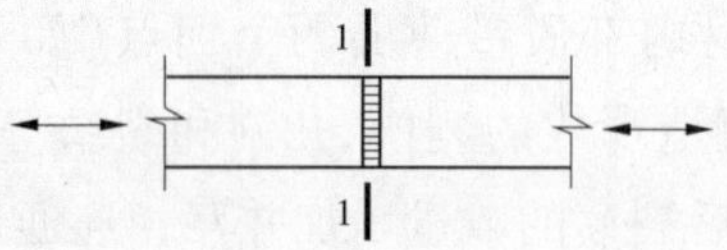	横向对接焊缝附近的主体金属	
		(1) 符合现行国家质量标准《钢结构工程施工质量验收规范》（GB 50205—2001）中的一级焊缝标准	3
		(2) 经加工、磨平的一级焊缝	2
3	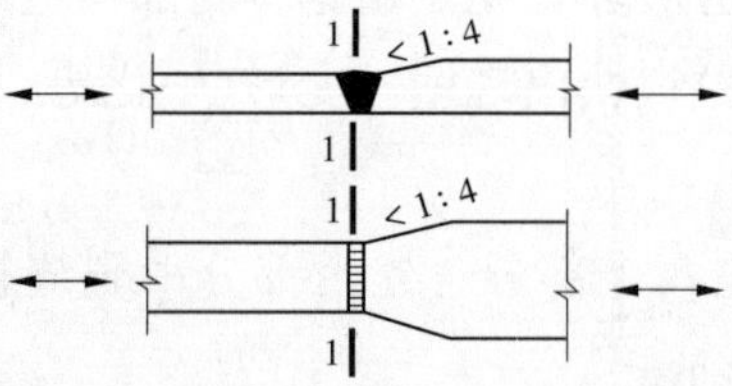	不同厚度（或宽度）横向对接焊缝附近的主体金属，焊缝加工成平滑过渡并符合一级焊缝标准	2
4	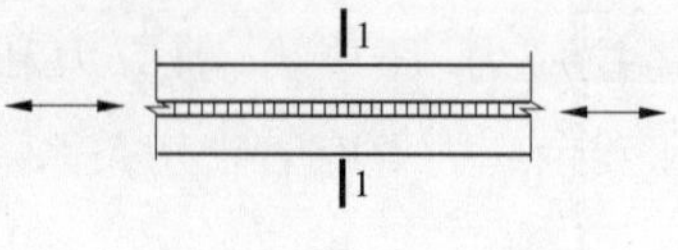	纵向对接焊缝附近的主体金属，焊缝符合二级焊缝标准	2
5	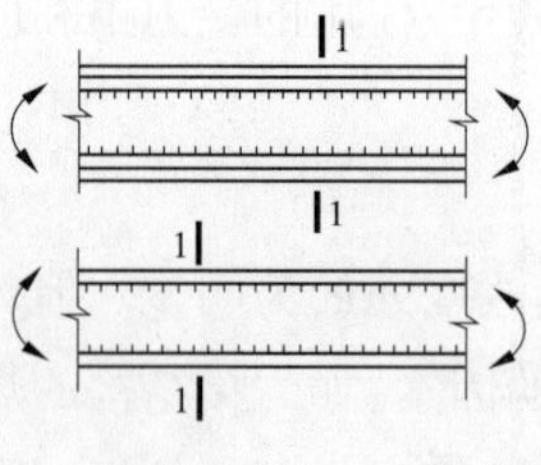	翼缘连接焊缝附近的主体金属	
		(1) 翼缘板与腹板的连接焊缝	
		a. 自动焊，二级 T 形对接和角接组合焊缝	2
		b. 自动焊，角焊缝，外观质量符合二级标准	3
		c. 手工焊，角焊缝，外观质量符合二级标准	4
		(2) 双层翼缘板之间的连接焊缝	
		a. 自动焊，角焊缝，外观质量符合二级标准	3
		b. 手工焊，角焊缝，外观质量符合二级标准	4
6	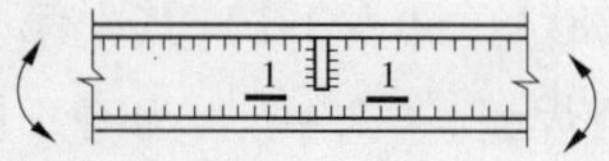	横向加劲肋端部附近的主体金属	
		(1) 肋端不断弧（采用回焊）	4
		(2) 肋端断弧	5

续表 1-1

项次	简图	说明	类别
7	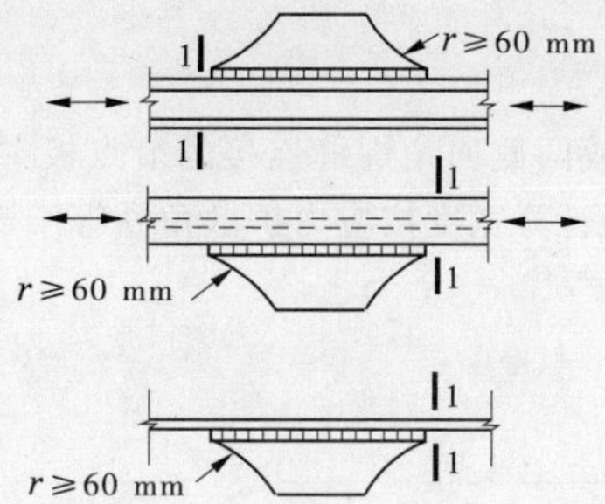	梯形节点板用对接焊缝焊于梁翼缘、腹板以及桁架构件处的主体金属，过渡处在焊后铲平、磨光、圆弧过渡，不得有焊接起弧、灭弧缺陷	5
8	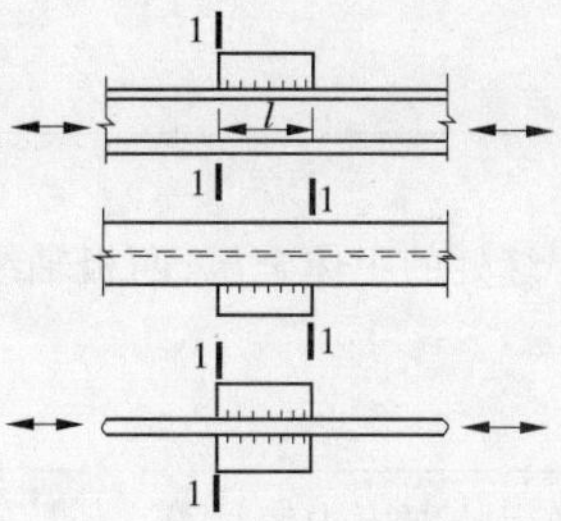	矩形节点板焊接于构件翼缘或腹板处的主体金属，$l>150$ mm	7
9	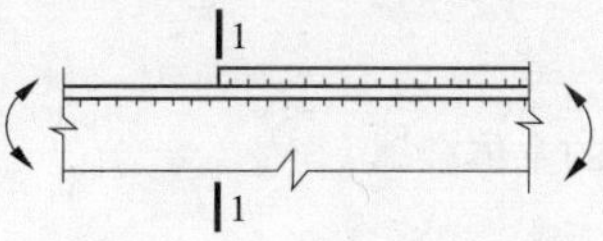	翼缘板中断处的主体金属（板端有正面焊缝）	7
10	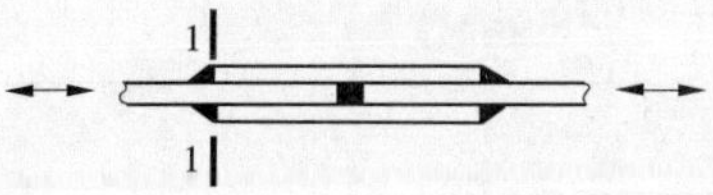	向正面角焊缝过渡处的主体金属	6
11	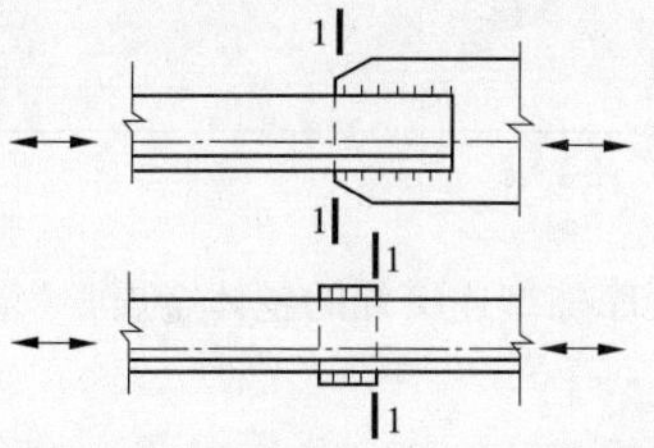	两侧面角焊缝连接端部的主体金属	8
12	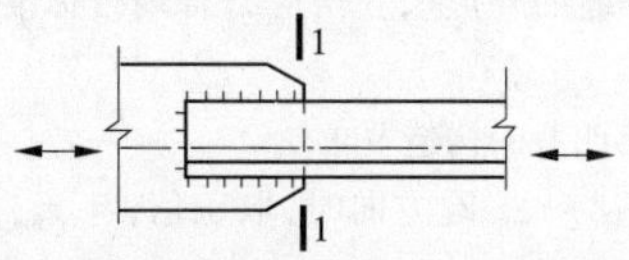	三面围焊的角焊缝端部主体金属	7

续表 1-1

项次	简图	说明	类别
13	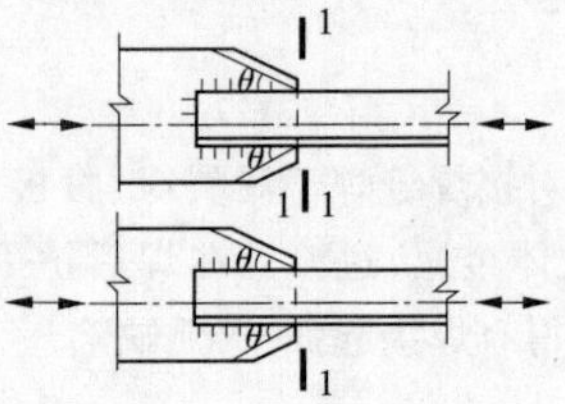	三面围焊或两侧面角焊缝连接的节点板主体金属（节点板计算宽度按应力扩散角 θ 等于 30° 考虑）	7
14	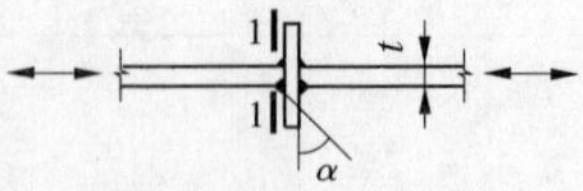	K 形坡口 T 形对接与角接组合焊缝处的主体金属，两板轴线偏离小于 $0.15t$，焊缝为二级，焊趾角 $\alpha\leqslant45°$	5
15	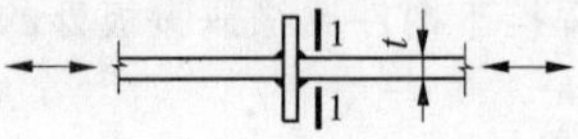	十字接头角焊缝处的主体金属，两板轴线偏离小于 $0.15t$	7
16	角焊缝	按有效截面确定的剪应力幅计算	8
17	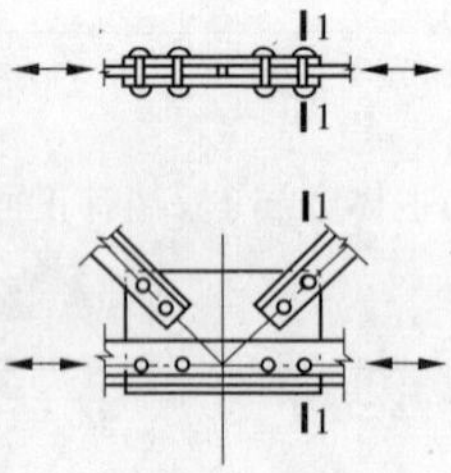	铆钉连接处的主体金属	3
18	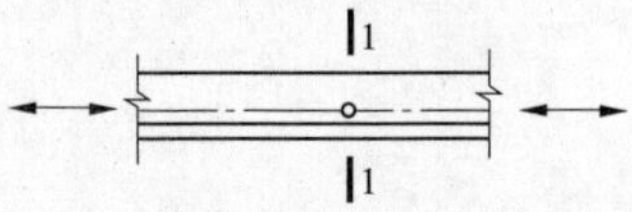	连系螺栓和虚孔处的主体金属	3
19	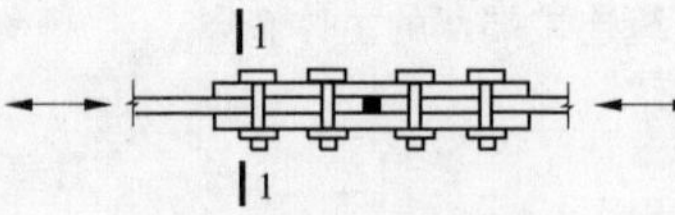	高强度螺栓摩擦型连接处的主体金属	2

注：1. 所有对接焊缝及 T 形对接和铰接组合焊缝均须焊透。所有焊缝的外形尺寸均应符合现行标准《钢结构焊缝外形尺寸》（JB/T 7949—1999）的规定。

2. 角焊缝应符合《钢结构设计规范》（GB 50017—2003）第二章第四节的构造要求。

3. 第 16 项中的剪应力幅 $\Delta\tau=\tau_{max}-\tau_{min}$，其中 τ_{min} 的正负值为：与 τ_{max} 同方向时，取正值；与 τ_{max} 反方向时，取负值。

4 第 17、18 项中的应力应以净截面面积计算，第 19 项中的应力应以毛截面面积计算。

(二)应力幅

每次循环中的最大拉应力 σ_{max}(取正值)和最小拉应力或压应力 σ_{min}(拉应力取正值,压应力取负值)之差称为应力幅,即

$$\Delta\sigma = \sigma_{max} - \sigma_{min} \tag{1-11}$$

按照应力幅是常幅(所有应力循环中的应力幅保持常量,不随时间变化)或变幅(应力幅随时间随机变化),应力幅循环特征可分为常幅循环应力谱和变幅应力谱两种谱形(见图1-10)。

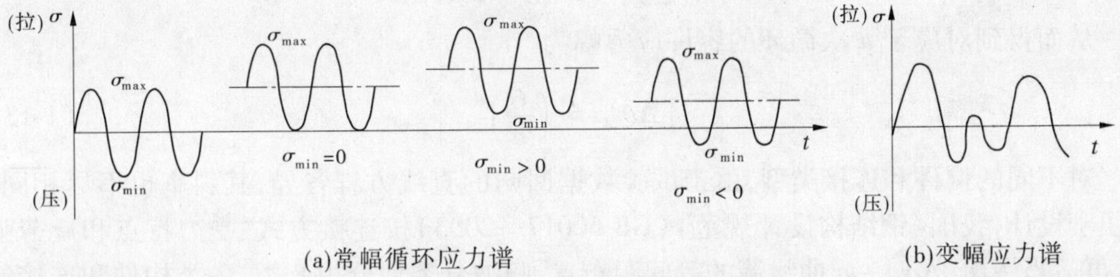

图1-10　常幅循环应力谱和变幅应力谱

试验表明,无论哪种形式的应力循环,不管最大应力 σ_{max} 是否相同,只要它们的应力幅 $\Delta\sigma$ 相等,其对构件及其连接的疲劳效应是相同的。

(三)应力循环次数

应力循环次数是指在连续反复荷载作用下应力由最大到最小的循环次数。在不同的应力幅作用下,各类构件及其连接发生疲劳破坏的应力循环次数不同,应力幅越大,循环次数越少;反之,则越多。

三、疲劳曲线($\Delta\sigma \sim n$ 曲线)

对不同构件和连接在疲劳试验机上用不同的应力幅进行常幅循环应力试验,可绘出 $\Delta\sigma \sim n$ 关系,即疲劳曲线(见图1-11)。由图1-11(a)可以看出,$\Delta\sigma \sim n$ 近似成双曲线关系。为便于计算,目前国内外都采用双对数坐标轴使曲线改为直线,如图1-11(b)所示。

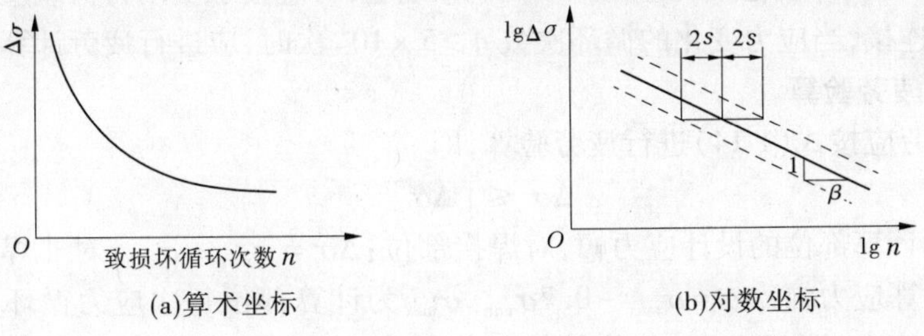

图1-11　疲劳曲线

在双对数坐标系中,疲劳直线方程为

$$\lg n = C_1 - \beta \lg\Delta\sigma \tag{1-12}$$

式中　n——循环次数；

C_1——横坐标轴上的截距；

β——直线对纵坐标的斜率。

考虑到试验数据的离散性，取平均值减去 2 倍 $\lg n$ 的标准差（$2s$）作为疲劳强度的下限值；如果 $\lg\Delta\sigma$ 服从正态分布，从构件或连接抗力角度来讲，其保证率为 97.73%。因而，疲劳直线方程为

$$\lg n = C_1 - \beta\lg\Delta\sigma - 2s = C_2 - \beta\lg\Delta\sigma$$

或

$$n(\Delta\sigma)^{\beta} = 10^{C_2} = C$$

从而得到对应于 n 次循环的容许应力幅为

$$[\Delta\sigma] = \left(\frac{C}{n}\right)^{\frac{1}{\beta}} \tag{1-13}$$

对不同的构件和连接类型，由于试验数据回归的直线方程各异，其斜率也不尽相同。为便于设计，我国《钢结构设计规范》（GB 50017—2003）按连接方式、受力特点和疲劳强度，再适当考虑 $[\Delta\sigma] \sim n$ 曲线簇的等间距布置，归纳分类划分为 8 类，各类构件和连接的 β、C 值列于表 1-2。如无应力集中的主体金属，两侧为轧制边或刨边的属于第 1 类，两侧为自动或半自动火焰切割边的属于第 2 类，其余各种连接附近的主体金属分别属于第 3 ~ 8 类。查相应的 C 值和 β 值，计算所对应的容许应力幅 $[\Delta\sigma]$。

表 1-2　系数 C 值和 β 值

构件和连接类型	1	2	3	4	5	6	7	8
$C(\times 10^{12})$	1 940	861	3.26	2.18	1.47	0.96	0.65	0.41
β	4	4	3	3	3	3	3	3

四、疲劳验算

我国《钢结构设计规范》（GB 50017—2003）规定，对直接承受动力荷载反复作用的钢结构构件及其连接，当应力变化的循环次数 $n \geqslant 5 \times 10^4$ 次时，应进行疲劳计算。

（一）常幅疲劳验算

对常幅疲劳应按式（1-14）进行疲劳验算，即

$$\Delta\sigma \leqslant [\Delta\sigma] \tag{1-14}$$

式中　$\Delta\sigma$——计算部位的设计应力幅，对焊接部位：$\Delta\sigma = \sigma_{max} - \sigma_{min}$，对非焊接部位为折算应力幅：$\Delta\sigma = \sigma_{max} - 0.7\sigma_{min}$，$\sigma_{max}$ 为计算部位每次应力循环中的最大拉应力（取正值），σ_{min} 为计算部位每次应力循环中的最小拉应力或压应力（拉应力取正值，压应力取负值）。

必须指出，与以概率论为基础的极限状态设计法不同，疲劳计算仍采用容许应力幅法。疲劳计算采用荷载的标准值按结构在弹性阶段工作进行应力分析，且不考虑动力系

数，这是由于现阶段对疲劳裂缝的形成、扩展以至断裂这一过程的极限状态定义及有关影响因素的研究还不充分。

（二）变幅疲劳验算

对变幅疲劳，若能预测结构在使用寿命期间各种荷载的频率分布、应力幅水平及频次分布总和所构成的设计应力谱，则可按线性积累损伤法将其折算为等效常幅疲劳，按式(1-15)计算，即

$$\Delta\sigma_e \leqslant [\Delta\sigma] \tag{1-15}$$

$$\Delta\sigma_e = \left[\frac{\sum n_i(\Delta\sigma_i)^\beta}{\sum n_i}\right]^{\frac{1}{\beta}} \tag{1-16}$$

式中　$\Delta\sigma_e$——变幅疲劳的等效应力幅；

n_i——预期寿命内应力幅达 $\Delta\sigma_i$ 的应力循环次数；

$\sum n_i$——以应力循环次数表示的结构预期使用寿命。

但是在实际结构中，往往无法预测到结构使用期内的实际变幅规律，则可按设计的最大应力幅考虑欠载效应后，按常幅疲劳计算，即

$$\alpha_f\Delta\sigma \leqslant [\Delta\sigma]_{2\times10^6} \tag{1-17}$$

式中　$\Delta\sigma$——在计算部位的最大应力幅；

$[\Delta\sigma]_{2\times10^6}$——循环次数 n 为 2×10^6 次的容许应力幅，按式(1-13)计算；

α_f——欠载效应的等效系数，对重级工作制硬钩吊车 $\alpha_f=1.0$，重级工作制软钩吊车 $\alpha_f=0.8$，中级工作制吊车 $\alpha_f=0.5$。

第六节　钢材的种类、规格及选用

一、钢材的种类

钢材的种类简称钢种，钢结构用的钢材主要为碳素结构钢、低合金结构钢。另外，优质碳素结构钢、厚度方向性能钢板、焊接结构用耐候钢、铸钢等在某些情况下也有应用。

（一）碳素结构钢

按国家标准《碳素结构钢》(GB/T 700—2006)，我国生产的碳素结构钢有 Q195、Q215、Q235 和 Q275 等四种钢号，其中 Q 是屈服强度中“屈”字汉语拼音的字首，后接的阿拉伯数字表示屈服强度，单位为 N/mm^2。阿拉伯数字越大，含碳量越高，强度和硬度越大，塑性越低。由于碳素结构钢冶炼容易、成本较低，并且具有良好的加工性能，所以使用广泛。其中，Q235 钢的强度适中，塑性、韧性均较好，是钢结构常用的品种之一。

Q235 钢按质量等级将其分为 A、B、C、D 四个等级，按字母顺序由 A 到 D 表示质量等级由低到高。除 A 级外，其他三个级别的含碳量均在 0.20% 以下，焊接性能也很好。A 级钢只保证抗拉强度、屈服点、伸长率，必要时尚可附加冷弯试验要求，无冲击功规定，化学成分中对碳、锰可以不作为交货条件。B、C、D 级钢均保证抗拉强度、屈服点、伸长率、冷弯和冲击韧性（夏比 V 形缺口试验，温度分别为 +20 ℃、0 ℃、−20 ℃时的冲击功

$A_{kv} \geq 27$ J）等力学性能。不同质量等级对化学成分的要求也不尽相同。

根据脱氧程度的不同，钢材分为沸腾钢、镇静钢、半镇静钢和特殊镇静钢，并用汉字拼音字首分别表示为 F、Z、b 和 TZ，在标示牌号时 Z 和 TZ 可以省略。

碳素结构钢的钢号由代表屈服点的字母 Q、屈服点数值（N/mm^2）、质量等级符号、脱氧方法符号等四个部分组成。例如，碳素结构钢钢号表示示例如下：

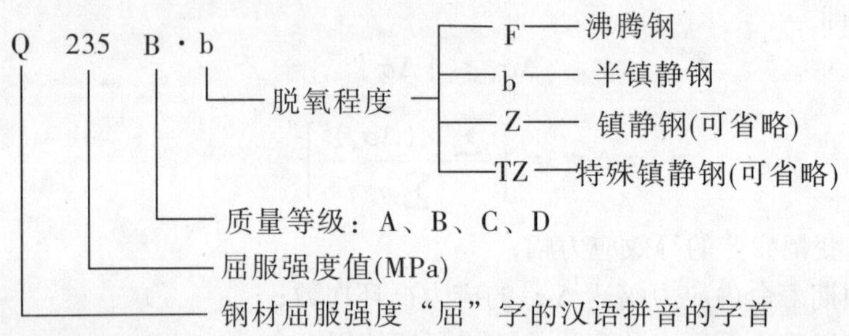

（二）低合金结构钢

低合金结构钢是在钢的冶炼过程中添加少量一种或几种合金元素（合金元素的总量低于 5%），使钢的强度明显提高，故称低合金结构钢。按国家标准《低合金高强度结构钢》（GB/T 1591—2008），我国生产的低合金结构钢有 Q345、Q390、Q420、Q460、Q500、Q550、Q620 和 Q690 等八种钢号，其中阿拉伯数字表示该钢种屈服强度的大小，单位为 N/mm^2。Q345、Q390 和 Q420 为钢结构常用的钢种。

Q345、Q390 和 Q420 按质量等级分为 A、B、C、D、E 五个等级，按字母顺序由 A 到 E，表示质量等级由低到高。其中，A、B 级为镇静钢，C、D、E 级为特殊镇静钢。A 级钢应进行冷弯试验，其他质量等级钢若供方能保证弯曲试验结果符合规定要求，可不做试验。Q460 和各牌号 D、E 级钢一般不供应型钢、钢棒。

不同质量等级对冲击韧性（夏比 V 形缺口试验）的要求不同：A 级无冲击功的要求，B 级要求提供 20 ℃时冲击功 $A_{kv} \geq 34$ J（纵向），C 级要求提供 0 ℃时冲击功 $A_{kv} \geq 34$ J（纵向），D 级要求提供 −20 ℃时冲击功 $A_{kv} \geq 34$ J（纵向），E 级要求提供 −40 ℃时冲击功 $A_{kv} \geq 27$ J（纵向）。不同质量等级对碳、硫、磷、铝的含量要求也有区别。

（三）优质碳素结构钢

优质碳素结构钢与碳素结构钢的主要区别在于钢中含杂质元素较少，磷、硫等有害元素的含量均不大于 0.035%，其他缺陷的限制也较严格，具有较好的综合性能。

按照国家标准《优质碳素结构钢》（GB/T 699—1999）生产的钢材共有两大类：一类为含锰量普通的钢，另一类为含锰量较高的钢。两类的钢号均用两位数字表示，它表示钢中的平均含碳量的万分数，前者数字后不加 Mn，后者数字后加 Mn。如 45 号钢，表示平均含碳量为 0.45% 的优质碳素钢；45Mn 号钢，则表示同样含碳量，但锰的含量也较高的优质碳素钢。可按不热处理和热处理（正火、淬火、回火）状态交货，用做压力加工用钢（热压力加工、顶锻及冷拔坯料）和切削加工用钢，由于价格较高，钢结构中使用较少，仅使用经过热处理的优质碳素结构钢冷拔高强钢丝或制作高强螺栓、自攻螺钉等。

（四）其他建筑用钢

在某些情况下，要采用一些有别于上述钢号的钢材时，其材质应符合国家的相关标准。例如,当焊接承重结构为防止钢材的层状撕裂而采用 Z 向钢时,应符合《厚度方向性能钢板》(GB/T 5313—2010)的规定;处于外露环境对耐腐蚀有特殊要求或在腐蚀性气、固态介质作用下的承重结构采用耐候钢时,应满足《焊接结构用耐候钢》(GB/T 4172—2000)的规定;当在钢结构中采用铸钢件时,应满足《一般工程用铸造碳钢件》(GB/T 11352—2009)的规定等。

二、钢材的规格

钢结构所用钢材主要为热轧成型的钢板和型钢,以及冷加工成型的冷轧薄钢板和冷弯薄壁型钢等。

(一)热轧钢板

钢板分厚钢板、薄钢板和扁钢(或带钢)三种,其规格和用途如下。

厚钢板:厚为 4.5 ~60 mm,常用厚度间隔为 2 mm,宽为 600 ~3 000 mm,长为 4 ~12 m。主要用做梁、柱、实腹式框架等构件的腹板和翼缘及桁架中的节点板等。

薄钢板:厚为 0.35 ~4 mm,宽为 500 ~1 500 mm,长为 0.5 ~4 m。主要用来制造冷弯薄壁型钢。

扁钢:厚为 4 ~60 mm,宽为 12 ~200 mm,长为 3 ~9 m。可用做组合梁和实腹式框架构件的翼缘板、构件的连接板、加劲肋等,也是制造螺旋焊接钢管的原材料。

另外,还有非承载钢板,即花纹钢板:厚为 2.5 ~8 mm,宽为 600 ~1 800 mm,长为 0.6 ~12 m。主要用做走道板和钢梯踏步板。

钢板截面的表示方法为在符号"—"后加"宽度 × 厚度 × 长度",如—600 × 10 × 1 200,单位为 mm。

(二)热轧型钢

常用的热轧型钢有角钢、工字钢、槽钢、T 型钢、钢管等,如图 1-12 所示。

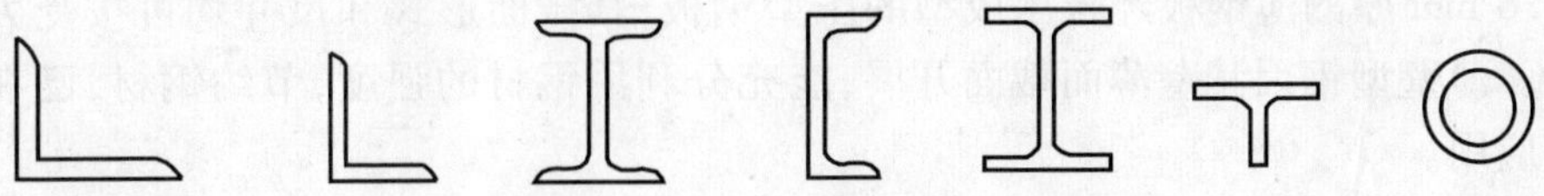

(a)等边角钢　(b)不等边角钢　(c)工字钢　(d)槽钢　(e)H型钢　(f)T型钢　(g)钢管

图 1-12　热轧型钢截面

角钢:分为等边(又叫等肢)角钢和不等边(又叫不等肢)角钢两种,主要用来制作桁架等格构式结构的杆件和支撑等连接杆件。角钢型号的表示方法为在符号"∠"后加"长边宽 × 短边宽 × 厚度"(对不等边角钢,如∠100 ×80 ×8),或加"边长 × 厚度"(对等边角钢,如∠100 ×8),单位均为 mm。我国目前生产的最大等边角钢肢宽为 200 mm,最大不等边角钢的两个肢宽分别为 200 mm 和 125 mm。角钢的供应长度一般为 3 ~19 m。

工字钢:有普通工字钢、轻型工字钢和 H 型钢三种。普通工字钢和轻型工字钢的两个主轴方向的惯性矩相差较大,不宜单独用做受压构件,而宜用做腹板平面内受弯构件,或由工字钢和其他型钢组成的组合构件或格构式构件。宽翼缘 H 型钢平面内外的回转半径较接近,可单独用做受压构件。

普通工字钢的型号用符号“I”后加截面高度的厘米数来表示，20 号以上的工字钢，又按腹板的厚度不同，分为 a、b 或 a、b、c 等类别，其中 a 类腹板较薄，c 类腹板较厚。例如，I30a 表示高度为 300 mm、腹板厚度为 a 类的工字钢。轻型工字钢的腹板和翼缘均较普通工字钢的薄，因而在相同重量下其截面刚度大，能节约钢材。我国生产的普通工字钢的型号为 10 ~ 63 号，轻型工字钢的型号为 10 ~ 70 号，供应长度均为 5 ~ 19 m。

H 型钢与普通工字钢相比，其翼缘板的内外表面平行，便于与其他构件连接。H 型钢可分为宽翼缘 H 型钢（HW，翼缘宽度 B 与截面高度 H 相等）、中翼缘 H 型钢［HM，$B=(1/2\sim2/3)H$］和窄翼缘 H 型钢［HN，$B=(1/3\sim1/2)H$］三类。各类 H 型钢均可剖分为 T 型钢供应，代号分别为 TW、TM 和 TN。H 型钢和相应的 T 型钢的型号分别用代号后加“高度 $H\times$ 宽度 $B\times$ 腹板厚度 $t_1\times$ 翼缘厚度 t_2”表示，如 HM340 × 250 × 9 × 14，其剖分 T 型钢为 TM170 × 250 × 9 × 14，单位均为 mm。宽翼缘和中翼缘 H 型钢可用于钢柱等受压构件，窄翼缘 H 型钢则适用于钢梁等受弯构件。目前，国内生产的最大型号 H 型钢为 HN700 × 300 × 13 × 24。供货长度可与生产厂家协商，长度大于 24 m 的 H 型钢不成捆交货。

槽钢：分普通槽钢和轻型槽钢两种。适于做檩条等双向受弯构件，也可用其组成组合构件或格构式构件。槽钢的型号与工字钢相似，如［32a 指截面高度为 320 mm、腹板较薄的槽钢。目前，国内生产的最大型号为［40c，供货长度为 5 ~ 19 m。

钢管：分无缝钢管和焊接钢管两种。由于回转半径较大，常用做桁架、网架、网壳等平面和空间格构式结构的杆件，在钢管混凝土柱中也有广泛的应用。用符号“ϕ”后加“外径 × 厚度”表示，如 ϕ400 × 6，单位为 mm，供货长度为 3 ~ 12 m。焊接钢管的外径可以做得更大，一般由施工单位卷制。

（三）薄壁型钢

薄壁型钢厚采用 1.5 ~ 6 mm 厚的钢板经冷弯和辊压成型的型材（见图 1-13）和采用 0.4 ~ 1.6 mm 厚的薄钢板经辊压成型的压型钢板，其截面形式和尺寸均可按受力特点合理设计。薄壁型钢因其壁薄而截面开展，能充分利用钢材的强度，节约钢材，已在我国广泛推广应用。

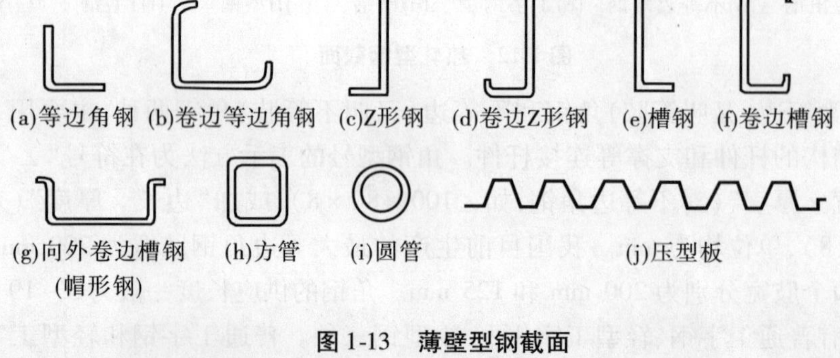

图 1-13　薄壁型钢截面

三、钢材的选用原则和建议

钢材的选用既要确保结构物的安全可靠，又要经济合理，是钢结构设计中首要的一

环,必须慎重对待。钢材的选用应考虑的主要因素有以下几个方面:

(1)结构的重要性。建筑物安全等级不同,要求的钢材质量也应不同,分为重要的(一级)建筑物或构件高于一般的(二级)和次要的(三级)建筑物或构件。

(2)荷载情况。直接承受动力荷载的构件及强震区的结构应选用综合性能好的钢材,重级工作制吊车梁和做局部开启的深孔工作闸门以及吊车桁架等对钢材的要求高于中、轻级工作制吊车梁及吊车桁架,受拉构件高于受压构件。

(3)连接方法。钢结构的连接方法分焊接连接和非焊接连接两种。由于焊接是一种不均匀热作业,在焊接过程中,构件中会产生焊接应力、焊接变形及其他一些焊接缺陷,如咬肉、气孔、裂纹、夹渣等,有导致结构产生裂缝或脆性断裂的危险。因此,焊接结构对材质的要求应严格一些。例如,在化学成分方面,焊接结构必须严格控制碳、硫、磷的极限含量,而非焊接结构对含碳量的要求则可降低。

(4)结构所处的温度和环境。钢材处于低温状态时材质变脆,因而在低温条件下工作的结构,尤其是焊接结构,应选用具有良好抗低温脆断性能的镇静钢,根据具体情况提出适当的负温冲击韧性要求。此外,露天的结构容易产生时效,受有害介质作用的钢材容易腐蚀和断裂,也应加以区别地选择不同材质。

(5)钢材的厚度。厚度大的钢材不但强度较低,而且塑性、韧性和可焊性也较差。因此,厚度大的结构对材质的要求高于薄钢板结构。

水工钢结构中的支承滚轮等部件,其外形尺寸和所受外力较大,可采用《一般工程用铸造碳钢件》(GB 11352—2009)中的 ZG230 - 450、ZG270 - 500、ZG340 - 640 等铸钢,或《大型低合金钢铸件》(JB/T 6402—2006)中的 ZG35Cr1Mo、ZG50Mn2 等合金铸钢。水工钢闸门的主轨、支承结构的轮轴等常采用锻钢制作,也可采用 35、45 号优质碳素结构钢或 35Mn2、40Cr、34CrNi3Mo 等合金钢。

第七节　钢结构的设计方法

钢结构设计的基本原则是要做到技术先进、经济合理、安全适用和确保质量。

一、结构的功能要求和极限状态

(一)结构的功能要求

根据《建筑结构可靠度设计统一标准》(GB 50068—2001)规定,结构在预定的使用期限内应完成以下功能。

1. 安全性

结构在正常施工和正常使用时,能承受可能出现的各种作用(包括直接施加在结构上的各种荷载,或引起结构外加变形或约束变形的其他间接作用,如温度变化、地震等)和在偶然事件发生时和发生后,仍能保持必需的整体稳定性,不发生倒塌或连续破坏。

2. 适用性

结构在正常使用时具有良好的工作性能,如不发生过大的变形,不产生影响正常使用的振动等。

3. 耐久性

结构在正常维护下具有足够的耐久性能，如不产生影响结构预期使用寿命的严重锈蚀等。从工程概念上讲，足够的耐久性能就是指在正常维护条件下结构能够正常使用到规定的设计使用年限。

这些功能要求概括起来称为结构的可靠性。即结构在规定的时间内（设计基准期）、在规定的条件下（正常设计、正常施工、正常使用维护）完成预定功能（安全性、适用性和耐久性）的能力。显然，增大结构设计的余量，如加大结构构件的截面尺寸，或提高对材料性能的要求，总是能够增加或改善结构的安全性、适用性和耐久性要求，但这将使结构造价提高，不符合经济的要求。因此，结构设计要根据实际情况，解决好结构可靠性与经济性之间的矛盾，既要保证结构具有适当的可靠性，又要尽可能地降低造价，做到经济合理。

（二）结构的极限状态

整个结构或结构的一部分超过某一特定状态就不能满足设计规定的某一功能要求，此特定状态称为该结构的极限状态。极限状态是区分结构工作状态可靠或失效的标志。结构的极限状态可以分为两类：承载能力极限状态和正常使用极限状态。

1. 承载能力极限状态

这种极限状态对应于结构或结构构件达到了最大承载能力或不适于继续承载的变形。当结构或构件出现下列状态之一时，即认为超过了承载能力极限状态：①整个结构或构件的一部分作为刚体失去平衡（如结构发生倾覆、过大的滑移等）；②结构构件或连接因材料强度被超过而破坏（包括疲劳破坏），或因过度变形而不适于继续承载；③结构转变为机动体系；④结构或构件丧失稳定，如压杆屈曲等。

2. 正常使用极限状态

这种极限状态对应于结构或构件达到正常使用或耐久性能的某项规定限值。当结构或构件出现下列状态之一时，即认为超过了正常使用极限状态：①影响正常使用或外观的变形（如过大的挠度）；②影响正常使用的振动；③影响正常使用或耐久性能的局部损坏（包括裂缝）；④影响正常使用的其他特定状态。

二、近似概率极限状态设计法

以概率为基础的极限状态设计方法，简称概率极限状态设计法。该法是以结构的失效概率或可靠指标来度量结构可靠度的。

（一）功能函数、极限状态方程

若设计时需要考虑影响结构可靠性的几个相互独立的随机变量 $X_i(i=1,2,\cdots,n)$，则结构的功能函数可用式（1-18）表示为

$$Z = g(X_1, X_2, \cdots, X_n) \tag{1-18}$$

式中　X_i——影响结构或构件可靠度的基本变量，指结构上的各种作用和材料性能、几何参数等。

若将影响结构可靠性的随机变量简化为结构抗力 R 和作用效应 S 两个随机变量，则式（1-18）所定义的结构功能函数可表达为

$$Z = g(R, S) = R - S \tag{1-19}$$

它可以用来表示结构的三种工作状态（见图1-14）：

当 $Z>0$ 时，结构能够完成预定的功能，处于可靠状态；

当 $Z<0$ 时，结构不能完成预定的功能，处于失效状态；

当 $Z=0$ 时，即 $R=S$，结构处于极限状态。

$Z=g(R,S)=R-S=0$，称为极限状态方程。

由于 R 和 S 是受多种因素影响的随机变量，故功能函数 Z 也是随机变量。从概率论的观点来看，结构是否达到极限状态并非确定的事实。这就是说，按正常设计建造的结构仍不能认为它就是绝对安全可靠的，其仍然存在着抗力 R 小于荷载效应 S 的可能性。但只要这种可能性（抗力小于荷载效应的概率）非常小，即可认为此结构是可靠的。

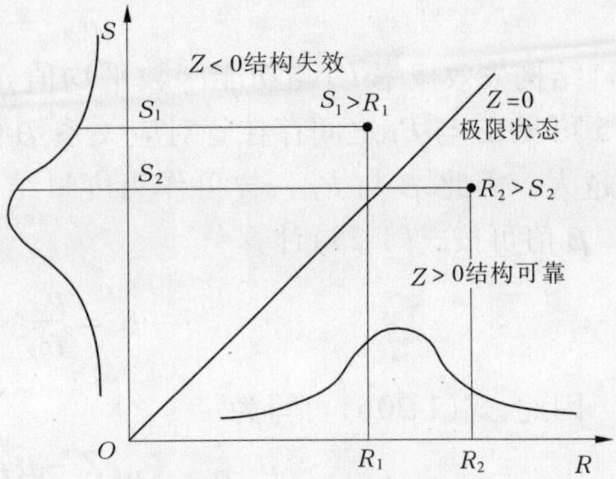

图1-14　结构所处的状态

（二）结构可靠度、失效概率及可靠指标

结构在规定的时间内、规定的条件下完成预定功能的概率，称为结构的可靠度。可靠度是对结构可靠性的一种定量描述，亦即概率度量。

按照结构可靠度理论，结构能够完成预定功能的概率称为可靠概率 P_s，结构不能完成预定功能的概率称为失效概率 P_f。显然，二者是互补的，即 $P_s+P_f=1.0$。因此，结构可靠性也可用结构的失效概率来度量，失效概率愈小，结构可靠度愈大。P_s 可用式(1-20a)表示为

$$P_s = P(Z>0) = P(R-S>0) \tag{1-20a}$$

相应结构的失效概率 P_f 可表示为

$$P_f = P(Z<0) = P(R-S<0) \tag{1-20b}$$

显然

$$P_s = 1-P_f \tag{1-21}$$

因此，结构可靠度 P_s 的计算可以转化为失效概率 P_f 的计算。只要结构的失效概率 P_f 小于预定的可以接受的程度，就认为此结构是安全可靠的。

设结构抗力 R 和荷载效应 S 都为服从正态分布的随机变量，R 和 S 互相独立。由概率论知，结构功能函数 $Z=R-S$ 也是正态分布的随机变量，用式(1-22)表示为

$$P_f = P(Z=R-S<0) = \int_{-\infty}^{0} f(Z)\mathrm{d}Z \tag{1-22}$$

Z 的概率分布曲线如图1-15所示。失效概率 P_f 就是图1-15中阴影部分的面积。设结构抗力 R 的平均值为 μ_R，标准差为 σ_R；荷载效应的平均值为 μ_S，标准差为 σ_S。则功能函数 Z 的平均值及标准差为

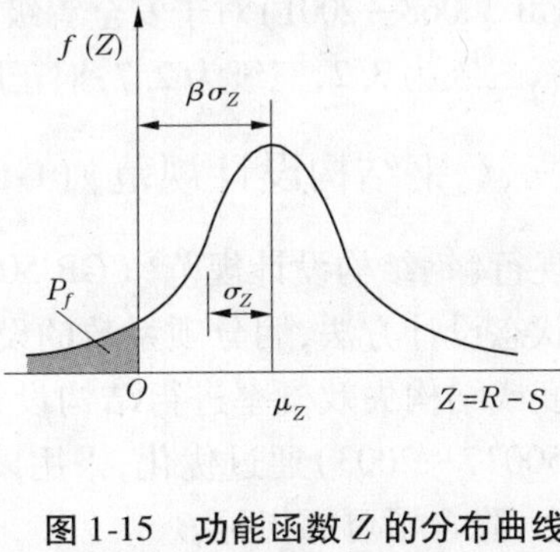

图1-15　功能函数 Z 的分布曲线

$$\mu_Z = \mu_R - \mu_S \tag{1-23}$$

$$\sigma_Z = \sqrt{\sigma_R^2 + \sigma_S^2} \tag{1-24}$$

结构失效概率 P_f 与功能函数平均值 μ_Z 到坐标原点的距离有关，取 $\mu_Z = \beta\sigma_Z$。由图 1-15 可见，β 与 P_f 之间存在着对应关系：β 值越大，失效概率 P_f 越小；β 值越小，失效概率 P_f 越大。因此，β 与 P_f 一样可作为度量结构可靠度的一个指标，故称 β 为结构的可靠指标。β 值可按式(1-25)计算

$$\beta = \frac{\mu_Z}{\sigma_Z} = \frac{\mu_R - \mu_S}{\sqrt{\sigma_R^2 + \sigma_S^2}} \tag{1-25}$$

因此，式(1-20b)可写为

$$P_f = P\left(\frac{Z - \mu_Z}{\sigma_Z} < -\beta\right) = \Phi(-\beta) \tag{1-26}$$

式中　$\Phi(-\beta)$——标准正态分布函数。

若为非正态分布，可用当量正态化方法转化为正态分布。

将式(1-23)和式(1-24)稍加变换，则

$$\mu_R = \mu_S + \beta\sqrt{\sigma_R^2 + \sigma_S^2} \tag{1-27}$$

当结构处于可靠状态时，要求

$$\mu_R - \alpha_R\beta\sigma_R \geqslant \mu_S + \alpha_S\beta\sigma_S \tag{1-28}$$

其中

$$\left.\begin{aligned} \alpha_R &= \frac{\sigma_R}{\sqrt{\sigma_R^2 + \sigma_S^2}} \\ \alpha_S &= \frac{\sigma_S}{\sqrt{\sigma_R^2 + \sigma_S^2}} \end{aligned}\right\}$$

式(1-28)左、右即分别为 R、S 的设计验算点坐标 R^*、S^*，要求

$$R^* \geqslant S^* \tag{1-29}$$

由于式(1-20)～式(1-29)不考虑 Z 的分布，只考虑均值和均方差(二阶矩)，对非线性函数用泰勒级数展开取线性项，故此法称为一次二阶矩法，也称近似概率设计法。

式(1-29)中可靠指标的取值用校准法求得。所谓“校准法”，即对现有结构构件进行反演计算和综合分析，求得其可靠指标，并用于确定今后设计时应采用的目标可靠指标。《水利水电工程结构可靠性设计统一标准》(GB 50199—2013)和《建筑结构可靠度设计统一标准》(GB 50068—2001)对于安全等级不同的结构取不同的目标可靠度，对于延性破坏，一级为 3.7，二级为 3.2，三级为 2.7；对于脆性破坏，一级为 4.2，二级为 3.7，三级为 3.2。

三、《钢结构设计规范》(GB 50017—2003)的计算方法

现行《钢结构设计规范》(GB 50017—2003)除疲劳计算外，采用以概率理论为基础的极限状态设计方法，用分项系数的设计表达式进行计算。这是因为考虑到直接应用结构可靠度或结构失效概率进行结构设计的运算复杂，为方便工程设计，《钢结构设计规范》(GB 50017—2003)通过优化，采用以分项系数表达的概率极限状态设计法，在各个分项系数中，隐含了可靠指标 β。

对于承载能力极限状态,当考虑荷载效应基本组合进行强度和稳定性设计时,按设计表达式(1-30)和式(1-31)中的最不利值确定。

可变荷载效应控制的组合

$$\gamma_0\left(\gamma_G\sigma_{G_k}+\gamma_{Q_1}\sigma_{Q_{1k}}+\sum_{i=2}^{n}\gamma_{Q_i}\psi_{ci}\sigma_{Q_{ik}}\right)\leqslant f \tag{1-30}$$

永久荷载效应控制的组合

$$\gamma_0\left(\gamma_G\sigma_{G_k}+\sum_{i=1}^{n}\gamma_{Q_i}\psi_{ci}\sigma_{Q_{ik}}\right)\leqslant f \tag{1-31}$$

式中 γ_0——结构重要性系数,考虑到结构破坏时可能产生后果的严重性分为一、二、三级等三个安全等级,分别采用1.1、1.0、0.9;

γ_G——永久荷载分项系数,当永久荷载效应对结构构件的承载能力不利时取1.2,但对式(1-31)则取1.35,当永久荷载效应对结构构件的承载能力有利时取1.0;

σ_{G_k}——永久荷载标准值 G_k 在结构构件截面或连接中产生的应力;

G_k——永久荷载的标准值,如结构自重等;

γ_{Q_1}、γ_{Q_i}——第1个和其他第 i 个可变荷载分项系数,当可变荷载效应对结构构件的承载能力不利时取1.4(当楼面(包括工业平台)活荷载大于4.0 kN/m^2 时取1.3),有利时取0;

Q_{1k}、Q_{ik}——第1个和其他第 i 个可变荷载的标准值,如楼面活荷载、风荷载、雪荷载等;

$\sigma_{Q_{1k}}$——起控制作用的第1个可变荷载标准值 Q_{1k} 在结构构件截面或连接中产生的应力(该值使计算结果为最大);

ψ_{ci}——第 i 个可变荷载的组合值系数,可按荷载规范的规定采用;

$\sigma_{Q_{ik}}$——其他第 i 个可变荷载标准值 Q_{ik} 在结构构件截面或连接中产生的应力;

f——结构构件或连接的强度设计值 $f=f_k/\gamma_R$,见表1-3~表1-5,γ_R 为抗力分项系数,经概率统计分析对Q235钢取 $\gamma_R=1.087$,对Q345、Q390和Q420钢取 $\gamma_R=1.111$,f_k 为钢材(或焊缝熔敷金属)强度的标准值。

表1-3 《钢结构设计规范》(GB 50017—2003)规定的钢材强度设计值 (单位:N/mm^2)

钢材 钢号	钢材 厚度或直径(mm)	抗拉、抗压和抗弯 f	抗剪 f_v	端面承压(刨平顶紧)f_{ce}
Q235钢	≤16	215	125	325
	>16~40	205	120	
	>40~60	200	115	
	>60~100	190	110	
Q345钢	≤16	310	180	400
	>16~35	295	170	
	>35~50	265	155	
	>50~100	250	145	

续表 1-3

钢材		抗拉、抗压和抗弯 f	抗剪 f_v	端面承压（刨平顶紧）f_{ce}
钢号	厚度或直径（mm）			
Q390 钢	≤16	350	205	415
	>16～35	335	190	
	>35～50	315	180	
	>50～100	295	170	
Q420 钢	≤16	380	220	440
	>16～35	360	210	
	>35～50	340	195	
	>50～100	325	185	

注：表中厚度指计算点的钢材厚度，对于轴心受拉和轴心受压构件是指截面中较厚板件的厚度。

表 1-4 《钢结构设计规范》（GB 50017—2003）规定的焊缝强度设计值 （单位：N/mm^2）

焊接方法和焊条型号	构件钢材		对接焊缝				角焊缝
	钢号	厚度或直径（mm）	抗压 f_c^w	在不同焊缝质量级别下的抗拉和弯曲抗拉 f_t^w		抗剪 f_v^w	抗拉、抗压和抗剪 f_f^w
				一、二级	三级		
自动焊、半自动焊和 E43 型焊条的手工焊	Q235 钢	≤16	215	215	185	125	160
		>16～40	205	205	175	120	160
		>40～60	200	200	170	115	160
		>60～100	190	190	160	110	160
自动焊、半自动焊和 E50 型焊条的手工焊	Q345 钢	≤16	310	310	265	180	200
		>16～35	295	295	250	170	200
		>35～50	265	265	225	155	200
		>50～100	250	250	210	145	200
自动焊、半自动焊和 E55 型焊条的手工焊	Q390 钢	≤16	350	350	300	205	220
		>16～35	335	335	285	190	220
		>35～50	315	315	270	180	220
		>50～100	295	295	250	170	220
	Q420 钢	≤16	380	380	320	220	220
		>16～35	360	360	305	210	220
		>35～50	340	340	290	195	220
		>50～100	325	325	275	185	220

注：1. 自动焊和半自动焊所采用的焊丝和焊剂应保证其熔敷金属抗拉强度不低于相应手工焊焊条的数值；

2. 焊缝质量等级应符合现行《钢结构工程施工质量验收规范》（GB 50205—2001）的规定；

3. 对接焊缝在受压区抗弯强度设计值取 f_c^w，受拉区的抗弯强度设计值取 f_t^w；

4. 表中厚度指计算点的钢材厚度，对于轴心受拉和轴心受压构件是指截面中较厚板件的厚度。

表 1-5　《钢结构设计规范》(GB 50017—2003)规定的螺栓连接强度设计值　(单位:N/mm^2)

螺栓钢材的等级和构件的钢号		普通螺栓 C级螺栓 抗拉 f_t^b	普通螺栓 C级螺栓 抗剪 f_v^b	普通螺栓 C级螺栓 承压 f_c^b	普通螺栓 A、B级螺栓 抗拉 f_t^b	普通螺栓 A、B级螺栓 抗剪 f_v^b	普通螺栓 A、B级螺栓 承压 f_c^b	锚栓 抗拉 f_t^a	承压型连接高强度螺栓 抗拉 f_t^b	承压型连接高强度螺栓 抗剪 f_v^b	承压型连接高强度螺栓 承压 f_c^b
普通螺栓	4.6级、4.8级	170	140	—	—	—	—	—	—	—	
	5.6级	—	—	—	210	190	—	—	—	—	—
	8.8级	—	—	—	400	320	—	—	—	—	—
锚栓	Q235钢	—	—	—	—	—	—	140	—	—	—
	Q345钢	—	—	—	—	—	—	180	—	—	—
承压型连接高强度螺栓	8.8级	—	—	—	—	—	—	—	400	250	—
	10.9级	—	—	—	—	—	—	—	500	310	—
构件	Q235钢	—	—	305	—	—	405	—	—	—	470
	Q345钢	—	—	385	—	—	510	—	—	—	590
	Q390钢	—	—	400	—	—	530	—	—	—	615
	Q420钢	—	—	425	—	—	560	—	—	—	655

注:1. A级螺栓用于 $d \leqslant 24$ mm 和 $l \leqslant 10d$ 或 $l \leqslant 150$ mm(按较小值)的螺栓,B级螺栓用于 $d > 24$ mm 或 $l > 10d$ 或 $l > 150$ mm(按较小值)的螺栓,d 为公称直径,l 为螺杆公称长度;

2. A、B级螺栓孔的精度和孔壁表面粗糙度,C级螺栓孔的允许偏差和孔壁表面粗糙度,均应符合现行国家标准《钢结构工程施工质量验收规范》(GB 50205—2001)的要求。

钢材尺寸分组见表1-6。

表 1-6　钢材的尺寸分组　(单位:mm)

组别	钢材尺寸 Q215、Q235 钢材厚度(直径)	钢材尺寸 Q215、Q235 型钢和异型钢的厚度	钢材尺寸 Q345(16Mn、16Mnq) 钢材厚度(直径)
第一组	≤16	≤15	≤16
第二组	>16~40	>15~20	>16~25
第三组	>40~60	>20	>25~36
第四组	>60~100	—	>36~50
第五组	>100~150	—	>50~100(方、圆钢)
第六组	>150	—	—

注:1. 型钢包括角钢、工字钢和槽钢;

2. 工字钢和槽钢的厚度指腹板厚度。

对于正常使用的极限状态，用式(1-32)进行计算

$$w = w_{G_k} + w_{Q_{1k}} + \sum_{i=2}^{n} \psi_{ci} w_{Q_{ik}} \leqslant [w] \tag{1-32}$$

式中　w——结构或结构构件中产生的变形值；

w_{G_k}——永久荷载的标准值在结构或构件中产生的变形值；

$w_{Q_{1k}}$——第1个可变荷载的标准值在结构或构件中产生的变形值，它大于其他任意第 i 个可变荷载标准值产生的变形值；

$w_{Q_{ik}}$——其他第 i 个可变荷载标准值在结构或构件中产生的变形值；

$[w]$——结构或构件的变形限值；

其他符号意义同前。

对水利工程中水上部分的钢结构也可采用《钢结构设计规范》(GB 50017—2003)进行设计。

四、水工钢结构按容许应力计算法

水工钢结构设计由于所受荷载涉及水文、泥沙、波浪等自然条件，所以比较复杂，统计资料不足，同时经常处于水位变动或盐雾潮湿等容易腐蚀的环境，在计算中如何反映实际问题尚待解决。因此，水工钢结构目前还不具备采用概率极限状态法计算的条件，目前仍采用容许应力计算法。

《水利水电工程钢闸门设计规范》(SL 74—95)所采用的容许应力计算法是以结构的极限状态(强度、稳定、变形等)为依据，对影响结构可靠度的某种因素以数理统计的方法，并结合我国工程实践，进行多系数分析，求出单一的设计安全系数，以简单的容许应力形式表达，实质上属于半概率、半经验的极限状态计算法。其强度计算的一般表达式为

$$\sum N_i \leqslant \frac{f_y S}{K_1 K_2 K_3} = \frac{f_y S}{K} \tag{1-33}$$

即

$$\sigma = \frac{\sum N_i}{S} \leqslant \frac{f_y}{K} = [\sigma] \tag{1-34}$$

式中　N_i——根据标准荷载求得的内力；

f_y——钢材的屈服点；

K_1——荷载安全系数；

K_2——钢材强度安全系数；

K_3——调整系数，用以考虑结构的重要性、荷载的特殊变异和受力复杂等因素；

S——构件的几何特性；

$[\sigma]$——钢材或连接的容许应力，《水利水电工程钢闸门设计规范》(SL 74—95)规定的钢材容许应力见表1-7～表1-9，机械零件的容许应力见表1-10。

式(1-33)和式(1-34)对荷载、钢材强度及其相应的安全系数均取为定值，而没有考虑荷载和材料性能的随机变异性，这也是容许应力计算法与概率极限状态法的主要区别所在。

表 1-7　《水利水电工程钢闸门设计规范》(SL 74—95)规定的钢材容许应力　（单位:N/mm^2）

应力种类	符号	碳素结构钢												低合金结构钢				
		Q215						Q235						Q345(16Mn、16Mnq)				
		第1组	第2组	第3组	第4组	第5组	第6组	第1组	第2组	第3组	第4组	第5组	第6组	第1组	第2组	第3组	第4组	第5组
抗拉、抗压和抗弯	$[\sigma]$	145	135	125	120	115	110	160	150	145	135	130	125	230	220	205	190	180
抗剪	$[\tau]$	90	80	70	65	60	55	95	90	85	80	75	70	135	130	120	110	105
局部承压	$[\sigma_{cd}]$	220	200	190	180	170	160	240	230	220	210	200	190	350	330	310	290	270
局部紧接承压	$[\sigma_{cj}]$	110	100	95	90	85	80	120	115	110	105	100	95	175	165	155	145	135

注:1. 局部承压应力不乘调整系数;

2. 局部承压是指构件腹板的小部分表面受局部荷载的挤压或断面承压(磨平顶紧)等情况;

3. 局部紧接承压是指可动性小的铰在接触面的投影平面上的压应力。

表 1-8　《水利水电工程钢闸门设计规范》(SL 74—95)规定的焊缝容许应力　（单位:N/mm^2）

焊缝分类	应力种类	符号	自动焊、半自动焊和用E43××型焊条的手工焊						自动焊、半自动焊和用E50××型焊条的手工焊			
			Q215			Q235			Q345(16Mn、16Mnq)			
			第1组	第2组	第3组	第1组	第2组	第3组	第1组	第2组	第3组	第4组
对接焊缝	抗压	$[\sigma_c^w]$	145	130	125	160	150	145	230	220	205	190
对接焊缝	抗拉　用自动焊时	$[\sigma_t^w]$	145	130	125	160	150	145	230	220	205	190
对接焊缝	抗拉　用半自动焊或手工焊时,焊缝质量的检查　(1)精确方法	$[\sigma_t^w]$	145	130	125	160	150	145	230	220	205	190
对接焊缝	抗拉　用半自动焊或手工焊时,焊缝质量的检查　(2)普通方法	$[\sigma_t^w]$	125	110	105	135	120	115	200	190	175	165
对接焊缝	抗剪	$[\tau^w]$	85	75	70	95	90	85	135	130	120	110
角焊缝	抗拉、抗压和抗剪	$[\tau_t^w]$	105	95	90	115	105	100	160	150	140	130

注:1. 检查焊缝质量的普通方法指外观检查、测量尺寸、钻孔检查等方法,精确方法是在普通方法的基础上,用 X 射线、超声波等方法进行补充检查;

2. 仰焊焊缝的容许应力按表中降低 20%;

3. 安装焊缝的容许应力按表中降低 10%。

表 1-9 《水利水电工程钢闸门设计规范》(SL 74—95)规定的普通螺栓连接的容许应力

(单位:N/mm²)

螺栓种类	应力种类	符号	螺栓的钢号		构件的钢号									
			Q235	Q345	Q215			Q235			Q345(16Mn、16Mnq)			
					第1组	第2组	第3组	第1组	第2组	第3组	第1组	第2组	第3组	第4组
精制螺栓	抗拉	$[\sigma_t^b]$	125	185	—	—	—	—	—	—	—	—	—	—
	抗剪(Ⅰ类孔)	$[\tau^b]$	130	190	—	—	—	—	—	—	—	—	—	—
	承压(Ⅰ类孔)	$[\sigma_c^b]$	—	—	265	240	—	290	275	—	420	395	370	345
粗制螺栓	抗拉	$[\sigma_t^b]$	125	185	—	—	—	—	—	—	—	—	—	—
	抗剪	$[\tau^b]$	85	125	—	—	—	—	—	—	—	—	—	—
	承压	$[\sigma_c^b]$	—	—	175	160	—	190	185	—	280	265	250	235
锚栓	抗拉	$[\sigma_t^b]$	105	150	—	—	—	—	—	—	—	—	—	—

注:1. 孔壁质量属于下列情况者为Ⅰ类孔:①在装配好的构件上按设计孔径钻成的孔;②在单个零件和构件上按设计孔径分别用钻模钻成的孔;③在单个零件上先钻成或冲成较小的孔径,然后在装配好的构件上扩钻至设计孔径的孔。

2. 当螺栓直径大于 40 mm 时,螺栓容许应力应予以降低,对于 Q235 钢降低 4%,对于 Q345(16Mn)钢降低 6%。

表 1-10 机械零件的容许应力

(单位:N/mm²)

应力种类	符号	碳素结构钢		低合金结构钢	优质碳素结构钢		铸造碳钢			合金铸钢		合金结构钢	
		Q235	Q275	16Mn	35	45	ZG230-450	ZG270-500	ZG310-570	ZG50Mn2	ZG35CrMo	35Mn2	40Cr
抗拉、抗压和抗弯	$[\sigma]$	100	120	140	130	145	115	120	140	190	170 (235)	130 (280)	(320)
抗剪	$[\tau]$	65	75	90	85	95	85	90	105	150	130 (180)	85 (190)	(215)
局部承压	$[\sigma_{cd}]$	150	180	210	195	220	170	180	200	280	250 (345)	195 (430)	(485)
局部紧接承压	$[\sigma_{cj}]$	80	95	110	105	120	90	95	110	155	135 (190)	105 (230)	(265)
孔壁抗拉	$[\sigma_k]$	120	145	180	150	170	130	140	155	220	190 (265)	150 (330)	(375)

注:1. 括号内为调质处理后的数值;

2. 孔壁抗拉容许应力指固定结合的情况,若为活动结合,则应按表值降低 20%;

3. 表列"合金结构钢"的容许应力,适用于钢材厚(径)不大于 25 mm 者,若由于厚度影响,屈服点有减少,各类容许应力可按屈服点减少比例予以减少。

小 结

(1)钢材有塑性破坏和脆性破坏两种形式。后者为变形小的突然性断裂,危险性大,应在设计、制造、安装中严格防止。围绕钢材可能发生的这两种破坏形式掌握各种因素对钢材性能的影响。

(2)钢材的机械性能包括强度、塑性、韧性等方面。强度指标为屈服点 f_y 和抗拉强度 f_u,塑性指标为伸长率和冷弯试验,韧性指标为冲击功 A_{kv}。它们可分别由单向均匀拉伸试验、冷弯试验和冲击试验获得。

(3)在影响钢材机械性能的诸因素中,重点认识应力集中是引起钢材脆性破坏的主要原因之一,掌握应力集中的特征、原因,以及防止或改善应力集中的合理措施。

(4)影响钢材疲劳的主要因素是应力集中、作用的应力幅和应力的循环次数。疲劳验算仍属容许应力法范畴。

(5)《规范》推荐采用的钢材为 Q235 钢、Q345 钢、Q390 钢和 Q420 钢。钢结构所用钢材应根据结构的重要性、荷载特征、连接和工作条件等选用。

(6)钢结构采用的设计方法是概率极限状态设计法,它是在结构的可靠性与经济之间选择一个合理的平衡点。水工钢结构由于工作条件的复杂性,仍然采用容许应力设计法。

(7)结构的极限状态分承载能力极限状态和正常使用极限状态两类。前者包括强度破坏、丧失稳定、疲劳破坏和达到不适于继续承载的过大变形等。后者指正常使用下结构的变形使其不适于继续使用,如挠度过大、局部失稳等。

(8)《规范》采用以分项系数表达的概率极限状态设计法,应掌握公式中各符号的意义并正确使用。同时,弄清与水工钢结构容许应力计算法的区别。

通过本章内容的学习,要求掌握钢材的性能及影响因素,在进行钢结构设计时能正确选择钢材并提出适当的性能指标要求,能在设计中正确处理各种细部构造,防止结构或构件发生脆性破坏,从而保证结构的安全可靠。

思考题

1-1 钢材的塑性破坏和脆性破坏各有何特点?与其化学成分和组织构造有何关系?如何防止脆性破坏?

1-2 试述钢材的主要力学性能指标及其测试方法。

1-3 影响钢材性能的主要化学成分有哪些?碳、硫、磷对钢材性能有何影响?

1-4 什么叫钢材的疲劳?它属于什么性质的破坏?其主要影响因素和防止措施有哪些?

1-5 选择建筑钢材时主要应考虑哪些影响因素?

1-6 钢材的力学性能为何要按厚度分类?在选用钢材时,应如何考虑板厚的影响?

1-7 《规范》新采用的极限状态设计法与水工钢结构的容许应力设计法有何异同?

第二章　钢结构的连接

内容提要

本章讲述钢结构中的焊缝连接、普通螺栓连接及高强度螺栓(摩擦型和承压型)连接的构造和设计方法。

学习重点

连接的构造及强度计算。

第一节　钢结构的连接方法

钢结构是以一定的连接手段将型材、板材制成基本构件(如梁、柱、桁架等),然后在工地连接各种基本构件组成整体结构。因此,连接在钢结构中占有非常重要的地位,在设计中必须予以重视。

钢结构的连接方法有焊接连接、螺栓连接和铆钉连接三种(见图 2-1)。目前,焊接连接应用普遍;螺栓连接中高强度螺栓连接发展迅速,使用越来越多;铆钉连接现在基本被螺栓连接和焊接连接所代替。

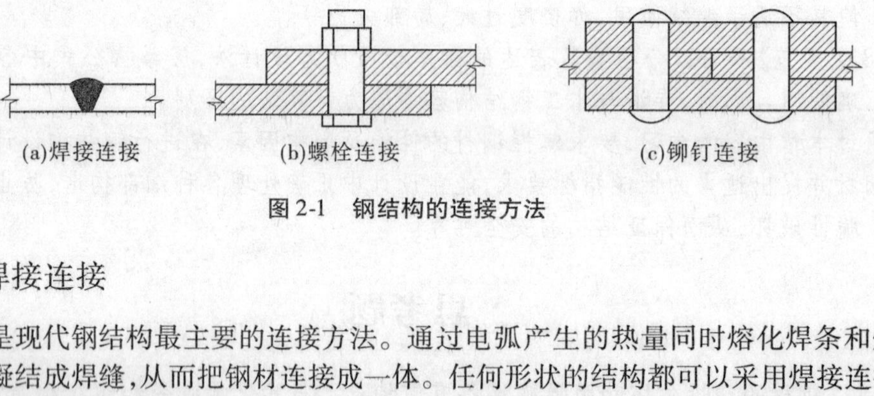

图 2-1　钢结构的连接方法

一、焊接连接

焊接是现代钢结构最主要的连接方法。通过电弧产生的热量同时熔化焊条和焊件,然后冷却凝结成焊缝,从而把钢材连接成一体。任何形状的结构都可以采用焊接连接。

优点:构造简单、加工方便、操作简便省工、工业化程度高、一般不需要拼接材料、节省钢材、刚度大、密闭性能好。

缺点:焊缝附近的钢材在焊接过程中形成热影响区,使材质变脆;塑性和韧性较差,施焊时容易产生焊接缺陷,使疲劳强度降低;焊接过程中的不均匀高温和冷却,使结构产生焊接残余应力和残余变形,对结构的刚度和使用性能有一定的影响;连接刚度大,局部裂缝一旦产生便容易扩展到整体,尤其是在低温下易发生脆断。

二、螺栓连接

螺栓连接是通过扳手施拧使螺栓产生紧固力,将被连接构件连接成一体。螺栓连接分为普通螺栓连接和高强度螺栓连接两种。

优点:施工工艺简单、安装拆卸方便、可以提高工程进度。适用于工地安装连接及装拆结构和临时性的连接。

缺点:螺栓连接需要开孔,对构件截面有一定的削弱,加之制孔比较费工,且被连接的构件在拼接和安装时必须对孔,制造精度要求比较高。有时还需要增设辅助连接件,使钢材用料增加。

(一)普通螺栓连接

普通螺栓连接分为A、B、C三级,A、B级称为精制螺栓,C级称为粗制螺栓。精制螺栓表面须经车床加工,故其尺寸准确、精度较高,须配精度较高和孔壁表面粗糙度较低的Ⅰ类孔(一般须钻小孔,组装后再铰孔或铣孔)。孔径 d_0 比螺栓杆径 d 大0.3~0.5 mm,受剪性能良好,但由于制造和安装比较费工,已很少采用。粗制螺栓表面不经特别加工,不仅粗糙且尺寸误差大,只须配用精度和孔壁粗糙度一般的Ⅱ类孔(通常一次冲成或钻成设计孔径)。一般情况下,当 $d \leqslant 16$ mm 时,孔径 d_0 比螺栓杆径 d 大1.5 mm;当 $d=18\sim24$ mm 时,d_0 比 d 大2 mm;当 $d=27\sim30$ mm 时,d_0 比 d 大3 mm。粗制螺栓连接由于与螺栓孔径间空隙较大,受剪时板件间将发生较大的相对滑移变形,直至螺栓杆与孔壁接触,受剪性能较差。由于操作简单、施工方便、无特殊设备、应用广泛,常用于承受拉力的安装螺栓连接、次要结构和可拆卸结构的受剪连接以及安装时的临时连接。

(二)高强度螺栓连接

高强度螺栓是采用强度较高的钢材制成,利用特制的扳手对栓杆施加强大的紧固预拉力,夹紧被连接构件。高强度螺栓连接分为摩擦型和承压型两种。在使用期间外力不超过板件接触面间的最大摩擦力,以外力达到板件接触面的最大摩擦力为极限状态,板件间不会发生相对的滑移,被连接构件弹性受力,称为高强度螺栓摩擦型连接。相反,如果外力超过板件接触面间的最大摩擦力,并产生相对的滑移,依靠栓杆受剪和孔壁承压以及板件接触面间的摩擦传力,则称为高强度螺栓承压型连接。此时,以栓杆剪切或孔壁承压破坏为极限状态,其后期的受力同普通螺栓连接。

高强度螺栓摩擦型连接的优点是加工方便、对构件截面削弱较小、可拆卸、能承受动力荷载、耐疲劳、韧性和塑性好。高强度螺栓承压型连接的优点是克服摩擦力产生相对滑移后可继续承载,设计承载力大,可节省螺栓用量;缺点是与摩擦型相比变形大、刚度较差、动力性能较差、强度储备小,只适用于承受允许一定滑移的静力荷载或间接动力荷载的结构。螺栓孔采用钻成孔,摩擦型连接螺栓的孔径 d_0 比螺栓杆的直径 d 大1.5~2.0 mm,承压型连接螺栓的孔径 d_0 比螺栓杆的孔径 d 大1.0~1.5 mm。

三、铆钉连接

铆钉连接是用一端带有半圆形预制钉头的铆钉,经加热后插入被连接件的钉孔中,用铆钉枪连续锤击或用压铆机挤压铆成钉头,使连接件被铆钉夹紧形成固定的连接。铆钉连接传力可靠,塑性和韧性均较好,但制造费工费料、打铆噪音大、工作条件差,目前基本被焊接和螺栓连接所取代。

第二节　焊接连接

一、焊接方法

钢结构中一般采用的焊接方法有手工电弧焊、自动或半自动埋弧焊、电阻焊和气体保护焊。

(一)手工电弧焊

图 2-2 是手工电弧焊的原理示意图,它由焊条、焊钳、焊件和导线等组成电路。手工电弧焊是利用通电后焊条和焊件之间产生的强大电弧,使电弧周围的金属变成液态,形成熔池,融化的焊条滴落在熔池中,并与焊件融化部分结合,冷却后形成焊缝。焊条药皮在焊接过程中产生气体和熔渣覆盖着熔池,防止空气中的氧、氮等气体与融化的液体金属接触,避免形成脆性易裂的化合物,其合金成分还可改善焊缝性能。

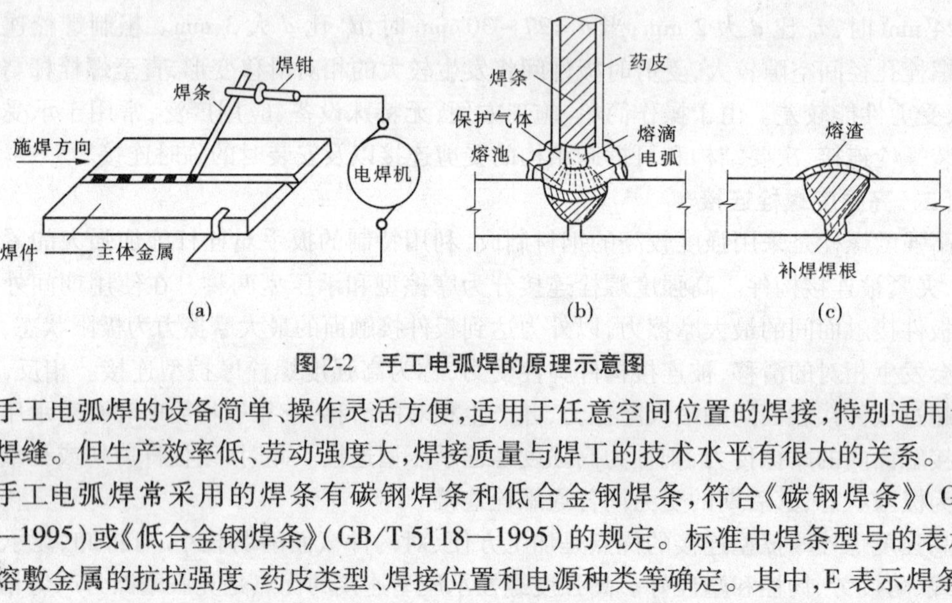

图 2-2　手工电弧焊的原理示意图

手工电弧焊的设备简单、操作灵活方便,适用于任意空间位置的焊接,特别适用于焊接短焊缝。但生产效率低、劳动强度大,焊接质量与焊工的技术水平有很大的关系。

手工电弧焊常采用的焊条有碳钢焊条和低合金钢焊条,符合《碳钢焊条》(GB/T 5117—1995)或《低合金钢焊条》(GB/T 5118—1995)的规定。标准中焊条型号的表示方法按熔敷金属的抗拉强度、药皮类型、焊接位置和电源种类等确定。其中,E 表示焊条,前两位数字表示焊条熔敷金属抗拉强度的最小值,单位为 kgf[1]/mm^2;碳素钢有 E43 和 E50 两种系列,低合金钢焊条在钢结构中仅采用 E50 和 E55 两种系列。型号的第三位数字表示焊条适用的焊接位置,0 和 1 表示适用于全位置(平、立、仰、横)焊接,2 表示适用于平焊和平角焊,4 表示适用于向下立焊。第三位和第四位数字组合在一起,表示焊接电流种类和药皮类型。低合金钢焊条的后缀符号表示熔敷金属化学成分的分类符号,如 A1 表示碳钼钢焊条,D3 表示锰钼钢焊条,G、W 表示其他根据合金元素需要的其他低合金钢焊条。

在选用焊条时,应与主体金属相匹配。一般情况下,对 Q235 钢采用 E43 型焊条,对 Q345 钢采用 E50 型焊条,对 Q390 钢和 Q420 钢采用 E55 型焊条。当不同强度的两种钢

[1] 1 kgf = 9.806 65 N。

材进行连接时，宜采用与低强度钢材相适应的焊条。

（二）自动或半自动埋弧焊

图2-3所示为自动埋弧焊原理图。采用设有涂层的焊丝插入从漏斗中流出的覆盖在被焊金属面上的焊剂中，通电后高温的电弧熔化了焊丝和焊剂，熔化的焊剂浮在熔化的金属表面上，保护熔化金属不与外界空气接触，有时焊剂还可提供焊缝必要的合金元素，改善焊缝质量。当焊丝随着焊机的自动移动而下降和熔化时，颗粒状的焊剂不断从漏斗流下埋住炫目电弧，全部焊接过程自动进行时，称为自动埋弧焊。焊机移动由人工操纵时，称为半自动埋弧焊。

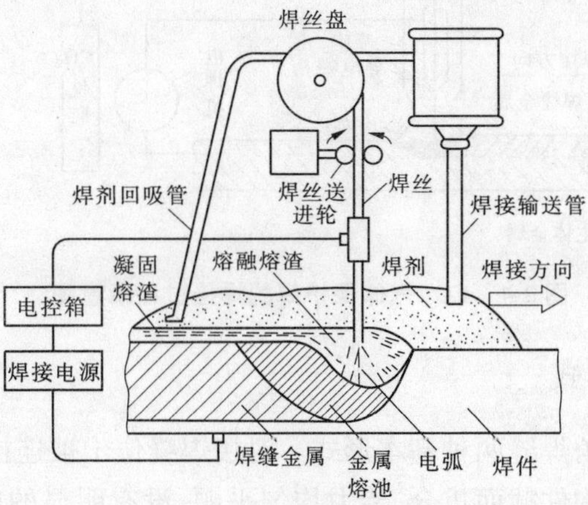

图2-3　自动埋弧焊原理示意图

埋弧焊的焊接速度快、生产效率高、成本低、工作条件好。自动埋弧焊由于电流较大、电弧热量集中、熔深大、焊缝质量均匀、内部缺陷比较少、塑性和冲击韧性都好，所以质量优于手工电弧焊，但它只适用于焊接较长的直线焊缝。半自动埋弧焊质量介于手工电弧焊和自动埋弧焊之间，由人工操作，故适用于焊接曲线或任意形状的焊缝。

自动或半自动埋弧焊采用的焊丝和焊剂应与主体金属强度相适应，即熔敷金属的强度和韧性与主体金属的相匹配。焊丝应符合《熔化焊用钢丝》（GB/T 14957—1994）、《碳钢药芯焊丝》（GB/T 10045—2001）和《低合金钢药芯焊丝》（GB/T 17493—2008）的规定，焊剂则根据需要按《埋弧焊用碳钢焊丝和焊剂》（GB/T 5293—1999）和《低合金钢埋弧焊用焊剂》（GB/T 12470—2003）相配合。

（三）电阻焊

电阻焊利用电流通过焊件接触点表面产生的热量来熔化金属，再通过压力使其焊合。冷弯薄壁型钢的焊接常采用电阻焊。电阻焊适用于板叠厚度不超过12 mm的焊接。

（四）气体保护焊

气体保护焊是利用惰性气体或CO_2气体作为保护介质，在电弧周围形成保护层，使被熔化的金属与空气隔绝，以保护焊接过程的稳定。由于焊接时没有焊剂产生的熔渣，便于观察焊缝的成型过程，但操作时须在室内避风处，在工地须搭设防风棚。

气体保护焊电弧加热集中、焊接速度较快、熔深大、热影响区较窄、焊接变形小，故焊接强度比手工焊的高，塑性好，具有较高的抗腐蚀能力。但设备较复杂，电弧光较强，金属飞溅多，焊缝表面成型不如埋弧焊平滑。适用于厚钢板或特厚钢板（$t \geqslant 100$ mm）的焊接。

CO_2 气体保护焊采用的焊丝应符合《气体保护电弧焊用碳钢、低合金钢焊丝》（GB/T 8110—2008）的规定，二氧化碳应符合《焊接用二氧化碳》（HG/T 2537—2008）的规定。CO_2 气体保护焊的焊接过程示意图如图 2-4 所示。

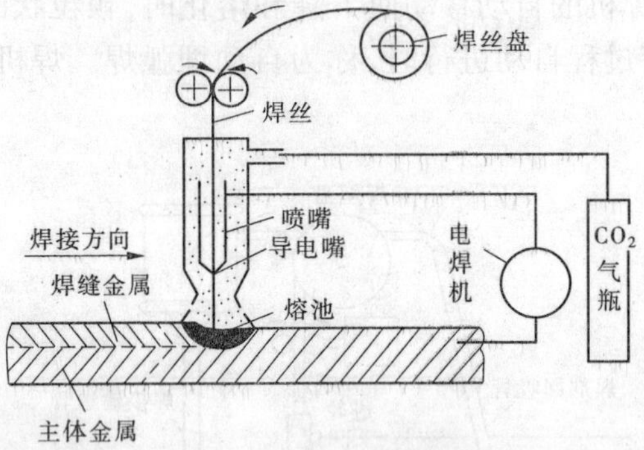

图 2-4　CO_2 气体保护焊的焊接过程示意图

二、焊接连接的形式

焊缝有对接焊缝和角焊缝两种基本形式。对接焊缝位于被连接板件或其中一个板件的平面内且焊缝截面与构件截面重合，传力均匀平顺，没有明显的应力集中，受力性能较好，用量经济，多应用于直接承受动力荷载的接头中，但是焊件边缘需要加工，对被连接两板的间隙和坡口尺寸有严格的要求。角焊缝位于板件边缘，传力不均匀，受力情况复杂，受力不均匀容易引起应力集中；但因不需要开坡口，尺寸和位置要求精度稍低，使用灵活，制造较方便，故得到广泛应用。应用时，结合构造、安装和焊接条件进行合理选择。

焊缝连接按所连接构件的相对位置分为对接、T 形连接、搭接和角接 4 种类型（见图 2-5）。

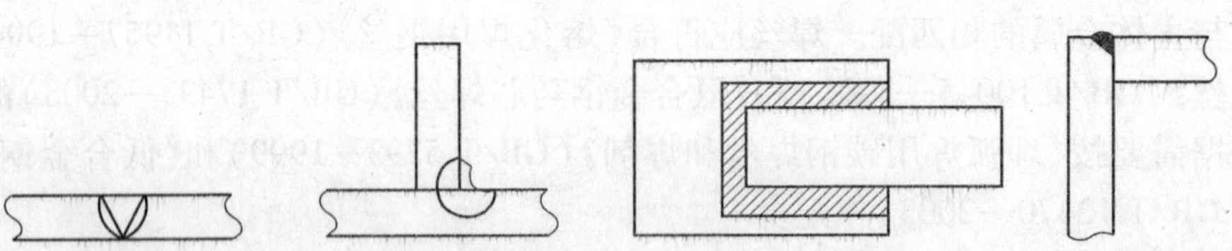

(a)对接连接　(b)T形连接　(c)搭接连接　(d)角接连接

图 2-5　焊接连接形式

按作用力与焊缝方向之间的关系，对接焊缝可分为直缝和斜缝，角焊缝可分为正面角焊缝、侧面角焊缝和斜向角焊缝（见图 2-6）。

角焊缝按沿其长度方向的布置还可分为连续角焊缝和间断角焊缝两种（见图 2-7）。连续角焊缝受力情况较好、应用广泛，为主要的角焊缝形式；间断角焊缝的起弧和灭弧处容易引起严重的应力集中，重要结构应避免使用，只能用于次要构件的连接或受力很小的

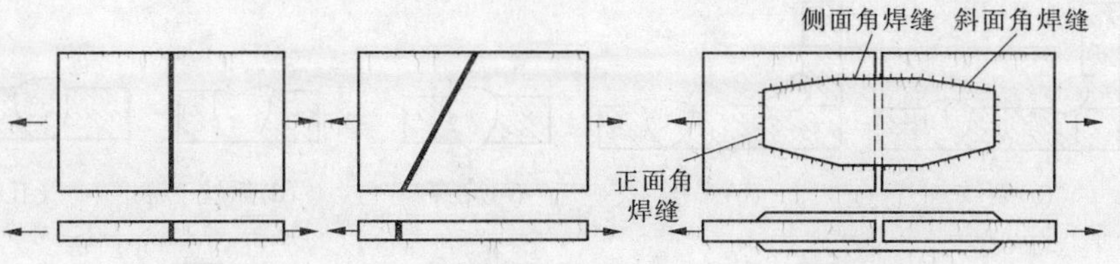

图 2-6　焊缝形式

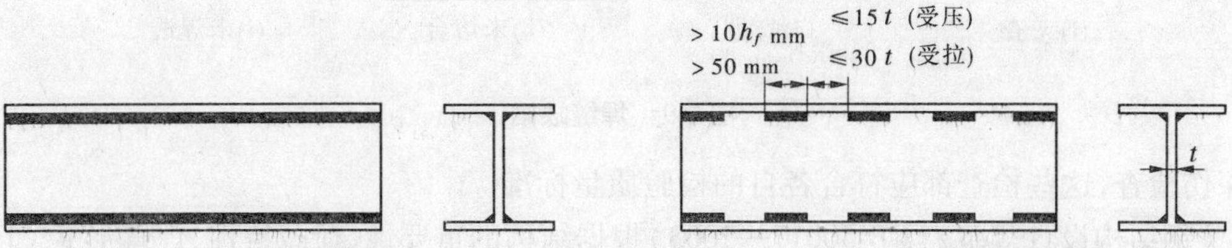

图 2-7　连续角焊缝和间断角焊缝

连接。受力间断角焊缝的间断距离不宜过大，对于受压构件应满足 $l \leqslant 15\ t$，对于受拉构件应满足 $l \leqslant 30\ t$（t 为较薄焊件厚度）。

焊缝按施焊位置分为平焊、立焊、横焊和仰焊（见图 2-8）。平焊亦称为俯焊，施焊方便，质量易保证；立焊、横焊施焊较难，质量和效率均低于平焊，要求焊工的操作水平较高。仰焊最为困难，施焊条件最差，质量不易保证，故设计和制造时应尽量避免。

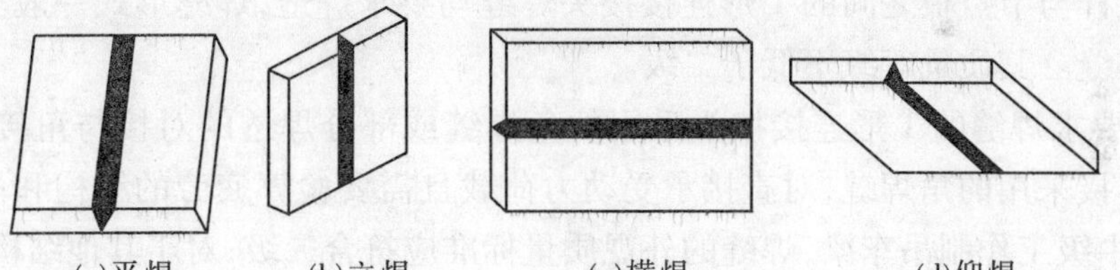

图 2-8　焊缝施焊位置

三、焊接连接的缺陷及焊缝质量检验

焊接连接的缺陷是指在焊接过程中，产生于焊缝金属或附近热影响区钢材表面或内部的缺陷。最常见的缺陷有裂纹、焊瘤、烧穿、弧坑、气孔、夹渣、咬边、未熔合、未焊透（规定部分焊透者除外）及焊缝外形尺寸不符合要求、焊缝成型不良等（见图 2-9）。它们将直接影响焊缝质量和连接强度，使焊缝受力面积削弱，且在缺陷处引起应力集中，导致产生裂纹，并由裂纹扩展引起断裂。

焊缝的质量检验，按《钢结构工程施工质量验收规范》（GB 50205—2001）分为三级，其中：三级焊缝只要求对全部焊缝作外观检查；二级焊缝除要求对全部焊缝作外观检查外，还须对部分焊缝作超声波等无损探伤检查；一级焊缝要求对全部焊缝作外观检查及无

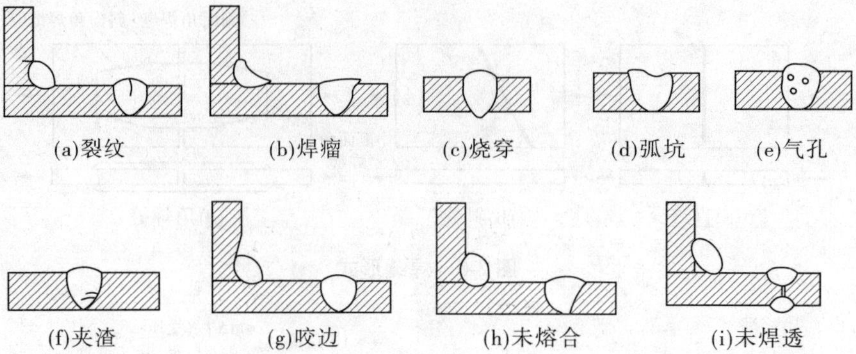

图 2-9　焊缝缺陷

损探伤检查，这些检查都应符合各自的检验质量标准。

《钢结构设计规范》(GB 50017—2003)根据结构的重要性、荷载特性、焊缝形式、工作环境及应力状态等情况，对焊缝质量等级具体规定如下：

(1)对于需要计算疲劳的构件：作用力垂直于焊缝长度方向的横向对接焊缝或 T 形对接与角接组合焊缝，受拉时应为一级，受压时应为二级；作用力平行于焊缝长度方向的纵向对接焊缝应为二级。

(2)不需要计算疲劳的构件，凡要求与母材等强的对接焊缝应焊透，受拉时质量等级不低于二级，受压时宜为二级。

(3)重级工作制和起重量 $Q \geqslant 50$ t 的中级工作制吊车梁的腹板与上翼缘之间以及吊车桁架上弦杆与节点板之间的 T 形连接接头焊缝均要求焊透，焊缝形式一般为对接与角接的组合焊缝。其质量等级不低于二级。

(4)不要求焊缝的 T 形连接接头采用的角焊缝或部分焊透的对接与角接组合焊缝，以及搭接连接采用的角焊缝，对直接承受动力荷载且需要验算疲劳的结构和吊车起重量 $Q \geqslant 50$ t 的中级工作制吊车梁，焊缝的外观质量标准应符合二级；对于其他结构，焊缝的外观质量标准可为三级。

从《钢结构设计规范》(GB 50017—2003)规定的四条原则可以看出焊缝质量等级选用的基本规律：受拉焊缝高于受压焊缝，受动力荷载焊缝高于受静力荷载焊缝。对接焊缝一般要求全焊透并与母材等强，作无损探伤检查，质量等级不宜低于二级。角焊缝一般只进行外观检查，质量等级为三级。

四、焊缝代号

焊缝代号由引出线、图形符号和辅助符号三部分组成。引出线由横线和带箭头的斜线组成。箭头指到图形当中的相应焊缝处，横线的上下面用来标注图形符号和焊缝尺寸。当引出线的箭头指向焊缝所在位置一侧时，将图形符号和焊缝尺寸标注在横线的上面；反之，则将图形符号和焊缝尺寸标注在水平横线的下面。必要时，可以在水平横线的末端加一尾部作为标注其他说明。图形符号表示焊缝的基本形式，如用◣表示角焊缝，V 表示 V

形坡口的对接焊缝。辅助符号表示焊缝的辅助要求,如▸表示现场安装焊缝等。在表 2-1 中列举了一些常用焊缝的表示方法,可供参考。

表 2-1　焊缝的代号

项目	角焊缝				对接焊缝	塞焊缝	三面围焊
	单面焊缝	双面焊缝	安装焊缝	相同焊缝			
形式					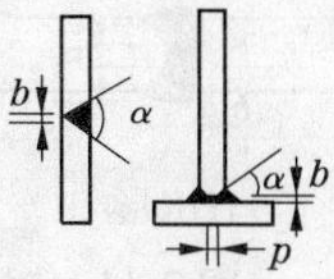	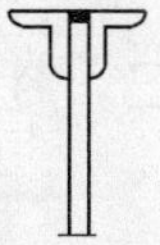	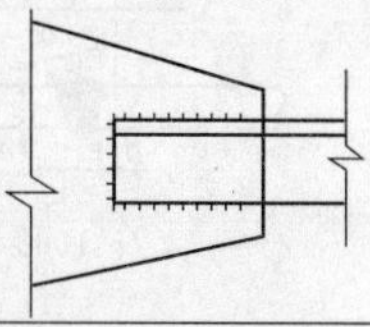
标注方法	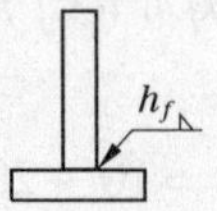	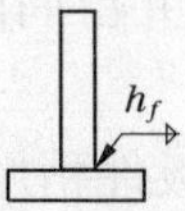		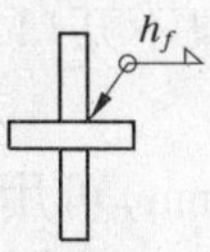	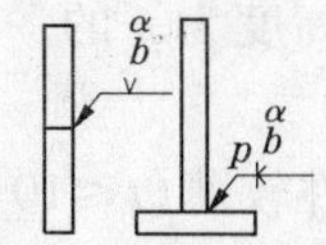		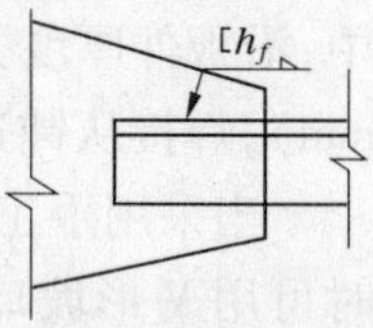

当焊缝分布比较复杂或用上述标注方法无法表达清楚时,可在图形上加栅线表示(见图 2-10)。

(a)正面焊缝　　(b)背面焊缝　　(c)安装焊缝

图 2-10　用栅线表示焊缝

第三节　对接焊缝连接

一、对接焊缝的构造

对接焊缝按是否焊透可分为焊透的和部分焊透的两种。焊透的对接焊缝强度高,受力性能好,故一般均采用焊透的对接焊缝。只有当板件较厚而内力较小或甚至不受力时,才可采用部分焊透的对接焊缝,以省工省料和减小焊接变形。但由于它们未焊透,应力集中和残余应力严重,对于直接承受动力荷载的构件不宜采用。这里仅介绍焊透的焊接连接。

采用对接焊缝时,为了保证焊接质量,常常需要对焊件边缘加工成适当形式和尺寸的坡口,以便焊接时有必要的焊条运转空间,保证在板件全厚度内焊透。坡口形式随着板厚和焊接方法而不同。板越厚或手工焊时,坡口要相应加大,但应尽量减少对接焊缝的截面面积或体积。对接焊缝用料经济、传力均匀,无明显的应力集中,利于承受动力荷载,但需要开坡口,焊件长度要精确。

对接焊缝坡口的具体形式与尺寸应根据国家标准来确定。坡口形式通常有 I 形(即不开坡口)、单边 V 形、双边 V 形、J 形、U 形、K 形和 X 形等,如图 2-11 所示。在各种坡口

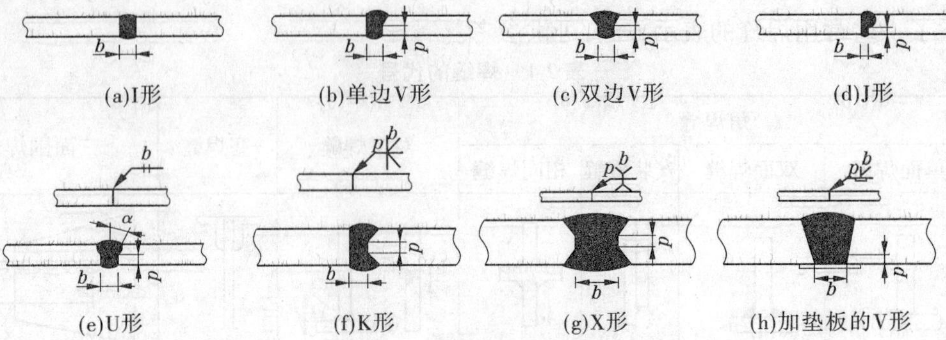

图 2-11　对接焊缝的坡口形式

中,沿板件厚度方向通常有高度为 p 的一段不开口,称为钝边,并留间隙为 b(均为 1～3 mm),焊接从钝边根部开始。

当采用手工焊时,若焊件较薄($t \leqslant 10$ mm)可用 I 形坡口,板件稍厚($t = 10 \sim 20$ mm)时可用 V 形坡口,板件更厚($t > 20$ mm)时可用 U 形或 X 形坡口。这些焊缝在正面焊好后,须再从背面清渣补焊(封底焊缝)。U 形或 X 形坡口与 V 形坡口相比可以减小焊缝体积。其中,U 形加工较困难,X 形加工较简单,焊缝体积也小,常用于有翻转条件的焊件,以便从两面施焊。

在 T 形连接或角接接头中以及对接接头一边板件不便开坡口时,可采用单边 V 形、J 形或 K 形坡口。

埋弧焊的熔深较大,故同样坡口形式的适用板厚 t 可以适当加大,对接间隙 b 可稍小,钝边高度 p 可稍大。

在钢板厚度或宽度有变化的焊接中,为了使构件传力均匀、减少应力集中,应在板的一侧或两侧做坡度不大于 1∶2.5 的斜坡(见图 2-12),形成平缓的过渡。若板厚相差不大于 4 mm,则可不做斜坡。对于直接承受动力荷载且需计算疲劳的结构,上述变宽、变厚处的坡度不应大于 1∶4。

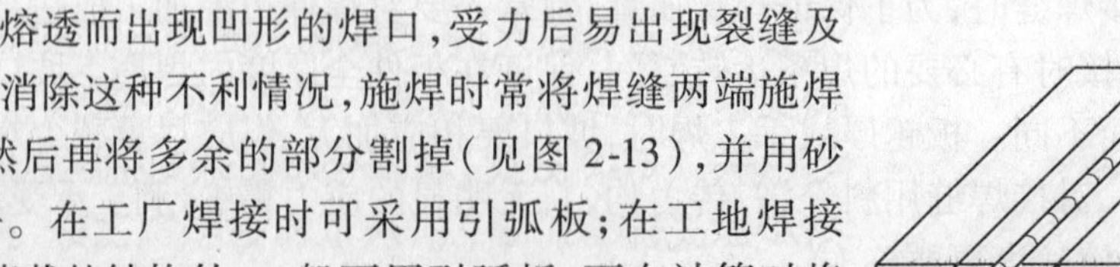

图 2-12　变截面钢板拼接　(单位:mm)

常因不能熔透而出现凹形的焊口,受力后易出现裂缝及应力集中。为消除这种不利情况,施焊时常将焊缝两端施焊至引弧板上,然后再将多余的部分割掉(见图 2-13),并用砂轮将表面磨平。在工厂焊接时可采用引弧板;在工地焊接时,除受动力荷载的结构外,一般不用引弧板,而在计算时将每条焊缝长度减去 $2t$(t 为连接件较小厚度)。

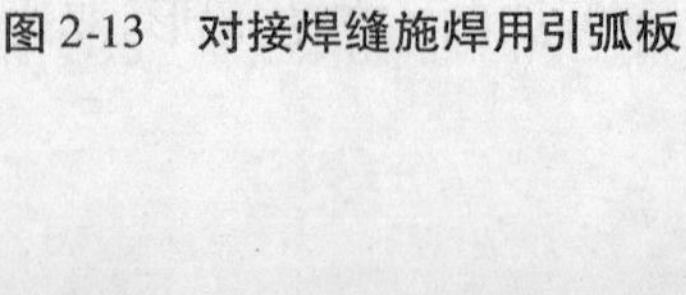

图 2-13　对接焊缝施焊用引弧板

二、对接焊缝的计算

对接焊缝的截面与被连接件截面基本相同，故焊缝中应力与被连接件截面的应力分布情况一致，设计时采用的强度计算式与被连接件的相同。

（一）轴心受力的对接焊缝的计算

轴心受力的对接焊缝示意图如图 2-14 所示。

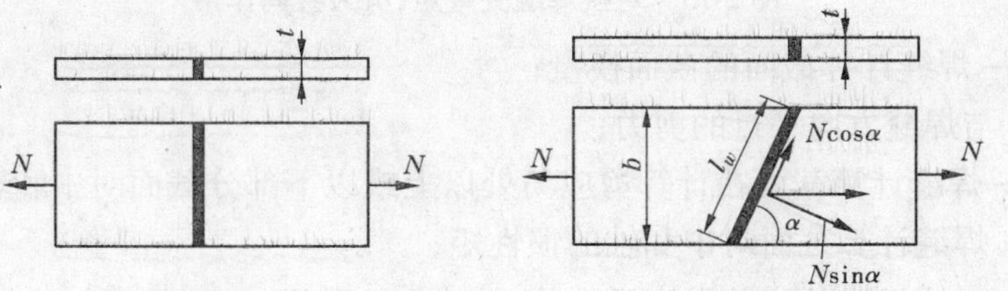

图 2-14　轴心受力的对接焊缝示意图

对接焊缝受垂直于焊缝长度方向的轴向力（拉力或压力），焊缝强度按式(2-1)计算

$$\sigma = \frac{N}{l_w t} \leqslant f_t^w \text{ 或 } f_c^w \tag{2-1}$$

式中　N——轴心拉力或压力；

l_w——焊缝的计算长度，当采用引弧板时取焊缝的实际长度，当未采用引弧板时每条焊缝的计算长度取实际长度减去 $2t$；

t——板件较小厚度，T 形连接中为腹板厚度；

f_t^w、f_c^w——对接焊缝的抗拉强度、抗压强度设计值，按表 1-4 采用。

当按公式(2-1)计算的对接直焊缝的强度低于焊件的强度时，为了提高连接的承载能力，可将直焊缝移到受力较小的部位；不便移动时，可改为二级直焊缝或者可以改用斜焊缝（见图 2-14(b)）。《钢结构设计规范》(GB 50017—2003)规定，当斜焊缝和作用力间夹角 θ 符合 $\tan\theta \leqslant 1.5(\theta \leqslant 56.3°)$ 时，强度不低于母材，可不计算焊缝强度。

对于按一、二级标准检验焊缝质量的重要构件，焊缝和构件等强，不必计算。对有拉应力构件中的三级对接直焊缝，则须进行焊缝抗拉强度计算。

（二）弯矩、剪力共同作用时对接焊缝的计算

1. 矩形截面

图 2-15(a)为在弯矩 M、剪力 V 共同作用下的矩形截面对接焊缝连接。由于焊缝截面中的最大正应力和最大剪应力不在同一点上，故应用式(2-2)和式(2-3)分别验算其最大的正应力和剪应力，即

$$\sigma = \frac{M}{W_w} \leqslant f_t^w \tag{2-2}$$

$$\tau_{\max} = \frac{VS_w}{I_w t} \leqslant f_v^w \tag{2-3}$$

式中　M——计算截面的弯矩；

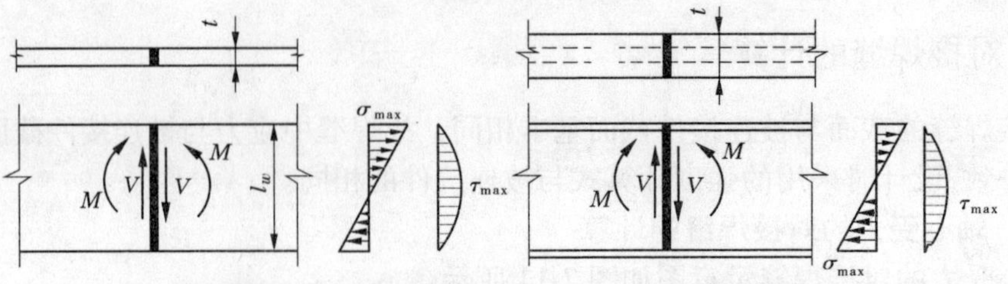

(a)矩形截面　　(b)工字形截面

图 2-15　对接焊缝受弯矩、剪力共同作用

W_w—— 焊缝计算截面的截面模量；

V—— 与焊缝方向平行的剪力；

S_w—— 焊缝计算截面在计算剪应力处以上或以下部分截面对中和轴的面积矩；

I_w—— 焊缝计算截面对中和轴的惯性矩；

f_v^w—— 对接焊缝的抗剪强度设计值，按表 1-4 采用。

2. 工字形截面

图 2-15(b)为在弯矩 M、剪力 V 共同作用下的工字形截面对接焊缝连接，同时截面中的最大正应力和最大剪应力也不在同一点上，所以也应按式(2-2)和式(2-3)分别进行验算。此外，在同时受较大正应力 σ_1 和较大剪应力 τ_1 的翼缘与腹板交接处，还应按式(2-4)验算其折算应力，即

$$\sqrt{\sigma_1^2 + 3\tau_1^2} \leqslant 1.1 f_t^w \tag{2-4}$$

式中　σ_1—— 腹板对接焊缝端部处的正应力，按 $\sigma_1 = \sigma_{max}\dfrac{h_0}{h}$ 计算；

h_0—— 腹板高度；

h——梁截面总高度；

τ_1—— 腹板对接焊缝端部处的剪应力，按 $\tau_1 = \dfrac{VS_{w1}}{I_w t_w}$ 计算；

I_w—— 工字形截面对中和轴的惯性矩；

S_{w1}—— 工字形截面受拉翼缘对截面中和轴的面积矩；

t_w—— 工字形截面腹板厚度；

1.1—— 考虑最大折算应力只在腹板端部处局部出现，而焊缝强度最低限值与最不利应力同时存在的几率较小，故将其强度设计值 f_t^w 提高 10%。

【例 2-1】　设计截面为 500 mm × 14 mm 钢板的对接焊缝拼接，见图 2-16。钢板承受轴心拉力，其中恒荷载和活荷载标准值引起的轴心拉力值分别为 700 kN 和 400 kN，相应的荷载分项系数分别为 1.2 和 1.4，已知钢材为 Q235BF，采用 E43 型焊条手工电弧焊，三级质量标准，施焊时未采用引弧板。

解：焊缝承受的轴心拉力设计值为

$$N = 700 \times 1.2 + 400 \times 1.4 = 1\,400(\text{kN})$$

三级对接焊缝抗拉强度设计值　　$f_t^w = 185\ \text{N/mm}^2$

先考虑用直焊缝验算其强度

$$\sigma = \frac{N}{l_w t} = \frac{1\,400 \times 10^3}{(500 - 2 \times 14) \times 14} = 211.9(\mathrm{N/mm^2}) > f_t^w = 185\ \mathrm{N/mm^2}$$

直焊缝强度不够,故建议采用斜对接焊缝,按照 $\tan\theta \leqslant 1.5$ 的要求布置斜焊缝(见图2-16)。

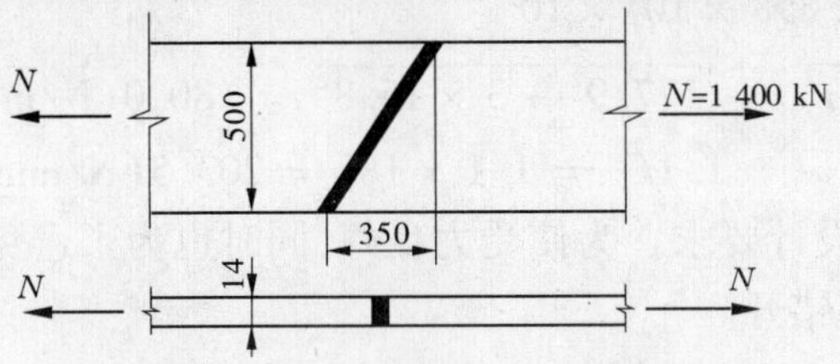

图2-16　例2-1 计算简图　(单位:mm)

【例2-2】　8 m跨度简支梁的截面和荷载设计值(梁自重包括在内)如图2-17所示,拟在离支座2.5 m处做翼缘和腹板的拼接,试设计其拼接对接焊缝。已知钢材为Q235BF,采用E43型焊条手工电弧焊,三级质量标准,用引弧板施焊。

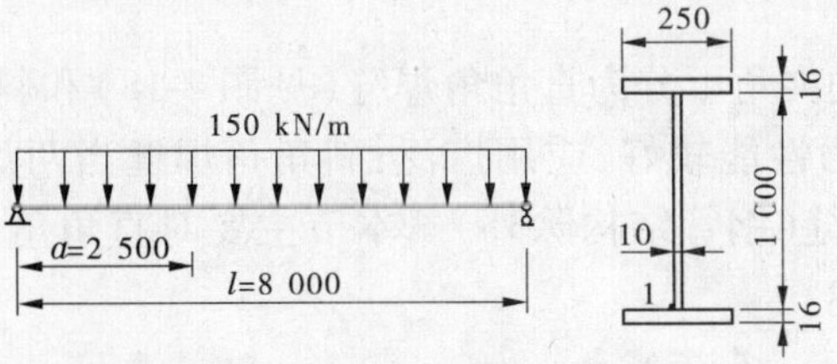

图2-17　例2-2 计算简图　(单位:mm)

解:离支座2.5 m处的内力设计值为

$$M = \frac{qab}{2} = \frac{150 \times 2.5 \times (8 - 2.5)}{2} = 1\,031.25(\mathrm{kN \cdot m})$$

$$V = q(\frac{l}{2} - a) = 150 \times (\frac{8}{2} - 2.5) = 225(\mathrm{kN})$$

梁截面参数

$$I_w = \frac{250 \times 1\,032^3 - 240 \times 1\,000^3}{12} = 2\,898 \times 10^6(\mathrm{mm^4})$$

$$W_w = \frac{2\,898 \times 10^6}{516} = 5.616 \times 10^6(\mathrm{mm^3})$$

$$S_{1w} = 250 \times 16 \times 508 = 2.032 \times 10^6(\mathrm{mm^3})$$

$$S_w = S_{1w} + \frac{10 \times 500^2}{2} = 3.282 \times 10^6(\mathrm{mm^3})$$

先考虑翼缘和腹板都用直对接焊缝拼接,验算其强度

$$\sigma = \frac{M}{W_w} = \frac{1\,031.25 \times 10^6}{5.616 \times 10^6} = 183.6(\mathrm{N/mm^2}) < f_t^w = 185\ \mathrm{N/mm^2}$$

$$\tau = \frac{VS_w}{I_w t} = \frac{225 \times 10^3 \times 3.282 \times 10^6}{2\,898 \times 10^6 \times 10} = 25.5(\mathrm{N/mm^2}) < f_v^w = 125\ \mathrm{N/mm^2}$$

腹板和翼缘交接点 1 处

$$\sigma_1 = \sigma_{max}\frac{h_0}{h} = 183.6 \times \frac{1\ 000}{1\ 032} = 177.9(\text{N/mm}^2) < f_t^w = 185\ \text{N/mm}^2$$

$$\tau_1 = \frac{VS_{1w}}{I_w t} = \frac{225 \times 10^3 \times 2.032 \times 10^6}{2\ 898 \times 10^6 \times 10} = 15.8(\text{N/mm}^2) < f_v^w = 125\ \text{N/mm}^2$$

$$\sqrt{\sigma_1^2 + 3\tau_1^2} = \sqrt{177.9^2 + 3 \times 15.8^2} = 180.0(\text{N/mm}^2) < 1.1f_t^w = 1.1 \times 185 = 203.5(\text{N/mm}^2)$$

直焊缝拼接能满足设计要求。为使受力良好,同时也为了避免焊缝集中,在实际设计中,通常将三块板的拼接错开。

第四节　角焊缝的构造和计算

一、角焊缝的形式与构造

(一)角焊缝的形式

角焊缝按两焊脚边的夹角可分为直角角焊缝(见图 2-18)和斜角角焊缝(见图 2-19)两种。直角角焊缝的受力性能较好,应用广泛;斜角角焊缝当两焊脚边夹角 $\alpha > 135°$ 或 $\alpha < 60°$ 时,不宜作受力焊缝(钢管结构除外)。本节主要对直角角焊缝的构造、工作性能和计算方法加以详细论述。

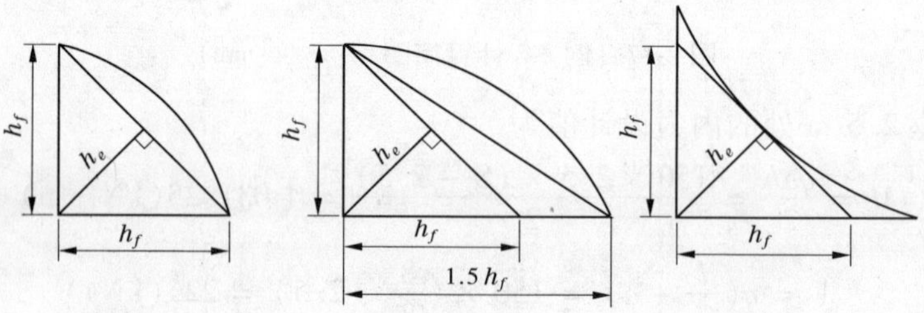

(a)普通型　　(b)平坦型　　(c)凹面型

图 2-18　直角角焊缝截面形式

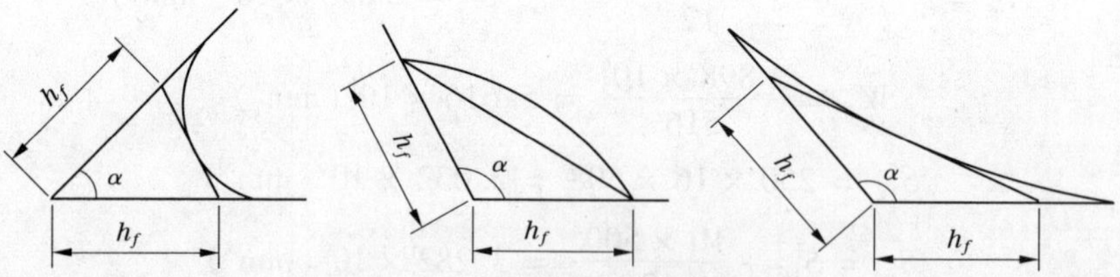

图 2-19　斜角角焊缝截面形式

角焊缝按其与外力作用方向的不同可分为平行于力作用方向的侧面角焊缝、垂直于力作用方向的正面角焊缝(也可称端焊缝)和与力作用方向斜交的斜向角焊缝三种(见图 2-20)。

角焊缝按其截面形式可分为普通型、平坦型和凹面型三种(见图 2-18)。一般情况下

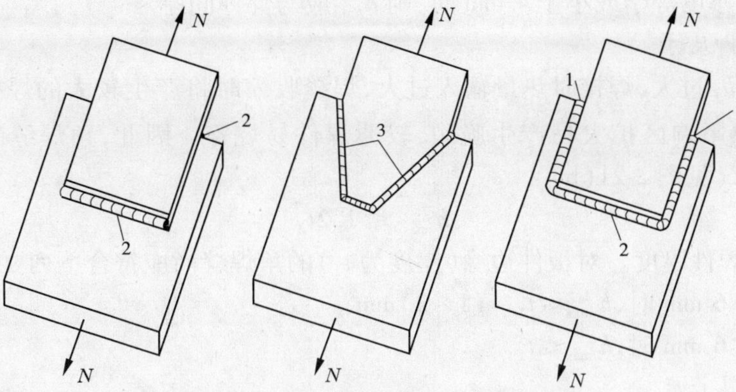

1—侧面角焊缝；2—正面角焊缝；3—斜向角焊缝

图 2-20　角焊缝的受力形式

采用普通型角焊缝，但其力线弯折，应力集中严重；对于正面角焊缝也可采用平坦型或凹面型角焊缝；对于承受直接动力荷载的结构，为使传力平缓，正面角焊缝宜采用平坦型（长边顺内力方向），侧面角焊缝则宜采用凹面型角焊缝。

普通型角焊缝截面的两个直角边长 h_f 称为焊脚尺寸。计算焊缝强度时，按最小截面即 $\alpha/2$ 角处截面（直角角焊缝在45°处截面）计算，该截面称为有效截面或计算截面。其截面厚度称为计算厚度 h_e（见图 2-18(a)）。

直角角焊缝的计算厚度 $h_e=0.7h_f$，不计凸出部分的余高。平坦型焊缝和凹面型焊缝的 h_f 和 h_e 按图 2-18 采用。

（二）角焊缝的构造要求

1. 最小焊脚尺寸

如果板件厚度较大而焊缝焊脚尺寸过小，则施焊时焊缝冷却速度过快，可能产生淬硬组织，易使焊缝附近主体金属产生裂纹。因此，《规范》规定角焊缝的最小焊脚尺寸 $h_{f\min}$ 应满足式(2-5)的要求（见图 2-21(a)），即

$$h_{f\min} \geqslant 1.5\sqrt{t_1} \tag{2-5}$$

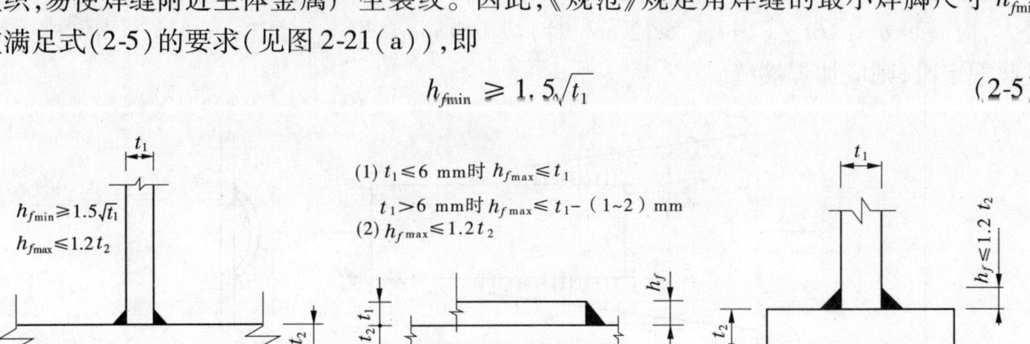

图 2-21　角焊缝的焊脚尺寸

此处 t_1 为较厚焊件的厚度，以 mm 计。自动焊的热量集中，因而熔深较大，故最小焊脚尺寸 $h_{f\min}$ 可较式(2-5)减小 1 mm。T 形连接单面角焊缝可靠性较差，$h_{f\min}$ 应较式(2-5)增加

1 mm。当焊件厚度等于或小于 4 mm 时，则 $h_{f\min}$应与焊件同厚。

2. 最大焊脚尺寸

角焊缝的 h_f 过大，焊接时热量输入过大，焊缝收缩时将产生较大的焊接残余应力和残余变形，且热影响区扩大易产生脆裂，较薄焊件易烧穿。因此，角焊缝的 $h_{f\max}$应满足式(2-6)的要求(见图 2-21(b))

$$h_{f\max} \leqslant 1.2t_2 \tag{2-6}$$

t_2 为较薄焊件厚度。对板件边缘(厚度为 t_1)的角焊缝尚应符合下列要求：

(1)当 $t_1 > 6$ mm 时，$h_{f\max} \leqslant t_1 - (1\sim2)$ mm；

(2)当 $t_1 \leqslant 6$ mm 时，$h_{f\max} \leqslant t_1$。

3. 最小计算长度

角焊缝的焊缝长度过短，焊件局部受热严重，且施焊时起落弧坑相距过近，再加上一些可能产生的缺陷使焊缝不够可靠。因此，规定角焊缝的最小计算长度 $l_w \geqslant 8h_f$ 且不小于 40 mm。

4. 侧面角焊缝的最大计算长度

侧面角焊缝沿长度方向的剪应力分布很不均匀，两端大而中间小，且随焊缝长度与其焊脚尺寸之比的增大而更为严重。当焊缝过长时，其两端应力可能达到极限，而中间焊缝却未充分发挥作用。因此，侧面角焊缝的最大计算长度取 $l_w \leqslant 60h_f$。当侧缝的实际长度超过上述规定数值时，超过部分在计算中不予考虑；若内力沿侧面角焊缝全长分布，则不受此限制，例如工字形截面柱或梁的翼缘与腹板的角焊缝连接等。

5. 最小搭接长度

在搭接连接中，为减小因焊缝收缩产生过大的焊接残余应力及因偏心产生的附加弯矩，要求搭接长度 $l \geqslant 5t_2$，且不小于 25 mm。

6. 仅用两侧连接的构造要求

板件的端部仅用两侧面角焊缝连接时(见图 2-22)，为避免应力传递过于弯折而致使板件应力过于不均匀，应使焊缝长度 $l_w \geqslant b$；同时，为避免因焊缝收缩引起板件变形拱曲过大，应满足 $b \leqslant 16t_{\min}$(当 $t_{\min} > 12$ mm 时)或 190 mm(当 $t_{\min} \leqslant 12$ mm 时)。当宽度 b 超过此规定时，则应加焊端缝。

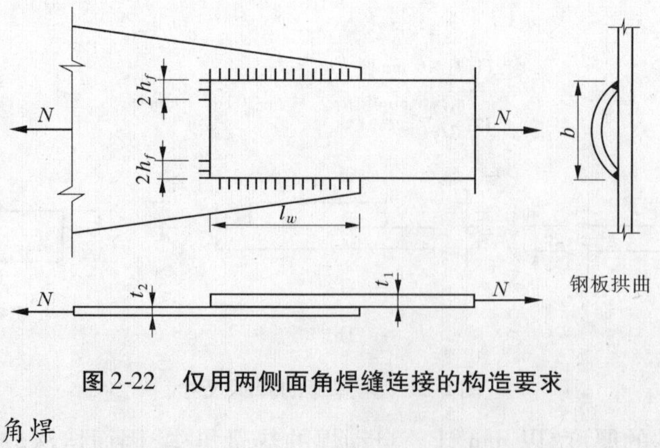

图 2-22　仅用两侧面角焊缝连接的构造要求

7. 角焊缝的绕角焊

当角焊缝的端部在构件的转角处时，为避免起落弧缺陷发生在此应力集中较大部位处，宜做长度为 $2h_f$ 的绕角焊（见图 2-23），且转角处必须连续施焊，以改善连接的受力工作。

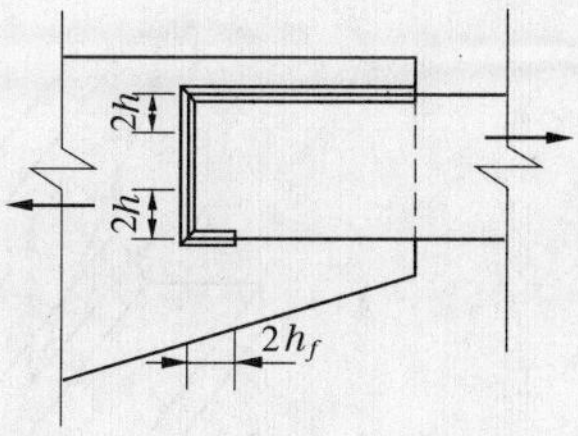

图 2-23　角焊缝的绕角焊

二、角焊缝的基本计算公式

（一）角焊缝的应力状况和强度

1. 侧面角焊缝

在图 2-24（a）所示的轴向力 N 作用下，侧面角焊缝主要承受平行于焊缝长度方向的剪应力 $\tau_{/\!/}$。由于构件的内力传递集中到侧面，力线产生弯折，故在弹性阶段，$\tau_{/\!/}$ 沿焊缝长度方向分布不均匀，两端大、中间小，侧面角焊缝塑性较好，在长度适当的情况下，应力经重新分布渐趋均匀。侧面角焊缝的破坏常由两端开始，在出现裂缝后，通常沿 45°喉部截面迅速断裂。

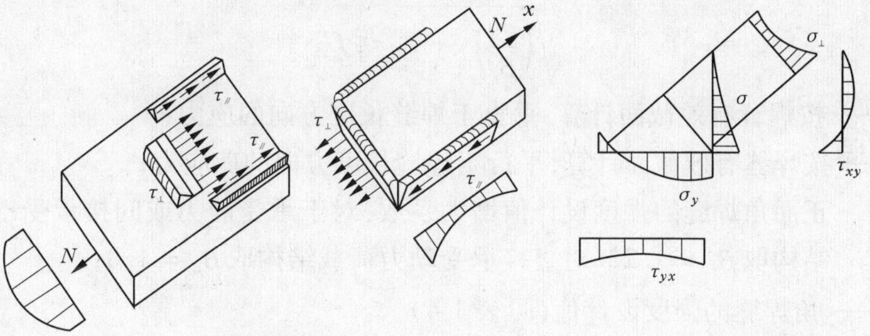

(a)侧面角焊缝　(b)正面角焊缝

图 2-24　角焊缝的应力状态

2. 正面角焊缝

在轴向力 N 作用下，正面角焊缝中应力沿焊缝长度方向分布比较均匀，两端比中间略低，但应力状态比侧面角焊缝复杂。两焊脚边均有正应力和剪应力，且分布不均匀（见图 2-24（b）），在 45° 喉部截面上有剪应力 $\tau_{/\!/}$ 和正应力 $\sigma_{\perp}$ 。由于在焊缝根部应力集中严重，裂缝首先在此处产生，随即整条焊缝断裂，破坏面不太均匀，除沿 45°喉部截面处，亦可能沿焊缝的两熔合边破坏。正面角焊缝刚度大、塑性较差、破坏时变形小，但强度较高，其平均破坏强度为侧面角焊缝的 1.35～1.55 倍。

（二）角焊缝有效截面上的应力

在外力作用下，直角角焊缝有效厚度截面上产生三个方向应力，即 $\tau_{/\!/}$、$\sigma_{\perp}$、$\tau_{\perp}$（见图 2-25）。三个方向应力与焊缝强度间的关系用式（2-7）表示为

$$\sqrt{\sigma_{\perp}^2 + 3(\tau_{/\!/}^2 + \tau_{\perp}^2)} \leqslant \sqrt{3} f_f^w \tag{2-7}$$

式中　$\sigma_{\perp}$ —— 垂直于角焊缝有效截面上的应力；

$\tau_{\perp}$ —— 有效截面上垂直于焊缝长度方向的剪应力；

$\tau_{/\!/}$ —— 有效截面上平行于焊缝长度方向的剪应力；

f_f^w —— 角焊缝的强度设计值（见表 1-4）。

将 $\sigma_{\perp}$、$\tau_{\perp}$ 和 $\tau_{/\!/}$ 代入式（2-7）得到角焊缝的一般强度计算表达式为

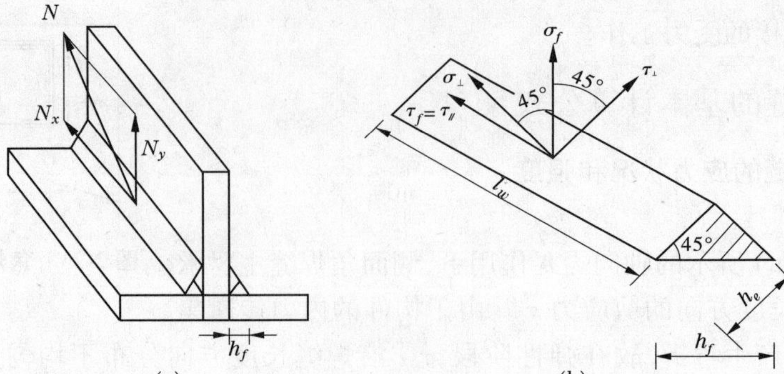

(a)　(b)

图 2-25　角焊缝的应力分析

$$\sqrt{\left(\frac{\sigma_f}{\beta_f}\right)^2+\tau_f^2}\leqslant f_f^w \tag{2-8}$$

式中　σ_f——按焊缝有效截面计算，垂直于焊缝长度方向的应力；

τ_f——按焊缝有效截面计算，平行于焊缝长度方向的剪应力；

β_f——正面角焊缝的强度设计值增大系数，对于承受静力或间接承受动力荷载的结构取 $\beta_f=1.22$，对直接承受动力荷载结构取 $\beta_f=1.0$；

f_f^w——角焊缝的强度设计值（见表 1-4）。

三、角焊缝连接的计算

（一）角焊缝受轴心力作用时的计算

当作用力通过角焊缝群形心时，焊缝沿长度方向的应力均匀分布。由于作用力与焊缝长度方向间的关系不同，计算表达式有所不同，分别为：

（1）侧面角焊缝或作用力平行于焊缝长度方向的角焊缝强度计算表达式为

$$\tau_f=\frac{N}{h_e\sum l_w}\leqslant f_f^w \tag{2-9}$$

（2）正面角焊缝或作用力垂直于焊缝长度方向的角焊缝强度计算表达式为

$$\sigma_f=\frac{N}{h_e\sum l_w}\leqslant \beta_f f_f^w \tag{2-10}$$

（3）由侧面、正面角焊缝组成的三面围焊时，应分别计算在两个方向作用下的应力，然后按式（2-8）计算强度。

（4）由侧面、正面和斜向角焊缝组成的周围角焊缝，假设破坏时各部分角焊缝都达到各自的极限强度，则

$$\frac{N}{\sum(\beta_f h_e l_w)}\leqslant f_f^w \tag{2-11}$$

对于承受静力和间接动力荷载的结构，β_f 按下列规定取用：侧面角焊缝部分取 $\beta_f=$

1.0;正面角焊缝部分取$\beta_f = 1.22$;斜向角焊缝部分取$\beta_f = \beta_{f\theta} = \dfrac{1}{\sqrt{1 - \frac{1}{3}\sin^2\theta}}$计算,$\beta_{f\theta}$称为斜向角焊缝强度增大系数,其值为1.0 ~ 1.22,按表2-2取用。对直接承受动力荷载的结构$\beta_f = 1.0$。

表 2-2　斜向角焊缝强度增大系数 $\beta_{f\theta}$

θ	0°	20°	30°	40°	45°	50°	60°	70°	80° ~ 90°
$\beta_{f\theta}$	1.0	1.02	1.04	1.08	1.10	1.11	1.15	1.19	1.22

设计角焊缝时,考虑到每条焊缝起弧和灭弧的缺陷,每条焊缝的计算长度取实际长度减去$2h_f$。

(二)在轴向力作用下,角钢用角焊缝连接的计算

角钢用角焊缝连接可以采用两侧面焊缝、三面围焊和L形围焊三种方式。为了避免偏心受力,应使焊缝传递的合力作用线与角钢杆件的轴线重合。

1. 两侧面焊缝连接时

当两侧面焊缝连接时(见图2-26(a)),由于角钢截面重心轴线到肢背和肢尖的距离

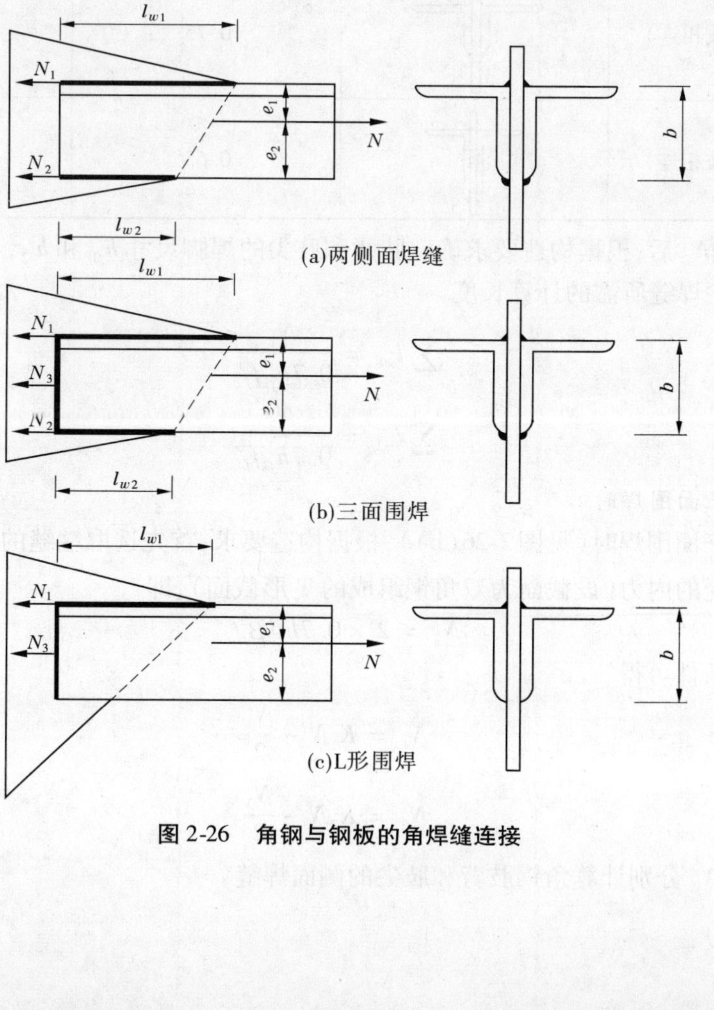

图 2-26　角钢与钢板的角焊缝连接

不相等，靠近重心轴线的肢背焊缝承受较大的内力。设 N_1、N_2 分别为角钢肢背和肢尖焊缝承受的内力，由力矩平衡条件可得

$$N_1 = \frac{e_2}{e_1 + e_2} N = K_1 N \tag{2-12}$$

$$N_2 = \frac{e_1}{e_1 + e_2} N = K_2 N \tag{2-13}$$

式中　e_1、e_2——角钢与连接板贴合肢重心轴线到肢背、肢尖的距离；

K_1、K_2——角钢肢背、角钢肢尖焊缝的内力分配系数，实际设计时，可按表 2-3 的近似值采用。

表 2-3　角钢侧面角焊缝内力分配系数

角钢类型	连接情况	分配系数	
		角钢肢背 K_1	角钢肢尖 K_2
等边	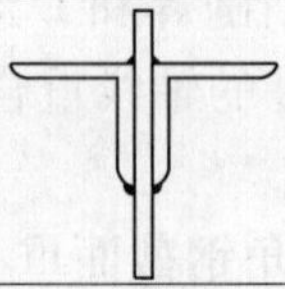	0.70	0.30
不等边（短肢相连）	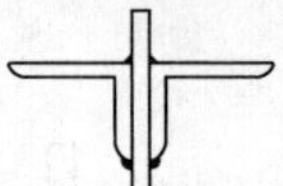	0.75	0.25
不等边（长肢相连）		0.65	0.35

算得 N_1、N_2 后，根据构造要求确定肢背和肢尖的焊脚尺寸 h_{f1} 和 h_{f2}，然后分别计算角钢肢背和肢尖焊缝所需的计算长度

$$\sum l_{w1} = \frac{N_1}{0.7 h_{f1} f_f^w} \tag{2-14}$$

$$\sum l_{w2} = \frac{N_2}{0.7 h_{f2} f_f^w} \tag{2-15}$$

2. 采用三面围焊时

当采用三面围焊时（见图 2-26（b）），根据构造要求，首先选取端缝的焊脚尺寸 h_f 并计算其所能承受的内力（设截面为双角钢组成的 T 形截面），即

$$N_3 = 2 \times 0.7 h_f b \beta_f f_f^w \tag{2-16}$$

由平衡条件可得

$$N_1 = K_1 N - \frac{N_3}{2} \tag{2-17}$$

$$N_2 = K_2 N - \frac{N_3}{2} \tag{2-18}$$

同样，由 N_1、N_2 分别计算角钢肢背和肢尖的侧面焊缝。

3. 采用 L 形围焊时

当采用 L 形围焊时(见图 2-26(c)),L 形围焊中由于角钢肢尖无焊缝,可令式(2-18)中的 $N_2=0$,可得到

$$N_3 = 2K_2N \tag{2-19}$$

$$N_1 = N - N_3 = (1-2K_2)N \tag{2-20}$$

求得 N_1 和 N_3 后,可分别计算角钢正面角焊缝和肢背侧面角焊缝。

【例 2-3】 如图 2-27 所示为一双盖板的角焊缝对接接头。已知钢板截面为 400 mm × 14 mm,承受轴向力设计值 $N=920$ kN(静力荷载),钢材为 Q235BF,手工焊,焊条为 E43 型,采用三面围焊。试设计此连接。

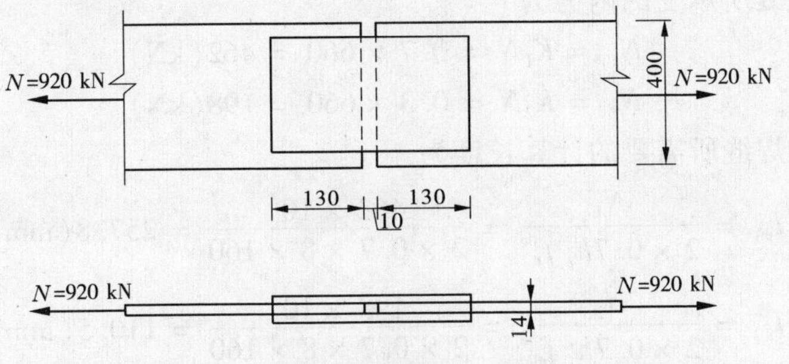

图 2-27　例 2-3 计算简图　(单位:mm)

解:根据盖板与母材等强的原则,取盖板为 2—360 mm × 8 mm,则

$$A = 2\times 360\times 8 = 5\ 760(\text{mm}^2) \approx 400\times 14 = 5\ 600(\text{mm}^2)$$

角焊缝的焊接尺寸

$$h_{f\max} \leqslant t_{\min} - (1\sim 2) = 8 - (1\sim 2) = 6\sim 7(\text{mm})$$

$$h_{f\max} \leqslant 1.2t_{\min} = 1.2\times 8 = 9.6(\text{mm})$$

$$h_{f\min} \geqslant 1.5\sqrt{t_{\max}} = 1.5\sqrt{14} = 5.6(\text{mm})$$

取 $h_f=6$ mm,角焊缝的强度设计值为 $f_f^w=160$ N/mm²。

采用三面围焊,端焊缝承受的内力为

$$N' = 2\times 0.7h_f b\beta_f f_f^w = 2\times 0.7\times 6\times 360\times 1.22\times 160 = 590\ 285(\text{N}) \approx 590\ \text{kN}$$

侧面角焊缝实际长度为

$$l_w = \frac{N-N'}{4h_e f_f^w} + h_f = \frac{(920-590)\times 10^3}{4\times 0.7\times 6\times 160} + 6 = 129(\text{mm})$$

焊缝最小计算长度　$l_w \geqslant \max[8h_f, 40\text{mm}] = \max[48\text{mm}, 40\text{mm}] = 48(\text{mm})$

焊缝最大计算长度　$l_w \leqslant 60h_f = 360(\text{mm})$

因此,可取 $l_w=130$ mm。

拼接盖板的长度为

$$l = 2l_w + 10 = 2\times 130 + 10 = 270(\text{mm})$$

【例 2-4】 如图 2-28 所示,角钢和节点板采用两侧面焊缝连接。$N=660$ kN(静力荷载设计值),角钢为 2∠100 × 10,节点板厚度 $t=12$ mm,钢材为 Q235BF,焊条为 E43 型,手工焊。试确定所需的角焊缝的长度和焊脚尺寸。

解:角焊缝的强度设计值为

$$f_f^w = 160\ \text{N/mm}^2$$

焊缝尺寸

$$h_{f\max} \leqslant t_{\min} - (1 \sim 2) = 10 - (1 \sim 2) = 8 \sim 9(\text{mm})$$

$$h_{f\max} \leqslant 1.2t_{\min} = 1.2 \times 10 = 12(\text{mm})$$

$$h_{f\min} \geqslant 1.5\sqrt{t_{\max}} = 1.5\sqrt{12} = 5.2(\text{mm})$$

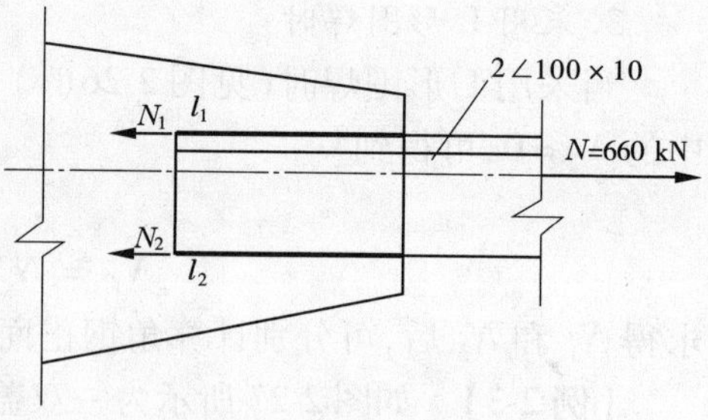

图 2-28　例 2-4 计算简图

取肢背和肢尖的焊脚尺寸相同,均为 $h_f = 8$ mm。

肢背和肢尖处所承受的内力为

$$N_1 = K_1N = 0.7 \times 660 = 462(\text{kN})$$

$$N_2 = K_2N = 0.3 \times 660 = 198(\text{kN})$$

肢背和肢尖焊缝所需要的计算长度为

$$l_{w1} = \frac{N_1}{2 \times 0.7h_f f_f^w} = \frac{462 \times 10^3}{2 \times 0.7 \times 8 \times 160} = 257.8(\text{mm})$$

$$l_{w2} = \frac{N_2}{2 \times 0.7h_f f_f^w} = \frac{198 \times 10^3}{2 \times 0.7 \times 8 \times 160} = 110.5(\text{mm})$$

肢背和肢尖焊缝所需的实际长度为

$$l_1 = l_{w1} + 2h_f = 257.8 + 2 \times 8 = 273.8(\text{mm})$$

取 275 mm。

$$l_2 = l_{w2} + 2h_f = 110.5 + 2 \times 8 = 126.5(\text{mm})$$

取 130 mm。

焊缝最小计算长度　$l_w \geqslant \max[8h_f, 40\text{mm}] = \max[64\text{mm}, 40\text{mm}] = 64$ mm

焊缝最大计算长度　$l_w \leqslant 60h_f = 480$ mm

因此,所取焊缝实际长度满足要求。

(三)在弯矩、剪力和轴心力共同作用下的 T 形连接角焊缝计算

图 2-29 所示为一同时承受弯矩 M、剪力 V 和轴心力 N 作用的 T 形连接。焊缝的 A 点为最危险点。计算时,先分别计算角焊缝在弯矩、剪力和轴心力作用下所产生的应力,然后按公式(2-8)进行组合。

在轴心力 N 作用下,产生垂直于焊缝长度方向的应力为

$$\sigma_f^N = \frac{N}{A_w} = \frac{N}{2h_e l_w} \tag{2-21}$$

在弯矩作用下,产生垂直于焊缝长度方向呈三角形分布的应力为

$$\sigma_f^M = \frac{M}{W_w} = \frac{6M}{2h_e l_w^2} \tag{2-22}$$

在剪力作用下,产生平行于焊缝长度方向的应力为

$$\tau_f^V = \frac{V}{A_w} = \frac{V}{2h_e l_w} \tag{2-23}$$

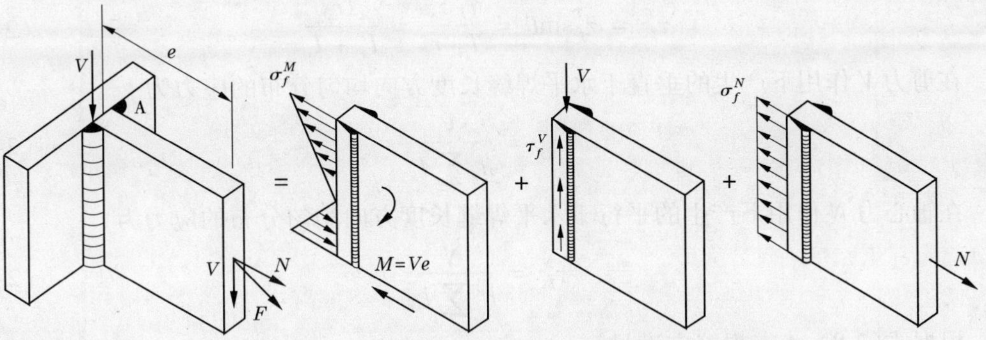

图 2-29　弯矩、剪力和轴心力共同作用时 T 形接头角焊缝

代入式(2-8)得

$$\sqrt{\left(\frac{\sigma_f^N + \sigma_f^M}{\beta_f}\right)^2 + \tau_f^2} \leqslant f_f^w \tag{2-24}$$

式中　A_w—— 角焊缝的有效截面面积；

W_w—— 角焊缝的有效截面模量。

(四)扭矩、剪力和轴心力共同作用下的角焊缝计算

如图 2-30(a)所示为一受斜向力 F 作用的角焊缝连接搭接接头。将力 F 分解并向角焊缝有效截面的形心 O 简化后，可与图 2-30(b)所示的 $T = Ve$、V 和 N 共同作用等效。

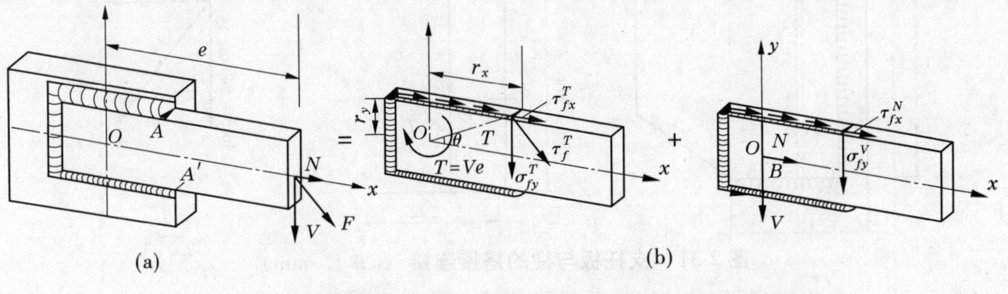

图 2-30　扭矩、剪力和轴心力共同作用时搭接接头的角焊缝

在计算扭矩 T 作用下焊缝产生的应力时，采用如下的假定：①被连接构件是绝对刚性的，而角焊缝是弹性的；②被连接构件绕角焊缝有效截面形心 O 旋转，角焊缝上任意一点的应力方向垂直该点与形心的连线，且应力大小与连线的距离 r 成正比。最危险点在 r 最大处(即 A 点或 A' 点)。A 点的应力按式(2-25)计算

$$\tau_f^T = \frac{Tr}{I_p} = \frac{Tr}{I_x + I_y} \tag{2-25}$$

式中　I_x、I_y—— 角焊缝有效截面对 x 轴、y 轴的惯性矩。

可 τ_f^T 分解为垂直于水平焊缝长度方向的分应力 σ_{fy}^T 和平行于水平焊缝长度方向的分应力 τ_{fx}^T。其计算公式分别为

$$\sigma_{fy}^T = \tau_f^T \cos\theta = \frac{Tr}{I_p}\frac{r_x}{r} = \frac{Tr_x}{I_x + I_y} \tag{2-26}$$

$$\tau_{fx}^{T} = \tau_{f}^{T}\sin\theta = \frac{Tr}{I_p}\frac{r_y}{r} = \frac{Tr_y}{I_x + I_y} \tag{2-27}$$

在剪力 V 作用下产生的垂直于水平焊缝长度方向均匀分布的应力为

$$\sigma_{fy}^{V} = \frac{V}{h_e \sum l_w} \tag{2-28}$$

在轴心力 N 作用下产生的平行于水平焊缝长度方向均匀分布的应力为

$$\tau_{fx}^{N} = \frac{N}{h_e \sum l_w} \tag{2-29}$$

根据式(2-8),A 点焊缝应满足

$$\sqrt{\left(\frac{\sigma_{fy}^{T} + \sigma_{fy}^{V}}{\beta_f}\right)^2 + (\tau_{fx}^{T} + \tau_{fx}^{N})^2} \leqslant f_f^w \tag{2-30}$$

【例 2-5】　如图 2-31 所示为一支托板与柱的搭接连接,$l_1 = 300$ mm,$l_2 = 400$ mm。作用力的设计值 $V = 200$ kN,钢材为 Q235B,焊条为 E43 型,手工焊,作用力距柱边缘距离 $e = 300$ mm,支托板厚度 $t = 12$ mm,试设计角焊缝。

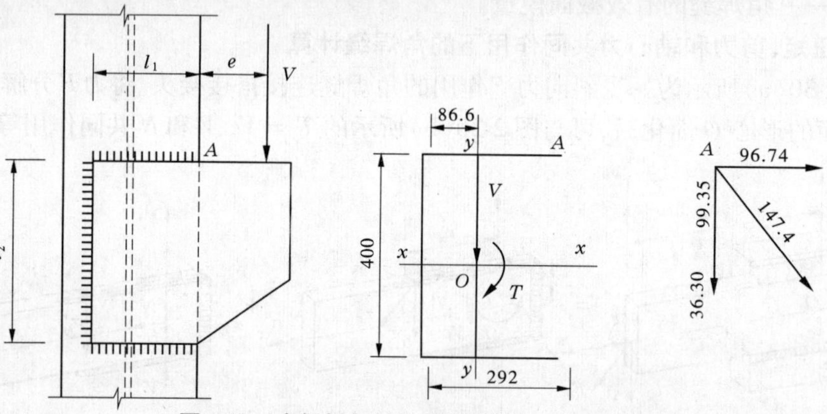

图 2-31　支托板与柱的搭接连接　(单位:mm)

解:　$h_f \leqslant h_{f\max} = 1.2t_{\min} = 1.2 \times 12 = 14.4(\text{mm})$

$$h_f \leqslant h_{f\max} = t - (1 \sim 2) = 10 \sim 11(\text{mm})$$

$$h_f \geqslant h_{f\min} = 1.5\sqrt{t_{\max}} = 1.5\sqrt{20} = 6.7(\text{mm})$$

设三边的焊缝尺寸相同,取 $h_f = 8$ mm,并近似地按支托板与柱的搭接长度来计算角焊缝的有效截面。因为水平焊缝和竖向焊缝在转角处连续施焊,在计算焊缝长度时,仅在水平焊缝端部减去 $h_f = 8$ mm,竖向焊缝不必减少。

角焊缝有效截面的形心位置为

$$x = \frac{2 \times 0.7 \times 8 \times 292^2/2}{0.7 \times 8 \times (2 \times 292 + 400)} = 86.6(\text{mm})$$

角焊缝有效截面的惯性矩为

$$I_x = 0.7 \times 8 \times (400^3/12 + 2 \times 292 \times 200^2) = 1.607 \times 10^8(\text{mm}^4)$$

$$I_y = 0.7 \times 8 \times [400 \times 86.6^2 + 2 \times 292^3/12 + 2 \times 292 \times (292/2 - 86.6)^2] = 0.515\,8 \times 10^8(\text{mm}^4)$$

$$I = I_x + I_y = 1.607 \times 10^8 + 0.515\,8 \times 10^8 = 2.122\,8 \times 10^8(\text{mm}^4)$$

扭矩为

$$T = V(l_1 + e - x) = 200 \times (0.3 + 0.3 - 0.0866) = 102.68(\text{kN} \cdot \text{m})$$

角焊缝有效截面上 A 点应力为

$$\tau_A^T = \frac{Ty_y}{I} = \frac{102.68 \times 10^6 \times 200}{2.1228 \times 10^8} = 96.74(\text{N/mm}^2)$$

$$\sigma_A^T = \frac{Ty_x}{I} = \frac{102.68 \times 10^6 \times (292 - 86.6)}{2.1228 \times 10^8} = 99.35(\text{N/mm}^2)$$

$$\sigma_A^V = \frac{V}{A} = \frac{200 \times 10^3}{0.7 \times 8 \times (400 + 2 \times 292)} = 36.30(\text{N/mm}^2)$$

$$\sqrt{\left(\frac{\sigma_A^T + \sigma_A^V}{\beta_f}\right)^2 + (\tau_A^T)^2} = \sqrt{\left(\frac{99.35 + 36.30}{1.22}\right)^2 + 96.74^2} = 147.4(\text{N/mm}^2) < f_f^w = 160\ \text{N/mm}^2$$

满足要求。

第五节　焊接残余应力和残余变形

一、残余应力和残余变形的成因

钢结构在焊接过程中，焊件局部范围加热至熔化，而后又冷却凝固，结构经历了一个不均匀的升温冷却过程，导致焊件各部分热胀冷缩不均匀，从而在结构内残余应力并引起变形，通称为焊接残余应力和残余变形。

以下面的例子说明残余应力和残余变形的成因。图 2-32 有三块钢板，其两端均与一刚度极大的挡板连接，且钢板之间互不传热。若对中间钢板均匀加热，设其自由伸长量为 Δl，但由于另两块受常温钢板的约束，故其实际伸长量仅为 $\Delta l'$。此时，两边板由于伸长了 $\Delta l'$，在板内产生了拉应力，而中间板则因变形受阻产生了压应力。如果加热的温度很高，此压应力可达钢材的屈服点，板将产生热塑性压缩变形。热源去掉待钢板冷却时，未引起压应力的变形将有较大的收缩，但又因受到两边板的限制而不能完全恢复，最终在中间板内产生较大的残余拉应力，两边板内侧产生了残余压应力，并相互平衡。钢板则较原长缩短，产生了焊接残余变形 δ。

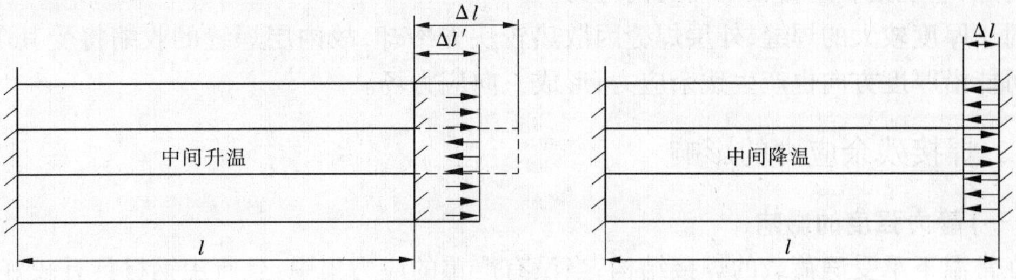

图 2-32　热残余应力和残余变形的成因

焊接残余应力和焊接残余变形是焊接结构的主要问题之一，将影响结构的使用。焊接残余应力有纵向残余应力、横向残余应力和厚度方向的残余应力。

图2-33是焊接残余应力的示例。图2-33(a)是两块钢板对接连接。焊接时钢板焊缝一边受热,将沿焊缝方向纵向伸长。但伸长量会因钢板的整体性,受到钢板两侧未加热区域的限制,由于这时焊缝金属是熔融塑性状态,伸长虽受限,却不产生应力(相当于塑性受压)。随后焊缝金属冷却恢复弹性,收缩受限将导致焊缝金属纵向受拉,两侧钢板则因焊缝收缩倾向牵制而受压,形成图2-33(b)所示的纵向焊接残余应力分布。它是一组在外荷载作用之前就已产生的自相平衡的内应力。

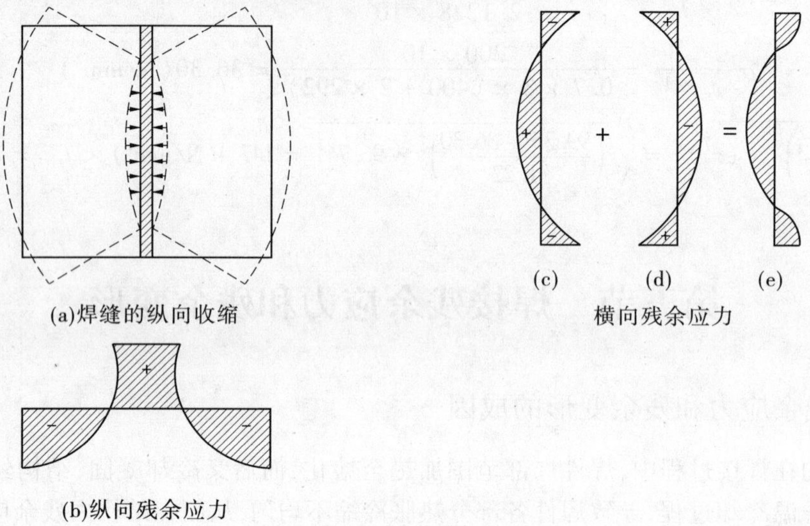

图2-33　焊接残余应力

两块钢板对接连接除产生上述纵向残余应力外,还可能产生垂直于焊缝长度方向的残余应力。由图2-33可以看出,焊缝纵向收缩将使两块钢板有相向弯曲变形的趋势(见图2-33(a)中虚线)。但钢板已焊成一体,弯曲变形将受到一定的约束,因此在焊缝中段将产生横向拉应力,在焊缝两端则产生横向压应力,如图2-33(c)所示。此外,焊缝冷却时除纵向收缩外,焊缝横向也将产生收缩。由于施焊是按一定顺序进行的,先焊好的部分冷却凝固恢复弹性较早,将阻碍后焊部分自由收缩,因此先焊部分就会横向受压,而后焊部分则横向受拉,形成如图2-33(d)所示的应力分布。图2-33(e)是上述两项横向残余应力的叠加,它也是一组自相平衡的内应力。

对于厚度较大的焊缝,外层焊缝因散热较快先冷却,故内层焊缝的收缩将受其限制,从而可能沿厚度方向也产生残余应力,形成三向应力场。

二、焊接残余应力的影响

(一)静力强度的影响

在常温下承受静荷载的焊接结构,当没有严重的应力集中,且所用钢材具有较好的塑性时,焊接残余应力不影响结构的静力强度,对承载力没有影响。因为焊接应力加上外力引起的应力达到屈服点后,应力不再增大,外力由两侧弹性区承担,直到全截面达到屈服点为止。

(二)刚度的影响

具有残余应力的钢板,由于在残余拉应力区域提前进入塑性状态而刚度降为零,继续增加的外力仅由弹性区承担,因此构件必然变形增大,刚度减小。

(三)构件稳定性的影响

焊接残余应力使压杆的挠曲刚度减小,从而降低压杆的稳定性。

(四)疲劳强度的影响

焊缝及其近旁较高的焊接残余应力对疲劳强度有不利的影响,将使疲劳强度减低。

(五)低温冷脆的影响

由于焊缝中存在三向应力,阻碍了塑性变形,在低温下使裂缝易发生和发展,加速构件的脆性破坏。

三、减少和消除焊接残余应力及残余变形的措施

焊接残余应力和残余变形对结构性能均有不利影响,因此钢结构从设计到制造安装都应尽量减少和消除焊接残余应力及残余变形。

(一)设计方面

(1)应注意选用合适的焊脚尺寸和焊缝长度;

(2)焊缝应尽可能地对称布置,尽量避免焊缝过度集中和多方向相交;

(3)连接过渡尽量平缓;

(4)焊缝布置应尽可能考虑施焊方便,如尽量避免仰焊等。

(二)制造加工方面

(1)采用合理的施焊次序。例如,对于长焊缝,实行分段倒方向施焊(见图2-34(a));对于厚的焊缝,进行分层施焊(见图2-34(b));工字形顶接焊接时采用对称跳焊(见图2-34(c));钢板采用分块拼焊(见图2-34(d))等。这些做法的目的是避免焊接时热量过于集中,从而减少焊接残余应力和残余变形。

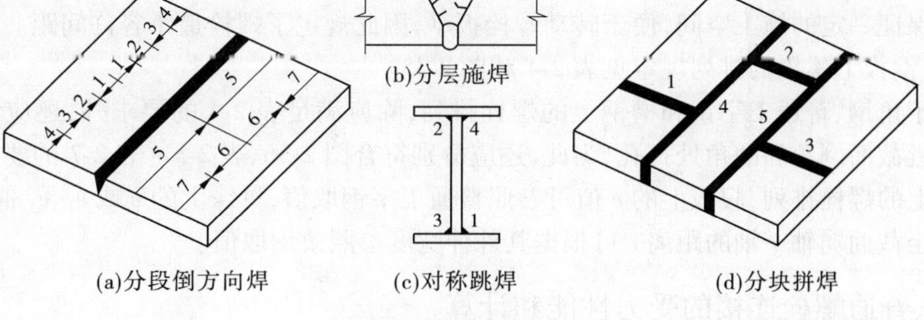

图2-34　合理的焊接次序

(2)采用对称焊缝,使其变形相反而相互抵消,并在保证安全可靠的前提下,避免焊缝厚度过大。

(3)在施焊前使构件有一个和焊接残余变形相反的变形,使焊接后产生的焊接残余变形与预变形相互抵消,以减小最终的总变形。

(4)对已经产生焊接残余变形的结构,可局部加热后用机械的方法进行矫正。对于焊接残余应力,可采取退火法、锤击法等措施来消除或减小。条件允许时,可在施焊前将构件预热再行焊接,这样可减少焊缝不均匀收缩和冷却速度,是减小和消除焊接残余应力及残余变形的有效方法。

第六节　普通螺栓连接

一、普通螺栓连接的构造

(一)普通螺栓的规格

钢结构采用的普通螺栓形式为六角头型,其代号用字母 M 和公称直径的毫米数表示。为制造方便,一般情况下,同一结构中应尽可能采用一种栓径和孔径的螺栓,需要时也可采用 2 ~ 3 种螺栓直径。

螺栓直径 d 应根据整个结构及其主要连接的尺寸和受力情况选定,受力螺栓一般用不小于 M16,建筑工程中常用 M16、M20、M24 等。

(二)螺栓的排列

螺栓在构件上的布置、排列应满足受力要求、构造要求和施工要求。

1. 受力要求

在受力方向,螺栓的端距过小时,钢板有被剪断的可能。当各排螺栓距和线距过小时,构件有沿直线或折线破坏的可能。对受压构件,当沿作用力方向的螺栓距过大时,在被连接的板件间易发生张口或鼓曲现象。因此,从受力的角度规定了最大和最小的容许间距。

2. 构造要求

当螺栓栓距及线距过大时,被连接构件接触面不够紧密,潮气易侵入缝隙而产生腐蚀,所以规定了螺栓的最大容许间距。

3. 施工要求

要保证一定的施工空间,便于转动螺栓扳手,因此规定了螺栓最小容许间距。根据上述要求,钢板上螺栓的排列规定见表 2-4 和图 2-35。

对于角钢、普通工字钢和槽钢上的螺栓排列,除应满足表 2-4 的要求外,还应注意不要在靠近截面倒角和圆角处打孔,为此,还应分别符合图 2-36、表 2-5 ~ 表 2-7 的要求。在 H 型钢上的螺栓排列,腹板上的 e 值可参照普通工字钢取值,翼缘上的 e 或 e_1、e_2 值(指螺栓轴线至截面弱轴 y 轴的距离)可根据其外伸宽度参照角钢取值。

二、普通螺栓连接的受力性能和计算

(一)普通螺栓的受力性能

普通螺栓连接按螺栓传力方式分为受剪螺栓、受拉螺栓和剪拉螺栓。当外力垂直于螺杆时,该螺栓为受剪螺栓(见图 2-37(a));当外力沿螺栓杆长方向时,该螺栓为受拉螺栓(见图 2-37(b))。

表 2-4　钢板上的螺栓容许间距

<table>
<tr><th>名称</th><th colspan="3">位置和方向</th><th>最大容许间距
（取两者的较小值）</th><th>最小容许间距</th></tr>
<tr><td rowspan="5">中间间距</td><td colspan="3">外排（垂直内力方向或顺内力方向）</td><td>$8d_0$ 或 $12t$</td><td rowspan="5">$3d_0$</td></tr>
<tr><td rowspan="3">中间排</td><td colspan="2">垂直内力方向</td><td>$16d_0$ 或 $24t$</td></tr>
<tr><td rowspan="2">顺内力方向</td><td>构件受压力</td><td>$12d_0$ 或 $18t$</td></tr>
<tr><td>构件受拉力</td><td>$16d_0$ 或 $24t$</td></tr>
<tr><td colspan="3">沿对角线方向</td><td>—</td></tr>
<tr><td rowspan="4">中间至构件边缘的距离</td><td colspan="3">顺内力方向</td><td rowspan="4">$4d_0$ 或 $8t$</td><td>$2d_0$</td></tr>
<tr><td rowspan="3">垂直内力方向</td><td colspan="2">剪切边或手工气割边</td><td rowspan="2">$1.5d_0$</td></tr>
<tr><td rowspan="2">轧制边、自动气割或锯割边</td><td>高强度螺栓</td></tr>
<tr><td>其他螺栓或铆钉</td><td>$1.2d_0$</td></tr>
</table>

注：1. d_0 为螺栓或铆钉的孔径，t 为外层较薄板件厚度；

2. 钢板边缘与刚性构件（如角钢、槽钢等）相连的螺栓或铆钉最大间距，可按中间排数值采用。

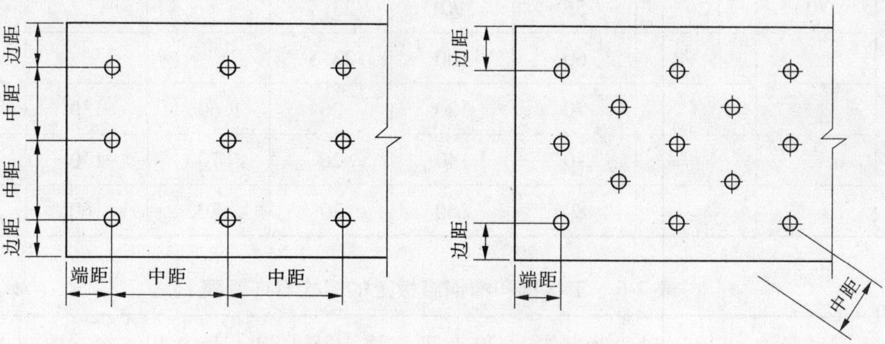

图 2-35　螺栓的并列排列和错列排列

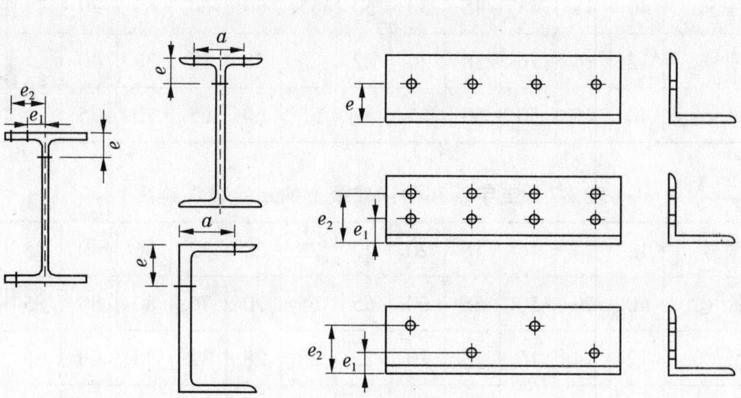

图 2-36　型钢的螺栓排列

表 2-5　角钢上螺栓容许最小间距　（单位:mm）

肢宽	单行		双行错列			双行并列		
	e	d_0	e_1	e_2	d_0	e_1	e_2	d_0
40	25	12						
45	25	13						
50	30	14						
56	30	15.5						
63	35	17.5						
70	40	20						
75	40	21.5						
80	45	21.5						
90	50	23.5						
100	55	23.5						
110	60	26						
125	70	26	55	90	23.5			
140			60	100	23.5			
160			70	120	26	60	130	23.5
180			70	140	26	70	140	23.5
200			80	160	20	80	160	26

表 2-6　工字钢和槽钢腹板上的螺栓容许距离　（单位:mm）

工字钢	型号	12	14	16	18	20	22	25	28	32	36	40	45	50	56	63
	线距 e_{min}	40	45	45	45	50	50	55	60	60	65	70	75	75	75	75
槽钢	型号	12	14	16	18	20	22	25	28	32	38	40				
	线距 e_{min}	40	45	50	50	55	55	55	60	65	70	75				

表 2-7　工字钢和槽钢翼缘上的螺栓容许距离　（单位:mm）

工字钢	型号	12	14	16	18	20	22	25	28	32	36	40	45	50	56	63
	线距 e_{min}	40	40	50	55	60	65	65	70	75	80	80	85	90	95	95
槽钢	型号	12	14	16	18	20	22	25	28	32	38	40				
	线距 e_{min}	30	35	35	40	40	45	45	45	50	56	60				

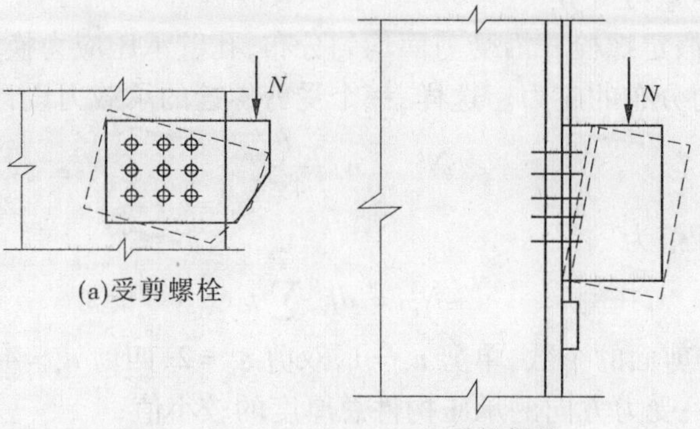

(a)受剪螺栓　　(b)受拉螺栓

图 2-37　受剪螺栓与受拉螺栓

1. 受剪螺栓连接

1) 受剪螺栓的工作性能

受剪螺栓连接在受力以后，当外力并不大时，由构件间的摩擦力来传递外力；当外力继续增大而超过极限摩擦力后，构件之间出现相对滑移，螺栓杆开始接触螺栓孔壁而使螺栓杆受剪，孔壁则受压。

受剪螺栓连接在达到极限承载力时可能出现以下五种破坏形式：

(1) 栓杆被剪断（见图 2-38(a)）。当螺栓直径较小而钢板相对较厚时可能发生。

(2) 孔壁挤压破坏（见图 2-38(b)）。当螺栓直径较大而钢板相对较薄时可能发生。

(3) 钢板被拉断（见图 2-38(c)）。当钢板因螺栓孔削弱过多时可能发生。

(4) 端部钢板被剪断（见图 2-38(d)）。当顺受力方向的端距过小时可能发生。

(5) 栓杆受弯破坏（见图 2-38(e)）。当螺栓过长时可能发生。

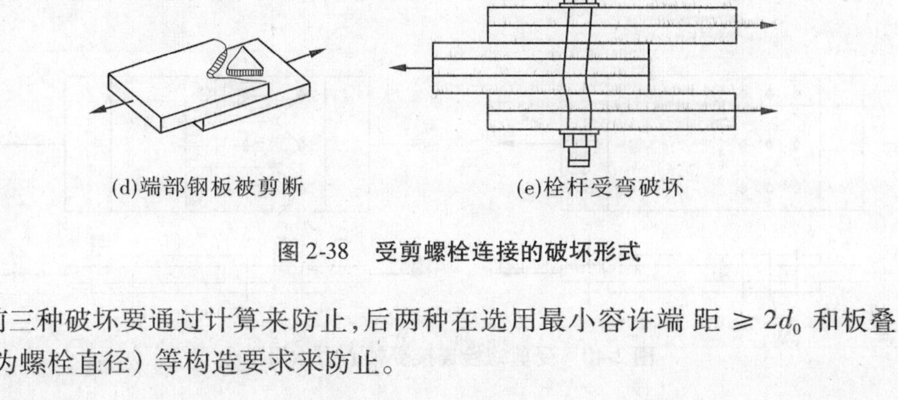

(a)栓杆被剪断　　(b)孔壁挤压破坏　　(c)钢板被拉断

(d)端部钢板被剪断　　(e)栓杆受弯破坏

图 2-38　受剪螺栓连接的破坏形式

前三种破坏要通过计算来防止，后两种在选用最小容许端距 $\geqslant 2d_0$ 和板叠厚度 $\leqslant 5d$（d 为螺栓直径）等构造要求来防止。

2）受剪螺栓的承载力计算

在受剪螺栓中，假定螺栓杆沿受剪面均匀分布，孔壁承压应力换算为沿栓杆直径投影宽度内板件面上均匀分布的应力。这样，一个受剪螺栓的承载力设计值为

$$N_v^b = n_v \frac{\pi d^2}{4} f_v^b \tag{2-31}$$

承压承载力设计值为

$$N_c^b = d f_c^b \sum t \tag{2-32}$$

式中 n_v——螺栓受剪面的个数，单剪 $n_v=1$，双剪 $n_v=2$，四剪 $n_v=4$（见图 2-39）；

$\sum t$——在同一受力方向的承压构件总厚度的较小值；

d——螺栓杆直径；

f_v^b、f_c^b——螺栓的受剪、承压强度设计值，按表 1-5 采用。

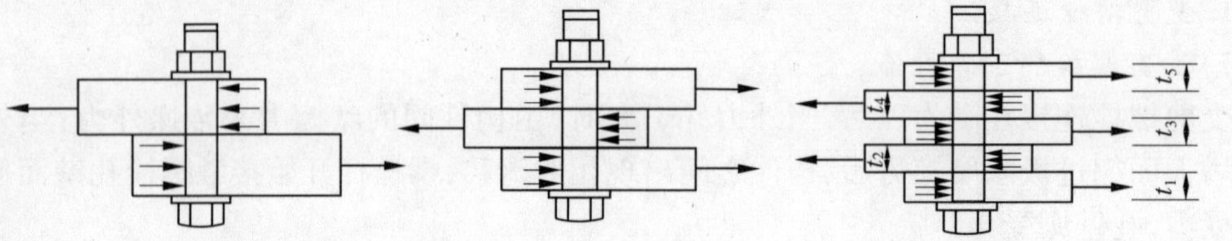

图 2-39 受剪螺栓连接

单个受剪螺栓的承载力设计值应取 N_v^b、N_c^b 中的较小值，即 $N_{\min}^b = \min(N_v^b, N_c^b)$。

为了保证能正常连接工作，每个螺栓在外力作用下所受实际剪力不得超过其承载力设计值，即 $N_v \leqslant N_{\min}^b$。

3）受剪螺栓连接的计算

按《规范》规定，每一杆件在节点上以及拼接接头的一端，永久螺栓数不宜少于两个，因此螺栓连接中的螺栓一般是以螺栓群的形式出现。

A. 受剪螺栓连接受轴心力作用的计算

a. 连接所需的螺栓数目

图 2-40 所示为两块钢板通过上下两块盖板用螺栓连接，在轴心拉力 N 作用下，螺栓受剪，由于轴心拉力通过螺栓群中心，可假定每个螺栓受力相等，则连接一侧所需螺栓数 n 为

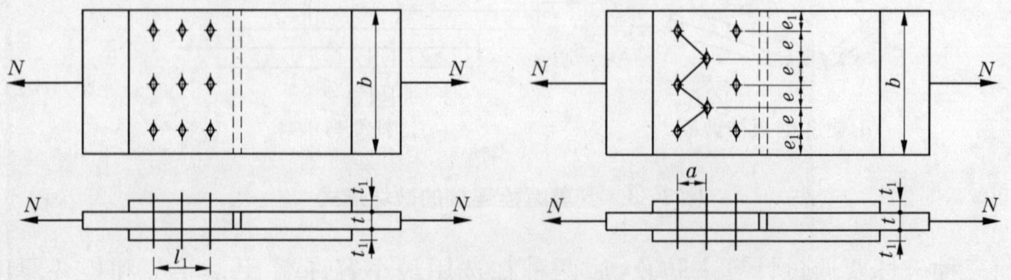

图 2-40 受剪螺栓连接受轴心力作用

$$n = \frac{N}{N_{\min}^b} \tag{2-33}$$

当拼接一侧所排一列螺栓的数目过多，致使首尾两螺栓之间距离 l_1 过大时（见图 2-41），各螺栓实际受力会严重不均匀，两端的螺栓受力将大于中间的螺栓，可能首先达到极限承载力而破坏，然后依次向内逐个破坏。故《规范》规定，当 $l_1 \geqslant 15d_0$ 时，各螺栓受力仍可按均匀分布计算，但螺栓承载力设计值 N_v^b 和 N_c^b 应乘以下列折减系数 β 给予降低（高强度螺栓连接亦如此），即

当 $l_1 \geqslant 15d_0$ 时

$$\beta = 1.1 - \frac{l_1}{150d_0} \tag{2-34}$$

当 $l_1 \geqslant 60d_0$ 时

$$\beta = 0.7 \tag{2-35}$$

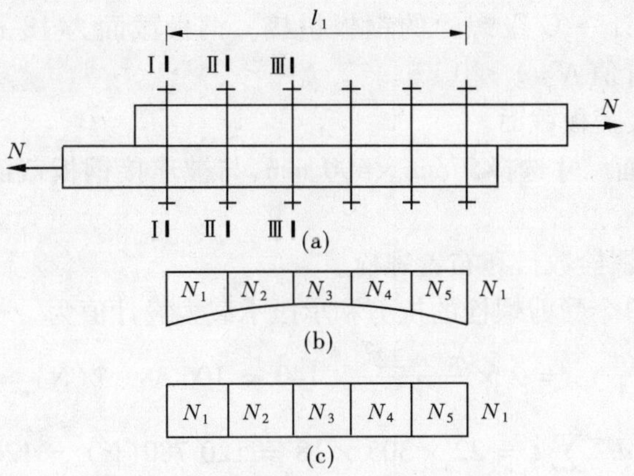

图 2-41　螺栓群不均匀受力状态

b. 构件净截面强度验算

在螺栓连接中，由于螺栓孔削弱了构件截面，因此需要验算构件开孔处的净截面强度，即

$$\sigma = \frac{N}{A_n} \leqslant f \tag{2-36}$$

式中　A_n—— 连接件或构件在所验算截面上的净截面面积；

N—— 连接件或构件验算截面处的轴心力设计值；

f—— 钢材的抗拉（或抗压）强度设计值，按表 1-3 选用。

净截面强度验算应选择最不利截面，即内力最大或螺栓孔较多的截面。如图 2-41 所示钢板为并列布置时，构件最不利截面Ⅰ—Ⅰ，其内力最大为 N，而截面Ⅱ—Ⅱ和截面Ⅲ—Ⅲ因前面螺栓已传递部分力，故内力分别递减为 $N-(n_1/n)N$ 和 $N-[(n_1+n_2)/n]N$（n、n_1 和 n_2 分别为连接一侧的螺栓总数、截面Ⅰ—Ⅰ和截面Ⅱ—Ⅱ上的螺栓数），均小于截面Ⅰ—Ⅰ的内力，如果螺栓孔数未增加，可以不必计算。但对于连接盖板各截面，因受力相反，截面Ⅲ—Ⅲ受力最大，宜为 N，故还须按式(2-37)、式(2-38)比较它

和构件截面Ⅰ—Ⅰ的净截面面积，以确定最不利截面。

被连接构件截面Ⅰ—Ⅰ

$$A_n = (b - n_1 d_0)t \tag{2-37}$$

连接盖板截面Ⅲ—Ⅲ

$$A_n = 2(b - n_3 d_0)t_1 \tag{2-38}$$

式中　n_1、n_3——截面Ⅰ—Ⅰ和截面Ⅲ—Ⅲ上的螺栓孔数；

t、t_1、b——构件厚度及连接板的厚度、宽度。

当螺栓为错列布置时，构件或连接板除可能沿直线截面Ⅰ—Ⅰ破坏外，还可能沿折线截面Ⅱ—Ⅱ破坏，其长度虽较大，但螺栓孔较多，还须按式(2-39)计算其净截面面积，以确定最不利截面。

$$A_n = [2e_1 + (n_2 - 1)\sqrt{a^2 + e^2} - n_2 d_0]t \tag{2-39}$$

式中　n_2——折线截面Ⅱ—Ⅱ上的螺栓孔数。

【例 2-6】　试设计一 C 级螺栓的钢板拼接。钢板截面为 18 mm × 400 mm，钢材为 Q235B，轴心拉力设计值 N = 1 120 kN。

解：(1)确定连接盖板截面。

采用双盖板，截面尺寸选择 9 mm × 400 mm，与被连接钢板截面面积相等，钢材亦为 Q235B。

(2)计算需要的螺栓数目和布置螺栓。

选 M22 螺栓。单个受剪螺栓的抗剪和承压承载力设计值为

$$N_v^b = n_v \frac{\pi d^2}{4} f_v^b = 2 \times \frac{\pi \times 22^2}{4} \times 140 = 106\ 383.2(\mathrm{N}) = 106.4\ \mathrm{kN}$$

$$N_c^b = d f_c^b \sum t = 22 \times 305 \times 18 = 120\ 780(\mathrm{N}) = 120.8\ \mathrm{kN}$$

取 $N_{\min}^b = 106.4$ kN。连接一侧螺栓需要的数目为

$$n = \frac{N}{N_{\min}^b} = \frac{1\ 120}{106.4} = 10.5(\text{个})，\text{取 } n = 12 \text{ 个}$$

采用并列布置，如图 2-42 所示。连接盖板尺寸为 9 mm × 400 mm × 530 mm。中距、端距、边距均符合表 2-4 的容许距离要求。

(3)验算被连接钢板的净截面强度。

被连接钢板截面Ⅰ—Ⅰ受力最大，连接盖板截面Ⅱ—Ⅱ受力最大。但两者截面面积相等，只须验算被连接钢板的净截面强度。螺栓孔径为 d_0 = 24 mm。

$$A_{n\mathrm{I}} = (b - n_1 d_0)t = (400 - 4 \times 24) \times 18 = 5\ 472(\mathrm{mm})$$

$$\sigma = \frac{N}{A_{n\mathrm{I}}} = \frac{1\ 120 \times 10^3}{5\ 472} = 204.7(\mathrm{N/mm^2}) < f = 205\ \mathrm{N/mm^2}\quad(\text{满足})$$

B. 受剪螺栓连接受扭矩和轴心力共同作用的计算

图 2-43 所示的螺栓连接，受外荷载 F 及 N 作用，将 F 向螺栓群的中心平移，产生扭矩 $T = Fe$ 及竖向轴心力 $V = F$。扭矩 T、竖向力 F 及水平轴心力 N 均使各螺栓受剪。

螺栓群在扭矩作用下，每个螺栓实际受剪。计算时假定：①被连接构件是绝对刚性的，螺栓则是弹性的；②各螺栓都绕螺栓群的形心 O 旋转，其受力大小与到螺栓群形心的

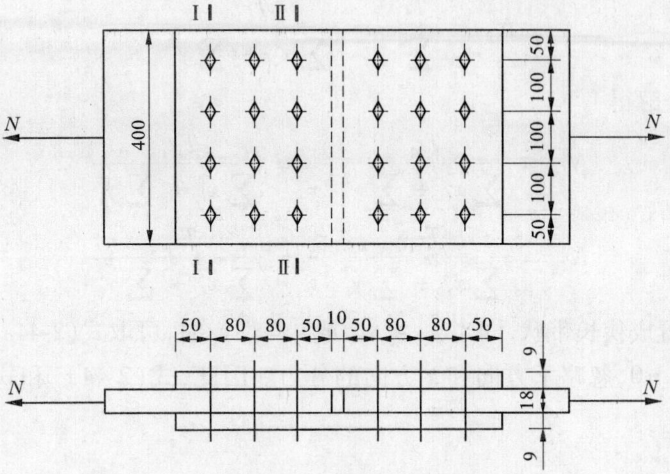

图 2-42　例 2-5 计算简图　（单位：mm）

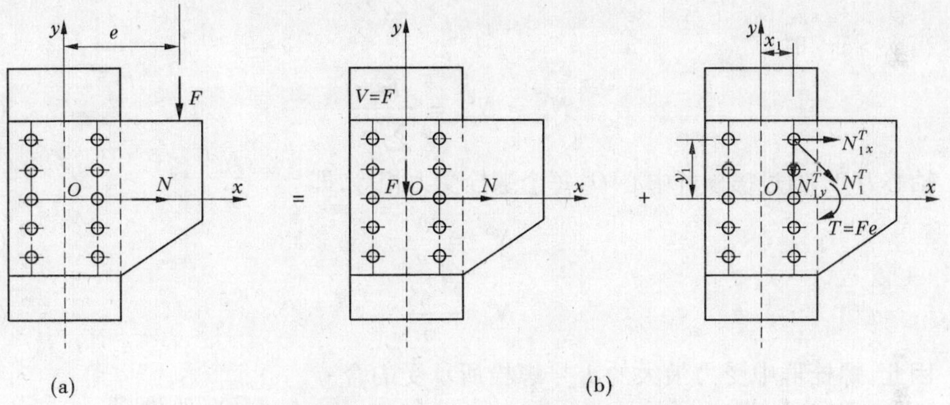

图 2-43　螺栓群受偏心压力作用时的受剪螺栓

距离成正比，方向与螺栓到形心的连线垂直。

设螺栓 1，2，3，…，n 到螺栓群形心 O 点的距离为 $r_1, r_2, r_3, \cdots, r_n$，各螺栓承受的剪力分别为 $N_1^T, N_2^T, N_3^T, \cdots, N_n^T$，则由基本假定和平衡条件得

$$T = N_1^T r_1 + N_2^T r_2 + N_3^T r_3 + \cdots + N_n^T r_n \tag{2-40}$$

$$\frac{N_1^T}{r_1} = \frac{N_2^T}{r_2} = \frac{N_3^T}{r_3} = \cdots = \frac{N_n^T}{r_n} \tag{2-41}$$

由式（2-41）可以得到

$$N_2^T = \frac{r_2}{r_1}N_1^T, N_3^T = \frac{r_3}{r_1}N_1^T, \cdots, N_n^T = \frac{r_n}{r_1}N_1^T \tag{2-42}$$

将式（2-42）代入式（2-40）得到

$$T = \frac{N_1^T}{r_1}(r_1^2 + r_2^2 + r_3^2 \cdots + r_n^2) = \frac{N_1^T}{r_1}\sum r_i^2$$

1 号螺栓所受的剪力最大，其值为

$$N_1^T = \frac{Tr_1}{\sum r_i^2} = \frac{Tr_1}{\sum x_i^2 + \sum y_i^2} \tag{2-43}$$

将 N_1^T 沿坐标轴分解得

$$N_{1x}^T = \frac{Tr_1}{\sum x_i^2 + \sum y_i^2}\frac{y_1}{r_1} = \frac{Ty_1}{\sum x_i^2 + \sum y_i^2} \tag{2-44a}$$

$$N_{1y}^T = \frac{Tr_1}{\sum x_i^2 + \sum y_i^2}\frac{x_1}{r_1} = \frac{Tx_1}{\sum x_i^2 + \sum y_i^2} \tag{2-44b}$$

当螺栓群布置成狭长带状,即当 $y_1 \geqslant 3x_1$ 或 $x_1 \geqslant 3y_1$ 时,可取式(2-44a)中 $\sum x_i^2 = 0$ 或取式(2-44b)中 $\sum y_i^2 = 0$,忽略 y 方向和 x 方向的分力。因此,式(2-44a)和式(2-44b)可以简化为

当 $y_1 > 3x_1$ 时

$$N_1^T \approx N_{1x}^T = \frac{Ty_1}{\sum y_i^2} \tag{2-45}$$

当 $x_1 > 3y_1$ 时

$$N_1^T \approx N_{1y}^T = \frac{Tx_1}{\sum x_i^2} \tag{2-46}$$

轴心力 N_v 通过螺栓群中心 O,每个螺栓受力相等,即

$$N_{1x}^N = \frac{N}{n} \tag{2-47}$$

$$N_{1y}^V = \frac{V}{n} \tag{2-48}$$

因此,螺栓群中受力最大的 1 号螺栓所承受的合力应满足的强度条件为

$$\sqrt{(N_{1x}^T + N_{1x}^N)^2 + (N_{1y}^T + N_{1y}^V)^2} \leqslant N_{\min}^b \tag{2-49}$$

【例 2-7】 试验算一斜向拉力设计值 $F = 120$ kN 作用的 C 级普通螺栓连接的强度(见图 2-44)。螺栓为 M20,钢材为 Q235。

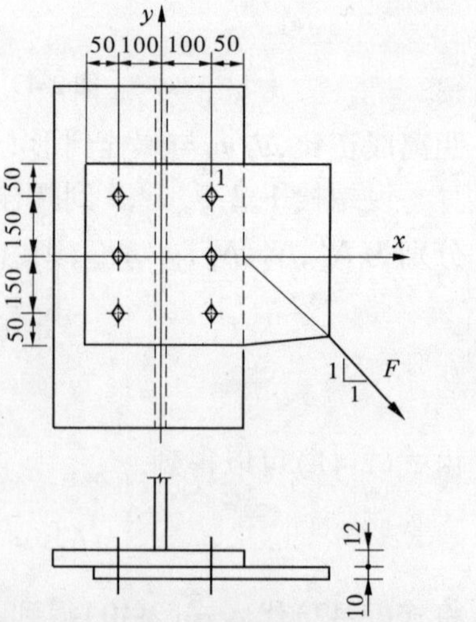

图 2-44　例 2-7 计算简图　(单位:mm)

解:(1)单个螺栓的承载力由表 1-5 查得 $f_v^b = 140$ N/mm², $f_c^b = 305$ N/mm²。

$$N_v^b = n_v \frac{\pi d^2}{4} f_v^b = 1 \times \frac{\pi \times 20^2}{4} \times 140$$

$$= 43\ 982(\text{N}) = 43.98 \text{ kN}$$

$$N_c^b = d f_c^b \sum t = 20 \times 305 \times 10 = 61\ 000(\text{N}) = 61 \text{ kN}$$

故应按 $N_{\min}^b = N_v^b = 43.98$ kN 进行计算。

(2)内力计算。

将 F 简化到螺栓群形心 O,则作用于螺栓群形心 O 的轴力 N、剪力 V 和扭矩 T 分别为

$$N=\frac{F}{\sqrt{2}}=\frac{120}{\sqrt{2}}=84.85(\text{kN})$$

$$V=\frac{F}{\sqrt{2}}=\frac{120}{\sqrt{2}}=84.85(\text{kN})$$

$$T=Ve=84.85\times150=12\ 728(\text{kN}\cdot\text{mm})$$

(3)螺栓强度验算。

在上述的N、V和T作用下，1号螺栓最为不利，对1号螺栓进行验算，即

$$\sum x_i^2+\sum y_i^2=6\times100^2+4\times150^2=150\ 000(\text{mm}^2)$$

$$N_{1x}^N=\frac{N}{n}=\frac{84.85}{6}=14.142(\text{kN})$$

$$N_{1y}^V=\frac{V}{n}=\frac{84.85}{6}=14.142(\text{kN})$$

$$N_{1x}^T=\frac{Ty_1}{\sum x_i^2+\sum y_i^2}=\frac{12\ 728\times150}{150\ 000}=12.728(\text{kN})$$

$$N_{1y}^T=\frac{Tx_1}{\sum x_i^2+\sum y_i^2}=\frac{12\ 728\times100}{150\ 000}=8.485(\text{kN})$$

1号螺栓承受的合力为

$$\sqrt{(N_{1x}^N+N_{1x}^T)^2+(N_{1y}^V+N_{1y}^T)^2}=\sqrt{(14.142+12.728)^2+(14.142+8.485)^2}$$
$$=35.13(\text{kN})<N_{\min}^b=43.98\ \text{kN}\quad(\text{满足})$$

2. 受拉螺栓连接

在受拉螺栓连接中，外力使被连接构件的接触面有互相分离的趋势，而使螺栓沿杆轴方向受拉，最后螺栓杆被拉断而破坏，破坏部位多在螺栓截面削弱处。

在图2-45所示的T形连接中，如果角钢的刚度不大，受拉后，垂直于拉力作用方向的

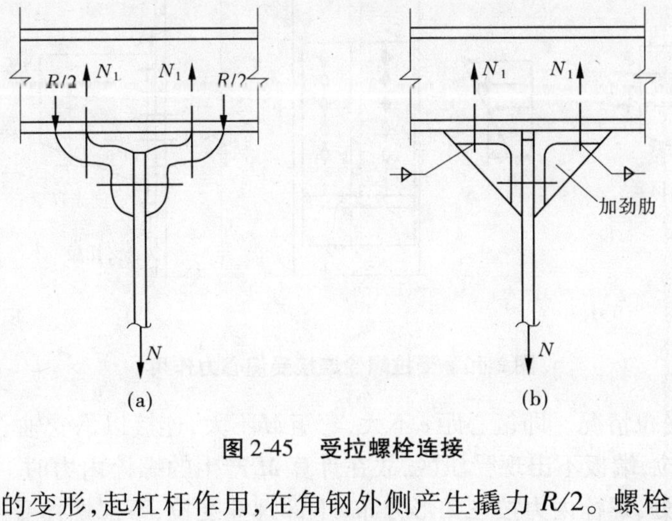

图2-45　受拉螺栓连接

角钢会发生较大的变形，起杠杆作用，在角钢外侧产生撬力$R/2$。螺栓实际所受拉力为$(R+N)/2$，角钢的刚度愈小，撬力愈大。在实际计算中，撬力值很难计算。目前，在计算

中对普通螺栓连接不考虑撬力作用，而是将螺栓抗拉强度设计值降低，一般取螺栓钢材抗拉强度设计值的0.8倍。此外，在构造上也可以采取在角钢中设加劲肋或增加角钢厚度等措施来减少或消除撬力。

一般假定拉应力在螺栓螺纹处截面上均匀分布，因此单个螺栓的抗拉承载力设计值为

$$N_t^b = A_e f_t^b = \frac{\pi d_e^2}{4} f_t^b \tag{2-50}$$

式中 A_e、d_e——螺栓螺纹处的有效截面面积、内径，按表2-8选用；

f_t^b——螺栓的抗拉强度设计值，按表1-5选用。

表2-8　普通螺栓的标准直径及螺纹处的有效截面面积

外径(mm)	16	18	20	22	24	27	30	33	36	42	48
内径 d_e(mm)	14.12	15.65	17.65	19.65	21.19	24.19	26.72	29.72	32.25	37.78	43.31
有效截面面积 A_e(mm^2)	156.7	192.5	244.8	303.4	352.5	459.4	560.6	693.6	816.7	1 121.0	1 473.0

1）受拉螺栓连接轴心受拉计算

当外力通过螺栓群形心，假定所有受拉螺栓受力相等时，所需的螺栓数目为

$$n = \frac{N}{N_t^b} \tag{2-51}$$

2）受拉螺栓连接偏心受拉计算

图2-46所示为钢结构常见的一种普通螺栓连接形式。螺栓群受偏心拉力F(与图2-46中所示的$M = Fe$和$N = F$共同作用等效）和剪力V作用。由于有焊在柱上的支托板承受剪力V，故螺栓群只承受偏心拉力的作用。但在计算时还须根据偏心距的大小将其区分为下列两种情况：

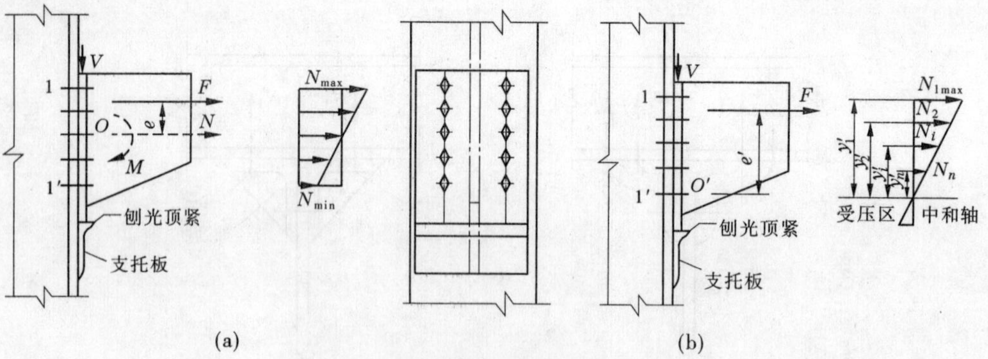

图2-46　受拉螺栓连接受偏心力作用

（1）小偏心受拉情况。即偏心距e不大，弯矩M不大，连接以承受轴心拉力N为主时，螺栓群将全部受拉，端板不出现受压区，故在计算M产生的螺栓内力时，中和轴应取在螺栓群的形心轴O处，螺栓内力按三角形分布（上部螺栓受拉，下部螺栓受压），即每个螺栓i所受拉力或压力的大小与该螺栓到中和轴的距离y_i成正比，即

$$\frac{N_1^M}{y_1}=\frac{N_2^M}{y_2}=\cdots=\frac{N_i^M}{y_i}=\cdots=\frac{N_n^M}{y_n} \tag{2-52}$$

因而　$N_2^M=\frac{y_2}{y_1}N_1^M, N_3^M=\frac{y_3}{y_1}N_1^M,\cdots,N_i^M=\frac{y_i}{y_1}N_1^M,\cdots,N_n^M=\frac{y_n}{y_1}N_1^M$

由力的平衡条件,并引入式(2-52)关系,可得

$$\begin{aligned} M = Ne &= m(N_1^M y_1+N_2^M y_2+\cdots+N_i^M y_i+\cdots+N_n^M y_n)\\ &= m\frac{N_1^M}{y_1}(y_1^2+y_2^2+\cdots+y_i^2+\cdots+y_n^2)\\ &= m\frac{N_1^M}{y_1}\sum y_i^2 \end{aligned}$$

式中　m——螺栓的列数。

可得最顶端螺栓由弯矩产生的拉力为

$$N_1^M=\frac{My_1}{m\sum y_i^2} \tag{2-53}$$

在轴心力 N 作用下,每个螺栓均匀受力,其拉力值为

$$N_1^N=\frac{N}{n} \tag{2-54}$$

因此,螺栓群中螺栓所受最大拉力及最小拉力应符合下列条件

$$N_{\max}=\frac{F}{n}+\frac{Ney_1}{\sum_{i=1}^{n}y_i^2}\leqslant N_t^b \tag{2-55}$$

$$N_{\min}=\frac{F}{n}-\frac{Ney_1}{\sum_{i=1}^{n}y_i^2}\geqslant 0 \tag{2-56}$$

式中　F——偏心拉力设计值;

e——偏心拉力至螺栓群中心的距离;

n——螺栓数;

y_1——最外排螺栓到螺栓群中心的距离;

y_i——第 i 排螺栓到螺栓群中心的距离。

(2)大偏心受拉情况。当偏心距 e 较大,式(2-56)计算不能满足要求时,端板底部出现受压区,螺栓群转动轴位置下移。为了方便计算,偏安全地近似取转动轴在弯矩指向一侧最外排螺栓处 O',则

$$N_{1\max}=\frac{Fe'y_1'}{\sum y_i^2}\leqslant N_t^b \tag{2-57}$$

式中　F——偏心拉力设计值;

e'——偏心拉力到转动轴 O' 的距离,转动轴通常取在弯矩指向一侧最外排螺栓处;

y_1'——最外排螺栓到转动轴 O' 的距离;

y_i——第 i 排螺栓到转动轴 O' 的距离。

3. 同时受剪力和拉力的普通螺栓连接

C 级螺栓的抗剪能力差，对重要连接一般在端板下设置支托来承受剪力。对于次要连接，若端板不设支托，螺栓将同时承受剪力和偏心拉力的作用。计算时应考虑两种可能的破坏形式：一是螺杆受剪兼受拉破坏，二是孔壁承压破坏。

根据试验，螺杆同时受剪和受拉的强度条件应满足下列圆曲线方程

$$\sqrt{\left(\frac{N_v}{N_v^b}\right)^2 + \left(\frac{N_t}{N_t^b}\right)^2} \leqslant 1 \tag{2-58}$$

孔壁承压的计算式为

$$N_v \leqslant N_c^b \tag{2-59}$$

式中　N_v^b、N_c^b、N_t^b——单个螺栓的抗剪、承压、抗拉承载力设计值。

第七节　高强度螺栓连接

一、概述

前面已经介绍，高强度螺栓有摩擦型和承压型两种。摩擦型高强度螺栓在抗剪连接中，设计时以剪力达到板件接触面间可能发生的最大摩擦力为极限状态。而承压型在受剪时允许摩擦力被克服并发生相对滑移，螺杆与孔壁接触，使螺杆受剪和孔壁受压的最终破坏为极限状态。受拉时，两者没有区别。

高强度螺栓连接的构造和排列要求，除螺杆与孔径的差值较小外，与普通螺栓相同。

（一）高强度螺栓的预拉力值

高强度螺栓的预拉力值应尽可能高些，但须保证螺栓在拧紧过程中不会屈服或断裂，是保证连接质量的关键性因素。高强度螺栓预拉力计算时应考虑：①在扭紧螺栓时扭矩使螺栓产生的剪力将降低螺栓的抗拉承载力；②施加预拉力时补偿应力损失的超张拉；③材料抗力的变异。规范规定预拉力设计值按式（2-60）确定

$$P = \frac{0.9 \times 0.9 \times 0.9}{1.2} A_e f_u = 0.607\,5 A_e f_u \tag{2-60}$$

式中　A_e——螺栓的有效截面面积；

f_u——螺栓材料经热处理后的最低抗拉强度，8.8 级取 $f_u = 830\ \text{N/mm}^2$，10.9 级取 $f_u = 1\,040\ \text{N/mm}^2$。

单个高强度螺栓的预拉力 P 见表 2-9。

表 2-9　单个高强度螺栓的预拉力 P　（单位：kN）

螺栓的强度等级	螺栓的公称直径（mm）					
	M16	M20	M22	M24	M27	M30
8.8 级	80	125	150	175	230	280
10.9 级	100	155	190	225	290	355

(二)高强度螺栓的紧固方法

高强度螺栓不论是用于摩擦型连接中的受剪螺栓,还是用于受拉或拉剪螺栓,其受力都是依靠螺栓对连接板施加强大的法向压力,即紧固预拉力 P。即使在高强度螺栓承压型连接中,也要部分利用这一性能,其预拉力也应与摩擦型连接的相同。因此,控制预拉力即控制螺栓的紧固程度,是保证高强度螺栓连接质量的一个关键性因素。

高强度螺栓的预拉力是通过扭紧螺母实现的。一般采用扭矩法、转角法和扭断螺栓尾部梅花卡头法。

1. 扭矩法

先用普通扳手初拧(不小于终拧扭矩值的 50%),使连接件紧贴,然后用可以显示扭矩的特制扳手终拧。终拧扭矩值根据事先测定的扭矩和螺栓拉力之间的关系确定。施拧的偏差不得超过 ±10%。

2. 转角法

先用人工扳手初拧螺母至拧不动为止,并作标记线,再用长扳手将螺母转动 1/2 ~ 3/4圈(终拧)。终拧角度根据螺栓直径和板叠厚度等确定。不需专业扳手,工具简单但不够精确。

3. 扭断螺栓尾部梅花卡头法

先对螺栓初拧,然后用特制电动扳手的两个套筒分别套住螺母和螺栓尾部梅花卡头(见图 2-47(b))操作时。大套筒正转施加紧固扭矩,小套筒则施加紧固反扭矩,将螺栓紧固后,再进而沿尾部槽口将梅花卡头拧掉。由于螺栓尾部槽口深度是按终拧扭矩和预拉力之间的关系确定的,故当梅花卡头拧掉,螺栓即达到规定的预拉力值。扭剪型高强度螺栓由于具有上述施工简便且便于检查漏拧的优点,近年来在国内也得到广泛应用。

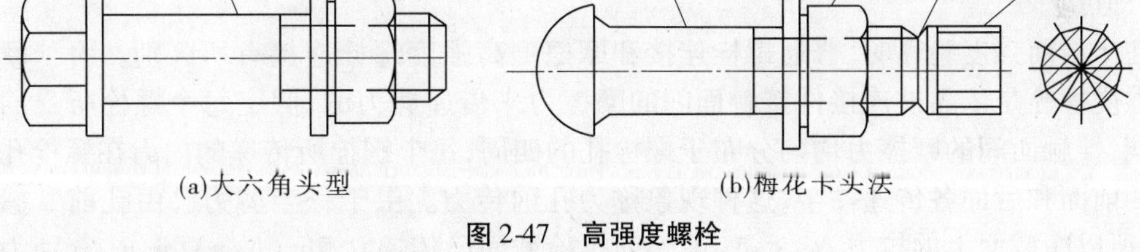

图 2-47　高强度螺栓

(三)高强度螺栓连接摩擦面抗滑移系数

使用高强度螺栓摩擦型连接时,被连接构件接触面间的摩擦力不仅与螺栓的预拉力有关,还与被连接构件材料及其接触面处理方法所确定的摩擦面抗滑移系数 μ 有关,常用处理方法的摩擦面抗滑移系数 μ 值如表 2-10 所示。承压型连接的构件接触面只要求清除油污及浮锈。接触面涂红丹或在潮湿、淋雨状态下进行拼装,摩擦面抗滑移系数 μ 将严重降低,故应严格避免,并应采取措施保证连接处表面干燥。

二、高强度螺栓摩擦型连接的计算

高强度螺栓连接和普通螺栓连接一样,分为受剪螺栓连接、受拉螺栓连接和剪拉螺栓连接三种。

表 2-10　摩擦面抗滑移系数 μ

在连接处构件接触面的处理方法	构件的钢号		
	Q235	Q345 或 Q390	Q420
喷砂	0.45	0.50	0.50
喷砂后涂无机富锌漆	0.35	0.40	0.40
喷砂后生赤锈	0.45	0.50	0.50
钢丝刷清除浮锈或未经处理的干净轧制表面	0.30	0.35	0.40

(一)受剪高强度螺栓摩擦型连接计算

1. 受剪高强度螺栓摩擦型连接承载力计算

高强度螺栓承受剪力时的设计准则是外力不超过摩擦力。每个螺栓的承载力设计值与预拉力 P、摩擦面抗滑移系数 μ、摩擦面的数目 n_f 有关，计入抗力分项系数后，即得单个高强度螺栓的抗剪承载力设计值

$$N_v^b = 0.9 n_f \mu P \tag{2-61}$$

式中　0.9——抗力分项系数 γ_R 的倒数($\gamma_R = 1.111$)；

n_f——传力摩擦面数目；

μ——摩擦面抗滑移系数；

P——每个高强度螺栓的预拉力设计值。

2. 受剪高强度螺栓摩擦型连接的计算

受剪高强度螺栓摩擦型连接的受力分析方法与受剪普通螺栓连接一样，受剪高强度螺栓摩擦型连接在受轴心力或偏心力作用时可以利用普通受剪螺栓的计算公式进行计算，只须将单个普通螺栓的抗剪承载力设计值 $N_{\min}^b$ 改为单个高强度螺栓受剪承载力设计值 N_v^b 即可。

在净截面强度验算时，普通螺栓连接和摩擦型高强度螺栓连接有所区别。由于摩擦型高强度螺栓是依靠被连接件接触面间的摩擦力来传递剪力的，假定每个螺栓所受的内力相同，接触面间的摩擦力均匀分布于螺栓孔的四周，每个螺栓所传递的内力在螺栓孔中心线的前面和后面各传递一半，这种现象称为孔前传力。由于一半剪力已由孔前摩擦面传递，所以净截面上的拉力 $N' < N$。最外列螺栓截面已传递 $0.5n_1(N/n)$(n、n_1 分别为构件一端和最外列截面处高强度螺栓数目)，则最外列构件的净截面强度按式(2-62)计算

$$\sigma = \frac{N'}{A_n} = \frac{N}{A_n}\left(1 - \frac{0.5n_1}{n}\right) \leqslant f \tag{2-62}$$

由于最外列以后各列螺栓处构件的内力显著减小，只有在螺栓数目显著增加的情况下，才进行其他截面的净截面强度验算。因此，一般只须验算最外列螺栓的净截面强度。此外，由于 $N' < N$，所以除对有孔截面进行验算外，还应对毛截面进行验算，即应验算 $\sigma = N/A \leqslant f$。

螺栓群受轴心力作用时的摩擦型连接受剪高强度螺栓如图 2-48 所示。

(二)受拉高强度螺栓摩擦型连接计算

高强度螺栓连接由于受预拉力作用，构件间在承受外力作用前已经有较大的挤压力，

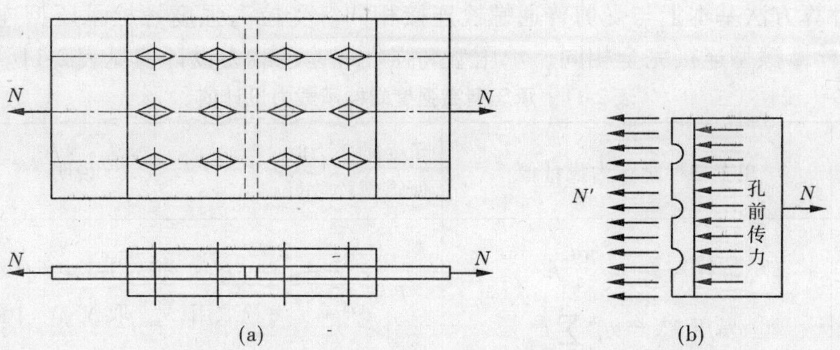

图 2-48　螺栓群受轴心力作用时的摩擦型连接受剪高强度螺栓

高强度螺栓受到外拉力作用时，首先要抵消这种挤压力，在克服挤压力之前，螺杆的预拉力基本不变。当施加外力 N_t 使螺栓受拉时，螺栓略有伸长，使拉力增加 ΔP，而压紧的板件略有放松，使压力减小，对预拉力没有太大的影响。直到外拉力大于螺栓杆的预拉力时，板叠松开，产生松弛现象。为使板件间保留一定的挤压力，《规范》规定，单个受拉摩擦型高强度螺栓的承载力设计值为

$$N_t^b = 0.8P \tag{2-63}$$

受拉高强度螺栓摩擦型连接受轴心力 N 作用时，假定每个螺栓均匀受力，连接所需的螺栓个数为

$$n \geqslant \frac{N}{N_t^b} \tag{2-64}$$

受拉高强度螺栓摩擦型连接受偏心拉力作用时，螺栓最大拉力不应大于 $0.8P$，以保证板件紧密贴合，端板不会被拉开，因此按受拉普通螺栓连接小偏心受拉情况，由式(2-65)计算

$$N_{1\max} = \frac{N}{n} + \frac{My_1}{\sum y_i^2} \leqslant N_t^b = 0.8P \tag{2-65}$$

(二)剪拉高强度螺栓摩擦型连接计算

高强度螺栓摩擦型连接随着外力的增大，构件接触面挤压力由 P 变化为 $P-N_t$，每个螺栓的抗剪承载力也随之减小，同时摩擦系数也下降。因此，《规范》规定，当高强度螺栓摩擦型连接同时承受摩擦面间的剪力和螺栓杆轴方向的外拉力时，其承载力按式(2-66)计算

$$\frac{N_v}{N_v^b} + \frac{N_t}{N_t^b} \leqslant 1 \tag{2-66}$$

式中　N_v、N_t——某个高强度螺栓所承受的剪力、拉力；

N_v^b、N_t^b——一个高强度螺栓的受剪、受拉承载力设计值。

三、高强度螺栓承压型连接计算

前面已经介绍，受剪高强度螺栓承压型连接以栓杆受剪破坏和孔壁承压破坏为极限

状态，其计算方法基本上与受剪普通螺栓连接相同。受拉高强度螺栓承压型连接与受拉高强度螺栓摩擦型连接完全相同。承压型高强度螺栓承载力设计值见表2-11。

表2-11　承压型高强度螺栓承载力设计值

连接种类	单个螺栓承载力设计值	承受轴心力时所需螺栓数目	说明
受剪螺栓	抗剪 $N_v^b = n_v \frac{\pi d_e^2}{4} f_v^b$ 承压 $N_c^b = d f_c^b \sum t$	$n \geqslant \frac{N}{N_{min}^b}$	f_v^b、f_c^b 按表1-5中承压型高强度螺栓取用，N_{min}^b 取 N_v^b、N_c^b 中的较小值
受拉螺栓	$N_t^b = 0.8P$	$n \geqslant \frac{N}{N_t^b}$	
剪拉螺栓	$\sqrt{\left(\frac{N_v}{N_v^b}\right)^2 + \left(\frac{N_t}{N_t^b}\right)^2} \leqslant 1$ 且 $N_v \leqslant \frac{N_c^b}{1.2}$		N_v、N_t 分别为每个承压型高强度螺栓所受的剪力和拉力

注：在抗剪计算中，当剪切面在螺纹处时，采用螺杆的有效直径 d_e，即按螺纹处的有效面积计算 N_v^b。

对于剪拉高强度螺栓承压型连接，要求螺栓所受的剪力 N_v 不得超过孔壁承压设计值除以1.2。这是考虑到螺栓同时承受拉力，使连接件之间压紧力减小，导致孔壁承压强度降低的缘故。

【例2-8】　如图2-49所示，设计用高强度螺栓的双拼接板连接，承受轴心拉力设计值 N = 1 530 kN，钢板截面尺寸为340 mm × 20 mm，钢材为Q345，采用8.8级M22高强度螺栓，连接处构件接触面作喷砂处理。

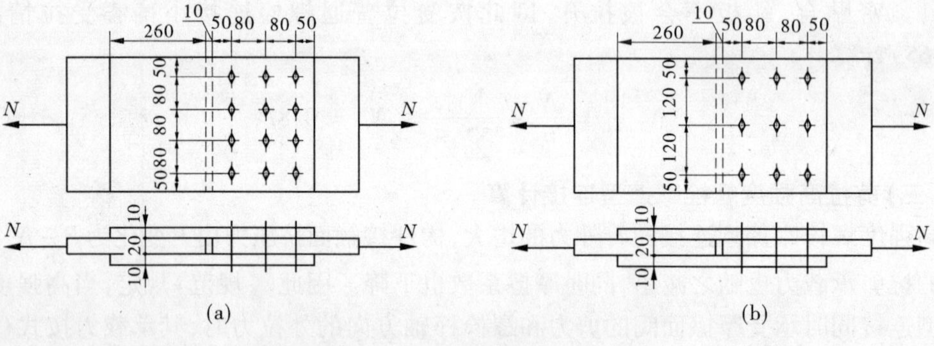

图2-49　例2-8计算简图　（单位：mm）

解：(1)采用摩擦型高强度螺栓时，查表2-9和表2-10可知8.8级M22高强度螺栓的预应力 P = 150 kN，抗滑移系数 μ = 0.5，则单个螺栓的抗剪承载力设计值为

$$N_v^b = 0.9 n_f \mu P = 0.9 \times 2 \times 0.5 \times 150 = 135(\text{kN})$$

所需螺栓数为 $n = \frac{N}{N_v^b} = \frac{1\ 530}{135} = 11.33$，取 $n = 12$，螺栓排列如图2-49(a)所示。

构件净截面强度验算：钢板端部最外排螺栓孔截面最危险。

$$N' = N\left(1 - \frac{0.5n_1}{n}\right) = 1\ 530 \times (1 - \frac{0.5 \times 4}{12}) = 1\ 275(\text{kN})$$

$$A_n = t(b - n_1 d_0) = 20 \times (340 - 4 \times 24) = 4\ 880(\text{mm}^2)$$

$$\sigma = \frac{N'}{A_n} = \frac{1\ 275 \times 10^3}{4\ 880} = 261.3(\text{N/mm}^2) \leqslant f = 295\ \text{N/mm}^2 \quad (安全)$$

(2)采用承压型高强度螺栓时,查表1-5得 $f_v^b = 250$ kN, $f_c^b = 590$ kN,单个螺栓的抗剪承载力设计值为

$$N_v^b = n_v \frac{\pi d^2}{4} f_v^b = 2 \times \frac{\pi \times 22^2}{4} \times 250 = 1.901 \times 10^5(\text{N}) = 190.1\ \text{kN}$$

$$N_c^b = d f_c^b \sum t = 22 \times 20 \times 590 = 259\ 600(\text{N}) = 259.6\ \text{kN}$$

$$N_{\min}^b = \min\{N_v^b, N_c^b\} = 190.1\ \text{kN}$$

所需螺栓数为 $n = \frac{N}{N_{\min}^b} = \frac{1\ 530}{190.1} = 8.05$,取 $n = 9$,螺栓排列如图2-49(b)所示。

构件截面强度验算:钢板端部最外排螺栓孔截面最危险。

$$A_n = t(b - n_1 d_0) = 20 \times (340 - 3 \times 24) = 5\ 360(\text{mm}^2)$$

$$\sigma = \frac{N}{A_n} = \frac{1\ 530 \times 10^3}{5\ 360} \approx 285.4(\text{N/mm}^2) \leqslant f = 295\ \text{N/mm}^2 \quad (安全)$$

【例2-9】　高强度螺栓计算,荷载与螺栓布置如图2-50所示,用8.8级M20高强度螺栓,构件接触面经喷砂后涂无机富锌漆。验算螺栓连接是否安全?

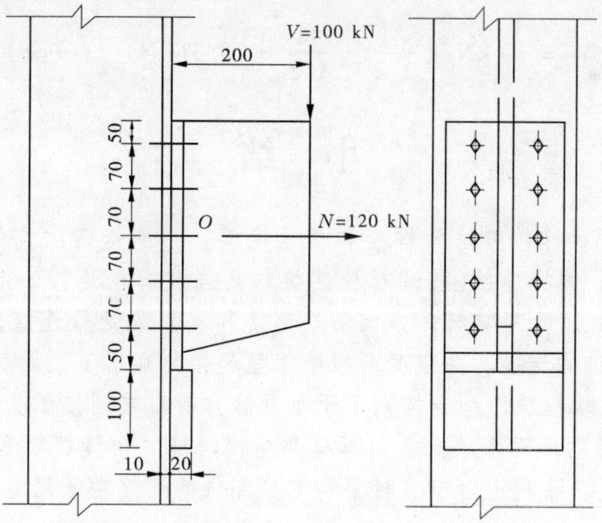

图2-50　例2-9的计算简图　(单位:mm)

解:查表2-9和表2-10可知8.8级M20高强度螺栓的预应力 $P = 125$ kN,抗滑移系数 $\mu = 0.35$。

单个螺栓的抗拉承载力设计值为

$$N_t^b = 0.8P = 0.8 \times 125 = 100(\text{kN})$$

顶排螺栓的拉力为

$$N_{\max}=\frac{N}{n}+\frac{My'_1}{\sum y_i'^2}=\frac{120}{10}+\frac{100\times200\times280}{2\times(280^2+210^2+140^2+70^2)}=31.05(\text{kN})$$

(1)采用摩擦型高强度螺栓时,单个螺栓受剪承载力设计值为

$$N_v^b=0.9n_f\mu P=0.9\times1\times0.35\times125=39.375(\text{kN})$$

单个螺栓所受平均剪力为

$$N_v=\frac{V}{n}=\frac{100}{10}=10(\text{kN})$$

对顶排螺栓有

$$\frac{N_v}{N_v^b}+\frac{N_t}{N_t^b}=\frac{10}{39.375}+\frac{31.05}{100}=0.254+0.3105=0.5645<1\quad(\text{安全})$$

(2)采用承压型高强度螺栓时,查表1-5得$f_t^b=400$ kN,$f_v^b=850$ kN,$f_c^b=470$ kN,有

$$N_t^b=\frac{\pi d_e^2}{4}f_t^b=\frac{\pi\times17.65^2}{4}\times400=97818(\text{N})=97.818\text{ kN}$$

$$N_v^b=n_v\frac{\pi d^2}{4}f_v^b=1\times\frac{\pi\times20^2}{4}\times850=266900(\text{N})=266.9\text{ kN}$$

$$N_c^b=df_c^b\sum t=20\times10\times470=94000(\text{N})=94\text{ kN}$$

则

$$\sqrt{\left(\frac{N_v}{N_v^b}\right)^2+\left(\frac{N_t}{N_t^b}\right)^2}=\sqrt{\left(\frac{10}{266.9}\right)^2+\left(\frac{35.05}{97.818}\right)^2}\approx\sqrt{0.0014+0.1283}\approx0.36<1$$

$$N_v=10\text{ kN}<\frac{N_c^b}{1.2}=\frac{94}{1.2}=78.3(\text{kN})\quad(\text{安全})$$

小　结

(1)钢结构常用的连接方法为焊接和螺栓连接。不论是钢结构的制造或安装,焊接均是主要连接方法。螺栓连接(普通螺栓连接和高强度螺栓连接)在安装连接中应用较多。普通螺栓连接宜用于沿其杆轴方向受拉连接和次要的受剪连接,高强度螺栓连接适用于钢结构重要部位的连接。高强度螺栓摩擦型连接则宜用于主要部位和直接承受动力荷载的连接,高强度螺栓承压型连接则用于承受静力荷载或间接承受动力荷载的连接。

(2)焊接按焊缝的截面形状分为角焊缝和对接焊缝。角焊缝便于加工但受力性能较差,对接焊缝则相反。除制造时节省材料和重要部位的连接常采用对接焊缝外,一般多采用角焊缝。

(3)焊接不仅应满足构造要求,还应作必要的强度计算。对接焊缝除三级受拉焊缝外,均与母材等强,故一般不须计算;角焊缝应根据作用力与焊缝长度方向间的关系按式(2-8)计算。不论焊缝是受轴心力还是兼受弯矩(扭矩)和剪力,均可按危险点计算其所受的垂直于焊缝长度方向按焊缝有效截面计算的应力和平行于焊缝长度方向按焊缝有效截面计算的剪应力,然后代入公式计算。

(4)焊接残余应力和残余变形是焊接过程中局部加热和冷却,导致焊件不均匀膨胀

和收缩而产生的。在焊缝附近的残余拉应力很高,常可达钢材屈服点。残余应力是自相平衡的力系,故对结构的静力强度无影响,但使结构的刚度和稳定承载力降低。由于其影响,焊接结构疲劳计算必须采用应力幅计算准则。

(5)普通螺栓连接不仅应满足构造要求,还应作必要的强度计算。对于受剪和受拉螺栓连接,均需计算其最不利螺栓所受的力(剪力或拉力)不大于单个螺栓的承载力设计值;对于受剪螺栓连接,还须验算构件因螺孔削弱的净截面强度;对于偏心力作用的受拉螺栓连接还须区分大、小偏心情况;对于剪拉螺栓连接,则使其最不利螺栓的强度应满足相关公式。

(6)高强度螺栓连接分摩擦型和承压型两类,摩擦型应用普遍。对于受剪和受拉高强度螺栓连接的计算与普通螺栓类似,只须代入相应的高强度螺栓的强度设计值;对于受剪高强度螺栓连接的构件净截面强度计算须考虑孔前传力,同时还须验算毛截面强度;对于偏心力作用的受拉高强度螺栓连接不论偏心距大小,因接触面始终密合,其中和轴取螺栓群的形心轴;对于剪拉高强度螺栓连接计算,考虑螺栓承受拉力后抗剪承载力的降低。

思考题

2-1　钢结构常用的连接方法有哪几种?它们各在哪些范围应用较合适?

2-2　手工焊条型号应根据什么选择?焊接 Q235B 钢和 Q345 钢的一般结构须分别采用哪种型号的焊条?

2-3　角焊缝的尺寸有哪些要求?

2-4　螺栓在钢板和型钢上的容许距离都有哪些规定?它们是根据哪些要求制定的?

2-5　普通螺栓群受偏心力作用时的受拉螺栓计算应怎样区分大、小偏心情况?它们的特点有何不同?高强度螺栓承压型连接是否也要区分大、小偏心情况?其中和轴应取螺栓群的什么位置?

2-6　高强度螺栓摩擦型连接与承压型连接的受力特点有何不同?它们在传递剪力和拉力时的单个螺栓承载力设计值的计算公式有何区别?

2-7　在受剪连接中使用普通螺栓或摩擦型高强度螺栓对构件开孔截面净截面强度的影响哪一种较大?为什么?

2-8　剪拉普通螺栓连接与剪拉高强度螺栓摩擦型连接的计算方法有何不同?与剪拉高强度螺栓承压型连接的计算方法又有何不同?

习　题

2-1　试验算图 2-51 所示牛腿与柱连接的对接焊缝强度。荷载设计值 $F=270$ kN,钢材为 Q235B,焊条为 E43 型,手工焊,无引弧板,焊缝质量为三级。提示:假定剪力由腹板上的焊缝承受。

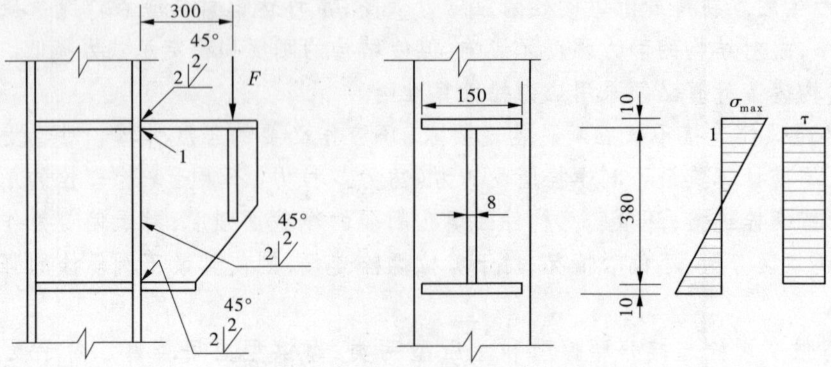

图 2-51　习题 2-1 图　（单位:mm）

2-2　试设计图 2-52 所示连接中的角钢与节点板间的角焊缝 A。轴心拉力设计值 N = 240 kN(静力荷载)。钢材为 Q235B,焊条为 E43 型,手工焊。

2-3　试验算图 2-53 所示连接角焊缝的强度,荷载设计值 F = 140 kN(静力荷载)。钢材为 Q235B,焊条为 E43 型,手工焊。提示:假定焊缝在端部绕角焊缝起落弧,计算长度不考虑弧坑影响。

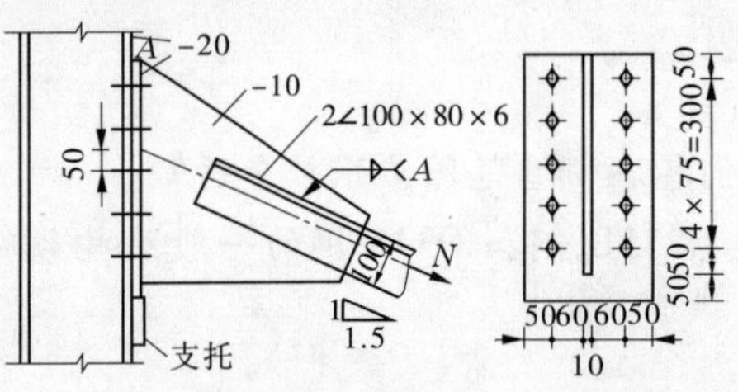

图 2-52　习题 2-2 图　（单位:mm）

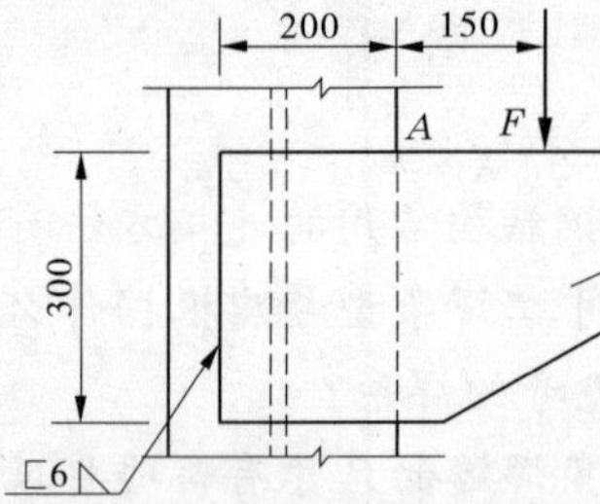

图 2-53　习题 2-3 图　（单位:mm）

2-4　图 2-54 为一用 M20C 级普通螺栓的钢板拼接,钢材为 Q235A,d_0 = 22 mm。试计算此拼接能承受的最大轴心力设计值。

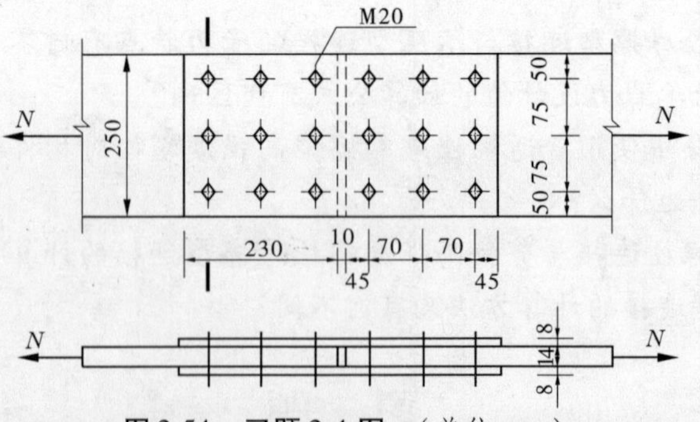

图 2-54　习题 2-4 图　（单位:mm）

2-5　试计算习题 2-2 连接中端板与柱连接的 C 级普通螺栓强度。螺栓为 M22,钢材为 Q235。

2-6　若将习题 2-5 中端板与柱的连接螺栓改为 M24,并取消端板下的支托,其强度能否满足要求?

第三章　钢　梁

内容摘要

钢梁是一种应用广泛的承受横向荷载的受弯构件,本章主要讲解的内容有:钢梁的截面形式、工作性能及刚度和强度计算,梁的整体稳定性概念及保证措施和计算方法,薄板稳定性基本概念,组合梁腹板加劲肋设计、型钢梁设计、焊接组合梁设计(设计步骤、截面选择、截面改变、翼缘与腹板的连接、梁的拼接)。

学习重点

理解整体稳定及局部稳定的概念及保证措施;掌握钢梁刚度和强度、整体稳定及局部稳定的计算方法,能进行组合梁设计。

第一节　钢梁的形式及应用

钢梁是一种承受横向荷载的受弯构件,广泛应用于工作平台梁、钢桥、钢闸门和厂房结构中。钢梁按加工制作方式分为型钢梁和组合梁。

钢梁常用的截面形式如图 3-1 所示。型钢梁构造简单、价格低廉、制造较容易,应优先采用,但在荷载及跨度较大时,例如钢闸门和钢引桥的主梁等,由于钢材规格的限制,不能满足承载力和刚度的要求时,就必须采用焊接组合梁。

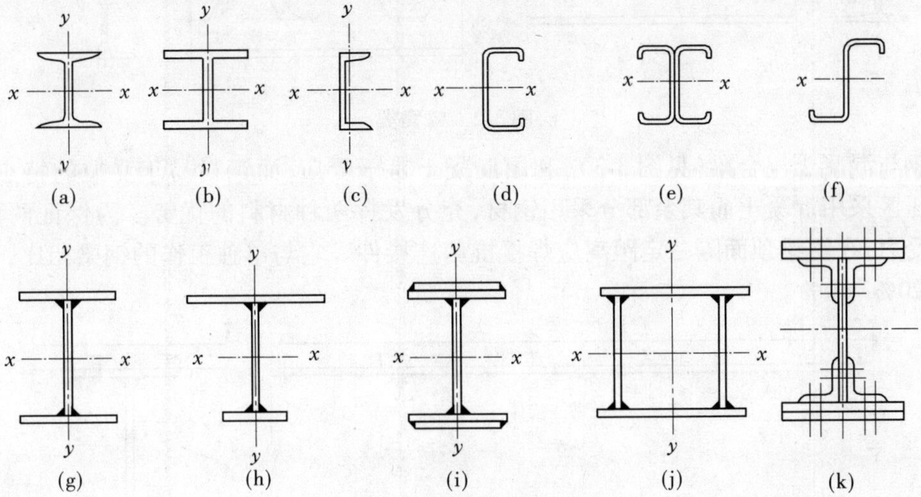

图 3-1　钢梁常用的截面形式

型钢梁中常采用热轧型钢梁。热轧型钢梁主要采用工字钢和槽钢(见图 3-1(a)、(b)、(c)),其截面高而且较窄,适用于在腹板平面内受弯的梁,但由于这种工字钢侧向刚度较小，因而计算时往往由侧向整体稳定起控制作用。图 3-1(b)的工字钢具有相对较宽的翼缘，一般称为 H 型钢，H 型钢梁具有较大的侧向刚度、抗扭刚度和整体稳定性。槽钢截面因左右不对称，弯曲中心位于腹板的外侧。当荷载作用于翼缘上时，梁同时受弯和受扭，故只有在构造上能使荷载作用线接近弯曲中心或能防止截面扭转时才宜采用。冷弯薄壁型钢梁常用于承受较轻荷载(轻屋面、轻墙面等)的情况(见图 3-1(d)、(e)、(f))，如轻型檩条和墙梁等，其用钢量较省。

组合梁由钢板或型钢用焊接、铆钉或螺栓连接而成。最常用的是由三块钢板焊接组成的工字形截面梁(见图 3-1(g)、(h))。由于其构造简单、加工方便，而且可根据所受荷载大小调整翼缘和腹板的尺寸，故用钢量较省。对于多层翼缘板焊接组成的焊接梁(见图 3-1(i))，焊接工作量增加并会产生较大焊接应力和焊接变形，而且各翼缘板间受力不均匀，故目前应用的较少。双腹板的箱形截面梁(见图 3-1(j))，具有较大的抗扭刚度和侧向抗弯刚度，用于荷载和跨度较大而梁高受到限制，或侧向刚度要求较高或受双向较大弯矩的梁，但用钢量较多，施焊不方便，制造较费工。

对于跨度和动力荷载较大的梁，若所需厚钢板的质量不能满足焊接结构或动力荷载的要求，可采用摩擦型高强螺栓或铆接连接而成的工字形截面组合梁(见图 3-1(k))。

将工字钢沿折线切成两部分，然后错开，齿尖对齿尖地焊接起来，就形成一种有孔洞的工字形梁，这种梁称为蜂窝梁(见图 3-2)。与原工字钢相比，其承载能力和刚度均显著增大、自重减轻，是一种较为经济合理的构件形式，在国内外都得到了比较广泛的研究与应用。

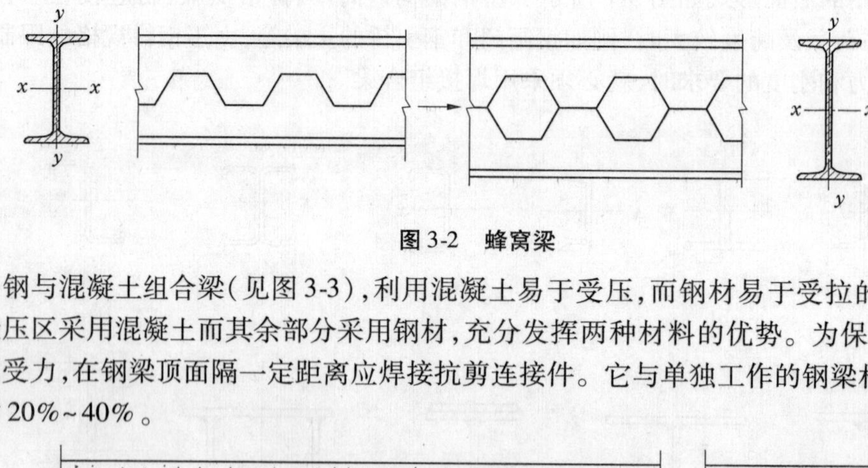

图 3-2　蜂窝梁

钢与混凝土组合梁(见图 3-3)，利用混凝土易于受压，而钢材易于受拉的特点，在梁的受压区采用混凝土而其余部分采用钢材，充分发挥两种材料的优势。为保证两种材料共同受力，在钢梁顶面隔一定距离应焊接抗剪连接件。它与单独工作的钢梁相比，可节约钢材 20%~40%。

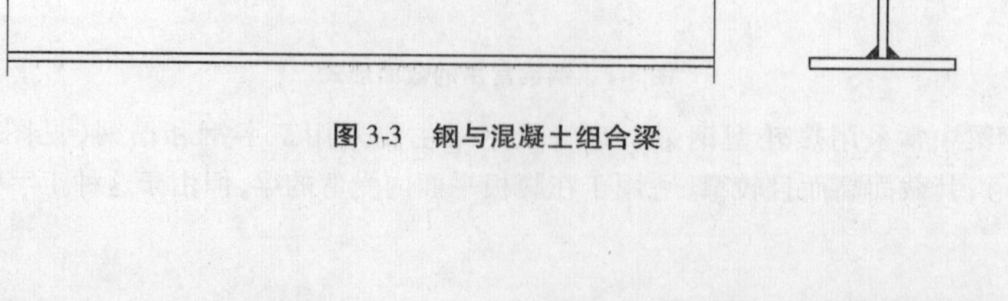

图 3-3　钢与混凝土组合梁

钢梁可做成简支梁、连续梁和悬臂梁等。虽然简支梁的钢材用量较大,但由于制造、安装、修理、拆换方便,而且不受温度变化和支座沉降的影响,因而使用最广泛。

组合梁一般采用双轴对称截面(见图3-1(g)、(i)、(j)、(k)),也可采用加强受压翼缘单轴对称截面,以提高受压翼缘及梁的侧向刚度和稳定性。

在钢梁中,除少数情况(如吊车梁、起重机大梁等)可单独或成对地布置外,通常是由许多梁(常有主梁和次梁)纵横交叉连接成梁格,并在梁格上铺放直接承受荷载的钢板或钢筋混凝土面板,例如楼盖、工作平台、桥梁、钢闸门等。

根据主梁和次梁的排列情况,梁格可分为下列三种形式:

(1)单向梁格(见图3-4(a))。只有主梁,适用于主梁跨度较小或面板长度较大的情况。

(2)双向梁格(见图3-4(b))。在主梁间再设次梁,次梁由主梁支承,次梁上再支承面板,是应用最广泛的梁格类型。

(3)复式梁格(见图3-4(c))。在主梁间设纵向次梁,纵向次梁间再设横向次梁,荷载传递层次多、构造复杂,只适用于主梁跨度大和荷载重的情况。

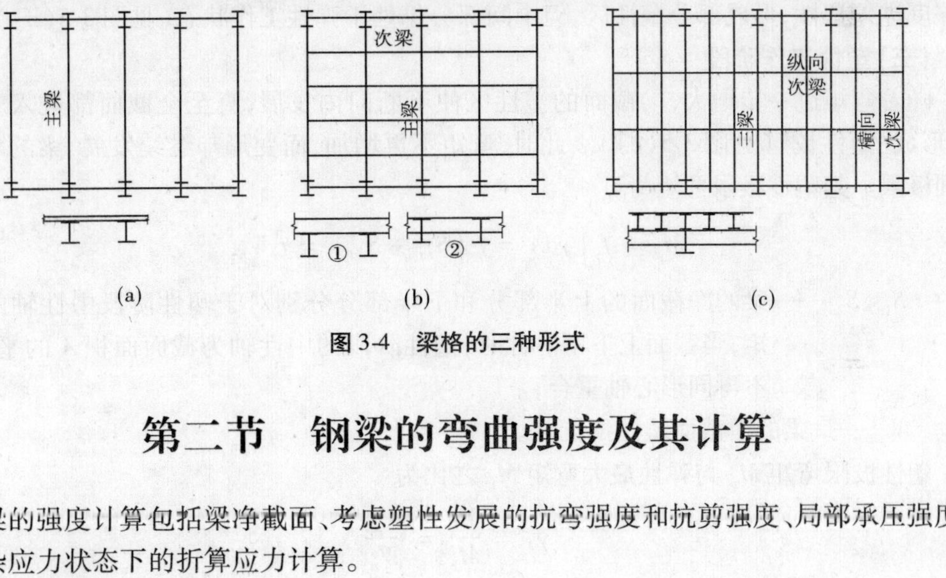

图3-4　梁格的三种形式

第二节　钢梁的弯曲强度及其计算

梁的强度计算包括梁净截面、考虑塑性发展的抗弯强度和抗剪强度、局部承压强度以及复杂应力状态下的折算应力计算。

一、抗弯强度

梁在受弯时,钢材符合理想弹塑性假定,当弯矩逐渐增大时,截面中的应力应变始终符合平面假定。正应力的发展过程可分为下述三个阶段。

(一)弹性工作阶段

当作用于梁上的弯矩较小时,梁截面上最大应变 $\varepsilon_{max} \leq f_y/E$,整个梁截面处于弹性工作状态,此时截面上的应力成三角形直线分布,其边缘的最大正应力不超过屈服极限 f_y(见图3-5(a))。其相应的极限弯矩为

$$M_e = f_y W_n \tag{3-1}$$

式中　W_n——梁的净截面抵抗矩,或称截面模量。

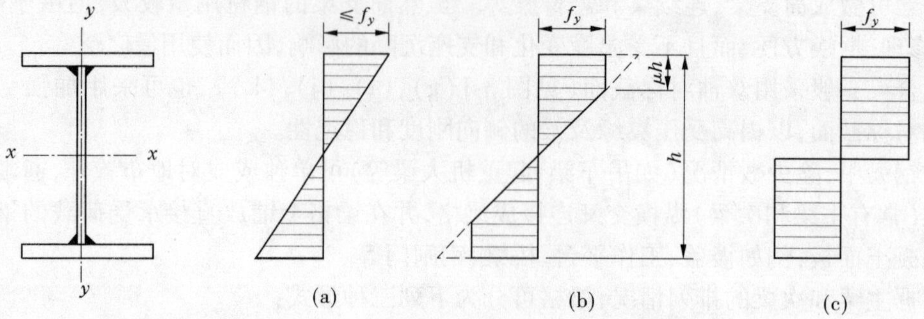

图 3-5　钢梁受弯时各阶段弯曲应力

(二)弹塑性工作阶段

当梁的边缘应力达到屈服点时,若继续增加荷载,按平面假定,应变 ε 仍按直线规律增加,但因钢材有屈服台阶,按理想弹塑性考虑,边缘应力保持 f_y 不变,而且在截面的上下两边,凡是应变达到或超过钢材屈服时应变 ε_y 的部分,其应力均等于 f_y,截面的边缘部分深度进入塑性,形成部分塑性区,但中间部分仍处于弹性工作状态(见图 3-5(b))。

(三)塑性工作阶段

随着弯矩进一步增大,梁截面的塑性区便不断向内发展,直至全截面都进入塑性状态,形成"塑性铰"(见图 3-5(c))。此时,弯矩不再增加,而变形却继续发展,梁的承载力达到极限。其塑性极限弯矩为

$$M_p = f_y \int_A y \mathrm{d}A = f_y (S_{1n} + S_{2n}) = f_y W_{pn} \tag{3-2}$$

式中　S_{1n}、S_{2n}——梁的净截面的上半部分和下半部分分别对于塑性阶段中性轴的面积矩,当截面上下不对称时,塑性阶段的中性轴为截面面积 A 的平分线,不再同形心轴重合;

W_{pn}——梁的净截面塑性抵抗矩。

塑性极限弯矩 M_p 与弹性最大弯矩 M_e 之比为

$$\gamma_F = \frac{M_p}{M_e} = \frac{W_{pn}}{W_n} \tag{3-3}$$

γ_F 值只取决于截面的几何形状,而与材料的性质无关,称为截面形状系数。对于矩形截面 $\gamma_F = 1.5$;圆形截面 $\gamma_F = 1.7$;圆环形截面 $\gamma_F = 1.27$;工字形截面对 x 轴 $\gamma_F = 1.10 \sim 1.17$,对 y 轴 $\gamma_F = 1.5$。

可见,梁的抗弯强度可按塑性工作阶段计算,亦称塑性设计,也可按弹性工作阶段计算,亦称弹性设计。前者比后者更能充分发挥材料的作用,经济效益较高。考虑到塑性变形过大将引起梁的挠度过大,受压翼缘过早失去局部稳定性,同时对于梁截面来说,除存在正应力外,还同时存在剪应力及局部压应力等。在这样的复杂应力状态下,梁在形成塑性铰之前就已丧失承载能力,再考虑一些不利因素(如残余应力等),也会使梁提前失去承载能力。因此,对于直接承受动力荷载的梁,不考虑截面塑性工作,仅按弹性设计;对于承受静力荷载或间接动力荷载的梁,只考虑部分截面塑性工作。上下两边塑性区的深度

μh（见图 3-5(b)），一般控制在$\frac{h}{8}\sim\frac{h}{4}$，相应塑性区的发展用塑性发展系数 γ 来表示，对于双轴对称工字形截面 $\gamma_x=1.05$、$\gamma_y=1.2$，对于箱形截面 $\gamma_x=\gamma_y=1.05$。

《规范》规定梁的抗弯强度按下列公式计算：

仅在弯矩 M_x 作用下

$$\frac{M_x}{\gamma_x W_{nx}}\leqslant f \tag{3-4}$$

在弯矩 M_x 和 M_y 共同作用下

$$\frac{M_x}{\gamma_x W_{nx}}+\frac{M_y}{\gamma_y W_{ny}}\leqslant f \tag{3-5}$$

式中　M_x、M_y——绕 x 轴、y 轴的弯矩（对工字形截面，x 轴为强轴，y 轴为弱轴）；

W_{nx}、W_{ny}——对 x 轴、y 轴净截面模量；

γ_x、γ_y——截面塑性发展系数，对工字形截面取 $\gamma_x=1.05$、$\gamma_y=1.20$，承受动力荷载时取 $\gamma_x=\gamma_y=1.0$（按弹性工作阶段设计），对其他截面按表 3-1 取值；

f——钢材的抗弯强度设计值，按表 1-3 采用。

表 3-1　截面塑性发展系数 γ_x、γ_y 值

截面形式	γ_x	γ_y	截面形式	γ_x	γ_y
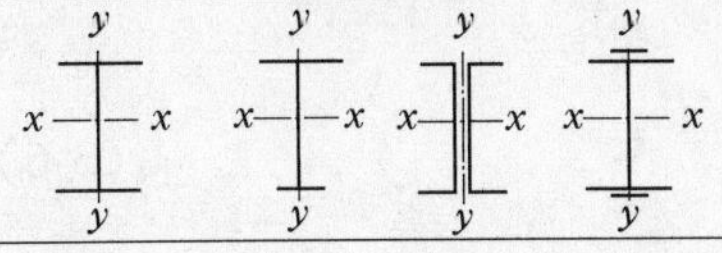	1.05	1.2	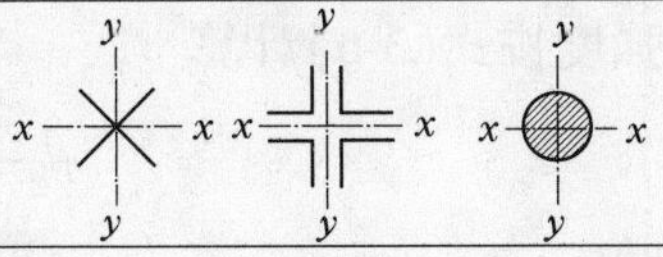	1.2	1.2
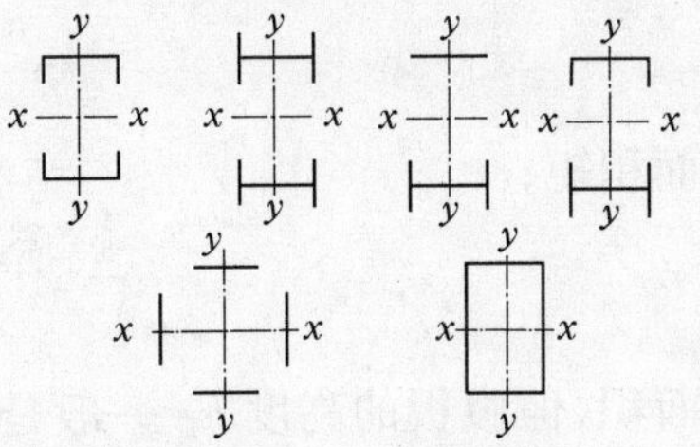		1.05	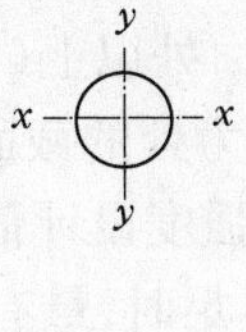	1.15	1.15
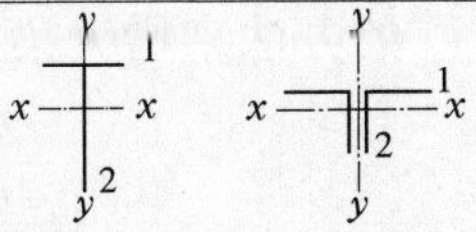	$\gamma_{x1}=1.05$	1.2	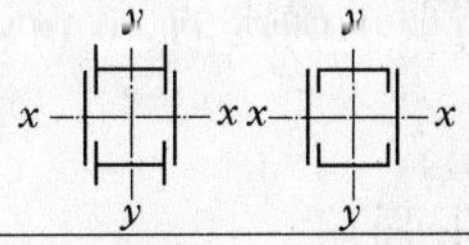	1.0	1.05
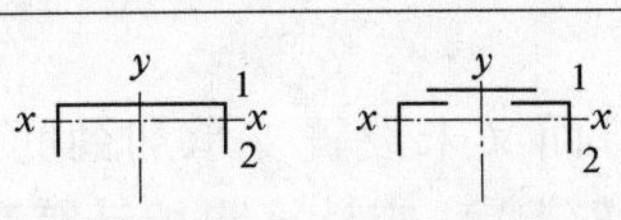	$\gamma_{x2}=1.2$	1.05	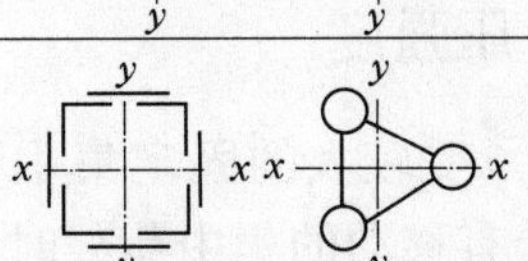		1.0

γ_x、γ_y 是考虑塑性部分深入截面的系数，也称为截面塑性发展系数，与式(3-3)的截面形状系数 γ_F 的含义是有区别的。为避免梁在失去强度之前受压翼缘局部失稳，《规范》规定：当梁受压翼缘的自由外伸宽度 b 与其厚度 t 之比大于 $13\sqrt{235/f_y}$ 但不超过 $15\sqrt{235/f_y}$ 时应取 $\gamma_x=1.0$，f_y 为钢材的屈服点，即不分钢材厚度一律取为：Q235 钢，$f_y=235\ \mathrm{N/mm^2}$；Q345 钢，$f_y=345\ \mathrm{N/mm^2}$；Q390 钢，$f_y=390\ \mathrm{N/mm^2}$；Q420 钢，$f_y=420\ \mathrm{N/mm^2}$。

对于直接承受动力荷载或需要计算疲劳的梁，塑性深入截面将使钢材发生硬化，促使疲劳断裂提前出现，因此按式(3-4)和式(3-5)计算时，$\gamma_x = \gamma_y = 1.0$，即按弹性工作阶段进行计算，不考虑截面塑性的发展。

当梁的抗弯强度不能满足要求时，以增大梁高最为有效。

二、抗剪强度

在横向荷载作用下，梁在受弯的同时又承受剪力，工字形截面和槽形截面腹板上剪应力分布如图 3-6 所示，对于工字形截面和槽形截面，其最大剪应力在腹板中性轴处。

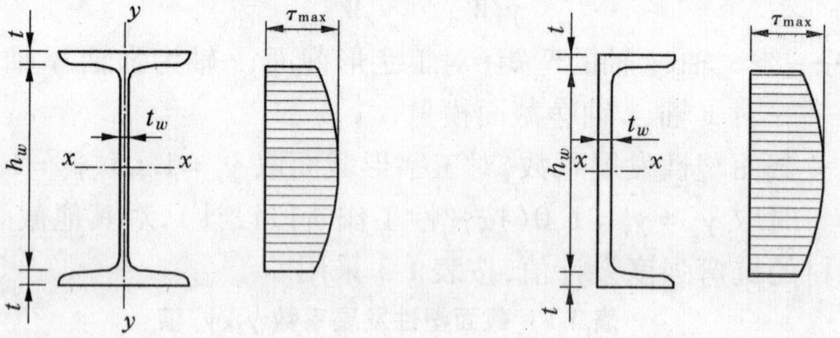

图 3-6　腹板剪应力分布

梁的抗剪强度按式(3-6)计算

$$\tau = \frac{VS}{It_w} \leqslant f_v \tag{3-6}$$

式中　V——梁的剪力设计值；

I——毛截面惯性矩；

S——计算剪应力处以上(或以下)部分对中性轴的面积矩；

t_w——计算剪应力处的截面宽度；

f_v——钢材抗剪强度设计值，见表 1-3。

当梁的抗剪强度不足时，最有效的办法是增大腹板的面积，但腹板的高度 h_w 一般是由刚度条件和构造要求确定的，故设计时常采用加大腹板厚度 t_w 的办法来增大梁的抗剪强度。

三、局部承压强度

当梁的翼缘承受较大的固定集中荷载(包括支座反力)而又未设置支承加劲肋(见图 3-7(a))，或受有移动的集中荷载时，如吊车轮压(见图 3-7(b))，应计算腹板计算高度边缘的局部承压强度。

荷载通过翼缘传至腹板，使之受压，腹板边缘在压力 F 作用点处所产生的压应力最大，向两侧边则逐渐减小，其压应力的实际分布并不均匀，如图 3-7(c)所示。可以认为集中荷载从作用处以 1∶2.5(在 h_y 高度范围)和 1∶1(在 h_R 高度范围)扩散，在计算中假定压力 F 均匀分布在腹板计算高度边缘一段较短的范围 l_z 内。《规范》规定分布长度 l_z 取为：

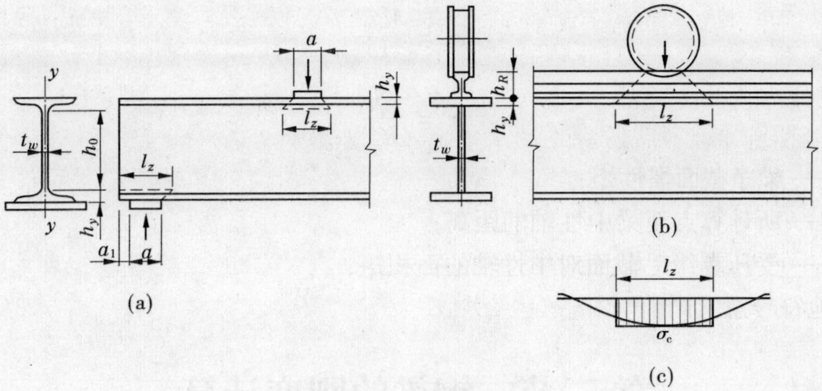

图 3-7　局部压应力

对于跨中承受集中荷载

$$l_z = a + 5h_y + 2h_R \tag{3-7}$$

对于梁端承受支座反力

$$l_z = a + 2.5h_y + a_1 \tag{3-8}$$

式中　a——集中荷载沿梁跨度方向的支承长度，对于钢轨上的轮压可取为 50 mm；

h_y——自梁顶面（或底面）至腹板计算高度边缘的距离，对于焊接梁 h_y 为翼缘厚度，对于型钢梁 h_y 包括翼缘厚度和圆弧部分；

h_R——轨道的高度，对于无轨道的梁 $h_R=0$。

在腹板计算高度边缘处的局部压应力验算公式为

$$\sigma_c = \frac{\psi F}{t_w l_z} \leqslant f \tag{3-9}$$

式中　F——集中荷载，对于动力荷载需要考虑动力系数；

ψ——集中荷载增大系数，对于重级工作制吊车梁取 $\psi=1.35$，其他梁取 $\psi=1.0$；

f——钢材抗压强度设计值，见表 1-3。

若验算不满足，对于固定集中荷载处（包括支座处）可设置支承加劲肋，并对支承加劲肋进行验算。对移动集中荷载，则应加大腹板厚度。

对于翼缘上受均布荷载的梁，因腹板上边缘局部压应力不大，不需进行局部压应力验算。

四、折算应力

在组合梁的腹板计算高度边缘处，当同时受有较大的正应力、剪应力和局部压应力时，或同时受有较大的正应力和剪应力时（例如，连续梁的支座处或梁的翼缘截面改变处等），应按下式验算该处的折算应力

$$\sqrt{\sigma^2 + \sigma_c^2 - \sigma\sigma_c + 3\tau^2} \leqslant \beta_1 f \tag{3-10}$$

式中　σ、τ、σ_c——腹板计算高度边缘同一点上的弯曲正应力、剪应力、局部压应力，σ_c 按式(3-9)计算，σ 和 τ 分别按式(3-11)和式(3-12)计算；

β_1——计算折算应力的强度设计值增大系数，当 σ 与 σ_c 异号时取 $\beta=1.2$，当 σ 与 σ_c 同号或 $\sigma_c=0$ 时取 $\beta_1=1.1$。

$$\sigma = \frac{My_1}{I_n} \tag{3-11}$$

$$\tau = \frac{VS_1}{It_w} \tag{3-12}$$

式中　I_n——梁净截面惯性矩；

y_1——所计算点至梁中性轴的距离；

S_1——受压翼缘毛截面对中性轴的面积矩；

其他符号意义同前。

第三节　钢梁的刚度计算

为保证梁的正常使用要求，梁应有足够的刚度，梁的刚度可用梁的最大挠度 ω 来衡量，要求不超过规范规定的最大挠度的容许值$[\omega]$，其表达式为

$$\omega \leqslant [\omega] \quad 或 \quad \frac{\omega}{l} \leqslant \left[\frac{\omega}{l}\right] \tag{3-13}$$

式中　l——梁的跨度(对悬臂梁取悬臂长度的2倍)；

ω——梁的最大挠度，按荷载标准值(不考虑荷载分项系数和动力系数)计算；

ω/l——梁的相对挠度；

$[\omega]$——梁的容许挠度值；

$[\omega/l]$——梁的相对挠度容许值，见表3-2。

表3-2　钢梁的相对挠度容许值$[\omega/l]$

<table>
<tr><th>水工钢结构</th><th>[ω/l]</th><th colspan="2">建筑钢结构</th><th>[ω/l]</th></tr>
<tr><td rowspan="2">潜孔式工作闸门和事故闸门的主梁</td><td rowspan="2">1/750</td><td rowspan="4">吊车梁</td><td>手动吊车和单梁吊车(含悬挂吊车)</td><td>1/500</td></tr>
<tr><td>轻级工作制桥式吊车</td><td>1/800</td></tr>
<tr><td rowspan="2">露顶式工作闸门和事故闸门的主梁</td><td rowspan="2">1/600</td><td>中级工作制桥式吊车</td><td>1/1 000</td></tr>
<tr><td>重级工作制桥式吊车</td><td>1/1 200</td></tr>
<tr><td>检修闸门和拦污栅的主梁</td><td>1/500</td><td rowspan="2">无重轨的工作平台和楼盖梁</td><td>主 梁</td><td>1/400</td></tr>
<tr><td>次梁</td><td>1/250</td><td>其他梁</td><td>1/250</td></tr>
<tr><td rowspan="2">船闸工作闸门和输水阀门的主梁</td><td rowspan="2">1/750</td><td rowspan="3">屋盖檩条</td><td>支承无集灰的瓦楞铁和石棉瓦等屋面者</td><td>1/150</td></tr>
<tr><td>支承压型金属板、有积灰的瓦楞铁和石棉瓦等屋面者</td><td>1/200</td></tr>
<tr><td>浮码头钢引桥的主梁</td><td>1/400</td><td>支承其他屋面材料者</td><td>1/200</td></tr>
</table>

第四节　梁的整体稳定

一、梁整体稳定的概念

为了提高抗弯强度、节省钢材，钢梁截面一般设计成高而窄且壁较薄的开口截面形式，受荷方向刚度大，侧向刚度较小，如果梁的侧向支承较弱（如仅在支座处有侧向支承），梁的弯曲会随荷载大小的不同而呈现两种截然不同的平衡状态。

如图3-8所示的工字形截面梁，荷载作用在其最大刚度平面内，当荷载较小时，梁的弯曲平衡状态是稳定的。虽然外界各种因素会使梁产生微小的侧向弯曲和扭转变形，但外界影响消失后，梁仍能恢复原来的弯曲平衡状态。然而，当荷载增大到某一数值后，在很小的侧向力干扰下，梁在向下弯曲的同时将突然向刚度较小的侧向弯曲，并伴随扭转变形而破坏，这种现象称为梁的侧向弯扭屈曲或整体失稳。梁维持稳定平衡状态所承担的最大荷载或最大弯矩称为临界荷载或临界弯矩。

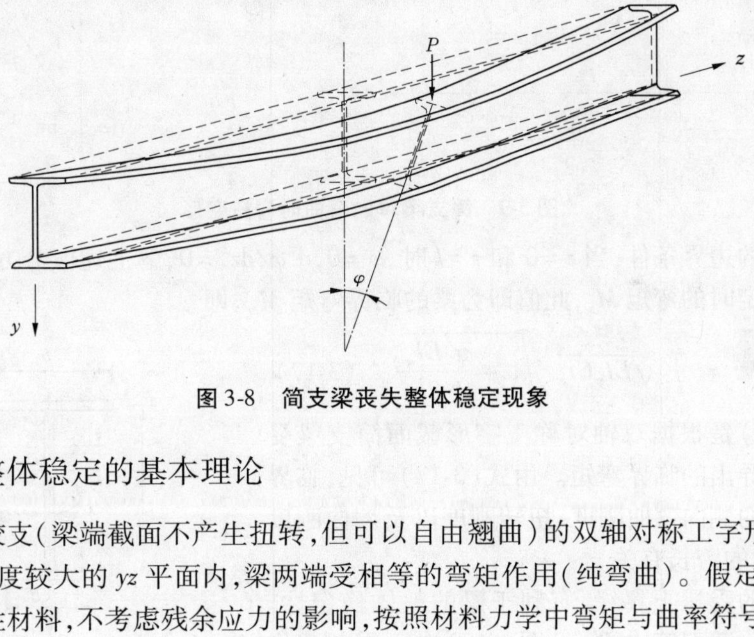

图3-8　简支梁丧失整体稳定现象

二、梁整体稳定的基本理论

对两端铰支（梁端截面不产生扭转，但可以自由翘曲）的双轴对称工字形截面梁（见图3-9），在刚度较大的 yz 平面内，梁两端受相等的弯矩作用（纯弯曲）。假定梁为无初弯曲的均质弹性材料，不考虑残余应力的影响，按照材料力学中弯矩与曲率符号关系和内外扭矩间的平衡关系，可以写出如下的三个微分方程

$$EI_x\frac{d^2v}{dz^2}=-M_x \tag{3-14}$$

$$EI_y\frac{d^2u}{dz^2}=-M_x\varphi \tag{3-15}$$

$$GI_t\frac{d\varphi}{dz}-EI_w\frac{d^3\varphi}{dz^3}=M_x\frac{du}{dz} \tag{3-16}$$

式中　u、v——剪力中心沿 x、y 方向的位移；

φ——扭转角；

I_x、I_y——对 x、y 轴的截面惯性矩；

I_t、I_w——扭转惯性矩、扇性惯性矩，对于工字形截面 $I_w = I_y \dfrac{(h_1+h_2)^2}{4}$，

$$I_t = \frac{k}{3}\sum_{i=1}^{n} b_i t_i^3;$$

h_1、h_2——受压翼缘、受拉翼缘形心至整个截面形心的距离；

b_i、t_i——组成截面的各狭长矩形的宽度、厚度；

k——考虑连接处的有利影响系数，其值由试验确定，对于工字形截面 $k=1.25$，对于 T 形截面 $k=1.15$，对于槽形截面 $k=1.12$；

E、G——钢材的弹性模量、剪切模量。

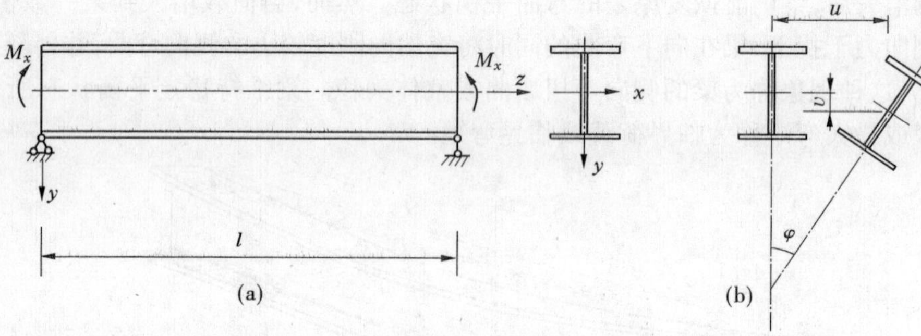

图 3-9　简支梁单向弯曲时弯扭变形

根据梁的边界条件：当 $z=0$ 和 $z=l$ 时，$\varphi=0$，$\mathrm{d}^2\varphi/\mathrm{d}z^2=0$，解上述微分方程，可求得梁丧失整体稳定时的弯矩 M_x，此值即为梁的临界弯矩 M_{cr}，即

$$M_{cr} = \frac{\pi}{l}\sqrt{EI_yGI_t}\sqrt{1+\frac{\pi^2EI_w}{l^2GI_t}} \tag{3-17}$$

式(3-17)是根据双轴对称工字形截面简支梁受纯弯曲时所导出的临界弯矩。由式(3-17)可见，临界弯矩值与梁的侧向弯曲刚度、扭转刚度以及翘曲刚度有关，也与梁的跨长有关。

加长梁的受压上翼缘，有利于梁的整体稳定性。这种单轴对称截面简支梁（见图 3-10）在不同荷载作用下，依据弹性稳定理论可导出其临界弯矩的通用计算公式为

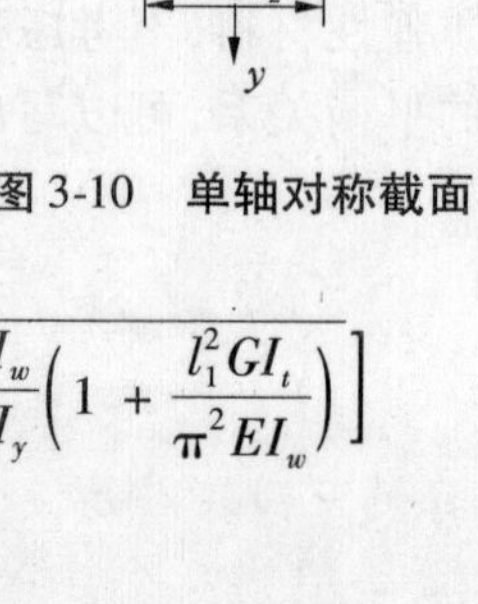

图 3-10　单轴对称截面

$$M_{cr} = \beta_1\frac{\pi^2EI_y}{l^2}\left[\beta_2 a+\beta_3\beta_y+\sqrt{(\beta_2 a+\beta_3\beta_y)^2+\frac{I_w}{I_y}\left(1+\frac{l_1^2GI_t}{\pi^2EI_w}\right)}\right] \tag{3-18}$$

$$\beta_y = \frac{1}{2I_x}\int y(x^2+y^2)\,\mathrm{d}A - y_0 \tag{3-19}$$

式中　β_y——截面特征系数，当截面为双轴对称时 $\beta_y=0$，当截面为单轴对称时 β_y 按式(3-19)计算；

l_1——梁侧向支承点之间的距离；

y_0——剪力中心至形心的距离(剪力中心在形心之下取正值，反之取负值)，$y_0 = -(I_1h_1 - I_2h_2)/I_y$，$I_1$、$I_2$ 为受压翼缘、受拉翼缘对 y 轴的惯性矩，h_1、h_2 为受压翼缘、受拉翼缘形心至整个截面形心的距离；

a——荷载在截面上的作用点与剪力中心之间的距离，当荷载作用点在剪力中心以下时取正值，反之取负值；

β_1、β_2、β_3——荷载类型系数，其值如表 3-3 所示；

其他符号意义同前。

表 3-3　系数 β_1、β_2、β_3 值

荷载类型	β_1	β_2	β_3
跨度中点集中荷载	1.35	0.55	0.40
满跨均布荷载	1.13	0.46	0.53
纯弯曲	1.00	0	1.00

由临界弯矩 M_{cr} 的计算公式，可总结出以下规律：

(1)梁的侧向抗弯刚度 EI_y、抗扭刚度 GI_t 越大，则临界弯矩 M_{cr} 越大。

(2)梁受压翼缘的自由长度 l_1 越大，临界弯矩 M_{cr} 越小。

(3)荷载作用于下翼缘比作用于上翼缘的临界弯矩 M_{cr} 大。

(4)梁支承对位移的约束程度愈大，则临界弯矩 M_{cr} 愈大。

三、梁整体稳定的保证

为保证梁的整体稳定或增强梁抗整体失稳的能力，任何钢梁在其端部支承处都应采取构造措施，以防止其端部截面的扭转。当梁上有密铺的刚性铺板(楼盖梁的楼面板或公路桥、人行天桥的面板等)时，使之与梁的受压翼缘牢固相连；若无刚性铺板或铺板与梁受压翼缘连接不可靠，则应设置平面支撑。楼盖或工作平台梁格的平面支撑有横向平面支撑和纵向平面支撑两种，横向平面支撑使主梁受压翼缘的自由长度由其跨长减小为 l_1(次梁间距)；纵向平面支撑是为了保证整个楼面的横向刚度。不论有无连牢的刚性铺板，支承工作平台梁格的支柱间均应设置柱间支撑，除非柱列设计为上端铰接、下端嵌固于基础的排架。

《规范》规定，当符合下列情况之一时，梁的整体稳定可以得到保证，不必计算：

(1)有刚性铺板密铺在梁的受压翼缘上并与其牢固连接，能阻止梁受压翼缘的侧向位移时。

(2)对于 H 型钢或等截面工字形简支梁，当梁受压翼缘的自由长度 l_1 与其宽度 b_1 之比满足表 3-4 所规定的数值时。

(3)对于箱形截面简支梁，当其截面(见图 3-11)

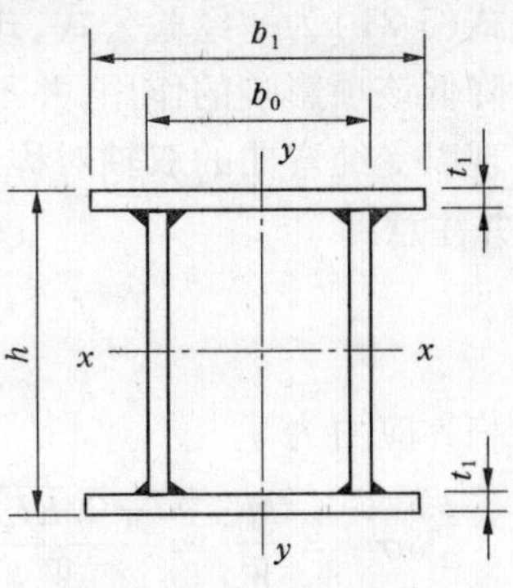

图 3-11　箱形截面

尺寸满足 $h/b_1 \leqslant 6, l_1/b_1 \leqslant 95\ (235/f_y)$ 时(对于箱形截面的此条件很容易满足)。

表 3-4 H 型钢或等截面工字形简支梁不需要计算整体稳定性的最大 l_1/b_1 值

钢号	跨中无侧向支承点的梁		跨中受压翼缘有侧向支承点的梁,不论荷载作用于何处
	荷载作用在上翼缘	荷载作用在下翼缘	
Q235	13.0	20.0	16.0
Q345	10.5	16.5	13.0
Q390	10.0	15.5	12.5
Q420	9.5	15.0	12.0

四、梁整体稳定的计算

当不满足前述不必计算整体稳定条件时,应对梁的整体稳定进行计算。

(一)在最大刚度主平面内受弯的梁的整体稳定的计算

$$\sigma = \frac{M_x}{W_x} \leqslant \frac{\sigma_{cr}}{\gamma_R} = \frac{\sigma_{cr}}{f_y}\frac{f_y}{\gamma_R} = \varphi_b f$$

写成规范采用的形式为

$$\frac{M_x}{\varphi_b W_x} \leqslant f \tag{3-20}$$

式中 M_x——绕强轴作用的最大弯矩;

W_x——按受压翼缘确定的梁毛截面绕 x 轴的抵抗矩;

φ_b——梁的整体稳定系数。

(二)在两个主平面内受弯的工字形截面梁的整体稳定的计算

$$\frac{M_x}{\varphi_b W_x} + \frac{M_y}{\gamma_y W_y} \leqslant f \tag{3-21}$$

式中 W_x、W_y——按受压翼缘确定的梁毛截面绕 x 轴、y 轴的抵抗矩;

φ_b——绕强轴弯曲所确定的梁整体稳定系数;

γ_y——截面塑性发展系数。

式(3-21)为一经验公式,式中第二项表示绕弱轴弯曲的影响,分母中 γ_y 在此处仅起适当降低该项影响的作用,并不表示截面允许发展塑性。

现以受纯弯曲的双轴对称工字形截面简支梁为例,导出 φ_b 的计算公式。由式(3-17) M_{cr},并注意到

$$I_w = \frac{I_y(h_1 + h_2)^2}{4} \approx \frac{I_y h^2}{4} \tag{3-22}$$

可得临界应力为

$$\sigma_{cr} = \frac{M_{cr}}{W_x} = \frac{\pi\sqrt{EI_y GI_t}}{W_x l}\sqrt{1 + \left(\frac{\pi h}{2l}\right)^2 \frac{EI_y}{GI_t}} = \frac{\pi^2 EI_y h}{2l^2 W_x}\sqrt{1 + \left(\frac{2l}{\pi h}\right)^2 \frac{GI_t}{EI_y}} \tag{3-23}$$

将数值 $E = 2.06 \times 10^5\ \text{N/mm}^2$、$E/G = 2.6$ 代入式(3-23)中,令 $I_y = Ai_y^2$、$l_1/i_y = \lambda_y$,并假

定扭转惯性矩近似值为 $I_t \approx \frac{1}{3}At_1^2$（$t_1$ 为翼缘厚度），可得

$$\varphi_b = \frac{\sigma_{cr}}{f_y} = \frac{4\ 320}{\lambda_y^2} \times \frac{Ah}{W_x}\sqrt{1 + \left(\frac{\lambda_y t_1}{4.4h}\right)^2}\ \frac{235}{f_y} \tag{3-24}$$

对于一般受横向荷载或端弯矩作用的焊接工字形等截面简支梁，包括单轴对称和双轴对称工字形截面，应按下式计算其整体稳定系数，即

$$\varphi_b = \beta_b \frac{4\ 320}{\lambda_y^2} \times \frac{Ah}{W_x}\left[\sqrt{1 + \left(\frac{\lambda_y t_1}{4.4h}\right)^2} + \eta_b\right]\frac{235}{f_y} \tag{3-25}$$

式中　β_b——梁整体稳定的等效临界弯矩系数，按附录 1 中附表 1-1 中采用；

λ_y——梁在侧向支承点间对截面弱轴 y—y 的长细比，$\lambda_y = l_1/i_y$；

l_1——梁的受压翼缘侧向支承点间的距离；

i_y——梁截面对 y 轴的回转半径；

A——梁的毛截面面积；

h、t_1——梁截面的全高、受压翼缘厚度；

η_b——截面不对称影响系数，对于双轴对称工字形截面 $\eta_b = 0$，对于单轴对称工字形截面：加强受压翼缘 $\eta_b = 0.8(2\alpha_b - 1)$，加强受拉翼缘 $\eta_b = 2\alpha_b - 1$，$\alpha_b = \frac{I_1}{I_1 + I_2}$，$I_1$、$I_2$ 分别为受压翼缘、受拉翼缘对 y 轴的惯性矩。

上述整体稳定系数是按弹性稳定理论求得的，因此只适用于弹性阶段。研究证明，当求得的 φ_b 大于 0.6 时，梁已进入非弹性工作阶段，整体稳定临界应力有明显的降低，必须对 φ_b 进行修正。规范规定，当按上述公式或表格确定的 $\varphi_b > 0.6$ 时，用式(3-26)求得的 φ'_b 代替 φ_b 进行梁的整体稳定计算，即

$$\varphi'_b = 1.07 - \frac{0.282}{\varphi_b} \tag{3-26}$$

当梁的整体稳定承载力不足时，可采用加大梁的截面尺寸或增加侧向支承的办法予以解决，前一种办法中尤其是增大受压翼缘的宽度最有效。

必须指出的是，不论梁是否需要进行整体稳定的计算，梁的支承处均应采取构造措施以阻止其端截面的扭转。

【例 3-1】　一焊接工字形等截面简支梁，跨度 12 m，在跨度中点有一个侧向支承点，如图 3-12 所示，在跨度三分点处作用有集中荷载设计值 $F = 202$ kN，钢材为 Q235 钢，试验算该梁的整体稳定性。

解：梁受压翼缘的侧向自由长度 l_1 与其宽度 b_1 的比值为

$$\frac{l_1}{b_1} = \frac{6\ 000}{240} = 25 > 16$$

超过了表 3-4 规定的数值，所以需要计算梁的整体稳定性。

(1)求梁的自重。

钢材的容重为

$$\gamma = 76.98\ \text{kN/m}^3$$

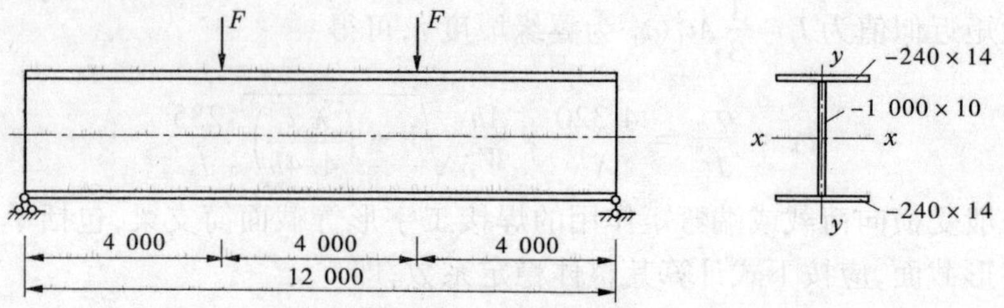

图 3-12　双轴对称焊接组合截面简支梁　（单位:mm）

梁的自重为

$$q = \gamma_G g_b = \gamma_G A\gamma = 1.2 \times (2 \times 0.24 \times 0.014 + 1.0 \times 0.01) \times 76.98 = 1.54(\text{kN/m})$$

(2)求梁跨中的最大弯矩。

梁长 $l = 12$ m,跨中最大弯矩为

$$M_{\max} = \frac{1}{8}ql^2 + F \times \frac{l}{3} = \frac{1}{8} \times 1.54 \times 12^2 + 202 \times \frac{12}{3} = 836.0(\text{kN}\cdot\text{m})$$

(3)截面几何特性计算。

$$A = 2 \times 24 \times 1.4 + 100 \times 1.0 = 167.2(\text{cm}^2)$$

$$I_x = \frac{1}{12} \times 24.0 \times (100.0 + 2 \times 1.4)^3 - \frac{1}{12} \times (24.0 - 1.0) \times 100.0^3 = 256\,081.2(\text{cm}^4)$$

$$I_y = 2 \times \frac{1}{12} \times 1.4 \times 24.0^3 = 3\,225.6(\text{cm}^4)$$

受压翼缘的截面抵抗矩为

$$W_x = \frac{I_x}{y_{\max}} = \frac{256\,081.2}{(100/2 + 1.4)} = 4\,982.1(\text{cm}^3)$$

$$i_y = \sqrt{\frac{I_y}{A}} = \sqrt{\frac{3\,225.6}{167.2}} = 4.39(\text{cm})$$

$$\lambda_y = \frac{l_1}{i_y} = \frac{600}{4.39} = 136.7$$

(4)计算梁的整体稳定性。

按附录一计算系数 β_b、η_b。

按附表 1-1 计算 β_b 时,由项次 5 和注 3,应按均布荷载作用在上翼缘的情况考虑,取 $\beta_b = 1.15$。

双轴对称工字形截面 $\eta_b = 0$。

将以上所求的各参数代入整体稳定系数计算式,即

$$\varphi_b = \beta_b \frac{4\,320}{\lambda_y^2} \times \frac{Ah}{W_x}\left[\sqrt{1 + \left(\frac{\lambda_y t_1}{4.4h}\right)^2} + \eta_b\right]\frac{235}{f_y}$$

$$= 1.15 \times \frac{4\,320}{136.7^2} \times \frac{167.2 \times (100 + 2 \times 1.4)}{4\,982.1} \times$$

$$\left\{\sqrt{1+\left[\frac{136.7\times1.4}{4.4\times(100+2\times1.4)}\right]^2}+0\right\}\times\frac{235}{235}$$

$$=0.996>0.6$$

因 $\varphi_b=0.996>0.6$,故应修正为

$$\varphi'_b=1.07-\frac{0.282}{\varphi_b}=1.07-\frac{0.282}{0.996}=0.787$$

计算梁的整体稳定性,即

$$\frac{M_{\max}}{\varphi'_b W_x}=\frac{836.0\times10^6}{0.787\times4\,982.1\times10^3}=213.2\ (\mathrm{N/mm^2})<f=215\ \mathrm{N/mm^2}$$

梁的整体稳定性满足要求。

第五节　型钢梁设计

型钢梁截面应满足强度、刚度、整体稳定和局部稳定要求。

一、单向弯曲型钢梁

(一)确定设计条件

根据建筑使用或工艺条件确定荷载、跨度和支承情况,以及选择钢材品种。

(二)计算梁的内力

其内容包括计算最大弯矩 $M_{\max}$ 和最大剪力 $V_{\max}$。

(三)初选截面

按下式计算梁所需的净截面抵抗矩,即

$$W_{nx}=\frac{M_{\max}}{\gamma_x f}$$

γ_x 值根据不同截面查表 3-1 选用。按 W_{nx} 值查型钢表,选择相近的型钢型号。

(四)截面验算

按所选择的型钢,考虑其自重影响后,应进行下列验算。

1. 强度验算

截面的强度应满足下式要求:

抗弯强度 $$\frac{M_x}{\gamma_x W_{nx}}\leqslant f$$

抗剪强度 $$\tau=\frac{VS}{It_w}\leqslant f_v$$

局压强度 $$\sigma_c=\frac{\psi F}{t_w l_z}$$

折算应力 $$\sqrt{\sigma^2+\sigma_c^2-\sigma\sigma_c+3\tau^2}\leqslant\beta_1 f$$

热轧型钢的腹板较厚,若截面无削弱和无较大固定集中荷载,可不验算抗剪强度、局部承压强度、折算应力和局部稳定。

3\. 刚度验算

根据《钢结构设计规范》(GB 50017—2003),按荷载标准值计算梁的挠度,并应满足下式要求

$$\omega \leqslant [\omega] \quad 或 \quad \frac{\omega}{l} \leqslant \left[\frac{\omega}{l}\right]$$

3\. 整体稳定验算

当型钢梁无保证整体稳定的可靠措施时,应按下式验算整体稳定性,即

$$\frac{M_x}{\varphi_b W_x} \leqslant f$$

二、双向弯曲型钢梁

垂直于坡屋面的檩条,截面沿两主轴方向受弯,墙梁则承受墙体竖向重力和墙面传来的水平风荷载,因而墙梁截面也沿两主轴方向受弯,两者均为双向弯曲型钢梁。双向弯曲斜放檩条的受力分析如图 3-13 所示。

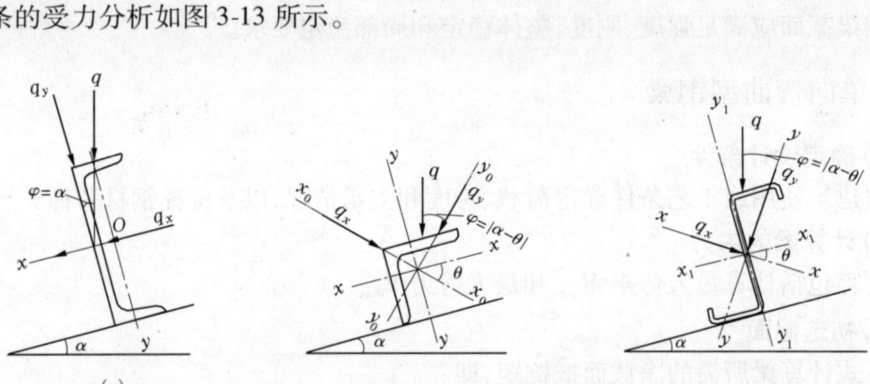

图 3-13　双向弯曲斜放檩条的受力分析

(一)确定双向弯曲型钢梁的截面形式

型钢檩条常用槽钢或角钢与檩托短角钢用螺栓或焊缝连接而成,或用 Z 形冷弯薄壁型钢和角钢檩托连接而成。

(二)荷载内力计算

竖向荷载 q 可分解为两主轴方向的分力:$q_y = q\cos\varphi$,$q_x = q\sin\varphi$。

弯矩分别为:$M_x = \frac{1}{8}q_y l_x^2$,$M_y = \frac{1}{8}q_x l_y^2$。

若沿弱轴 x—x 方向设置钢拉条,可减小 l_y 的计算长度,当跨中设一根钢拉条时,$l_y = l/2$。

剪力分别为:$F_{vx} = \frac{1}{2}q_y l_x$,$F_{vy} = \frac{1}{2}q_x l_y$。

(三)初选截面

根据 M_x、M_y、γ_x、γ_y 按下式初选截面

$$\sigma=\frac{M_x}{\gamma_x W_{nx}}+\frac{M_y}{\gamma_y W_{ny}}=\frac{M_x}{\gamma_x W_{nx}}\left(1+\frac{\gamma_x}{\gamma_y}\frac{W_{nx}}{W_{ny}}\frac{M_y}{M_x}\right)=\frac{M_x+\alpha M_y}{\gamma_x W_{nx}}\leqslant f$$

$$W_{nx}\geqslant\frac{M_x+\alpha M_y}{\gamma_x f}$$

其中，$\alpha=\frac{\gamma_x W_{nx}}{\gamma_y W_{ny}}$，对 I 型钢常取 $\alpha=6$；[型钢，常用 $\alpha=5$。由 W_{nx} 查型钢表可初选截面。

(四)截面验算

1. 强度验算

按下式进行验算

$$\frac{M_x}{\gamma_x W_{nx}}+\frac{M_y}{\gamma_y W_{ny}}\leqslant f$$

2. 刚度验算

先分别求得梁某一截面 ω_x 和 ω_y，再合成为 $\omega=\sqrt{\omega_x^2+\omega_y^2}$，并要求满足

$$\omega\leqslant[\omega]\quad 或\quad \frac{\omega}{l}\leqslant\left[\frac{\omega}{l}\right]$$

3. 稳定性验算

一般可不作稳定性验算，若需要，按下式验算

$$\frac{M_x}{\varphi_b W_x}+\frac{M_y}{\gamma_y W_y}\leqslant f$$

【例 3-2】 某工作平台的梁格布置如图 3-14 所示，平台上作用有静荷载，永久荷载标准值 4.5 kN/m²，活荷载标准值 6.2 kN/m²，钢材用 Q235 钢，假定平台板为刚性铺板并与次梁焊接，试设计中间次梁(工字形)。

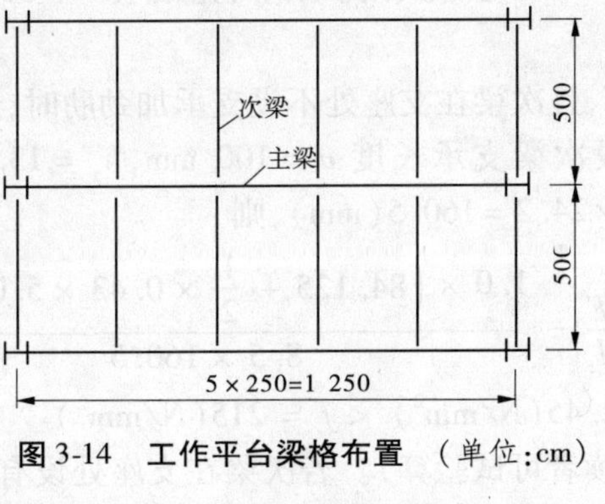

图 3-14　工作平台梁格布置　(单位:cm)

解:(1)因工作平台属于工业楼面，其活载标准值 6.2 kN/m² 大于 4 kN/m²，因此其分项系数应取 1.3。作用在中间次梁上的荷载设计值为

$$q=(1.2\times4.5+1.4\times6.2)\times2.5=33.65(\text{kN/m})$$

跨中最大弯矩设计值为

$$M_x=ql^2/8=33.65\times5.0^2/8=105.2(\text{kN}\cdot\text{m})$$

支座处最大剪力为

$$V=ql/2=33.65\times5.0/2=84.125(\text{kN})$$

(2)所需要的净截面抵抗矩为

$$W_{nx} = \frac{M_x}{\gamma_x f} = \frac{105.2 \times 10^5}{1.05 \times 215 \times 10^2} = 466(\text{cm}^3)$$

查附表2-2,选工字钢I28a。$W_x = 508.2\ \text{cm}^3$,$I_x = 7\ 115\ \text{cm}^4$,自重为$g = 43.47 \times 9.8 = 426(\text{N/m}) = 0.43\ \text{kN/m}$,$S_x = 292.7\ \text{cm}^3$,$t_w = 8.5\ \text{mm}$。

(3)截面验算。

考虑梁自重后的最大弯矩设计值为

$$M_{\max} = 105.2 + \frac{1}{8} \times 1.2 \times 0.43 \times 5^2 = 106.8(\text{kN} \cdot \text{m})$$

弯曲正应力为

$$\sigma = \frac{M_{\max}}{\gamma_x W_x} = \frac{106.8 \times 10^6}{1.05 \times 508.2 \times 10^3} = 200.2(\text{N/mm}^2) < f = 215\ \text{N/mm}^2$$

剪应力为

$$\tau = \frac{VS}{I_x t_w} = \frac{\left(84.125 + \frac{1}{2} \times 0.43 \times 5\right) \times 292.7 \times 10^6}{7\ 115 \times 10^4 \times 8.5}$$

$$= 41.24(\text{N/mm}^2) < f_v = 125\ \text{N/mm}^2$$

可见型钢梁的腹板较厚,剪应力一般不起控制作用。

(4)挠度验算。

考虑自重后的线荷载标准值为

$$q_k = (4.5 + 6.2) \times 2.5 + 0.43 = 27.18(\text{kN/m})$$

$$\frac{\omega}{l} = \frac{5}{384}\frac{q_k l^3}{EI_x} = \frac{5}{384} \times \frac{27.18 \times 5\ 000^3}{2.06 \times 10^5 \times 7\ 115 \times 10^4} = \frac{1}{331} < \left[\frac{\omega}{l}\right] = \frac{1}{250}$$

刚度满足要求。

当次梁放在主梁顶面,且次梁在支座处不设支承加劲肋时,还要验算支座处次梁腹板下边缘的局部压应力。设次梁支承长度$a = 100\ \text{mm}$,$h_y = 13.7 + 10.5 = 24.2(\text{mm})$,$l_z = a + 2.5h_y = 100 + 2.5 \times 24.2 = 160.5(\text{mm})$,则

$$\sigma_c = \frac{\psi F}{t_w l_z} = \frac{1.0 \times \left(84.125 + \frac{1}{2} \times 0.43 \times 5.0\right) \times 10^3}{8.5 \times 160.5}$$

$$= 62.45(\text{N/mm}^2) < f = 215(\text{N/mm}^2)$$

折算应力可不验算(读者可试验算)。若次梁在支座处设有支承加劲肋,则可不验算局部压应力。

【例3-3】 条件同例3-2,平台与次梁不焊接,试重新选择次梁截面。

解:对于轧制普通工字钢简支梁,其整体稳定系数可由附表1-2直接查出。假定工字钢型号在I22～I40之间,均布荷载作用在上翼缘,梁的自由长度$l_1 = l = 5\ \text{m}$,查附表1-2得$\varphi_b = 0.73$,则所需毛截面抵抗矩为

$$W_x = \frac{M_x}{\varphi_b f} = \frac{105.2 \times 10^5}{0.73 \times 215 \times 10^2} = 670.3(\text{cm}^2)$$

查附表 2-2 选用 I32b，$W_x=726.7\ cm^3$，工字钢质量 57.71 kg/m，自重为

$$g = 57.71 \times 9.8 = 565.6(\text{N/m}) = 0.5656(\text{kN/m})$$

$$M_{\max} = 105.2 + \frac{1}{8} \times 1.2 \times 0.5656 \times 5.0^2 = 107.3(\text{kN} \cdot \text{m})$$

$$\frac{M_{\max}}{\varphi_b W_x} = \frac{107.3 \times 10^6}{0.73 \times 726.7 \times 10^3} = 202.3(\text{N/mm}^2) < f = 215\ \text{N/mm}^2$$

满足稳定性要求。

【例 3-4】　试设计双向弯曲构件——轻型屋盖的檩条（见图 3-15）。已知屋面材料为波形石棉瓦，自重为 0.25 kN/m²，屋面坡度为 1:2.5，$\alpha = 21.8°$。屋面均布活荷载 0.3 kN/m²。檩条跨度 5 m，水平间距 0.7 m，钢材为 Q235。

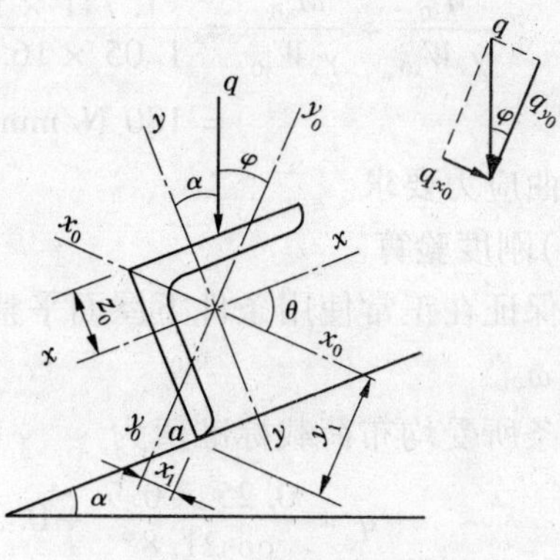

图 3-15　角钢檩条受力图

解：(1) 檩条荷载。

檩条上的均布荷载设计值为

$$q = \frac{1.2 \times 0.25 \times 0.7}{\cos 21.8°} + 1.4 \times 0.3 \times 0.7$$
$$= 0.52(\text{kN/m})$$

(2) 初选截面。

选择角钢∠80×6，则角钢边长为 80 mm，$z_0=21.9$ mm，$A=9.4\ cm^2$，$g=7.38$ kg/m，$I_x=57.4\ cm^4$，$i_{x0}=3.11$ cm，$i_{y0}=1.59$ cm。

主轴 x_0 与 x 轴的夹角 $\theta=45°$，均布荷载 q 与主轴 y_0 的夹角 φ 为

$$\varphi = \theta - \alpha = 45° - 21.8° = 23.2°$$

$$y_1 = 80 \times \sin 45° \times 10^{-1} = 5.657(\text{cm})$$

$$x_1 = 80 \times \cos 45° \times 10^{-1} - 21.9/\sin 45° \times 10^{-1} = 2.560(\text{cm})$$

$$W_{x0} = \frac{A i_{x0}^2}{y_1} = \frac{9.4 \times 3.11^2}{5.657} = 16.072(\text{cm}^3)$$

$$W_{y0} = \frac{A i_{y0}^2}{x_1} = \frac{9.4 \times 1.59^2}{2.560} = 9.283\ (\text{cm}^3)$$

(3) 分弯矩和弯曲应力强度验算。

角钢自重标准值

$$q_x = 7.38 \times 9.8 \times 10^{-3} = 0.072(\text{kN/m})$$

角钢自重设计值

$$q_1 = 1.2 \times q_k = 1.2 \times 0.072 = 0.086(\text{kN/m})$$

角钢所受总荷载设计值为

$$q = 0.52 + 0.086 = 0.606(\text{kN/m})$$

沿二主轴方向的分荷载为

$$q_{y0} = q\cos 23.2° = 0.606\cos 23.2° = 0.557(\text{kN/m})$$

$$q_{x0} = q\sin 23.2° = 0.606\sin 23.2° = 0.239(\text{kN/m})$$

绕二主轴的分弯矩为

$$M_{x0} = \frac{1}{8}q_{y0}l^2 = \frac{1}{8} \times 0.557 \times 5^2 = 1.741(\text{kN} \cdot \text{m})$$

$$M_{y0} = \frac{1}{8}q_{x0}l^2 = \frac{1}{8} \times 0.239 \times 5^2 = 0.747(\text{kN} \cdot \text{m})$$

验算 a 点(最不利点)的弯曲应力,即

$$\frac{M_{x0}}{\gamma_x W_{x0}} + \frac{M_{y0}}{\gamma_y W_{y0}} = \frac{1.741 \times 10^2}{1.05 \times 16.072} + \frac{0.747 \times 10^2}{1.05 \times 9.283} = 18.0(\text{kN/cm}^2)$$

$$= 180\ \text{N/mm}^2 < f = 215\ \text{N/mm}^2$$

满足弯曲应力要求。

(4)刚度验算。

为保证在正常使用条件下屋面平整,应按荷载标准值验算檩条在垂直于屋面方向的分挠度 ω_y。

檩条所受均布荷载标准值为

$$q = \frac{0.25 \times 0.7}{\cos 21.8°} + 0.3 \times 0.7 + 0.072 = 0.47(\text{kN/m})$$

式中 0.072 为角钢自重标准值 q_k。

$$\frac{\omega_y}{l} = \frac{5}{384}\frac{q\cos\alpha l^3}{EI_x} = \frac{5}{384} \times \frac{0.47 \times \cos 21.8° \times (5 \times 10^3)^3}{2.06 \times 10^5 \times 57.4 \times 10^4} = \frac{1}{166} < \left[\frac{\omega}{l}\right] = \frac{1}{150}$$

满足刚度要求。

角钢檩条可不必验算整体稳定,但只适用于荷载与跨度都很小的情况。

第六节　组合梁设计

一、截面选择

组合梁的截面选择首先要根据梁的跨度与荷载情况初步估算梁的截面高度、腹板的厚度和翼缘尺寸,然后对组合梁进行强度、刚度和稳定性验算。

(一)截面高度 h 和腹板高度 h_0 的选择

确定梁的截面高度应考虑建筑高度、刚度条件和经济条件。

建筑高度是指梁的底面到铺板顶面之间的高度,它往往由生产工艺和使用要求决定。给定了建筑高度也就决定了梁的最大高度 h_{max},有时还限制了梁与梁之间的连接形式。对于钢闸门来说,一般不受净空限制,可不予考虑。

1. 最小梁高 h_{min}

最小梁高是指在正常使用条件下,梁的挠度不超过容许挠度的最小梁高 h_{min},使组合梁在充分利用钢材强度的前提下,同时又满足梁的刚度要求。

现以承受均布荷载的双轴对称等截面简支梁为例来推求最小梁高 h_{min}。梁的相对挠

度应满足

$$\frac{\omega}{l}=\frac{5}{384}\frac{q_k l^3}{EI_x}=\frac{5}{48}\frac{M_k l}{EI_x} \tag{3-27}$$

式中　q_k——均布荷载标准值；

　　M_k——最大弯矩标准值。

若取分项系数平均值为 1.3，则最大弯矩设计值 $M=1.3M_k$，代入式(3-27)得

$$\frac{\omega}{l}=\frac{5}{1.3\times24}\frac{\sigma l}{Eh} \tag{3-28}$$

令式(3-28)中的 $\sigma=f,\frac{\omega}{l}=\left[\frac{\omega}{l}\right]$，即可求得最小梁高为

$$h_{\min}\geqslant\frac{5}{1.3\times24}\frac{fl}{E\left[\frac{\omega}{l}\right]} \tag{3-29}$$

对采用容许应力设计法的水工钢结构，梁的弯曲应力 σ 和挠度 ω 都按同一荷载 q 计算，因而在上式中不再除以 1.3，并取 $[\sigma]=f$，则得到相应的最小梁高计算公式为

$$h_{\min}\geqslant\frac{5}{24}\frac{[\sigma]l}{E\left[\frac{\omega}{l}\right]} \tag{3-30}$$

由式(3-29)和式(3-30)并取 $E=2.06\times10^5\ \mathrm{N/mm^2}$，得出对应于不同钢材时的最小梁高，见表 3-5。

表 3-5　受均布荷载作用简支梁的最小梁高 $h_{\min}$

项目		$\left[\frac{\omega}{l}\right]$				
		1/750	1/600	1/500	1/400	1/250
Q235	$f=215\ \mathrm{N/mm^2}$	$l/8.0$	$l/10.0$	$l/12.0$	$l/15.0$	$l/24.0$
	$[\sigma]=160\ \mathrm{N/mm^2}$	$l/8.2$	$l/10.3$	$l/12.4$	$l/15.5$	$l/24.7$
Q345	$f=315\ \mathrm{N/mm^2}$	$l/5.5$	$l/6.9$	$l/8.3$	$l/10.4$	$l/16.6$
	$[\sigma]=230\ \mathrm{N/mm^2}$	$l/5.7$	$l/7.2$	$l/8.6$	$l/10.7$	$l/17.2$
Q390	$f=350\ \mathrm{N/mm^2}$	$l/4.9$	$l/6.1$	$l/7.3$	$l/9.2$	$l/14.7$
Q420	$f=380\ \mathrm{N/mm^2}$	$l/4.5$	$l/5.6$	$l/6.8$	$l/8.5$	$l/13.5$

当梁的上、下翼缘不对称时，其截面惯性矩 $I=W_{\min}\times y_2$（y_2 为短翼缘距中性轴的距离），因此在推导最小梁高时应以 y_2 代替 $h/2$。根据截面不对称程度，通常 $y_2=(0.52\sim0.6)h$；将其分别代入式(3-29)或式(3-30)，可以得到不对称截面梁的最小梁高，其值为对称截面最小梁高的 0.96～0.83 倍。

对于承受非均布荷载和非简支梁，也可按上述类似方法求得最小梁高。

2. 经济梁高 h_{ec}

最经济的截面高度应使梁翼缘和腹板的总用钢量为最小。根据抗弯强度的要求，当

梁截面系数 W_x 已确定时，腹板高度 h_0 大，则腹板用钢量大而翼缘用钢量小；反之，则结果相反。

梁单位长度用钢量为翼缘和腹板用钢量之和，下面以双轴对称工字形截面为例，计算在满足抗弯强度情况下梁的用钢量最少的经济梁高。对图3-16所示的截面有

$$I_x = 2A_1\left(\frac{h_1}{2}\right)^2 + \frac{1}{12}t_w h_0^3 \tag{3-31}$$

$$W_x = \frac{2I_x}{h} = A_1\frac{h_1^2}{h} + \frac{1}{6}t_w\frac{h_0^3}{h} \tag{3-32}$$

式中　h_1——翼缘中心之间的距离；

A_1——一个翼缘的面积。

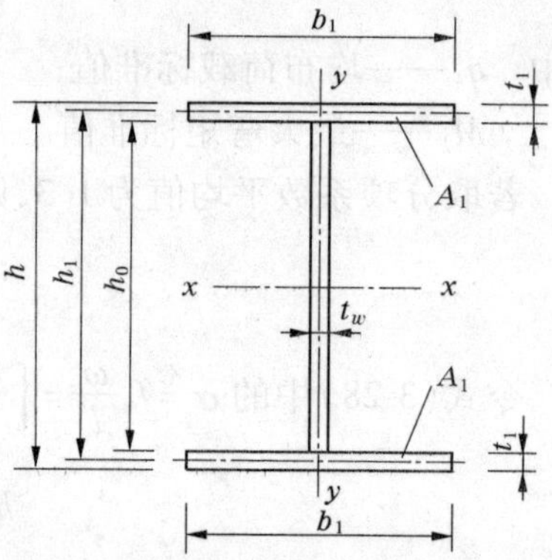

图 3-16　工字形截面

考虑到 $h \approx h_1 \approx h_0$，可得每个翼缘需要的截面面积，即

$$A_1 = \frac{W}{h} - \frac{1}{6}t_w h \tag{3-33}$$

在梁所需 W_x 一定的条件下，梁重 g 与梁高 h 的关系为

$$g = \gamma\psi_w t_w h + 2\gamma\psi_f\left(\frac{W_x}{h} - \frac{1}{6}t_w h\right) \tag{3-34}$$

式中　ψ_w——腹板重的构造系数，主要是考虑加劲肋重，通常取 $\psi_w = 1.1 \sim 1.2$；

ψ_f——翼缘重的构造系数，等截面梁可取 $\psi_f = 1.0$，变翼缘梁可取 $\psi_f = 0.8$。

式(3-34)中的腹板厚度 t_w 与梁高 h 的关系可采用经验公式估算

$$t_w = \sqrt{h}/11 \tag{3-35}$$

式中，t_w 和 h 的单位均为 cm。

根据上式，并取 $\psi_w = 1.2$，$\psi_f = 1.0$，即得等截面梁的自重为

$$g = \gamma\left(\frac{2W_x}{h} + 0.078\,8h^{\frac{3}{2}}\right) \tag{3-36}$$

令 $dg/dh = 0$，即可导出经济梁高为

$$h_{ec} = 3.1W^{0.4} \tag{3-37}$$

对于变翼缘的梁，考虑到翼缘宽度减小使翼缘用钢量减少，取 $\psi_f = 0.8$，可得

$$h_{ec} = 2.8W^{0.4} \tag{3-38}$$

式中　W——梁所需截面的抵抗矩，以 cm^3 计。

根据统计，h 与 h_{ec} 即使相差达20%，梁重 g 也只增大4%左右，而选择较小的梁高，不仅对梁的稳定有利，而且能减小结构的建筑高度，并节省横向联系的钢材。因此，在一般的设计中宜选梁高 h 比经济梁高 h_{ec} 小10% ~20%，但不小于按刚度条件而定的最小梁高 h_{min}。

3. 腹板高度 h_0 的确定

腹板高度 h_0 与梁高 h 相差不大，故按上述要求，选用符合钢板宽度规格的整数作为

腹板高度。钢板宽度的级差通常为 50 mm。

(二)选择腹板厚度 t_w

腹板厚度应满足抗剪强度、局部稳定性、防锈等要求。对于工字形截面而言,腹板选的薄一些比较经济。但高而薄的腹板在梁受荷载时易丧失局部稳定性,所以腹板也不宜选的太薄。

考虑抗剪强度要求时可近似地假定最大剪应力为腹板平均剪应力的 1.2 倍,则腹板抗剪强度计算公式为

$$\tau_{max} = 1.2\frac{V_{max}}{h_0 t_w} \leqslant f_v \tag{3-39}$$

于是

$$t_w \geqslant 1.2\frac{V_{max}}{h_0 f_v} \tag{3-40}$$

考虑局部稳定和构造等因素,腹板厚度可按式(3-35)经验公式估算。实际采用的腹板厚度还应考虑钢板规格,一般为 2 mm 的倍数,通常腹板厚度不小于 8 mm。

(三)选择翼缘尺寸 b_1 和 t_1

组合梁的翼缘尺寸主要决定于弯曲应力强度条件,同时还应满足整体稳定、局部稳定和有关的构造要求。

根据所需的截面抵抗矩和腹板尺寸,可由式(3-33)计算,并考虑到 $h \approx h_0$,故可按式(3-41)计算

$$A_1 = \frac{W}{h_0} - \frac{1}{6}t_w h_0 \tag{3-41}$$

由式(3-41)求得 A_1 后即可根据其他条件选择翼缘宽度 b_1 和厚度 t_1。翼缘板的宽度通常采用 $b_1 = (1/5 \sim 1/3)h$,且不超过 $h/2.5$,厚度 $t_1 = A_1/b_1$。考虑到翼缘板局部稳定的要求,使受压翼缘的外伸宽度 b 与其厚度 t_1 之比 $b/t_1 \leqslant 15\sqrt{235/f_y}$(弹性设计取发展系数 $\gamma_x = 1.0$)或 $b/t_1 \leqslant 13\sqrt{235/f_y}$(考虑塑性发展 $\gamma_x = 1.05$)。同时,考虑制造和构造要求,翼缘板最小宽度一般不小于 180 mm。

翼缘板也不宜太厚,对于 Q235 钢不宜大于 40 mm,对于 Q345 钢不宜大于 25 mm,以免翼缘焊缝产生过大的焊接应力,同时厚板的轧制质量较差,容许应力或设计强度也较低。此外,翼缘板厚度也应符合现有的钢板规格。

当组合梁直接和钢面板用连续焊缝连接时,部分面板可兼作组合梁的上翼缘的一部分而参与整体弯曲。其下翼缘所需的截面面积 A_1 仍可按式(3-41)计算,与钢面板相连的上翼缘板则可按构造要求选用较小的尺寸(可不考虑整体稳定要求)。

(四)截面验算

根据试选的截面尺寸,计算截面的各种几何特性数据,如惯性矩、截面模量等,然后进行验算。梁的截面验算包括强度、刚度、整体稳定和局部稳定几个方面。其中,腹板的局部稳定通常是采用配置加劲肋来保证的。

二、组合梁沿跨度方向的改变

梁的弯矩是沿梁的跨度变化的,因此梁的截面若能随弯矩而变化,则可节约钢材。对

跨度较小的梁,截面改变经济效果不大,或者改变截面节约的钢材不能抵消构造复杂带来的加工困难时,则不宜改变截面。当梁的跨度较大时,可根据使用要求和节约钢材等要求,沿着梁的跨度改变梁高或改变翼缘尺寸。

(一)梁高的改变

有时为了降低梁的建筑高度,将简支梁靠近支座处的高度减小,而使翼缘截面保持不变(见图 3-17),特别是对于水工钢闸门,由于跨度较大,且主梁较高,为了减小闸门的门槽宽度,常采用改变梁高的办法。梁高改变的位置一般在离支座 $l/6 \sim l/5$ 处,但不宜小于跨中梁高度的 1/2。改变后的梁高应按式(3-6)验算其抗剪强度,并注意式中的惯性矩 I 应取支承端的截面惯性矩。如果支承端的剪力很大,腹板厚度不能满足抗剪强度的要求,亦可将支点附近的一段腹板改用较厚的钢板。

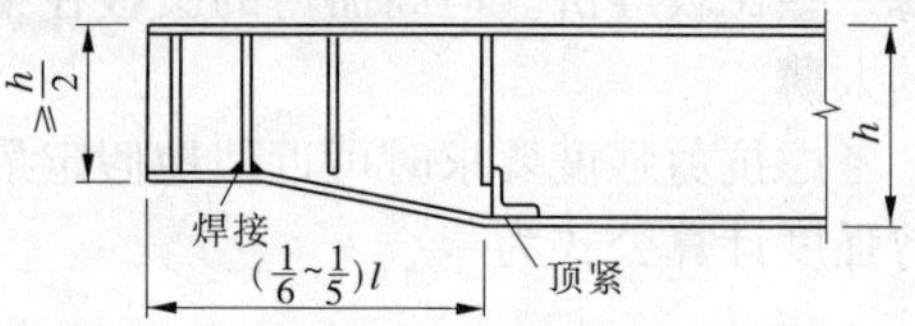

图 3-17　变高度梁

(二)翼缘的改变

单层翼缘板的焊接组合梁,宜改变翼缘板的宽度,而不改变翼缘板的厚度,以免在改变处造成较大的应力集中,翼缘板宽度改变可采用分段改变(见图 3-18(a))和连续改变(见图 3-18(b))。一般采用分段改变,且在半跨内只改变一次。若改变两次,其经济效益并不显著增加。为了减小拼接处的应力集中,应将较宽的翼缘板从改变点起按 1:2.5 的坡度逐渐切窄,再与较窄的翼缘板相连,对接焊缝一般采用直焊缝,当对接焊缝的设计强度比钢材的设计强度小时,可采用斜焊缝。

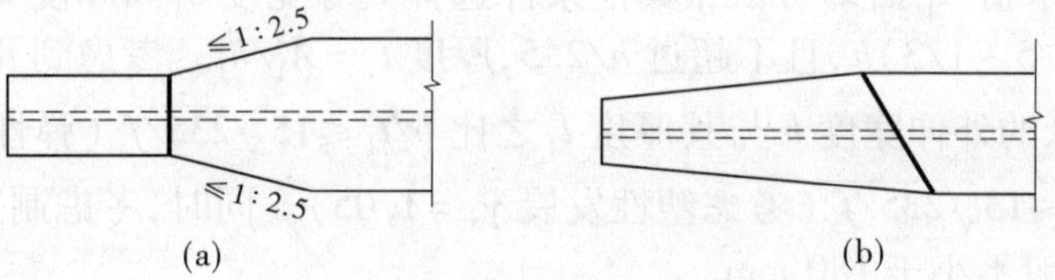

图 3-18　焊接梁翼缘宽度改变

对于承受均布荷载或多个集中荷载作用的简支梁,翼缘宽度改变的位置一般在离支座 $l/6$ 处比较经济,改变后的翼缘宽度应由截面改变处的弯矩确定,同时应对该截面腹板与翼缘连接处的折算应力进行验算。

对于多层翼缘板的梁,可用切断外层翼缘板的办法来改变梁的截面,理论切断点的位置可由计算确定,而实际切断点的位置应向弯矩较小侧延伸一定距离(详见《钢结构设计规范》(GB 50017—2003))。

当采用连续改变时,靠近两端的翼缘板是由一块钢板斜向切割而成的,中间的翼缘板须相应切去一点,以便布置对接焊缝。

三、焊接组合梁焊缝的计算

由三块钢板焊接而成的工字形截面梁,通过连接焊缝保证截面的整体工作。为了了解焊缝的受力性能,可取如图3-19(a)所示三块叠放的受弯板材为例进行说明。如果三块板材之间的接触面上无摩擦力存在或克服摩擦力之后,则在横向荷载作用下各板将分别产生如图3-19(b)所示的变形,各板之间产生相互错动。若保证各板整体工作,不产生相互错动,则如图3-19(c)所示,必须在板与板间加以焊接,用焊缝来承担各板之间所产生的剪力作用。

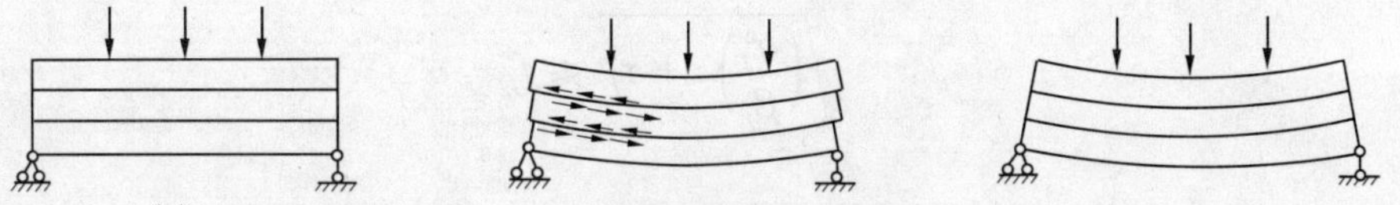

图3-19　叠放板材的弯曲变形

在焊接组合梁中,翼缘与腹板的连接采用连续的角焊缝或K形焊缝,当梁弯曲时,由于相邻截面中作用在翼缘截面的弯曲正应力有差值,在翼缘与腹板之间将产生水平剪应力,如图3-20所示,沿着翼缘与腹板接缝处单位长度上的剪力为

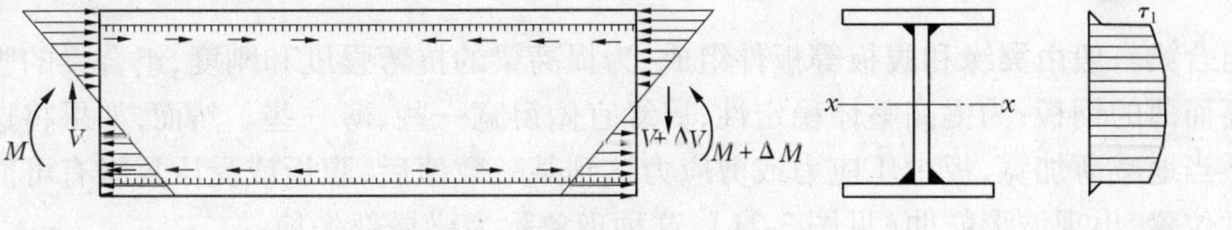

图3-20　翼缘焊缝的水平剪力

$$T = \tau_1 t_w = \frac{VS_1}{I_x t_w} t_w = \frac{VS_1}{I_x} \tag{3-42}$$

式中　V——在计算位置上梁的剪力;

I_x——在计算位置上梁截面惯性矩;

S_1——一个翼缘截面面积 A_1 对梁的中性轴的面积矩,当部分钢面板参与梁的受弯工作时,S_1 为一个翼缘和参与工作的部分钢面板截面对梁的中性轴的面积矩之和。

当翼缘与腹板采用角焊缝连接时,为了保证翼缘板和腹板的整体工作,应使两条角焊缝的剪应力 τ_f 不超过角焊缝的强度设计值 f_f^w,即

$$\tau_f = \frac{T}{2\times 0.7h_f} = \frac{VS_1}{1.4h_f I_x} \leqslant f_f^w \tag{3-43}$$

从而可得翼缘焊缝厚度 h_f 为

$$h_f \geqslant \frac{VS_1}{1.4f_f^w I_x} \tag{3-44}$$

当梁的翼缘上承受有移动集中荷载或承受有固定集中荷载而未设置支承加劲肋时,翼缘与腹板间的连接焊缝不仅承受沿焊缝长度方向的剪力 T 的作用,同时还承受竖向局部压应力引起的竖向剪应力的作用。

单位长度上的竖向剪力为

$$T_v = \sigma_c t_w = \frac{\psi F}{t_w l_z} \times t_w \times 1 = \frac{\psi F}{l_z} \tag{3-45}$$

在 T_v 作用下,两条焊缝相当于正面角焊缝,其应力为

$$\sigma_f = \frac{T_v}{2 \times 0.7 h_f \times 1} = \frac{\psi F}{1.4 h_f l_z} \tag{3-46}$$

因此,在 T 和 T_v 共同作用下,应满足

$$\sqrt{\left(\frac{\sigma_f}{\beta_f}\right)^2 + \tau_f^2} \leqslant f_f^w$$

从而

$$h_f \geqslant \frac{1}{1.4 f_f^w} \sqrt{\left(\frac{\psi F}{\beta_f l_z}\right)^2 + \left(\frac{V S_1}{I_x}\right)^2} \tag{3-47}$$

当翼缘与腹板采用 K 形焊缝时,可认为焊缝和腹板等强度而不必计算。

第七节　梁的局部稳定和腹板加劲肋设计

组合梁一般由翼缘和腹板等板件组成,为提高梁的抗弯强度和刚度,组合梁的腹板宜做成高而薄的钢板;为提高整体稳定性,翼缘宜做得宽一些、薄一些。然而,如果将这些板件不适当地减薄加宽,板中压应力或剪应力达到某一数值后,腹板或受压翼缘有可能偏离其正常位置,出现波形鼓曲(见图 3-21),这种现象称为梁局部失稳。

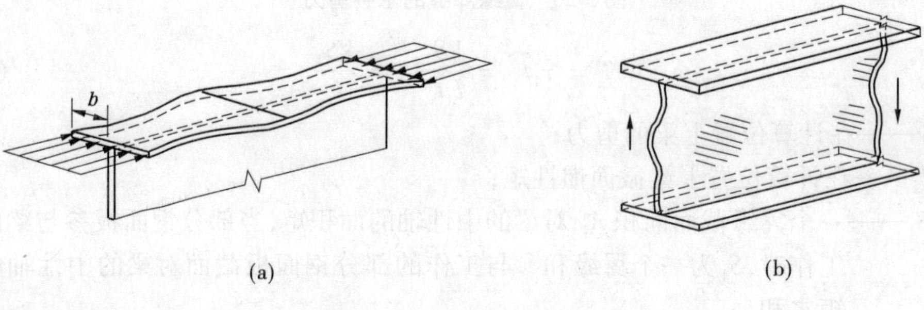

图 3-21　组合梁局部失稳

当腹板和翼缘局部失稳后,截面中的应力可进行重分配,使梁不会立即失去承载能力,但薄板的屈曲部分迅速退出工作,截面变为不对称,弯曲中心偏离荷载的作用平面,以致截面发生扭转而提早丧失整体稳定。因此,在《钢结构设计规范》(GB 50017—2003)中规定了对其宽厚比的限值,使其不至于产生局部失稳;否则应采取措施来防止局部失稳的发生。

下面先分析矩形薄板的稳定问题,然后介绍梁局部稳定的计算方法和加劲肋的设计。

一、矩形薄板的屈曲

板按照其厚度分为厚板、薄板和薄膜三种。对于厚板,由于板内的横向剪力产生的剪切变形与弯曲变形相比属于相同量级,计算时要加以考虑。对于薄板,剪切变形与弯曲变形相比很微小,可以忽略不计。对于薄膜,其抗弯刚度几乎为零。这种板完全靠薄膜拉力来支承

横向荷载的作用。薄板既具有抗弯能力,又可能存在薄膜拉力。平分板的厚度且与板的两个表面平行的平面称为中面。本节只介绍外力作用于中面内的等厚度薄板的屈曲问题。这些受力的薄板常常是受压和受弯构件的组成部分,如工字形截面构件的翼缘和腹板以及冷弯薄壁型钢中的板件。板在屈曲时产生平面的凸曲现象,产生双向弯曲变形。

下面先介绍薄板屈曲的小挠度平衡方程,然后介绍不同受力条件下薄板的弹性屈曲问题。

(一)薄板屈曲的小挠度平衡方程

在板的中面内荷载的作用下,根据弹性力学的小挠度理论,板的屈曲平衡方程为

$$D\left(\frac{\partial^4\omega}{\partial x^4}+2\frac{\partial^4\omega}{\partial x^2\partial y^2}+\frac{\partial^4\omega}{\partial y^4}\right)+N_x\frac{\partial^2\omega}{\partial x^2}+2N_{xy}\frac{\partial^2\omega}{\partial x\partial y}+N_y\frac{\partial^2\omega}{\partial y^2}=0 \tag{3-48}$$

式中　ω——板的挠度;

N_x、N_y——在 x、y 方向上板中面内单位宽度上所承受的力;

N_{xy}——单位宽度的剪力;

D——板单位宽度的抗弯刚度,$D=\dfrac{Et^3}{12(1-\mu^2)}$,此抗弯刚度较宽度为1、高度为 t 的矩形截面梁的抗弯刚度大(因为板条弯曲时,截面的侧向应变受到临近板条限制);

μ——材料的泊松比,钢材在弹性范围内时为0.3。

(二)四边简支薄板的屈曲荷载

1. 单向均匀受压四边简支薄板

对于图3-22所示在 x 方向承受均布压力的四边简支矩形薄板,有 $N_{xy}=0$ 和 $N_y=0$,

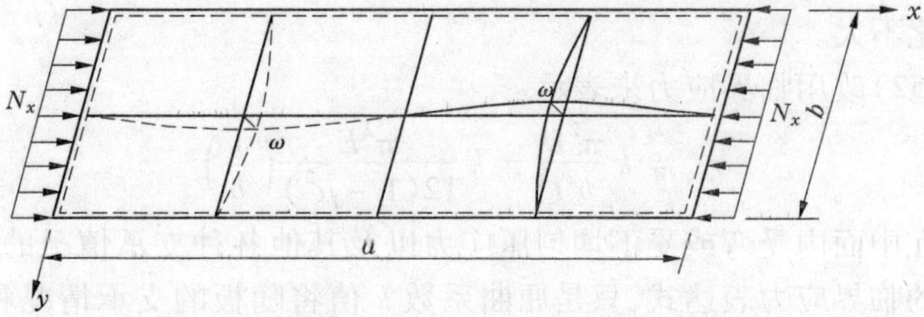

图3-22　单向均匀受压四边简支矩形薄板屈曲

代入式(3-48)可得

$$D\left(\frac{\partial^4\omega}{\partial x^4}+2\frac{\partial^4\omega}{\partial x^2\partial y^2}+\frac{\partial^4\omega}{\partial y^4}\right)+N_x\frac{\partial^2\omega}{\partial x^2}=0 \tag{3-49}$$

满足边界条件:$x=0$ 和 $x=a$ 时,$\omega=0$,$\dfrac{\partial^2\omega}{\partial x^2}=0$,$\dfrac{\partial^2\omega}{\partial y^2}=0$;$y=0$ 和 $y=b$ 时,$\omega=0$,$\dfrac{\partial^2\omega}{\partial x^2}=0$,$\dfrac{\partial^2\omega}{\partial y^2}=0$。板挠度可用二重无穷三角级数表示为

$$\omega=\sum_{m=1}^{x}\sum_{n=1}^{x}A_{mn}\sin\frac{m\pi x}{a}\sin\frac{n\pi y}{b} \tag{3-50}$$

式中　m、n——板屈曲时沿 x 轴、y 轴方向的半波数。

将式(3-50)代入式(3-49),可求得板单位宽度内的临界应力为

$$N_{cr} = \frac{\pi^2 D}{b^2}\left(\frac{mb}{a} + \frac{n^2 a}{mb}\right)^2 \tag{3-51}$$

从式(3-51)可以看出,当 $n=1$ 时,N_{cr} 为最小,即板屈曲时沿 y 方向只有一个“半波”。则

$$N_{cr} = \frac{\pi^2 D}{b^2}\left(\frac{mb}{a} + \frac{a}{mb}\right)^2 = k\frac{\pi^2 D}{b^2} \tag{3-52}$$

式中　k——板的屈曲系数,$k=[mb/a + a/(mb)]^2$。

取 x 方向不同的半波数,可绘出 k 与 a/b 的关系曲线如图 3-23 所示。

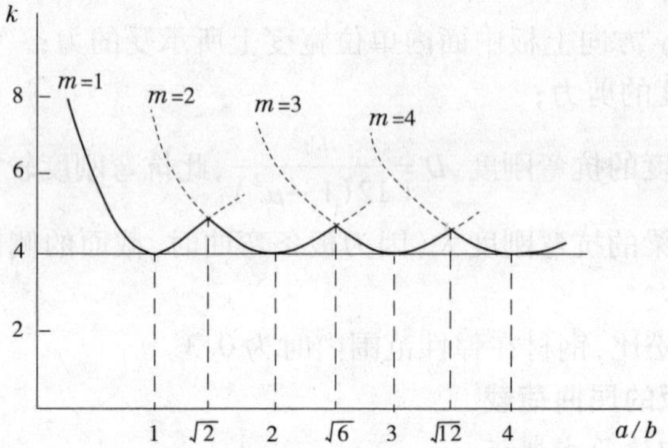

图 3-23　k 与 a/b 的关系曲线

从图 3-23 中看出,k 的最小值为 4,对于任一 m 值,除 $a/b=1$ 的一段外,图 3-23 中实曲线的 k 值变化不大。

现将式(3-52)改用临界应力来表示

$$\sigma_{cr} = k\frac{\pi^2 D}{b^2 t} = k\frac{\pi^2 E}{12(1-\mu^2)}\left(\frac{t}{b}\right)^2 \tag{3-53}$$

对于薄板在中面内受弯或受不均匀压应力以及其他各种支承情况的板,用类似的方法可得到相同的临界应力表达式,只是屈曲系数 k 值将随板的支承情况和应力分布情况不同而异。

2. 四边简支的受剪矩形板

四边简支的受剪矩形板,如图 3-24(a)所示。

当 $\frac{a}{b} \leqslant 1$ 时　　$$k = 4.0 + \frac{5.34}{(a/b)^2} \tag{3-54}$$

当 $\frac{a}{b} > 1$ 时　　$$k = 5.34 + \frac{4.0}{(a/b)^2} \tag{3-55}$$

3. 三边简支、一边自由的板

三边简支、一边自由(与压应力方向平行的一边自由)的板的屈曲系数为

$$k = 0.425 + \left(\frac{b}{a}\right)^2 \tag{3-56}$$

4. 四边简支受弯曲应力作用的矩形板

四边简支受弯曲应力作用的矩形板，如图 3-24(b)所示。

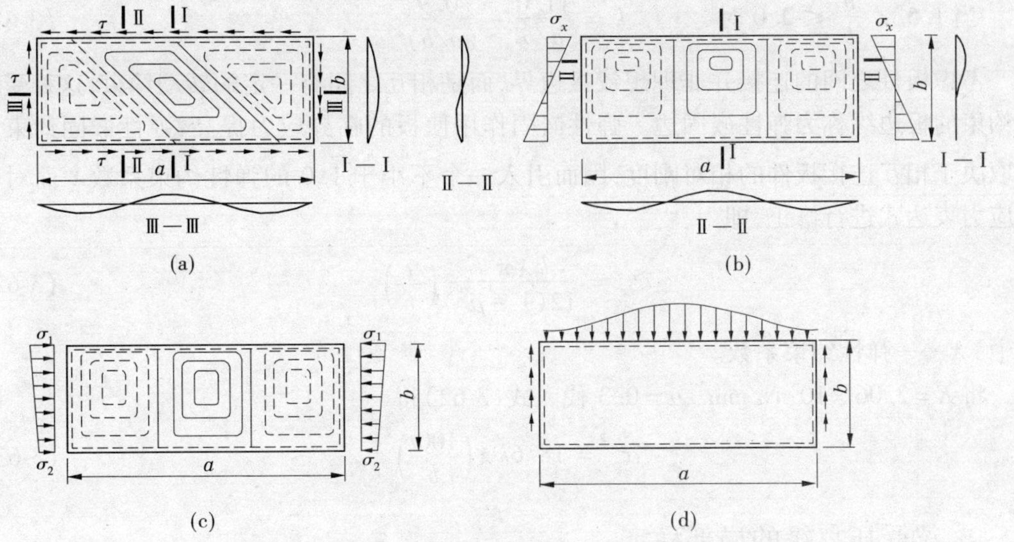

图 3-24　各种应力单独作用下矩形板及屈曲形状

四边简支板受弯曲应力作用时的 k 值见表 3-6。

表 3-6　四边简支薄板受弯曲应力作用时的屈曲系数 k

a/b	0.4	0.5	0.6	0.667	0.75	0.8	1.0	1.33	1.5
k	29.1	25.6	24.1	23.9	24.1	24.4	25.6	23.9	24.1

注：b 为板的受荷载边宽度，等于梁腹板的计算高度。

由表 3-6 可知，四边简支板受弯曲应力作用时的 k 的最小值为 $k_{\min}=23.9$。

5. 单向非均匀受压的四边简支矩形板

单向非均匀受压的四边简支矩形板，如图 3-24(c)所示。

当 $0\leqslant\alpha_0\leqslant\dfrac{2}{3}$ 时　　$k=\dfrac{4}{1-0.5\alpha_0}$　　(3-57)

当 $\dfrac{2}{3}<\alpha_0\leqslant1.4$ 时　　$k=\dfrac{4.1}{1-0.47\alpha_0}$　　(3-58)

当 $1.4<\alpha_0\leqslant2$ 时　　$k=6\alpha_0^2$　　(3-59)

式中　α_0——应力梯度，$\alpha_0=\dfrac{\sigma_1-\sigma_2}{\sigma_1}$，$\sigma_1$、$\sigma_2$ 分别为最大应力、最小应力，以压应力为正、拉应力为负。

6. 一个边缘受压的四边简支矩形板

一个边缘受压的四边简支矩形板，如图 3-24(d)所示。

在工程实践中，往往遇到矩形板在一个边缘受压的情况。例如，吊车梁的腹板，受有由轨道上的轮压在腹板上边缘产生的非均匀分布压应力。此种单侧受压板的屈曲系数为：

当$0.5 \leqslant \dfrac{a}{b} \leqslant 1.5$时　　$k = \dfrac{7.4}{a/b} + \dfrac{4.5}{(a/b)^2}$　　(3-60)

当$1.5 < \dfrac{a}{b} \leqslant 2.0$时　　$k = \dfrac{11.0}{a/b} - \dfrac{0.9}{(a/b)^2}$　　(3-61)

考虑板件之间的连接并非理想铰接边界,而是相互之间有一定的转动约束,这种受转动约束的板边缘称为弹性嵌固边。弹性嵌固作用使板的临界应力提高,弹性嵌固约束程度取决于相互连接板件的相对刚度,因而引入一个不小于1.0的弹性约束系数χ而对临界应力表达式进行修正,即

$$\sigma_{cr} = \frac{k\chi\pi^2 E}{12(1-\mu^2)}\left(\frac{t}{b}\right)^2 \tag{3-62}$$

式中　χ——弹性约束系数。

将$E = 2.06 \times 10^5\ \text{N/mm}^2$、$\mu = 0.3$代入式(3-62)得

$$\sigma_{cr} = 18.6k\chi\left(\frac{100t}{b}\right)^2 \tag{3-63}$$

二、梁受压翼缘的局部稳定

对不需要验算疲劳的梁,按式(3-4)和式(3-5)计算其抗弯强度时,已考虑部分塑性发展,因而翼缘板已进入塑性,但在和压应力相垂直的方向材料仍然是弹性的。这种情况属正交异性,其临界应力的精确计算比较复杂。一般可在式(3-62)中用$\sqrt{\eta}E$(η为切线模量E_t与弹性模量E之比,$\eta \leqslant 1$)代替E来考虑这种弹塑性的影响,所以有

$$\sigma_{cr} = 18.6k\chi\sqrt{\eta}\left(\frac{100t}{b}\right)^2 \tag{3-64}$$

受压翼缘的悬伸部分为三边简支板,而边长a趋于无穷大情况,由式(3-56)可得其屈曲系数$k = 0.425$。支承翼缘板的腹板一般较薄,对翼缘板的约束作用很小,因此忽略腹板对翼缘板的约束作用,取弹性约束系数$\chi = 1.0$,如取$\eta = 0.25$,由条件$\sigma_{cr} \geqslant f_y$得

$$\sigma_{cr} = 18.6 \times 0.425 \times 1.0 \times \sqrt{0.25}\left(\frac{100t}{b}\right)^2 \geqslant f_y$$

则

$$\frac{b}{t} \leqslant 13\sqrt{\frac{235}{f_y}} \tag{3-65}$$

按弹性设计时(即取发展系数$\gamma_x = 1.0$),翼缘板内的平均压应力约为$0.95f_y$,相应$\eta = 0.4$,稳定条件为$\sigma_{cr} \geqslant 0.95f_y$,由此可得

$$\frac{b}{t} \leqslant 15\sqrt{\frac{235}{f_y}} \tag{3-66}$$

箱形梁两腹板之间的部分,相当于四边简支单向均匀受压板,其屈曲系数见图3-23,取$k = 4$,$\chi = 1.0$,$\eta = 0.25$,由稳定条件$\sigma_{cr} \geqslant f_y$得

$$\frac{b_0}{t} \leqslant 40\sqrt{\frac{235}{f_y}} \tag{3-67}$$

三、梁腹板的局部稳定

腹板的受力状态比较复杂，除受有弯曲应力 σ 外还有剪应力 τ 和局部压应力 σ_c，而且在各个区域的大小和分布不尽相同，当局部稳定性不满足要求时，可增加腹板厚度，也可设置加劲肋，加劲肋的布置如图 3-25～图 3-27 所示。其中，图 3-25 仅布置横向加劲肋，图 3-26 同时布置横向加劲肋和纵向加劲肋，图 3-27 除布置横、纵向加劲肋外还设置短加劲肋。

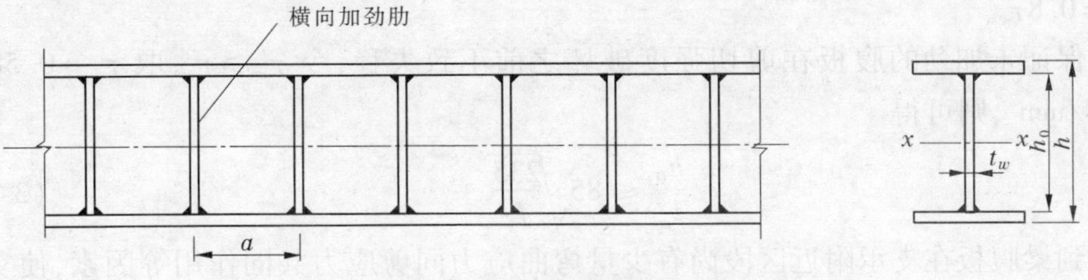

图 3-25　腹板横向加劲肋的布置

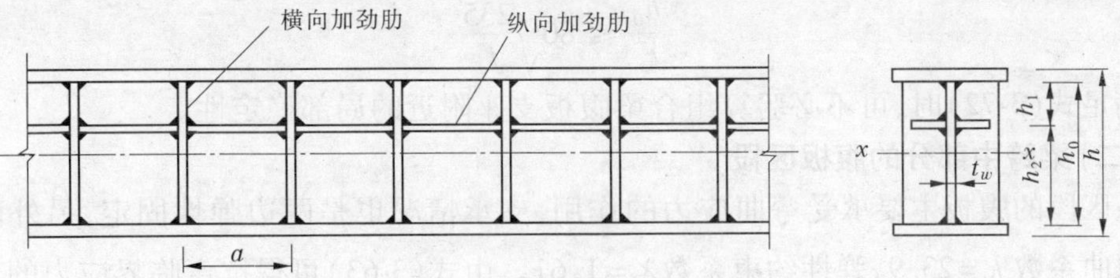

图 3-26　腹板同时布置横向加劲肋和纵向加劲肋

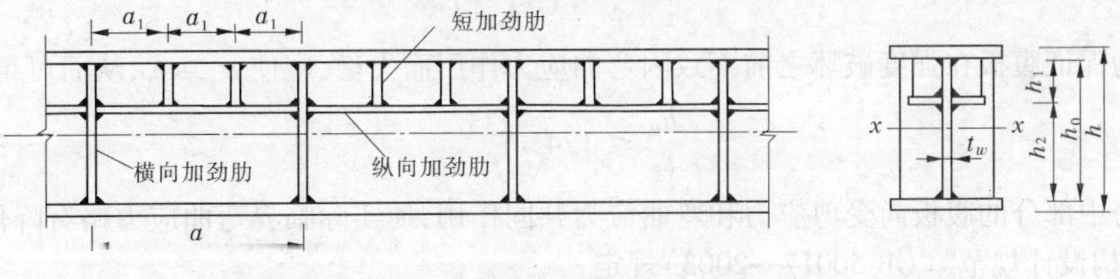

图 3-27　腹板布置横、纵向加劲肋和短加劲肋

梁的加劲肋和翼缘使腹板成为若干四边支承的矩形板区格，横向加劲肋主要防止由剪应力和局部压应力可能引起的腹板失稳，纵向加劲肋主要防止由弯曲压应力可能引起的腹板失稳，短加劲肋主要防止由局部压应力可能引起的腹板失稳。

（一）梁支承附近的腹板区段

在梁支承附近的腹板主要受剪应力作用，可以认为腹板有两边弹性固定于翼缘上，另外两边可视为简支，其屈曲系数 k 可按式(3-55)取值，弹性约束系数 $\chi=1.24$。由式(3-63)可得抗剪临界应力表达式为

$$\tau_{cr}=18.6\times\left[5.34+\frac{4}{(a/b)^2}\right]\times1.24\left(\frac{100t_w}{h_0}\right)^2 \tag{3-68}$$

当腹板不布置横向加劲肋时，因 a/b 值很大，式(3-68)括号中的第二项可略去不计，则弹性阶段的临界应力为

$$\tau_{cr} = 123\left(\frac{100t_w}{h_0}\right)^2 \tag{3-69}$$

非弹性阶段的临界应力为

$$\tau'_{cr} = \sqrt{\tau_p \tau_{cr}} \tag{3-70}$$

式中，$\tau_p = 0.8\tau_y$。

为了保证未加劲的腹板在剪切强度破坏之前不致失稳，令 $\tau'_{cr} \geqslant \tau_y$，取 $\tau_y = 0.58f_y$，$f_y = 235\ \text{N/mm}^2$，则可得

$$\frac{h_0}{t_w} \leqslant 85\sqrt{\frac{235}{f_y}} \tag{3-71}$$

考虑到梁腹板在支承附近区段尚有少量弯曲应力同剪应力共同作用等因素，使实际临界应力略有降低，故规范规定

$$\frac{h_0}{t_w} \leqslant 80\sqrt{\frac{235}{f_y}} \tag{3-72}$$

满足式(3-72)时，可不必验算组合梁腹板支座附近的局部稳定性。

(二)梁跨中部分的腹板区段

该区段的腹板主要承受弯曲应力的作用，支承情况也是两边弹性固定，另外两边简支。屈曲系数 $k = 23.9$，弹性约束系数 $\chi = 1.61$。由式(3-63)可得抗弯临界应力的最小值为

$$\sigma_{cr} = 715\left(\frac{100t_w}{h_0}\right)^2 \tag{3-73}$$

为保证腹板在强度破坏之前不致因弯曲应力作用而失稳，应使 $\sigma_{cr} \geqslant f_y$，从而可得

$$\frac{h_0}{t_w} \leqslant 174\sqrt{\frac{235}{f_y}} \tag{3-74}$$

跨中部分的腹板尚受剪应力和弯曲应力共同作用，使实际临界弯曲应力略有降低，故《钢结构设计规范》(GB 50017—2003)规定

$$\frac{h_0}{t_w} \leqslant 170\sqrt{\frac{235}{f_y}} \tag{3-75}$$

满足式(3-75)时，可不必验算组合梁跨中腹板的局部稳定性。

(三)腹板在局部压应力作用下的屈曲

在工程实践中往往遇到一个边缘受压的情况，例如吊车梁的腹板，受有由轨道上的轮压在腹板上边缘产生的非均匀分布压应力(见图 3-24(d))。此种单侧受压板仍可采用式(3-63)的表达形式。k 值按式(3-60)和式(3-61)选取，取约束系数为 $\chi = 1.81 - 0.255\dfrac{h_0}{a}$。局部临界应力为

$$\sigma_{c,cr} = 18.6k\chi\left(\frac{100t_w}{h_0}\right)^2 \tag{3-76}$$

(四)腹板在多种边缘应力共同作用下的屈曲

梁腹板在二横向加劲肋之间的板段,同时有弯曲正应力 σ、剪应力 τ,还有一个边缘局部压应力 σ_c 的共同作用。当这些应力达到某种组合的一定值时,腹板将由平板稳定状态转变为微曲的平衡状态,此临界状态常采用近似的相关方程来表达。

(1)在弯曲正应力 σ、剪应力 τ 和局部压应力 σ_c 共同作用下(见图 3-28(a)),有

$$\left(\frac{\sigma}{\sigma_{cr}}+\frac{\sigma_c}{\sigma_{c,cr}}\right)^2+\left(\frac{\tau}{\tau_{cr}}\right)^2=1 \tag{3-77}$$

(2)在剪应力 τ、弯曲正应力 σ 和上下边缘均匀压应力 σ_c 共同作用下(见图 3-28(b)),有

$$\frac{\sigma}{\sigma_{cr}}+\frac{\sigma_c}{\sigma_{c,cr}}+\left(\frac{\tau}{\tau_{cr}}\right)^2=1 \tag{3-78}$$

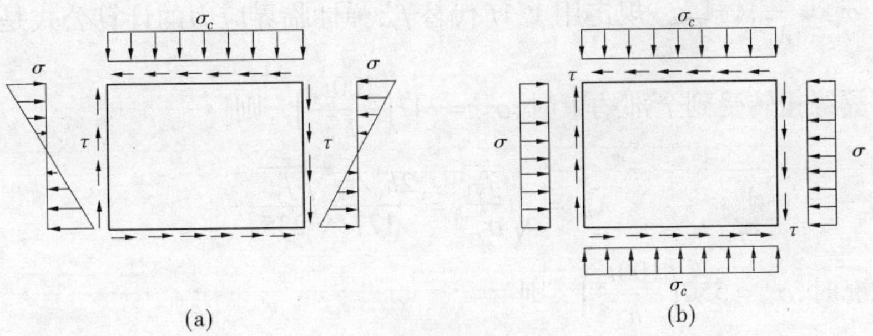

图 3-28　多种应力共同作用下的腹板

四、腹板加劲肋的配置

(1)无局部压应力($\sigma_c=0$)的梁,当 $h_0/t_w\leqslant 100\sqrt{235/f_y}$ 时,宜按构造要求配置横向加劲肋(间距 $a\leqslant 2.5h_0$),若 $h_0/t_w\leqslant 80\sqrt{235/f_y}$ 可不配置加劲肋。

(2)有局部压应力($\sigma_c\neq 0$)的梁,当 $h_0/t_w\leqslant 80\sqrt{235/f_y}$ 时,宜按构造配置横向加劲肋(间距 $a\leqslant 2h_0$)。

(3)无局部压应力($\sigma_c=0$)的梁,当 $100\sqrt{235/f_y}<h_0/t_w\leqslant 170\sqrt{235/f_y}$ 时或有局部压应力($\sigma_c\neq 0$)的梁,当 $80\sqrt{235/f_y}<h_0/t_w\leqslant 170\sqrt{235/f_y}$ 时,应按计算配置横向加劲肋。

(4)当 $h_0/t_w>170\sqrt{235/f_y}$ 时,应按计算配置横向加劲肋和在受压区的纵向加劲肋,必要时(σ_c 很大时)尚应在受压区配置短加劲肋。当考虑腹板屈曲后强度时,应只配置横向加劲肋,但 $a\geqslant 0.5h_0$。

(5)任何情况下,h_0/t_w 均不宜超过 $250\sqrt{235/f_y}$。

(6)梁的支座处和上翼缘受有较大固定集中荷载处,宜设置支承加劲肋。

五、梁腹板各区段的局部稳定计算

(一)仅配置横向加劲肋加强的腹板

腹板在每两个横向肋之间的区格,同时承受弯曲应力、剪应力和一个边缘压应力共同

作用稳定条件可用下式表示

$$\left(\frac{\sigma}{\sigma_{cr}}\right)^2+\left(\frac{\tau}{\tau_{cr}}\right)^2+\frac{\sigma_c}{\sigma_{c,cr}}\leqslant 1 \tag{3-79}$$

式中　σ——所计算腹板区格内，由平均弯矩产生的腹板计算高度边缘的弯曲正应力；

τ——所计算腹板区格内，由平均剪力产生的腹板平均剪应力，按 $\tau=V/(h_0t_w)$ 计算；

σ_c——腹板边缘的局部压应力，应按式(3-9)计算，但取式中的 $\psi=1.0$；

σ_{cr}、τ_{cr}、$\sigma_{c,cr}$——在 σ、τ、σ_c 单独作用下板的临界应力，按下列方法计算。

(1)σ_{cr}的表达式。采用国际上通行的表达方法，以通用高厚比 $\lambda_b=\sqrt{\frac{f_y}{\sigma_{cr}}}$ 作为参数。即临界应力 $\sigma_{cr}=\frac{f_y}{\lambda_b^2}$，《规范》规定用 1.1$f$ 代替 f_y，弹性临界应力的计算公式是：$\sigma_{cr}=\frac{1.1f}{\lambda_b^2}$。

当受压翼缘扭转受到全部约束时，$\sigma_{cr}=747\left(\frac{100t_w}{h_0}\right)^2$，则

$$\lambda_b=\sqrt{\frac{f_y}{\sigma_{cr}}}=\frac{2h_0/t_w}{177}\sqrt{\frac{f_y}{235}} \tag{3-80}$$

其他情况时，$\sigma_{cr}=550\left(\frac{100t_w}{h_0}\right)^2$，则

$$\lambda_b=\sqrt{\frac{f_y}{\sigma_{cr}}}=\frac{2h_0/t_w}{153}\sqrt{\frac{f_y}{235}} \tag{3-81}$$

《规范》规定 σ_{cr}的计算如下：

对于理想弹塑性板 $\lambda_b=1.0$ 时才是临界应力由塑性转入弹性的分界点，此时 $\sigma_{cr}=f_y$。考虑到存在残余应力和几何缺陷，把塑性范围缩小到 $\lambda_b\leqslant 0.85$，弹性范围则推迟到 $\lambda_b=1.25$开始，$0.85<\lambda_b\leqslant 1.25$ 属于弹塑性过渡范围。

在梁整体稳定的计算中，弹性界限为 0.6f_y。如果以此为界，则弹性范围 λ_b 起始于 $\sqrt{f_y/0.6f_y}=\sqrt{1/0.6}=1.29$，鉴于残余应力对腹板局部稳定的影响不如对整体失稳的影响大，《规范》取 1.25。图 3-29 所示的实线表示塑性、弹塑性和弹性三个范围，虚线则属于理想弹塑性板。按照以上塑性和弹塑性分界点 $\lambda_b=0.85$、弹塑性和弹性分界点 $\lambda_b=1.25$，弹塑性区临界应力用直线来表示，则临界应力由下式表达(见图 3-29)：

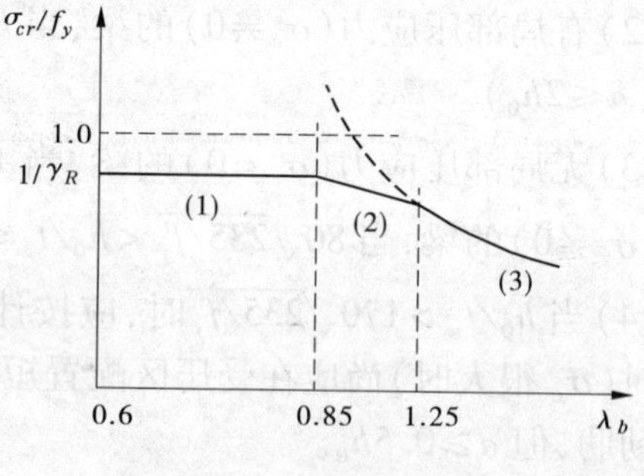

(1)—塑性区；(2)—弹塑性区；(3)—弹性区

图 3-29　临界应力修正曲线

当 $\lambda_b\leqslant 0.85$ 时　　$\sigma_{cr}=f$　　(3-82)

当 $0.85<\lambda_b\leqslant 1.25$ 时　　$\sigma_{cr}=[1-0.75(\lambda_b-0.85)]f$　　(3-83)

当 $\lambda_b>1.25$ 时　　$\sigma_{cr}=\frac{1.1f}{\lambda_b^2}$　　(3-84)

式中 λ_b——用于腹板受弯计算时的通用高厚比。

(2)τ_{cr}表达式。以$\lambda_s=\sqrt{\tau_y/\tau_{cr}}$作为参数($\tau_y$为剪切屈服强度,其值为$f_y/\sqrt{3}$)。

当$a/h_0\leqslant1.0$时,$\tau_{cr}=23.3[4+5.34(h_0/a)^2](100t_w/h_0)^2$,则

$$\lambda_s=\frac{h_0/t_w}{41\sqrt{4+5.34(h_0/a)^2}}\sqrt{\frac{f_y}{235}}\tag{3-85}$$

当$a/h_0>1.0$时,$\tau_{cr}=23.3[5.34+4.0(h_0/a)^2](100t_w/h_0)^2$,则

$$\lambda_s=\frac{h_0/t_w}{41\sqrt{5.34+4.0(h_0/a)^2}}\sqrt{\frac{f_y}{235}}\tag{3-86}$$

塑性和弹塑性分界点$\lambda_s=0.8$、弹塑性和弹性分界点$\lambda_s=1.2$,弹塑性区临界应力仍用直线来表示,则临界应力由下式表达:

当$\lambda_s\leqslant0.8$时 $$\tau_{cr}=f_v\tag{3-87}$$

当$0.8<\lambda_s\leqslant1.2$时 $$\tau_{cr}=[1-0.59(\lambda_s-0.8)]f_v\tag{3-88}$$

当$\lambda_s>1.2$时 $$\tau_{cr}=\frac{1.1f_v}{\lambda_s^2}\tag{3-89}$$

式中 λ_s——用于腹板受剪计算时的通用高厚比。

(3)$\sigma_{c,cr}$表达式。以$\lambda_c=\sqrt{\frac{f_y}{\sigma_{c,cr}}}$作为参数,由稳定公式$\sigma_{c,cr}=18.6k\chi\left(\frac{100t_w}{h_0}\right)^2$,其$k$值可按式(3-60)或式(3-61)选取,并取$\chi=1.81-0.255\frac{h_0}{a}$。

当$0.5\leqslant\frac{a}{h_0}\leqslant1.5$时,$k\chi=\left[7.4\frac{h_0}{a}+4.5\left(\frac{h_0}{a}\right)^2\right]\left(1.81-0.255\frac{h_0}{a}\right)$

$$\approx10.9+13.4\left(1.83-\frac{a}{h_0}\right)^3$$

则 $$\lambda_c=\frac{h_0/t_w}{28\sqrt{10.9+13.4\left(1.83-\frac{a}{h_0}\right)^3}}\sqrt{\frac{f_y}{235}}\tag{3-90}$$

当$1.5<\frac{a}{h_0}\leqslant2.0$时,$k\chi=\left[11.0\frac{h_0}{a}-0.9\left(\frac{h_0}{a}\right)^2\right]\left(1.81-0.255\frac{h_0}{a}\right)\approx1.89-5\frac{a}{h_0}$,则

$$\lambda_c=\frac{h_0/t_w}{28\sqrt{1.89-5\frac{a}{h_0}}}\sqrt{\frac{f_y}{235}}\tag{3-91}$$

塑性和弹塑性分界点$\lambda_c=0.9$、弹塑性和弹性分界点$\lambda_c=1.2$,弹塑性区临界应力仍用直线来表示,则临界应力由下式表达:

当$\lambda_c\leqslant0.9$时 $$\sigma_{c,cr}=f\tag{3-92}$$

当$0.9<\lambda_c\leqslant1.2$时 $$\sigma_{c,cr}=[1-0.79(\lambda_c-0.9)]f\tag{3-93}$$

当$\lambda_c>1.2$时 $$\sigma_{c,cr}=\frac{1.1f}{\lambda_c^2}\tag{3-94}$$

式中 λ_c——用于腹板受局部压力计算时的通用高厚比。

(二)同时用横向加劲肋和纵向加劲肋加强的腹板局部稳定计算

纵向加劲肋将腹板分隔成两个区格,应分别计算这两个区格的局部稳定性(见图3-26)。

1. 受压翼缘与纵向加劲肋之间的区格

此区格用式(3-95)计算其局部稳定性,即

$$\frac{\sigma}{\sigma_{cr1}}+\left(\frac{\tau}{\tau_{cr1}}\right)^2+\left(\frac{\sigma_c}{\sigma_{c,cr1}}\right)^2\leqslant 1.0 \tag{3-95}$$

式中的 σ_{cr1}、τ_{cr1}、$\sigma_{c,cr1}$ 分别按下列方法计算:

(1)σ_{cr1} 按式(3-82)~式(3-84)计算,但式中的 λ_b 用下列 λ_{b1} 代替:

当受压翼缘扭转受到完全约束时

$$\lambda_{b1}=\frac{h_1/t_w}{75}\sqrt{\frac{f_y}{235}} \tag{3-96}$$

其他情况

$$\lambda_{b1}=\frac{h_1/t_w}{64}\sqrt{\frac{f_y}{235}} \tag{3-97}$$

(2)τ_{cr1} 按式(3-85)~式(3-89)计算,但将式中 h_0 用 h_1(h_1 为纵向加劲肋至腹板计算高度受压边缘的距离)代替:

(3)$\sigma_{c,cr1}$ 按式(3-82)~式(3-84)计算,但式中的 λ_b 用下列 λ_{c1} 代替:

当受压翼缘扭转受到完全约束时

$$\lambda_{c1}=\frac{h_1/t_w}{56}\sqrt{\frac{f_y}{235}} \tag{3-98}$$

其他情况

$$\lambda_{c1}=\frac{h_1/t_w}{40}\sqrt{\frac{f_y}{235}} \tag{3-99}$$

2. 受拉翼缘与纵向加劲肋之间的区格

此区格用式(3-100)计算其局部稳定性,即

$$\left(\frac{\sigma_2}{\sigma_{cr2}}\right)^2+\left(\frac{\tau}{\tau_{cr2}}\right)^2+\frac{\sigma_{c2}}{\sigma_{c,cr2}}\leqslant 1.0 \tag{3-100}$$

式中 σ_2——所计算区格内,腹板在纵向加劲肋处压应力的平均值;

σ_{c2}——腹板在纵向加劲肋处的横向压应力,取 $0.3\sigma_c$;

τ——所计算腹板区格内,由剪力产生的腹板平均剪应力。

(1)σ_{cr2} 按式(3-82)~式(3-84)计算,但式中的 λ_b 用下列 λ_{b2} 代替

$$\lambda_{b2}=\frac{h_2/t_w}{194}\sqrt{\frac{f_y}{235}} \tag{3-101}$$

(2)τ_{cr2} 按式(3-85)~式(3-89)计算,但将式中 h_0 用 h_2 代替(见图3-26)。

(3)$\sigma_{c,cr2}$ 按式(3-90)~式(3-94)计算,但式中的 h_0 用 h_2 代替(见图3-26)。当 $a/h_2>2$时,取 $a/h_2=2$。

在受压翼缘与纵向加劲肋之间设有短加劲肋的区格(见图3-27),其局部稳定性应按式(3-95)计算。该式中 σ_{cr1} 按无短加劲肋时取值;τ_{cr1} 应按式(3-85)~式(3-89)计算,但将 h_0 和 a 分别用 h_1 和 a_1(a_1 为短加劲肋间距)代替;$\sigma_{c,cr1}$ 应按式(3-82)~式(3-84)计算,但式中的 λ_b 应用下列 λ_{c1} 代替。

当受压翼缘扭转受到约束时　$\lambda_{c1} = \dfrac{a_1/t_w}{87}\sqrt{\dfrac{f_y}{235}}$　(3-102)

当受压翼缘扭转未受到约束时　$\lambda_{c1} = \dfrac{a_1/t_w}{73}\sqrt{\dfrac{f_y}{235}}$　(3-103)

对于 $a_1/h_1 > 1.2$ 的区格，式(3-102)和式(3-103)右侧应乘以 $\left(1/\sqrt{0.4+0.5\dfrac{a_1}{h_1}}\right)$；对于受拉翼缘与纵向加劲肋之间的区格，仍按式(3-100)计算。

六、腹板加劲肋的截面尺寸和构造要求

加劲肋常在腹板两侧成对配置，如图 3-30(a)、(b)、(c)所示，对于仅受静荷载作用或受动荷载作用较小的梁腹板，为了节省钢材和减轻制造工作量，其横向加劲肋和纵向加劲肋亦可考虑单侧配置，如图 3-30(d)、(e)所示。但对支承加劲肋和重级工作制吊车梁的加劲肋不应单侧设置。

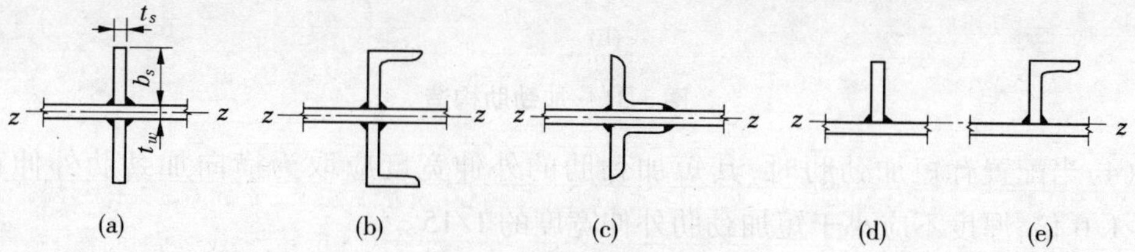

图 3-30　加劲肋形式

加劲肋可以用钢板或型钢做成，焊接梁一般常用钢板。

为了保证梁腹板的局部稳定，加劲肋应具有一定的刚度，为此有以下几点要求。

(1)在腹板两侧成对配置的钢板横向加劲肋，如图 3-31(a)所示，其截面尺寸符合下列要求：

外伴宽度　$b_s \geqslant \dfrac{h_0}{30} + 40$　(3-104)

厚度　$t_s \geqslant \dfrac{b_s}{15}$　(3-105)

(2)单侧布置的钢板横向加劲肋，其外伸宽度应大于按式(3-104)算得值的 1.2 倍，厚度应不小于其外伸宽度的 1/15。

(3)在同时用横向加劲肋和纵向加劲肋加强的腹板中，应在其相交处将纵向加劲肋断开，横向加劲肋保持连续，如图 3-31(b)所示。此时，横向加劲肋的截面尺寸除应满足上述要求外，其绕 z 轴(见图 3-30)的惯性矩还应满足式(3-106)的要求

$$I_z \geqslant 3h_0t_w^3 \quad (3\text{-}106)$$

纵向加劲肋截面绕 y 轴的惯性矩应满足下列公式的要求：

当 $a/h_0 \leqslant 0.85$ 时　$I_y \geqslant 1.5h_0t_w^3$　(3-107)

当 $a/h_0 > 0.85$ 时　$I_y \geqslant \left(2.5 - 0.45\dfrac{a}{h_0}\right)\left(\dfrac{a}{h_0}\right)^2 h_0t_w^3$　(3-108)

式中的 z 轴和 y 轴：当加劲肋双侧成对配置时，为腹板的轴线；当加劲肋单侧配置时，

为与加劲肋相连的腹板边缘线。

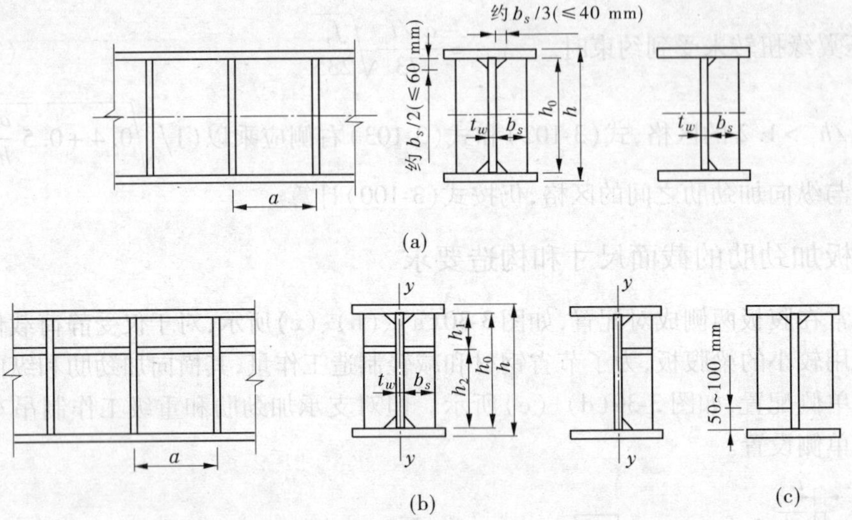

图 3-31　加劲肋构造

(4)当配置有短加劲肋时,其短加劲肋的外伸宽度应取为横向加劲肋外伸宽度的 0.7 ~1.0 倍,厚度不应小于短加劲肋外伸宽度的 1/15。

(5)用型钢做成的加劲肋,其截面相应的惯性矩不得小于上述对于钢板加劲肋惯性矩的要求。

为了避免焊缝交叉,减小焊接应力,横向加劲肋的端部应切去宽约 $b_s/3$(但不大于 40 mm)、高约 $b_s/2$(但不大于 60 mm)的斜角(见图 3-31(a)),以使梁的翼缘焊缝连续通过。在纵向加劲肋与横向加劲肋相交处,应将纵向加劲肋两端切去相应的斜角,使横向加劲肋与腹板连接的焊缝连续通过。

吊车梁横向加劲肋的下端应与上翼缘刨平顶紧,当为焊接吊车梁时,尚宜焊接。中间横向加劲肋的下端一般在距受拉翼缘 50 ~100 mm 处断开,如图 3-31(c)所示。不应与受拉翼缘焊接,以改善梁的抗疲劳性能。

七、支承加劲肋的计算

支承加劲肋指承受固定集中荷载或者支座反力的横向加劲肋,这种加劲肋应在腹板两侧成对布置(见图 3-32),其截面常比一般中间横向加劲肋的截面大,并应进行稳定性计算和端面承压计算。

(一)稳定性计算

支承加劲肋按承受固定集中荷载或梁支座反力的轴心受压构件,计算其在腹板平面外的稳定性。此受压构件的截面面积 A 包括加劲肋和加劲肋每侧 $15t_w\sqrt{235/f_y}$ 范围内的腹板面积(见图 3-32 的阴影部分),计算长度近似地取为 h_0。

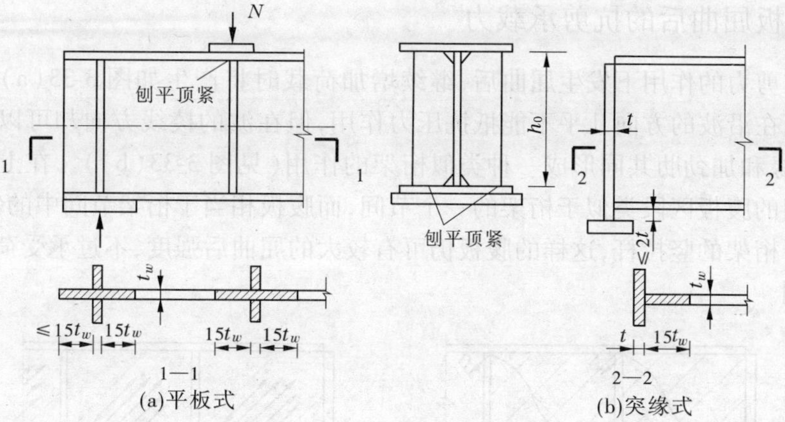

图 3-32 支承加劲肋构造

(二)端面承压计算

梁支承加劲肋的端部应按所承受的固定集中荷载或支座反力计算,当加劲肋的端部刨平顶紧时,应用下式计算其端面承压应力,即

$$\sigma_{ce} = \frac{N}{A_{ce}} \leqslant f_{ce} \tag{3-109}$$

式中 f_{ce}——钢材端面承压的强度设计值;

A_{ce}——端面承压面积。

突缘式支座(见图 3-32(b))的伸出长度不应大于加劲肋厚度的 2 倍。

第八节 组合梁腹板考虑屈曲后强度的计算

为防止钢梁发生局部失稳,通常限制板件的宽厚比或设置加劲肋,因而往往要耗用较多的钢材,且设置加劲肋还要增加制作工作量。根据理论分析和试验研究,板件在屈曲后仍能继续承担更大的荷载,即具有屈曲后强度。

对于承受反复荷载作用的结构,因多次反复屈曲可能导致钢材出现疲劳裂纹,同时,构件的工作性能也逐渐恶化,而且目前关于这方面的研究还不充分,因此在这类荷载的作用下,一般不考虑利用屈曲后强度。

按照塑性方法设计时,考虑局部失稳将使构件塑性性能不能充分发展,因此《规范》规定不利用屈曲后强度。

工字形截面的受压外伸翼缘,虽然屈曲后强度也有所提高,但屈曲后继续承载的潜力不是很大,因此在工程设计中,一般不考虑利用翼缘的屈曲后强度,只考虑利用腹板的屈曲后强度。

对于承受静力荷载和间接承受动力荷载的组合梁,其腹板宜考虑屈曲后强度,则可仅在支座处和固定集中荷载处设置支承加劲肋,其高厚比可以达到 250,也不必设置纵向加劲肋。

一、腹板屈曲后的抗剪承载力

腹板在剪力的作用下发生屈曲后，继续增加荷载时将产生如图 3-33(a)所示的波浪形变形。板在沿波的方向几乎不能抵抗压力作用，但在波的棱线方向却可以承受很大的拉力，与翼缘和加劲肋共同形成一种类似桁架的作用(见图 3-33(b))。在上下翼缘和二加劲肋之间的腹板区段类似于桁架的一个节间，而腹板相当于桁架节间中的斜拉杆，加劲肋则相当于桁架的竖拉杆，这样的腹板仍可有较大的屈曲后强度，不过承受荷载的机制与屈曲前不同。

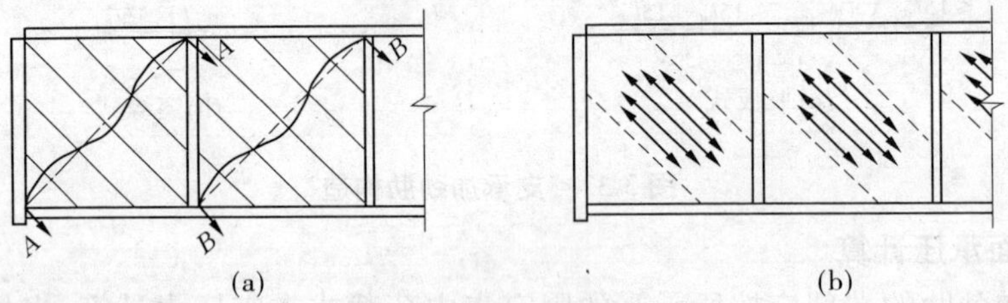

图 3-33　腹板的张力场作用

《规范》采用简化的计算方法：引用式(3-85)和式(3-86)中定义的高厚比 λ_s，梁腹板抗剪承载力设计值 V_u 由下列公式计算：

当 $\lambda_s \leqslant 0.8$ 时　　$$V_u = h_0 t_w f_v \tag{3-110}$$

当 $0.8 < \lambda_s \leqslant 1.2$ 时　　$$V_u = h_0 t_w f_v [1 - 0.5(\lambda_s - 0.8)] \tag{3-111}$$

当 $\lambda_s > 1.2$ 时　　$$V_u = \frac{h_0 t_w f_v}{\lambda_s^{1.2}} \tag{3-112}$$

式中　f_v——钢材的抗剪强度设计值。

当梁仅设置支座加劲肋时，由于 $a/h_0 \gg 1$，取式(3-86)中的 $h_0/a = 0$，故 λ_s 按式(3-113)计算

$$\lambda_s = \frac{h_0/t_w}{41\sqrt{5.34}}\sqrt{\frac{f_y}{235}} = \frac{h_0/t_w}{95}\sqrt{\frac{f_y}{235}} \tag{3-113}$$

二、腹板屈曲后的抗弯承载力

在弯矩的作用下腹板的受压区可能屈曲，梁腹板屈曲后的性能与剪切作用下的情况有所不同。例如，图 3-34(a)所示受纯弯曲作用下的腹板区段，腹板发生屈曲时的临界应力 σ_{cr} 小于钢材屈服点的 f_y。当弯矩继续增加时，由于腹板已经屈曲成波形，部分截面无力承受增大的压力，因此截面的应力增加是非线性的。应考虑板屈曲后强度，计算梁截面的极限弯矩时，一种实用的分析方法是取如图 3-34(b)所示的截面，认为受压区部分腹板退出工作，不起受力作用，且将受压区以及受拉区的应力均视为直线分布，当梁受压翼缘的最外纤维应力达到 f_y 时，梁截面达到极限状态。这种方法本质上属于按梁腹板的有效高度进行计算。《规范》给出的梁腹板屈曲后的抗弯承载力设计值 M_{eu} 的下列计算公式，就是基于这种概念而进一步简化的近似计算公式，即

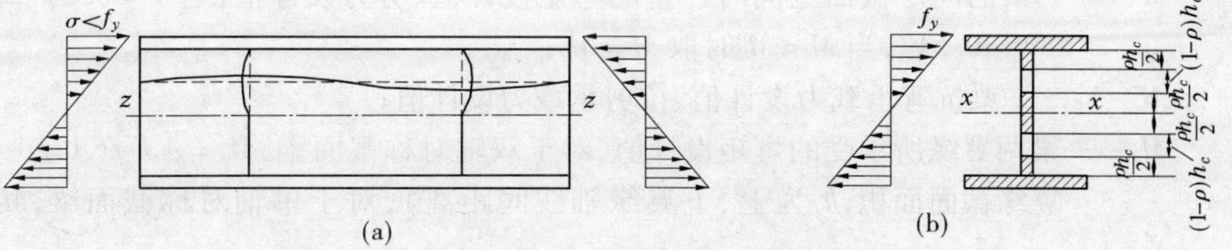

图 3-34　弯曲应力作用下屈曲后性能

$$M_{eu}=\gamma_x\alpha_e W_x f \tag{3-114}$$

$$\alpha_e=1-\frac{(1-\rho)h_c^3 t_w}{2I_x} \tag{3-115}$$

式中　γ_x——梁截面塑性发展系数；

α_e——梁截面模量考虑腹板有效高度的折减系数；

I_x、W_x——按梁截面全部有效算得的绕 x 轴的惯性矩、截面模量；

h_c——按梁截面全部有效算得的腹板受压区高度；

ρ——腹板受压区有效高度系数，按式(3-116)～式(3-118)计算。

当 $\lambda_b\leqslant 0.85$ 时　　$\rho=1.0$　　(3-116)

当 $0.85<\lambda_b\leqslant 1.25$ 时　　$\rho=1-0.82(\lambda_b-0.85)$　　(3-117)

当 $\lambda_b>1.25$ 时　　$\rho=\frac{1}{\lambda_b}\left(1-\frac{0.2}{\lambda_b}\right)$　　(3-118)

式中　λ_b——式(3-80)和式(3-81)中定义的通用高厚比。

三、腹板屈曲后的承载力

梁腹板常在大范围内同时承受弯矩和剪力。这种腹板屈曲后对梁承载力的影响，分析起来比较复杂。弯矩 M 和剪力 V 的相关关系有多种不同的相关曲线可表达。

我国《规范》引用弯矩 M 和剪力 V 的无量纲化的相关关系如图 3-35 所示。首先假定弯矩不超过翼缘所能承受的最大弯矩 M_f 时，腹板不参与承担弯矩作用。当截面全部有效而腹板边缘屈服时，腹板可以承受剪应力的平均值约为 $0.65\tau_y$（τ_y 为剪切屈服强度）。对于薄腹板梁，腹板也同样可以承受剪力，可偏安全地取为仅承受剪力时最大值 V_u 的 0.5 倍，即当 $V/V_u<0.5$ 时，取 $M/M_{eu}=1.0$。在图 3-35所示的相关曲线的 A 点（M_f/M_{eu}，1）和 B 点（1，0.5）之间的曲线可用抛物线来表达，由此抛物线确定的验算式为

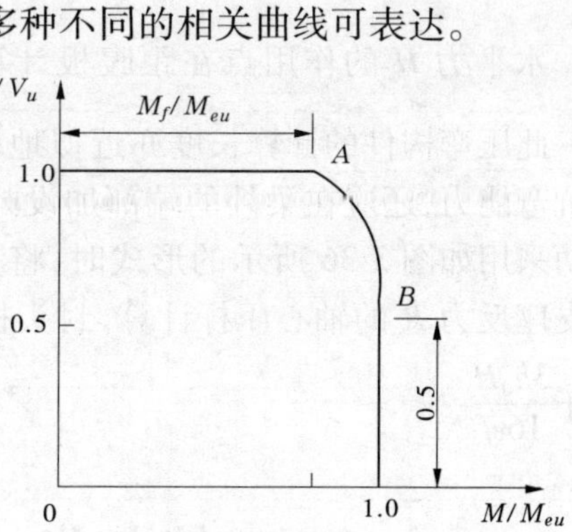

图 3-35　剪力与弯矩相关关系

$$\left(\frac{V}{0.5V_u}-1\right)^2+\frac{M-M_f}{M_{eu}-M_f}\leqslant 1.0 \tag{3-119}$$

式中　M、V——梁的同一截面上同时产生的弯矩设计值、剪力设计值，当 $V<0.5V_u$ 时取 $V=0.5V_u$，当 $M<M_f$ 时取 $M=M_f$；

M_{eu}、V_u——梁抗弯承载力设计值、抗剪承载力设计值；

M_f——梁两翼缘所承受的弯矩设计值，对于双轴对称截面梁，$M_f=A_fh_ff$（A_f 为一个翼缘截面面积，h_f 为上、下翼缘轴线间距离），对于单轴对称截面梁，$M_f=\left(A_{f1}\dfrac{h_1^2}{h_2}+A_{f2}h_2\right)f$（$A_{f1}$、$h_1$ 为较大翼缘截面面积及其形心至梁中性轴的距离，A_{f2}、h_2 为较小翼缘截面面积及其形心至梁中性轴的距离）。

四、腹板屈曲后梁的加劲肋设计

如果仅设置支承加劲肋不能满足式(3-119)，应在腹板两侧成对设置横向加劲肋以减小区格的长度，其间距 $a=(1.0\sim2.0)h_0$。这时，横向加劲肋的截面尺寸除要满足式(3-104)和式(3-105)外，还需考虑拉力场竖向分力对其的作用。《规范》要求将中间横向加劲肋当做轴心受压构件，按以下轴心力计算其在腹板平面外的稳定性，即

$$N_s=V_u-\tau_{cr}h_0t_w+F \tag{3-120}$$

式中　V_u——按式(3-110)～式(3-112)计算；

h_0——梁腹板高度；

τ_{cr}——按式(3-87)～式(3-89)计算；

F——作用于中间支承加劲肋上端的集中荷载。

当 $\lambda_s>0.8$ 时，支座加劲肋除承受梁支座反力 R 外，还承受拉力场的水平分力 H，计算公式为

$$H=(V_u-\tau_{cr}h_0t_w)\sqrt{1+\left(\frac{a}{h_0}\right)^2} \tag{3-121}$$

水平力 H 的作用点在距腹板计算高度上边缘 $\dfrac{h_0}{4}$ 处。此压弯构件的计算长度亦近似地取为 h_0。为了增强抗弯能力，还应在梁外的端部加设封头板，当支座加劲肋采用如图 3-36 所示的形式时，将支座加劲肋按承受支座反力 R 的轴心压杆计算，封头板截面面积 A_c 不小于 $\dfrac{3h_0H}{16ef}$。

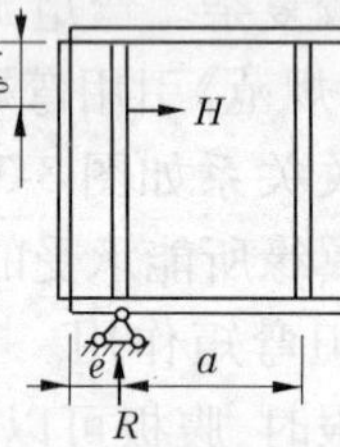

图 3-36　梁端支座加劲肋构造

第九节　梁的拼接与连接

一、梁的拼接

梁的拼接是板件在梁段之间的相互连接。梁的拼接有工厂拼接和工地拼接两种类型。由于钢材规格受到限制，必须将翼缘或腹板在工厂车间里拼宽或接长的工艺方式称

为工厂拼接。由于运输或安装条件的限制,将构件在工厂车间分段制作后运到工地现场拼接的工艺方式称为工地拼接。

型钢梁的拼接可采用对接焊缝连接(见图3-37(a)),但由于翼缘与腹板连接处不易焊透,故有时采用拼接板拼接(见图3-37(b))。其拼接位置均宜放在弯矩较小处。

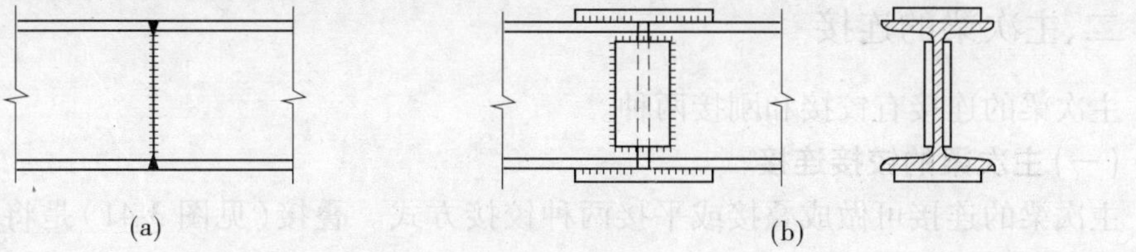

图3-37 型钢梁的拼接

焊接组合梁的工厂拼接,翼缘和腹板的拼接位置宜错开并用直对接焊缝相连,避免交叉焊缝,故应避开加劲肋和次梁的连接位置,腹板的拼接焊缝与横向加劲肋之间至少应相距 $10t_w$(见图3-38)。对接焊缝施焊时宜加引弧板,并采用一级或二级焊缝质量检验时,可认为焊缝与母材等强度。对于三级焊缝,由于焊缝抗拉强度低于母材强度,可采用斜焊缝或将拼接位置布置在弯矩较小的区域。

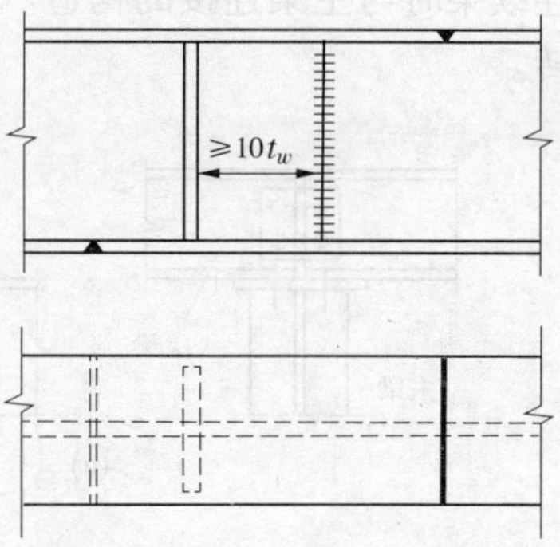

图3-38 组合梁的工厂拼接

梁的工地拼接位置宜放在弯矩较小处,梁的翼缘和腹板应尽量在同一截面处断开,以便于分段运输。但同一截面拼接会使薄弱部位集中,为保证焊缝质量,应将上下翼缘的拼接边缘做成向上开口的V形坡口,以便俯焊(见图3-39(a))。有时将翼缘和腹板的接头略错开一些(见图3-39(b)),这样受力情况较好,但运输构件突出部分应特别保护,以免碰损。

在工地施焊条件较差、焊缝质量难以保证时,对较重要的或受动力荷载的大型组合梁,宜采用高强度螺栓连接(见图3-40)。翼缘拼接板和每侧的高强度螺栓通常均由等强度条件确定,即拼接板的净截面面积不小于翼缘板的净截面面积。高强度螺栓应能承受按翼缘板净截面面积计算的轴向力 N_1,即

$$N_1 = A_{fn}f \tag{3-122}$$

1、2、3、4、5—拼接顺序

图3-39 组合梁的工地拼接 (单位:mm)

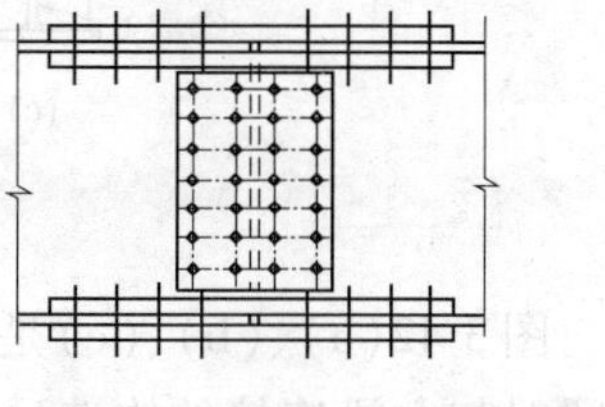

图3-40 采用高强度螺栓的工地拼接

式中　A_{fn}——被拼接的翼缘板净截面面积。

腹板拼接板及其连接主要承受梁截面上的全部剪力 V,以及按刚度分配到腹板上的弯矩 $M_w=\frac{MI_w}{I}$(I_w为腹板截面惯性矩,I为整个梁截面的惯性矩)。

二、主次梁的连接

主次梁的连接有铰接和刚接两种。

(一)主次梁的铰接连接

主次梁的连接可做成叠接或平接两种铰接方式。叠接(见图 3-41)是将次梁直接搁置在主梁上面,用螺栓或焊缝相连,这种连接方式构造简单、便于施工,但结构高度较大,使用常受到限制。图 3-41(a)是次梁为简支梁时与主梁连接的构造,而图 3-41(b)是次梁为连续梁时与主梁连接的构造。若次梁截面较大,应另采取构造措施防止支承处截面的扭转。

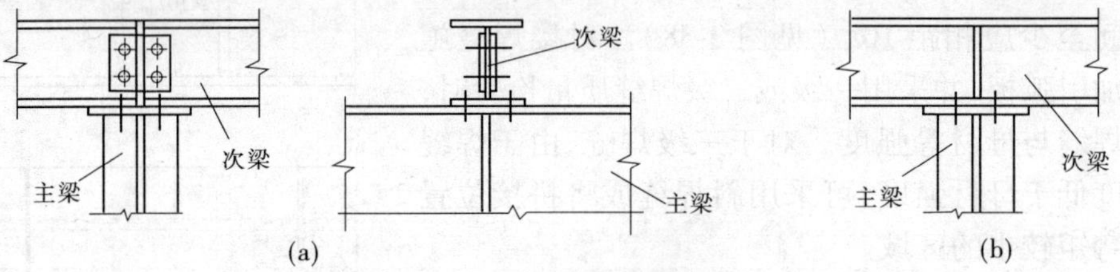

图 3-41　次梁与主梁的叠接

平接(见图 3-42)是次梁从侧面与主梁相连,次梁与主梁可以等高,或略高、略低于主梁顶面。

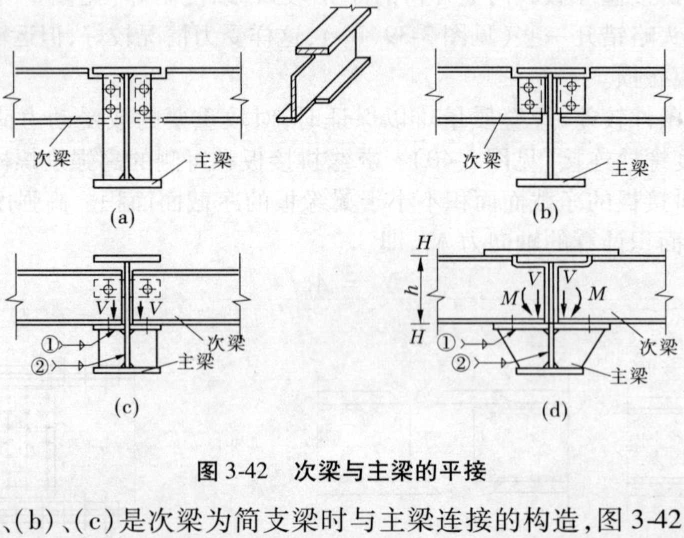

图 3-42　次梁与主梁的平接

图 3-42(a)、(b)、(c)是次梁为简支梁时与主梁连接的构造,图 3-42(d)是次梁为连续梁时与主梁连接的构造。为便于与主梁加劲肋相连,次梁上下翼缘应切割一段,从侧面与主梁的加劲肋或在腹板上专设的短角钢或支托相连接。这种连接构造简单、安装方便,

且降低结构高度,故在实际工程中应用较广泛。

在图3-42(c)、(d)中,次梁支座压力V先由焊缝①传给支托竖直板,然后由焊缝②传给主梁腹板。在其他的连接构造中,支座压力的传递途径与此相似,在此不一一分析。具体计算时,在形式上可不考虑偏心作用,而将次梁支座压力增大20%~30%,以考虑实际上存在的偏心的影响。

(二)主次梁的刚接连接

刚接连接也可做成叠接和平接。次梁为连续梁和主梁连接时,只需将连续次梁置于主梁顶面直接连续通过,做法同铰接叠接。次梁与主梁平接时,次梁应支承于主梁的承托上,梁顶面上应设置连接盖板。次梁支座反力靠承托传递给主梁,次梁的支座负弯矩所产生的上翼缘拉力由盖板传递,下翼缘压力由承托水平顶板传递,并按此水平力H计算连接盖板的截面及次梁的连接焊缝和承托顶板与主梁腹板的连接焊缝。水平力$H=M/h$(M为次梁支座弯矩,h为次梁高度)。盖板和主梁上翼缘间连接焊缝,因不受力,按构造要求施焊。为了避免仰焊,上层板件应比下层板件稍窄。

三、梁的支座

梁的支座有墩座、钢筋混凝土柱或钢柱。梁上荷载通过支座传递给下部支承结构。下面介绍梁与墩座或钢筋混凝土柱的连接形式。

梁常用的支座形式有平板支座、弧形支座和滚轴支座二种(见图3-43)。

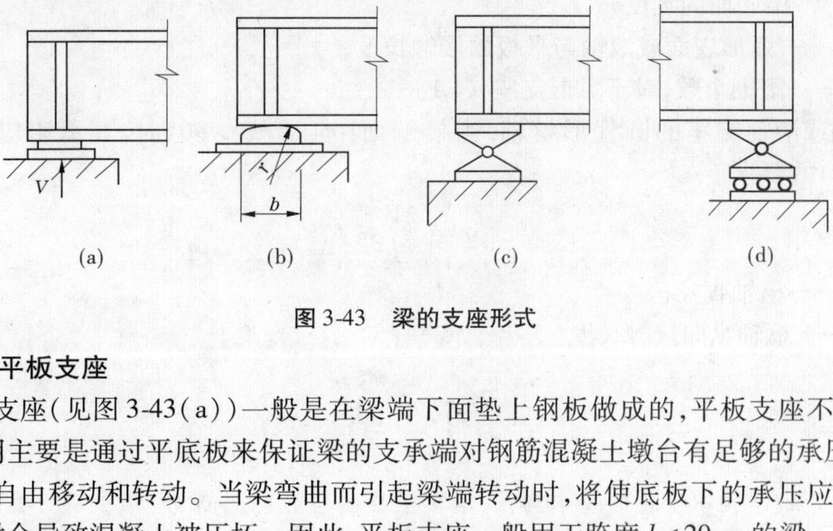

图3-43　梁的支座形式

(一)平板支座

平板支座(见图3-43(a))一般是在梁端下面垫上钢板做成的,平板支座不能自由转动,其作用主要是通过平底板来保证梁的支承端对钢筋混凝土墩台有足够的承压面积,但梁端不能自由移动和转动。当梁弯曲而引起梁端转动时,将使底板下的承压应力分布不均,严重时会导致混凝土被压坏。因此,平板支座一般用于跨度$l<20$ m的梁。为了防止支承材料被压坏,支承板与支承结构顶面的接触面积按式(3-123)计算

$$A = ab \geqslant \frac{V}{f_c} \tag{3-123}$$

式中　V——支座反力;

f_c——支承材料的承压强度设计值;

a、b——支座垫板的长、宽;

A——支座板的平面面积。

支座底板的厚度,按均布支反力产生的最大弯矩进行计算。

(二)弧形支座

弧形支座(见图3-43(b))与梁的支承面成弧形曲面,由厚为40~50 mm、顶面切削成圆弧形的钢垫板制成,使梁能自由转动并可产生适量的移动(摩阻系数约为0.2),使下部结构在支承面上的受力较均匀,常用于跨度$l=20\sim40$ m的梁和支反力不超过750 kN(设计值)的梁。

(三)铰轴及滚轴支座

铰轴支座(见图3-43(c))由上、下支承板,中间枢轴和滚轴组成。枢轴可自由转动形成理想铰,完全符合梁简支的力学模型,梁端可以自由转动;铰轴支座下设滚轴时称为滚轴支座(见图3-43(d)),滚轴可自由移动。滚轴支座可以消除由于梁弯曲变形和温度变化引起的附加应力,适用于跨度$l>40$ m的梁。梁的一端使用该轴支座时,另一端需采用平板支座或弧形支座。

为了防止弧形支座的弧形垫块和滚轴支座的滚轴被劈裂,其圆弧面与钢板接触面(系切线接触)的承压力(劈裂应力)应满足

$$\sigma = \frac{25V}{2nra_1} \leqslant f \tag{3-124}$$

式中 r——弧形支座板表面半径或滚轴支座的滚轴半径,对于弧形支座$r\approx3b$(b为支承梁底面的宽度);

a_1——弧形表面或滚轴与平板的接触长度;

n——滚轴个数,对于弧形支座$n=1$。

铰轴或滚轴支座的圆柱形枢轴,当接触面中心角$\theta>90°$时,其承压应力应满足式(3-125)的要求

$$\sigma = \frac{2V}{dl} \leqslant f \tag{3-125}$$

式中 d——枢轴直径;

l——枢轴纵向接触长度。

小　结

钢梁是钢结构中重要的基本构件,本章主要内容包括三部分:第一部分是梁的强度、刚度及截面选择,第二部分是梁的整体稳定和局部稳定,第三部分是梁的构造要求及支承等。重点掌握钢梁的强度及稳定设计计算方法。

(1)钢结构中最常用的钢梁有型钢梁和焊接组合梁两种。

(2)钢梁的计算包括强度、刚度及整体稳定和局部稳定等。

(3)梁的强度包括抗弯强度σ、抗剪强度τ、局部承压强度σ_c和折算应力σ_{eq}四项,其中σ必须计算,后三项则视情况而定。如型钢梁若截面无削弱可不计算τ,且可不计算σ_c和折算应力σ_{eq}。组合梁在固定集中荷载处设有支承加劲肋时也不需要计算σ_c。

(4)在钢梁的抗弯强度设计中,单向弯曲时按式(3-4)计算,双向弯曲时按式(3-5)计算。式中 γ_x 和 γ_y 只用在承受静力荷载或间接承受动力荷载的梁,以考虑部分截面发展塑性。对直接承受动力荷载或需要计算疲劳的梁则不考虑截面发展塑性,即 $\gamma_x=\gamma_y=1.0$。

(5)梁的抗剪强度、局部承压强度和折算应力分别按式(3-6)、式(3-9)和式(3-10)计算。折算应力只在同时受有较大弯曲应力 σ 和剪应力 τ,或还有局部压应力 σ_c 的部位才作计算,如梁截面改变处的腹板计算高度边缘。

(6)在验算梁的刚度时,荷载应采用标准值,即不乘荷载分项系数,对动力荷载不考虑动力系数。

(7)梁的整体稳定应特别重视,因失稳是在强度破坏前突然发生的,往往事先无明显征兆。应尽量采取构造措施以提高整体稳定性能,如将密铺的铺板与受压翼缘焊牢、增设受压翼缘的侧向支承等。掌握梁的整体稳定验算公式以及整体稳定系数 φ_b 的计算公式。当算出的 $\varphi_b>0.6$ 时,须换算成 φ'_b(弹塑性阶段整体稳定系数)计算。

(8)梁整体失稳的临界应力与梁截面的几何形状及尺寸(受压冀缘宽有利)、受压翼缘的侧向自由长度(长度短有利)、荷载类型(均布荷载比集中荷载不利)和作用位置(作用在上翼缘比作用在下翼缘不利)等因素有关。

(9)梁的局部稳定对型钢梁可不考虑。对工字形组合梁翼缘的局部稳定,应掌握其失稳现象以及限制其宽厚比以满足局部稳定的要求;对工字形组合梁腹板的局部稳定,应掌握三种局部失稳现象及原因,限制腹板的高厚比或设置加劲肋以提高腹板局部稳定性。

(10)支承加劲肋受力端应刨平并顶紧,其截面除应符合横向加劲肋的刚度要求外,还应满足其稳定性和端面承压强度的要求等。

(11)了解次梁与主梁的连接方法及有关的构造措施,了解梁支座的形式和应用。

思考题

3-1　常用钢梁形式有哪几种?钢梁截面为什么常用工字形?工字形钢梁与槽钢梁的受力性能有什么特点?

3-2　在静荷载作用下钢梁的弯曲可分为几个阶段?各阶段的应力图形如何?

3-3　对于简支钢梁,什么条件下可按部分截面发展塑性计算抗弯强度?

3-4　钢梁丧失整体稳定的原因是什么?整体稳定临界应力受哪些因素的影响?如何提高和保证梁的整体稳定性?

3-5　焊接组合钢梁的整体稳定如何验算?公式中的 φ_b 代表什么意义?为什么当 $\varphi_b>0.6$时要将 φ_b 修正为 φ'_b?

3-6　焊接组合梁的设计包括哪几项内容?应满足哪些基本要求?

3-7　焊接组合梁的高度由哪些条件确定?最小梁高和经济梁高是根据什么条件和要求确定的?

3-8　选择焊接组合梁腹板的高度和厚度应考虑哪些要求?腹板选择太厚或太薄会发生什么问题?

3-9　选择焊接组合梁翼缘尺寸时应考虑哪些要求?什么是主要的?翼缘选择太窄

太厚,或太宽太薄各会发生什么问题?

3-10　焊接组合梁为什么要沿跨度改变截面?改变方式和应用情况如何?梁高的改变位置和端部梁高如何确定?

3-11　什么是梁的局部失稳?梁的整体失稳和局部失稳在概念上有何不同?保证梁局部稳定的措施有哪些?

3-12　焊接组合梁不满足局部稳定条件时应如何处理?

3-13　焊接组合梁支承区段和跨中区段的局部稳定性有何异同?在什么情况下设置横向加劲肋与纵向加劲肋?

3-14　试从薄板失稳时的屈曲形状和临界应力公式两方面来阐明横向加劲肋与纵向加劲肋的作用。

3-15　设置焊接组合梁的横向加劲肋和纵向加劲肋时,应注意哪些问题?布置纵向加劲肋时为何不设在中性轴附近?

3-16　说明支承加劲肋的作用、传力途径和受力情况,在验算其稳定性和承压强度时所取的面积有何区别?

3-17　梁的支座有哪几种形式?如何进行计算?

习　题

3-1　试验算双轴对称工字形等截面简支梁的整体稳定性和弯曲应力强度。已知梁跨度7.2 m,跨中有一集中荷载作用在上翼缘,其设计值为600 kN,跨中无侧向支承,腹板选用 $-1\ 200\times10$,翼缘选用 -300×16,钢材选用Q235。

3-2　验算如图3-44所示焊接工字形等截面简支梁的整体稳定性。已知钢材选用Q345钢,梁跨度 $l=6$ m,跨中无侧向支承,集中荷载作用在上翼缘,最大弯矩 $M_{max}=5\ 433$ kN · m,$I_x=1\ 564\ 336\ \text{cm}^4$,$I_y=28\ 395\ \text{cm}^4$。

3-3　一平台梁格的布置如图3-45所示。铺板为预制钢筋混凝土板(板与次梁上翼

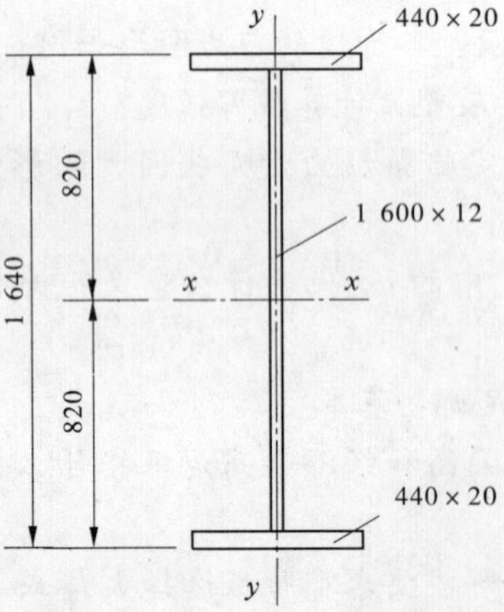

图3-44　习题3-2计算简图　(单位:mm)

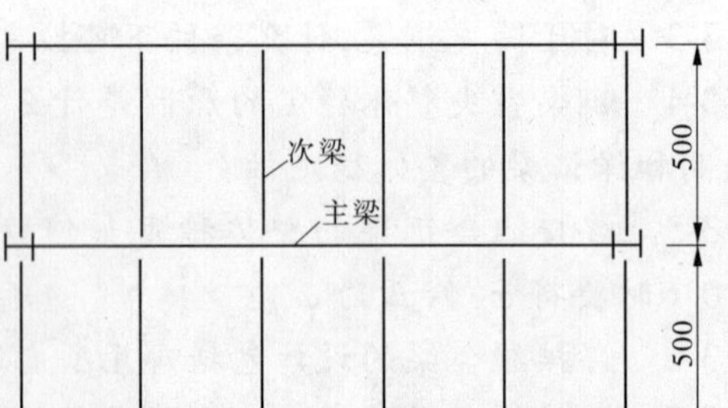

图3-45　习题3-3计算简图　(单位:cm)

缘焊牢)。设平台永久分布荷载设计值为 3.86 kN/m^2,静力活荷载设计值为 39 kN/m^2。次梁用型钢与主梁等高连接,钢材选用 Q345 钢,试选择次梁截面。

3-4　验算如图 3-46 所示的单轴对称工字形截面简支梁的整体稳定性和弯曲应力强度。已知钢材牌号为 Q235,计算跨度 $l=6$ m,跨中无侧向支承,跨中上翼缘作用有集中荷载,按荷载设计值计算的跨中最大弯矩 $M_x=500$ kN·m。

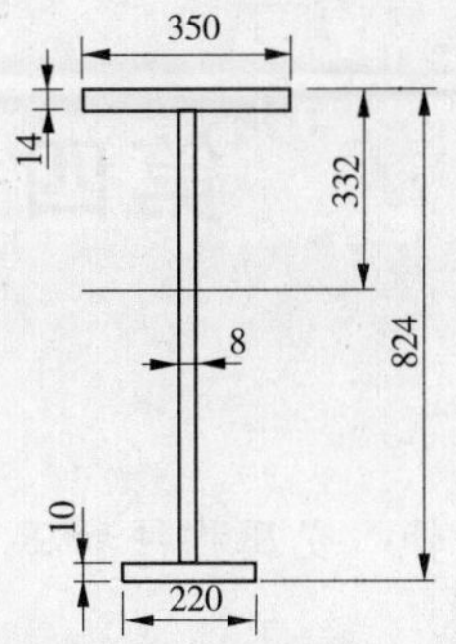

图 3-46　习题 3-4 计算简图　(单位:mm)

3-5　如图 3-47 所示为一工字形截面组合梁,已知其腹板的高厚比 $h_0/t_w \geqslant 170\sqrt{235/f_y}$,为保证腹板的局部稳定,试在支座处及梁段内布置加劲肋。

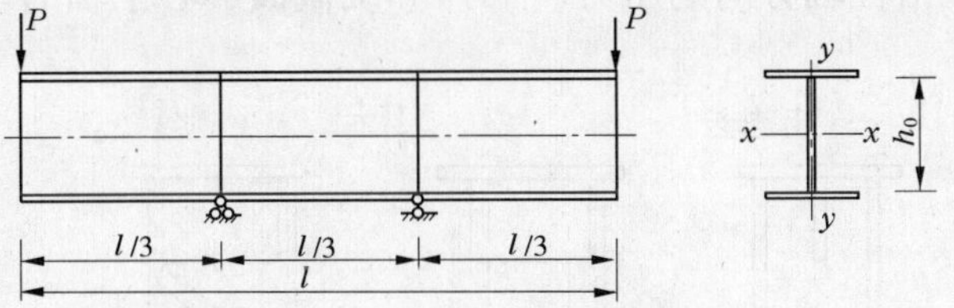

图 3-47　习题 3-5 计算简图

3-6　按习题 3-3 中的资料设计该工作平台的主梁(焊接工字形截面),材料选用 Q345 钢,E50 焊条。设计内容包括截面选择、截面改变、翼缘焊缝和腹板加劲肋。

3-7　按简支梁设计电动葫芦轨道梁。已知计算跨度 $l=6$ m,作用于工字形钢梁下翼缘的轮压按一个集中荷载 $P=22$ kN(标准值)计算,荷载分项系数 $\gamma_Q=1.4$。钢材选用 Q235 钢。考虑梁的下翼缘受轮子磨损,截面惯性矩 I_x 应乘以 0.9。容许挠度[ω]= $l/400$。

第四章　钢柱与钢压杆

内容摘要

钢结构轴心受压构件和压弯构件的强度、刚度、整体稳定和局部稳定计算方法。

学习重点

钢柱的整体稳定和局部稳定计算方法及其设计。

柱是用来支撑梁、桁架等结构并将荷载传至基础的受压构件。它由柱头(或梁柱连接节点)、柱身和柱脚三部分组成,如图 4-1 所示。柱按受力性质可分为轴心受压柱和压弯柱两种。构件受到沿柱轴方向的压力(轴力)和绕截面形心主轴的弯矩作用,称为压弯

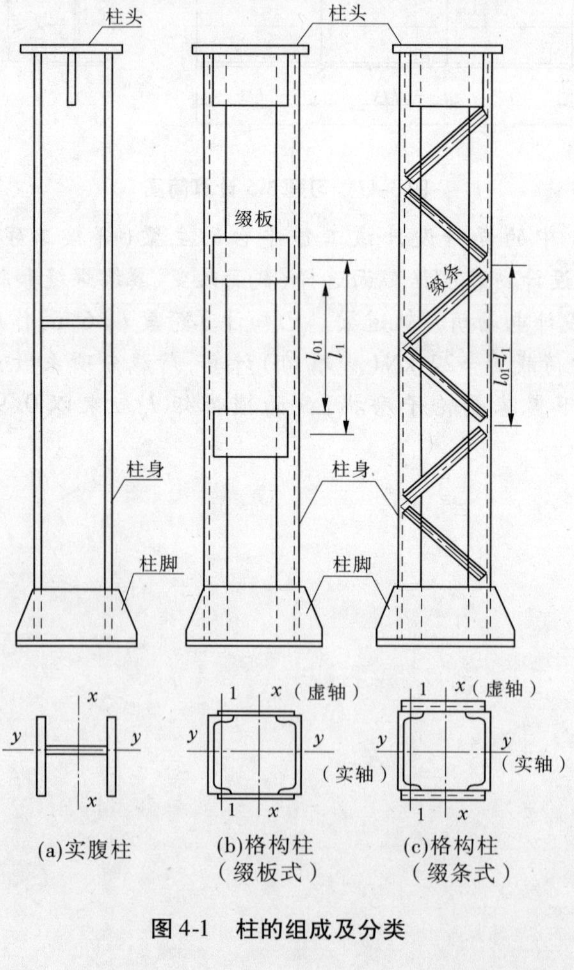

图 4-1　柱的组成及分类

柱。如果只有绕截面一个形心主轴的弯矩,称为单向压弯柱;如果绕两个形心主轴都有弯矩,称为双向压弯柱。弯矩由偏心轴力引起时,这种情况又称为偏压柱。

柱按构造形式可分为实腹式和格构式两类(见图4-1)。实腹式构件制作较为节省工时,与其他构件的连接构造也较简单。格构式构件制作费工,但可节约钢材。实腹柱和格构柱的常用截面形式如图4-2所示。

(a)实腹柱

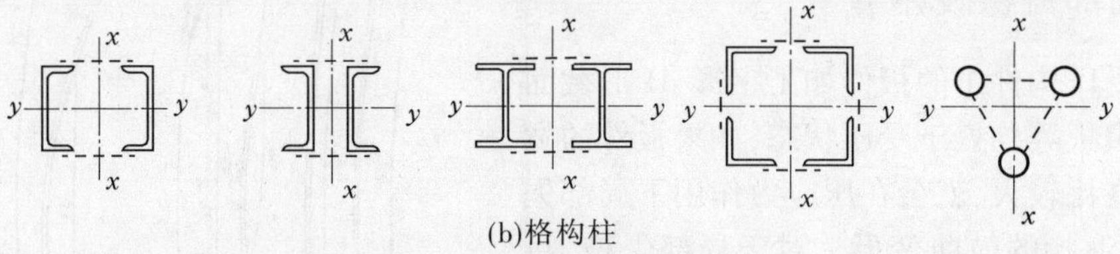

(b)格构柱

图4-2　柱的常用截面形式

柱与压杆在受力性质和计算方法等方面并无区别,只是在构造和截面形式上有所不同。因此,本章关于柱的计算方法同样也适用于压杆。

第一节　柱的可能破坏形式

柱的可能破坏形式有强度破坏、整体失稳破坏和局部失稳破坏等。

一、强度破坏

强度破坏指截面的一部分或全部应力都达到甚至超过钢材屈服点的状况。内力最大的截面、等截面构件中因孔洞等原因局部削弱较多的截面、变截面构件中内力相对大而截面相对小的截面可能首先达到这一状况。

二、整体失稳破坏

受压构件所受压力超过某一值后,构件突然产生很大的变形而丧失承载能力,称这种现象为构件丧失整体稳定性或屈曲。轴心受压构件丧失整体稳定性常常是突发性的,容易造成严重后果,应予以特别重视。

整体失稳破坏是受压柱的主要破坏形式。轴心受压柱的失稳形式根据其失稳时的变形可分为弯曲失稳、扭转失稳和弯扭失稳。

轴心受压柱整体失稳的破坏形式与截面形式有密切关系,有时与构件的细长程度也有关系。一般情况下,双轴对称截面如工字形截面、H形截面在失稳时只出现弯曲变形,称为弯曲失稳,如图4-3(a)所示。单轴对称截面如不对称工字形截面、[形截面、T形截面等,在绕非对称轴失稳时也是弯曲失稳;而绕对称轴失稳时,不仅出现弯曲变形还有扭转变形，称为弯扭失稳，如图 4-3(c)所示。无对称轴的截面如不等肢 L 形截面，在失稳时均为弯扭失稳。对于十字形截面和 Z 形截面，除会出现弯曲失稳外，还有可能出现只有扭转变形的扭转失稳，如图 4-3(b)所示。

压弯构件的整体失稳破坏有多种形式。单向压弯构件的整体失稳分为弯矩作用平面内和弯矩作用平面外两种情况。双向压弯构件的整体失稳一定伴随着构件的扭转变形，这是与双向弯曲显著不同的变形特征。

(a)弯曲失稳　(b)扭转失稳　(c)弯扭失稳

图 4-3　轴心压杆整体失稳的形态

三、局部失稳破坏

轴心受压构件中的板件如工字形、H 形截面的翼缘和腹板等均处于受压状态，如果板件的宽度与厚度之比较大，就会在压应力作用下局部失稳，出现波浪状的鼓曲变形。对于局部失稳，目前有两种处理观点：一种是不允许出现局部失稳，认为虽然局部失稳后，板件仍有屈曲后强度，构件仍能继续承担荷载，但局部失稳会使板件出现明显的凹凸变形，在使用中是不可取的；另一种是允许出现局部失稳，并利用板件弯曲后的强度，进一步达到节约用钢的目的。在工程设计中，应根据具体对象具体分析，以确定采用哪一种方法。压弯构件的受压翼缘和腹板也会发生类似的局部失稳现象。

第二节　柱的截面强度与刚度

一、轴心受压构件的强度与刚度

截面有局部削弱的轴心受压构件才有可能出现强度破坏。当截面应力超过屈服点后，截面应变会迅速增加，并诱发受压板件局部失稳。因此，通常以截面的平均应力达到屈服点 f_y 为轴心受压构件强度破坏的准则。在设计时，则以截面的平均应力达到材料的强度设计值 f 时的轴心压力作为轴心受压构件的强度承载力设计值，即

$$\sigma = \frac{N}{A_n} \leqslant f \tag{4-1}$$

式中　N——轴心受压构件承受的轴心压力；

A_n——净截面面积。

轴心受拉构件的强度计算除高强度螺栓摩擦型连接处外，也可按式(4-1)计算。

为满足结构的正常使用要求，避免杆件在制作、运输、安装和使用过程中出现刚度不

足的现象，轴心受力构件不应做得过分柔细，而应具有一定的刚度，以保证构件不会产生过度的变形。轴心受压构件的刚度是通过限制长细比来保证的。计算构件的长细比时，应分别考虑围绕截面两个主轴即 x 轴和 y 轴的长细比 λ_x 和 λ_y，应不超过《钢结构设计规范》(GB 50017—2003)规定的容许长细比[λ]，即

$$\left.\begin{aligned}\lambda_x &= \frac{l_{0x}}{i_x} \leqslant [\lambda] \\ \lambda_y &= \frac{l_{0y}}{i_y} \leqslant [\lambda]\end{aligned}\right\} \tag{4-2}$$

式中　l_{0x}、l_{0y}——构件绕截面主轴 x、y 轴的计算长度；

i_x、i_y——构件绕截面主轴 x、y 轴的回转半径。

当截面主轴在倾斜方向时，例如单角钢截面和双角钢十字形截面，应按规范计算它们的相当长细比。受压构件的容许长细比[λ]见表 4-1。

表 4-1　受压构件的容许长细比

项次	构件名称	容许长细比
1	柱、桁架和天窗架中的杆件	150
	柱的缀条、吊车梁或吊车桁架以下的柱间支撑	
2	支撑(吊车梁或吊车桁架以下的柱间支撑除外)	200
	用以减小受压构件长细比的杆件	

注：1. 桁架(包括空间桁架)的受压腹杆，当其内力等于或小于承载能力的 50% 时，容许长细比可取 200。

2. 计算单角钢受压构件的长细比时，应采用角钢的最小回转半径；在计算交叉杆件平面外的长细比时，应采用与角钢肢边平行轴的回转半径。

3. 跨度大于或等于 60 m 的桁架，其受压弦杆和端压杆的容许长细比值宜取 100，其他受压腹杆可取 150(承受静力荷载或间接承受动力荷载)或 120(直接承受动力荷载)。

4. 由容许长细比控制截面的杆件，在计算长细比时，可不考虑扭转效应。

二、压弯构件的截面强度和刚度

在实际工程设计中，根据压弯构件的荷载作用性质、截面形式和受力特点等，以不同的截面应力状态作为强度计算准则。《钢结构设计规范》(GB 50017—2003)规定，对于需要计算疲劳强度的压弯构件，以弹性极限状态作为构件的强度设计依据，按弹性应力状态计算；对于承受静力荷载或不需要计算疲劳强度的承受动力荷载的压弯构件，按截面部分发展塑性进行强度计算；对于绕虚轴弯曲的格构式压弯构件，由于边缘纤维屈服后截面很快进入全部屈服状态，塑性发展对提高承载能力作用不大，以截面边缘纤维屈服(即弹性极限状态)作为构件的强度设计依据。

(一)单向压弯构件

单向弯矩作用时，截面强度采用下式计算

$$\frac{N}{A_n} + \frac{M_x}{\gamma_x W_{nx}} \leqslant f \tag{4-3}$$

式中　A_n——净截面面积；

M_x——作用在压弯构件截面的 x 轴方向的弯矩；

W_{nx}——对 x 轴的净截面抵抗矩；

γ_x——截面塑性发展系数，按表 3-1 采用。

（二）双向压弯构件

双向弯矩作用时，截面强度采用下式计算

$$\frac{N}{A_n}+\frac{M_x}{\gamma_x W_{nx}}+\frac{M_y}{\gamma_y W_{ny}}\leqslant f \tag{4-4}$$

式中 M_x、M_y——作用在压弯构件截面的 x 轴、y 轴方向的弯矩；

A_n——净截面面积；

W_{nx}、W_{ny}——对 x 轴、y 轴的净截面抵抗矩；

γ_x、γ_y——截面塑性发展系数，按表 3-1 采用。

在下列情况下，要按弹性设计：

(1) 当压弯构件受压翼缘的自由外伸宽度与其厚度之比 $b/t>13\sqrt{235/f_y}$（但不超过 $15\sqrt{235/f_y}$）时，取 $\gamma_x=1.0$。

(2) 对需要计算疲劳强度的压弯构件，不考虑截面塑性发展，宜取 $\gamma_x=\gamma_y=1.0$。

(3) 弯矩绕虚轴作用的格构式压弯构件，相应截面塑性发展系数 $\gamma_x=1.0$。

（三）压弯构件的刚度

与轴心受力构件相同，压弯构件的刚度也是通过限制长细比来保证的。《钢结构设计规范》（GB 50017—2003）规定压弯构件的容许长细比取轴心受压构件的容许长细比值，即

$$\lambda\leqslant[\lambda] \tag{4-5}$$

式中 λ——压弯构件围绕对应主轴的长细比；

$[\lambda]$——受压构件的容许长细比，见表 4-1。

第三节 轴心受压实腹式构件的整体稳定

一、理想轴心压杆的整体稳定

欧拉（Euler）早在 18 世纪就对轴心压杆的整体稳定问题进行了研究，采用的是“理想压杆模型”，即假定杆件是等截面直杆，压力的作用线与截面的形心纵轴重合，材料是完全均匀和弹性的，得到了著名的欧拉临界力和欧拉临界应力，即

$$N_{cr}=\frac{\pi^2 EA}{\lambda^2} \tag{4-6}$$

$$\sigma_{cr}=\frac{N_{cr}}{A}=\frac{\pi^2 E}{\lambda^2} \tag{4-7}$$

式中 N_{cr}——欧拉临界力；

E——材料的弹性模量；

A——压杆的截面面积；

λ——压杆的最大长细比；

σ_{cr}——欧拉临界应力。

当轴心压力 $N < N_{cr}$ 时，压杆维持直线平衡，不发生弯曲；当 $N = N_{cr}$ 时，压杆发生弯曲并处于曲线平衡状态，压杆发生屈曲，因此 N_{cr} 是压杆的屈曲压力，欧拉临界力也因此得名。

欧拉公式是根据材料处于弹性范围得到的。当临界应力 σ_{cr} 大于材料的比例极限 f_p 时，压杆的工作进入弹塑性范围，弹性模量 E 不再保持为常数。此时，临界应力可采用香莱（Shanley）提出的切线模量 E_t 代替欧拉公式中的弹性模量 E 进行计算，即

$$\sigma_{cr} = \frac{\pi^2 E_t}{\lambda^2} \tag{4-8}$$

理想轴心压杆屈曲后，其弯曲变形会迅速增加，因此将屈曲压力和屈曲应力作为压杆的稳定极限承载力和临界应力，考虑安全因素后的设计值，就作为轴心受压杆件的稳定承载力设计值和临界应力设计值。临界应力设计值 σ_{cr}/f_y 与长细比 λ 的关系也可按如图 4-4的形式绘出。

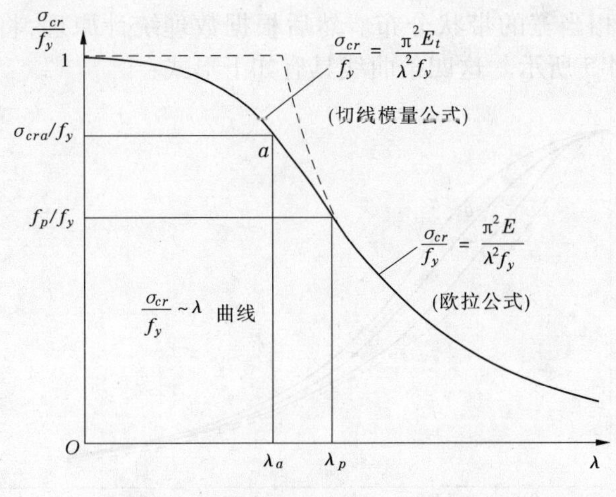

图 4-4　欧拉以及切线模量临界应力与长细比的关系曲线

二、实际轴心压杆的整体稳定

实际轴心压杆与理想轴心压杆有很大区别。实际轴心压杆都带有多种初始缺陷，如杆件的初弯曲、初扭曲、荷载作用的初偏心、制作引起的残余应力、材料的不均匀等。这些初始缺陷使轴心压杆在受力一开始就会出现弯曲变形，降低了轴心压杆的承载力，也使得实际轴心压杆的稳定极限承载力不再是长细比 λ 的唯一函数。这个情况也得到了大量试验结果的证实。

因此，目前世界各国在研究钢结构轴心压杆的整体稳定时，基本上摒弃了理想轴心压杆的假定，而以具有初始缺陷的实际轴心压杆作为研究的力学模型。

三、实际轴心压杆的稳定极限承载力

(一)轴心压杆失稳极限承载力的准则

目前,常用的准则有两种:一种是采用边缘纤维屈服准则,即当截面边缘纤维的应力达到屈服点时就认为轴心压杆达到了极限承载力;另一种则是采用稳定极限承载力理论,即当轴心压杆的压力达到极值型失稳的顶点时,才达到了弯曲失稳极限承载力。

我国《冷弯薄壁型钢结构技术规范》(GB 50018—2002)中采用边缘纤维屈服准则,《规范》中采用稳定极限承载力理论。

(二)实际轴心压杆的稳定极限承载力

由于轴心受压构件考虑初始缺陷后的受力属于压弯受力状态,因此其计算方法与压弯构件的完全一样,可参见本章第七节。

采用稳定极限承载力方法可以考虑影响轴心压杆稳定极限承载力的许多因素,如截面的形状和尺寸、材料的力学性能、残余应力的分布和大小、构件的初弯曲和初扭曲、荷载作用点的初偏心、构件的失稳方向等,因此是比较精确的方法。我国《规范》采用了这个方法:以初弯曲为 $l/1\ 000$,选用不同的截面形式、不同的残余应力模式计算出近 200 条柱子曲线,这些曲线呈相当宽的带状分布。然后根据数理统计原理,将这些柱子曲线分成 a、b、c、d 四组,如图 4-5 所示。这四条曲线具有如下形式:

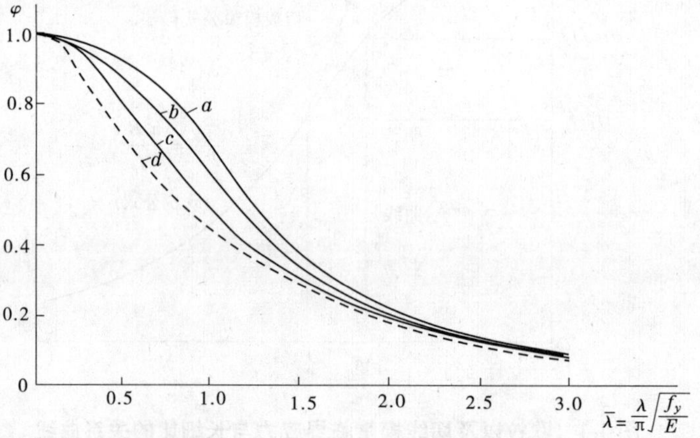

图 4-5　轴心受压构件的稳定系数

当 $\bar{\lambda}\leqslant 0.215$ 时

$$\varphi=\frac{\sigma_{cr}}{f_y}=1-\alpha_1\bar{\lambda}^2 \tag{4-9a}$$

当 $\bar{\lambda}>0.215$ 时

$$\varphi=\frac{\sigma_{cr}}{f_y}=\frac{1}{2\bar{\lambda}^2}\left[(\alpha_2+\alpha_3\bar{\lambda}+\bar{\lambda}^2)-\sqrt{(\alpha_2+\alpha_3\bar{\lambda}+\bar{\lambda}^2)^2-4\bar{\lambda}^2}\right] \tag{4-9b}$$

$$\bar{\lambda}=\frac{\lambda}{\pi}\sqrt{\frac{f_y}{E}} \tag{4-10}$$

式中　$\bar{\lambda}$——相对长细比;

α_1、α_2、α_3——系数,根据不同曲线类别按表 4-2 取用。

表 4-3 和表 4-4 给出了对应曲线 a、b、c、d 的截面形式。

表 4-2　系数 α_1、α_2、α_3

曲线类别		α_1	α_2	α_3
a		0.41	0.986	0.152
b		0.65	0.965	0.300
c	$\overline{\lambda} \leqslant 1.05$	0.73	0.906	0.595
	$\overline{\lambda} > 1.05$		1.216	0.302
d	$\overline{\lambda} \leqslant 1.05$	1.35	0.868	0.915
	$\overline{\lambda} > 1.05$		1.375	0.432

表 4-3　轴心受压构件的截面分类（板厚 $t<40$ mm）

截面形式和对应轴			类别
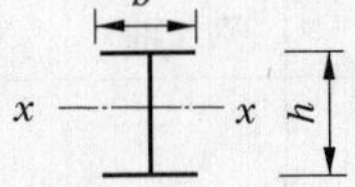 轧制，$b/h\leqslant0.8$，对x轴	 轧制，对任意轴		a类
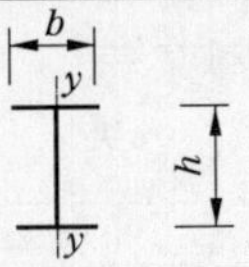 轧制，$b/h\leqslant0.8$，对y轴	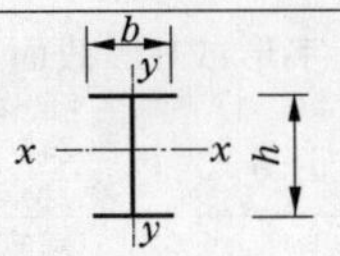 轧制，$b/h>0.8$，对x、y轴		b类
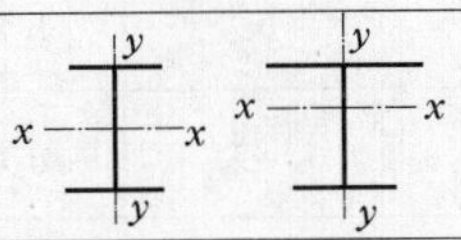 焊接，翼缘为焰切边，对x、y轴	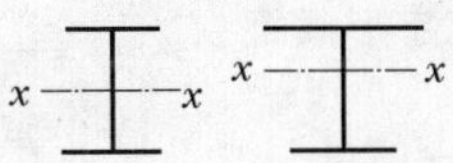 焊接，翼缘为轧制或剪切边，对x轴		
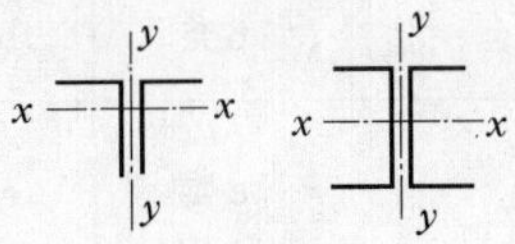 轧制，对x、y轴	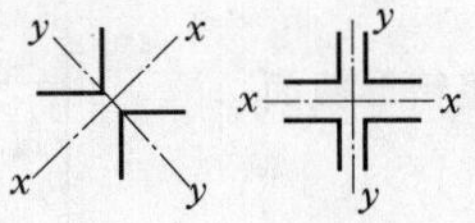 轧制，对x、y轴		
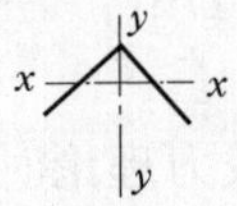 轧制(等边角钢)，对x、y轴	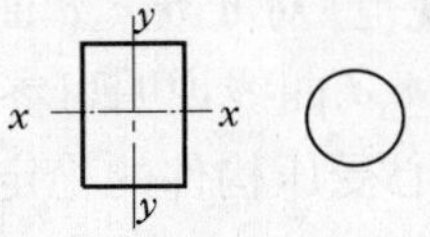 轧制矩形和焊接圆管，对任意轴；焊接矩形，板件宽厚比大于20，对x、y轴		
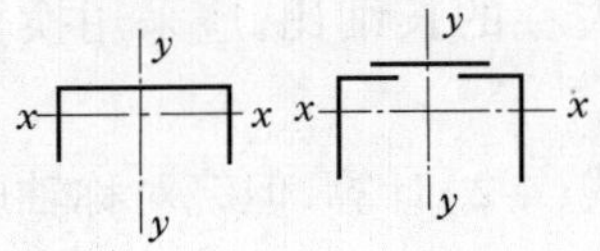 轧制或焊接，对x、y轴	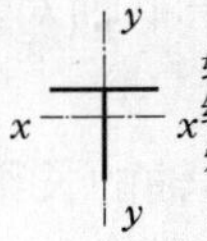 轧制截面和翼缘为焰切边的焊接截面，对x、y轴	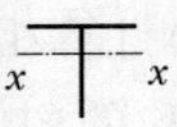 焊接，翼缘为轧制或剪切边，对x轴	
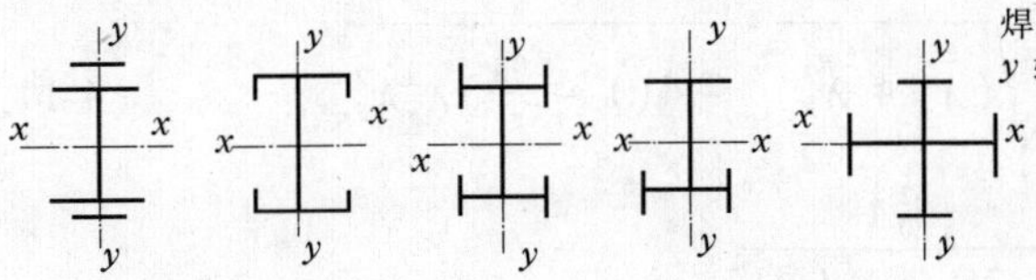 焊接，对x、y轴	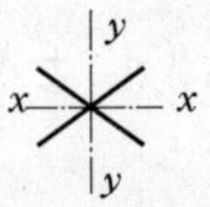 焊接，板件边缘焰割，对x、y轴		
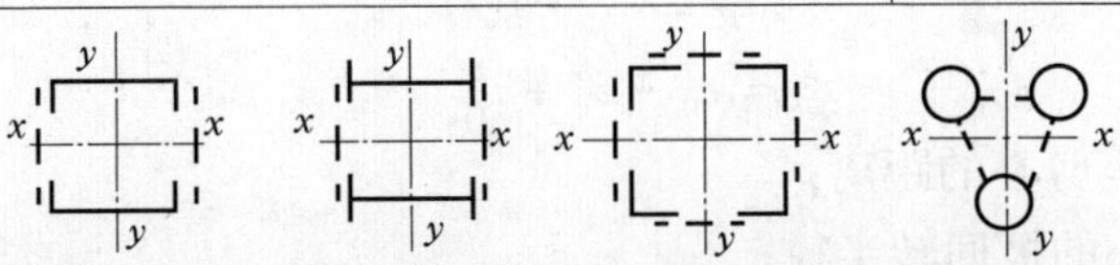 格构式，对x、y轴			

续表 4-3

截面形式和对应轴				类别
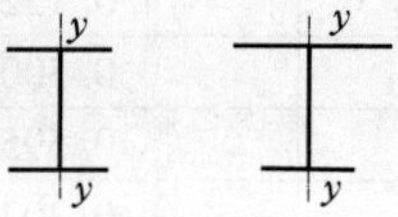	焊接，翼缘为轧制或剪切边，对y轴	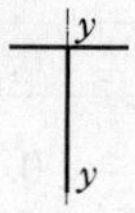	焊接，翼缘为轧制或剪切边，对y轴	c类
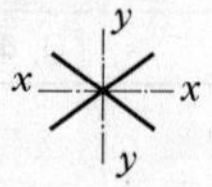	焊接，板件边缘轧制或剪切，对x、y轴	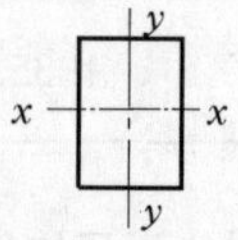	焊接，板件宽厚比≤20，对x、y轴	

表 4-4　轴心受压构件的截面分类（板厚 $t \geqslant 40$ mm）

截面情况			对x轴	对y轴
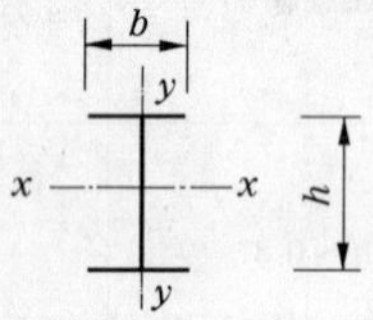	轧制工字形或H形截面	$t < 80$ mm	b类	c类
		$t \geqslant 80$ mm	c类	d类
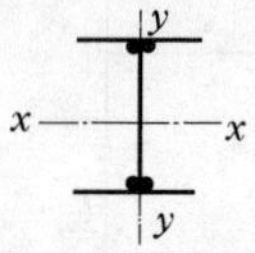	焊接工字形截面	翼缘为焰切边	b类	b类
		翼缘为轧制或剪切边	c类	d类
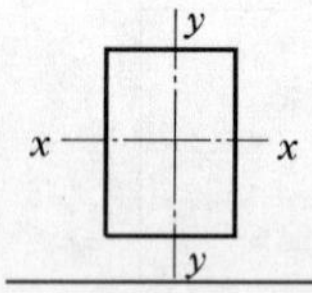	焊接箱形截面	板件宽厚比 > 20	b类	b类
		板件宽厚比≤20	c类	c类

附录三给出了我国《规范》对 a、b、c、d 曲线计算得到的 φ 值表，可供查用。

对于构件划分为 a、b、c、d 曲线说明可参见《规范》。

一般应用附录三查轴心受压构件的稳定系数 φ，当采用稳定极限承载力理论时，可按式(4-9)计算 φ 或查附录三得到。需计算构件受压时的长细比 λ 时，对于弯曲失稳和扭转失稳的长细比 λ 比较容易计算；对于单轴对称截面弯扭失稳的长细比，应采用换算长细比，再由式(4-10)计算相对长细比$\bar{\lambda}$。

截面为单轴对称的构件，绕非对称轴的长细比 λ_x 仍按式(4-2)计算，但绕对称轴应取计扭转效应的换算长细比 λ_{yz}代替 λ_y，即

$$\lambda_{yz} = \frac{1}{2}(\lambda_y^2 + \lambda_z^2) + \frac{1}{2}\sqrt{(\lambda_y^2 + \lambda_z^2)^2 - 4\left(1 - \frac{e_0^2}{i_0^2}\right)\lambda_y^2\lambda_z^2} \tag{4-11}$$

$$\lambda_z^2 = \frac{i_0^2 A}{I_t/25.7 + I_w/l_w^2}$$

$$i_0^2 = e_0^2 + i_x^2 + i_y^2$$

式中　e_0——截面形心至剪心的距离；

　　　i_0——截面对剪心的极回转半径；

λ_y——构件绕对称轴的长细比；

λ_z——扭转屈曲的换算长细比；

I_t——毛截面抗扭惯性矩；

I_w——毛截面扇形惯性矩；

A——毛截面面积；

l_w——扭转屈曲的计算长度，对两端铰接端部截面可自由翘曲或两端嵌固端部截面的翘曲完全受到约束的构件，取 $l_w = l_{0y}$。

确定稳定系数 φ 以后，即得到计算实腹式轴心受压构件整体稳定的设计公式，即

$$\frac{N}{\varphi A} \leqslant f \tag{4-12}$$

式中 N——轴心压力；

A——构件的毛截面面积；

φ——轴心受压构件的稳定系数，应根据表 4-3、表 4-4 的截面分类，由附录三查得；

f——钢材的抗压强度设计值。

第四节　轴心受压格构式构件的整体稳定

一、轴心受压格构式构件绕实轴的整体稳定

轴心受压格构式构件通常由 2～4 个肢件组成，如图 4-2(b)所示。一般采用双轴对称截面，如肢件采用槽钢或工字钢，用缀材把它们连成整体(见图 4-6)，以缀条连接分肢

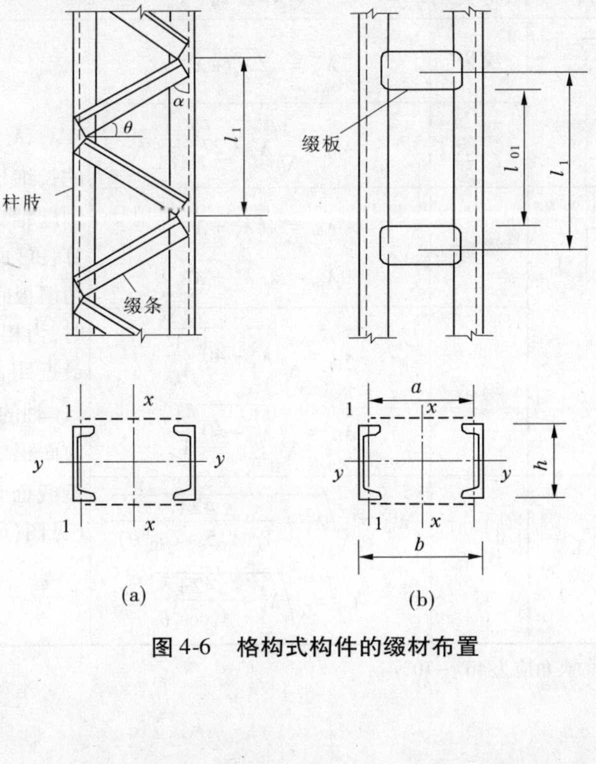

图 4-6　格构式构件的缀材布置

的称为缀条式构件(缀条柱),以缀板连接分肢的称为缀板式构件(缀板柱)。槽钢肢件的翼缘宜向内伸,以使缀件的长度较小,且外观平整。

截面上横穿缀条或者缀板平面的轴称虚轴,如图4-6中的 x 轴,横穿两个肢的轴为实轴,如图4-6中的 y 轴。

轴心受压格构式构件绕实轴失稳时,它的整体稳定与实腹式受压构件相同。因此,其整体稳定的极限承载力计算公式同式(4-12)。

二、轴心受压格构式构件绕虚轴的整体稳定

格构式构件绕虚轴失稳时,其整体稳定性与实腹式构件不完全相同,需要考虑在剪力作用下柱肢和缀条或缀板变形的影响。

根据弹性稳定理论,轴心受压格构式构件绕虚轴失稳时的临界力为

$$N_{cr} = \frac{\pi^2 EA}{\lambda_x^2 + \pi^2 EA\gamma_1} \tag{4-13}$$

式中　γ_1——单位剪切角。

令
$$\lambda_{0x} = \sqrt{\lambda_x^2 + \pi^2 EA\gamma_1} \tag{4-14a}$$

则
$$N_{cr} = \frac{\pi^2 EA}{\lambda_{0x}^2} \tag{4-14b}$$

式(4-14b)与轴心受压实腹式构件的弯曲失稳临界力式(4-6)完全相同,因此称 λ_{0x} 为换算长细比,其计算公式见表4-5。轴心受压格构式构件绕虚轴失稳,采用换算长细比后即可与实腹式构件一样计算。

表4-5　格构式构件的换算长细比 λ_{0x} 的计算公式

项次	构件截面形式	缀材类别	计算公式	符号意义
1	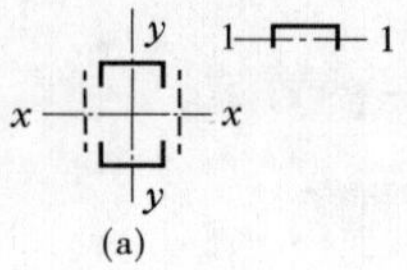 (a)	缀板	$\lambda_{0x} = \sqrt{\lambda_x^2 + \lambda_1^2}$	λ_x、λ_y 为整个构件对 x、y 轴的长细比。λ_1 为单肢对最小刚度轴1—1的长细比,其计算长度取:焊接连接时为相邻两缀板间的净距离;螺栓连接时,为相邻两缀板边缘螺栓的最近距离。A_{1x}、A_{1y} 为垂直于 x、y 轴的平面内各斜条的毛截面面积之和。A_1 为各斜缀条毛截面面积之和。θ 为夹角(见图(c))
2		缀条	$\lambda_{0x} = \sqrt{\lambda_x^2 + 27\frac{A}{A_1}}$	
3	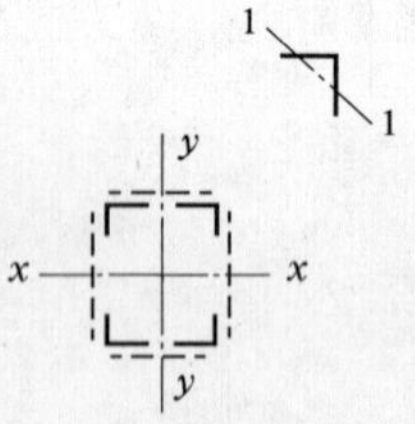 (b)	缀板	$\lambda_{0x} = \sqrt{\lambda_x^2 + \lambda_1^2}$ $\lambda_{0y} = \sqrt{\lambda_y^2 + \lambda_1^2}$	
4		缀条	$\lambda_{0x} = \sqrt{\lambda_x^2 + 40\frac{A}{A_{1x}}}$ $\lambda_{0y} = \sqrt{\lambda_y^2 + 40\frac{A}{A_{1y}}}$	
5	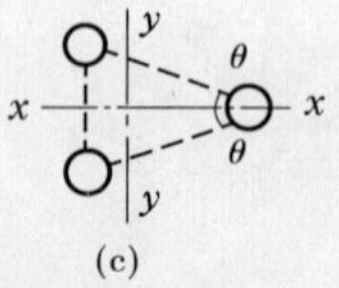 (c)	缀条	$\lambda_{0x} = \sqrt{\lambda_x^2 + \frac{42A}{A_1(1.5 - \cos^2\theta)}}$ $\lambda_{0y} = \sqrt{\lambda_y^2 + \frac{42A}{A_1\cos^2\theta}}$	

注:斜缀条与构件轴线间的夹角应为40°～70°。

式(4-13)中的 γ_1 为单位剪力作用下的剪切角度,考虑了缀条或者缀板剪切变形的影响,它与缀条的截面尺寸、缀条布置的方式和缀板的截面尺寸、缀板的间距等有关。下面以图4-7所示缀条布置体系为例,说明 γ_1 的计算。

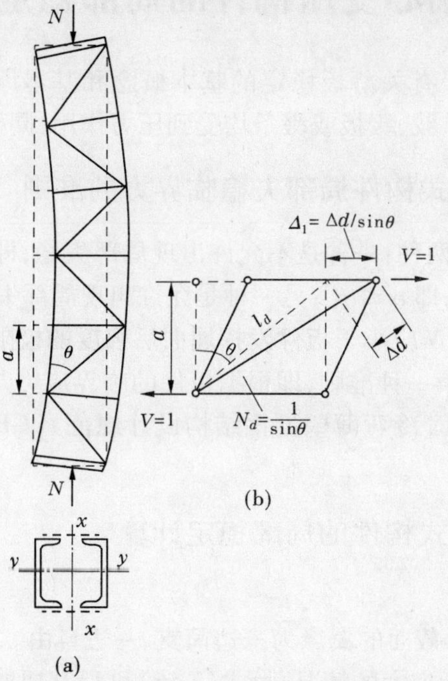

图4-7　缀条式格构式轴心受压构件的剪切角变形示意图

$$\Delta d = \frac{N_d l_d}{EA_{1x}} = \frac{1}{\sin\theta\cos\theta}\frac{a}{EA_{1x}} \tag{4-15}$$

式中　Δd——斜缀条的伸长;

N_d——前后两个平面内斜缀条内力总和;

l_d——斜缀条的长度;

A_{1x}——前后两个平面内斜缀条毛截面面积总和;

a——节间距离;

θ——斜缀条与压杆分肢间的夹角。

$$\gamma_1 = \frac{\Delta_1}{a} = \frac{\Delta d/\sin\theta}{a} = \frac{1}{\sin^2\theta\cos\theta}\frac{1}{EA_{1x}} \tag{4-16}$$

将式(4-16)代入式(4-14a)得

$$\lambda_{0x} = \sqrt{\lambda_x^2 + \frac{\pi^2}{\sin^2\theta\cos\theta}\frac{A}{A_{1x}}} \tag{4-17}$$

在 $\theta = 40° \sim 70°$时,$\frac{\pi^2}{\sin^2\theta\cos\theta} = 25.6 \sim 32.7$。为了简便,《规范》统一规定采用27,由此得简化式

$$\lambda_{0x} = \sqrt{\lambda_x^2 + 27\frac{A}{A_{1x}}} \tag{4-18}$$

第五节 轴心受压构件的局部稳定和单肢稳定

在第三章中已介绍了有关薄板稳定的基本概念和基本原理。在轴心受压构件中翼缘、腹板、格构式构件的单肢、缀板或缀条均受到压力作用，同样存在着局部屈曲的问题。

一、轴心受压实腹式构件局部失稳临界力的准则

目前，采用的准则有两种：一种是不允许出现局部失稳，即板件受到的应力 σ 应小于局部失稳的临界应力 σ_{cr}，即 $\sigma \leqslant \sigma_{cr}$；另一种是允许出现局部失稳，并利用板件屈曲后的强度，要求板件受到的应力 N 应小于板件发挥屈曲后强度的极限承载力 N_u，即 $N \leqslant N_u$。

《规范》中采用的是第一种准则，即根据板件的临界应力与构件的临界应力相等的原则来确定板件的宽厚比。《冷弯薄壁型钢结构设计规范》(GB 50018—2002)采用的是第二种准则。

二、轴心受压实腹式构件的局部稳定计算

(一)翼缘的宽厚比

如图 4-8 所示工字形截面的翼缘为三边简支、一边自由。受压翼缘的悬伸部分，为三边简支板而边长 a 趋于无穷大的情况，由式(3-56)可得其屈曲系数 $k = 0.425$。支承翼缘板的腹板一般较薄，对翼缘板的约束作用很小，因此忽略腹板对翼缘板的约束作用，取弹性约束系数 $\chi = 1.0$。代入式(3-64)，引入弹塑性折减系数 η 并使 $\sigma_{cr} \geqslant \varphi f_y$，将 f_y 表达为 $\frac{f_y}{235}$。在弹性工作范围内，如果都不考虑缺陷对板件和构件的影响，根据前述等稳定的原则，可以得到

$$\sigma_{cr} = 8 \times \left(\frac{100t}{b}\right)^2 \sqrt{\eta} \geqslant \frac{\pi^2 E}{\lambda^2} \tag{4-19}$$

式中 b——翼缘板的外伸宽度；

t——翼缘板的厚度；

η——考虑弹塑性阶段时弹性模量的折减系数，由试验资料给出。

根据式(4-19)可以绘出 b/t 与 λ 的关系曲线，如图 4-9 所示，为便于设计中采用，《规范》中将式(4-19)简化为直线式，即

$$\frac{b}{t} \leqslant 10 + 0.1\lambda \tag{4-20}$$

为了用于不同钢号，式(4-20)右端乘以 $\sqrt{235/f_y}$，即得适用于各种钢号轴心受压构件翼缘板外伸宽度 b 与其厚度 t 之比的限值为

$$\frac{b}{t} \leqslant (10 + 0.1\lambda)\sqrt{\frac{235}{f_y}} \tag{4-21}$$

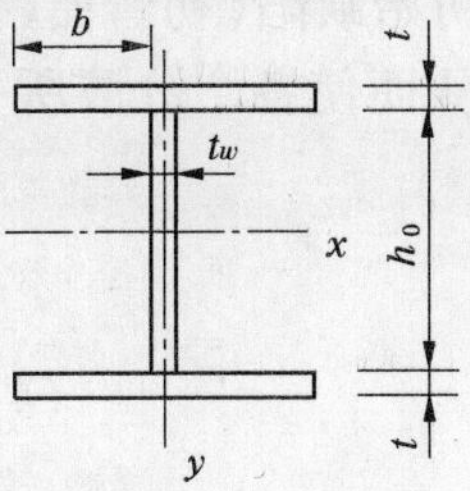

图 4-8　板件尺寸

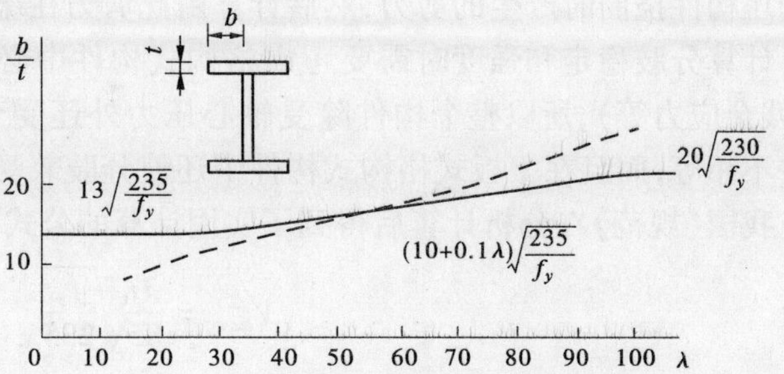

图 4-9　翼缘板的宽厚比

式中，λ 取构件两个方向长细比的较大者。当 $\lambda<30$ 时，取 $\lambda=30$；当 $\lambda\geqslant100$ 时，取 $\lambda=100$。

（二）腹板的高厚比

采用类似翼缘板的分析方法，可得腹板计算高度 h_0 与厚度 t_w 之比为

$$\frac{h_0}{t_w}\leqslant(25+0.5\lambda)\sqrt{\frac{235}{f_y}} \tag{4-22}$$

式中，λ 取构件中长细比的较大者。当 $\lambda<30$ 时，取 $\lambda=30$；当 $\lambda\geqslant100$ 时，取 $\lambda=100$。

双腹壁箱形截面的腹板高厚比为

$$\frac{h_0}{t_w}\leqslant40\sqrt{\frac{235}{f_y}} \tag{4-23}$$

其不与构件的长细比发生关系，是偏于安全的。

三、轴心受压格构式构件的局部稳定计算

（一）轴心受压缀条式格构式构件的局部稳定

轴心受压缀条式格构式构件的局部稳定包括以下三个方面的内容，即受压构件单肢截面板件的局部稳定、受压构件单肢自身的稳定以及缀条的稳定。

1. 受压构件单肢截面板件的局部稳定

受压构件单肢截面板件的局部稳定计算与轴心受压实腹式构件的局部稳定计算相同。

2. 受压构件单肢自身的稳定

格构式构件的单肢在两个相邻缀条节点之间是一个单独的轴心受压实腹式构件，其长细比 $\lambda_1=l_1/i_1$，l_1 为计算长度，取缀条节点间的距离（见图 4-6），i_1 为单肢绕自身截面 1—1 轴的回转半径。

为了保证单肢的稳定性不低于受压构件的整体稳定性，应使 λ_1 不大于整个构件的最大长细比 λ_{max}（即 λ_y 和 λ_{0x} 中的较大值）的 0.7 倍，即

$$\lambda_1\leqslant0.7\lambda_{max} \tag{4-24}$$

3. 缀条的稳定

轴心受压格构式构件中缀条的实际受力情况不容易确定。构件受力后压缩、构件的初弯曲、荷载和构造上的偶然偏心以及失稳时的挠曲等均会使缀条受力。通常先估算轴

心受压构件挠曲时产生的剪力,然后计算由此剪力在缀条中产生的内力。

计算分肢稳定和强度时需要考虑格构式构件中必然存在的初始缺陷(初弯曲、初偏心、残余应力等),所以整个构件除受轴心压力外还受弯矩作用,从而使各个分肢所受轴力并不相等,而且在缀板式格构式构件中还使分肢兼受弯矩作用。

我国《规范》在分析计算后得到了实用计算的公式,即

$$V_{\max} = \frac{Af}{85}\sqrt{\frac{f_y}{235}} \tag{4-25}$$

在剪力 $V_{\max}$ 的作用下,缀条的内力可与桁架的腹杆一样计算。由图 4-10 可得一条斜缀条的内力 N_t 为

$$N_t = \frac{V_1}{n\cos\alpha} \tag{4-26}$$

式中　V_1——分配到一条缀条面上的剪力;

n——承受剪力 V_1 的斜缀条数,对于单缀条 $n=1$,对于交叉缀条 $n=2$;

α——缀条的倾角,见图 4-10。

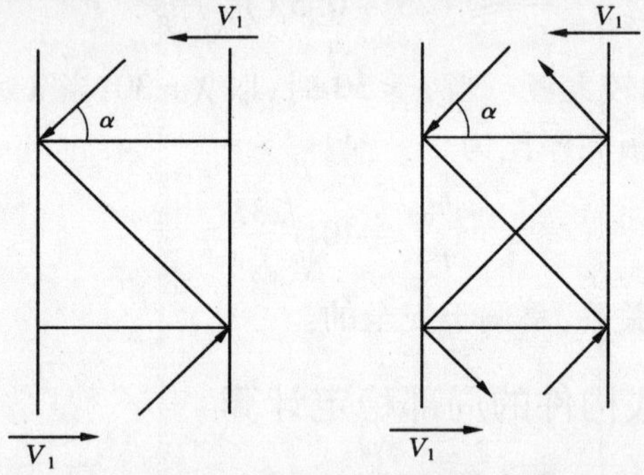

图 4-10　缀条式构件的剪力及缀条的内力

缀条可按轴心受压构件计算,当缀条采用单角钢时,考虑到受力偏心的不利影响,引入折减系数 γ_0,并按下式计算整体稳定,即

$$\sigma = \frac{N_t}{\varphi A_t} \leqslant \gamma_0 f \tag{4-27}$$

式中　γ_0——折减系数;

A_t——缀条的截面面积;

φ——轴向受压稳定系数,根据缀条最小回转半径求得的长细比查附录三。

等边角钢,$\gamma_0 = 0.6 + 0.0015\lambda$;短边连接的不等边角钢,$\gamma_0 = 0.5 + 0.0025\lambda$;长边连接的不等边角钢,$\gamma_0 = 0.7$;当 $\gamma_0 > 1.0$ 时,取 $\gamma_0 = 1.0$(λ 为按角钢的最小回转半径计算的长细比,当 $\lambda < 20$ 时,取 $\lambda = 20$)。

(二)轴心受压缀板式格构式构件的局部稳定

轴心受压缀板式格构式构件的局部稳定包括以下三个方面的内容,即受压构件单肢截面板件的局部稳定、受压构件单肢自身的稳定以及缀板的稳定。

1. 受压构件单肢截面板件的局部稳定

受压构件单肢截面板件的局部稳定计算与轴心受压实腹构件的局部稳定计算相同。

2. 受压构件单肢自身的稳定

图4-11为缀板式格构式构件在剪力作用下的受力示意图。从图4-11中可以看出，受压构件的单肢除受轴力外还受弯矩的作用，应按压弯构件计算其稳定性。

我国《规范》经过计算分析，提供了实用的计算公式，即

$$\lambda_1 \leqslant 40 \tag{4-28a}$$

且

$$\lambda_1 \leqslant 0.5\lambda_{max} \tag{4-28b}$$

式中　λ_{max}——缀板式格构式构件的最大长细比，当 $\lambda_{max}<50$ 时，取 $\lambda_{max}=50$。

3. 缀板的稳定

缀板式格构式构件在剪力作用下如一多层刚架，可假定缀板中点和缀板之间各单肢的中点为反弯点，如图4-11所示。从中取出脱离体见图4-11(b)，就可得到缀板所受的剪力 T 和端部弯矩 M 为

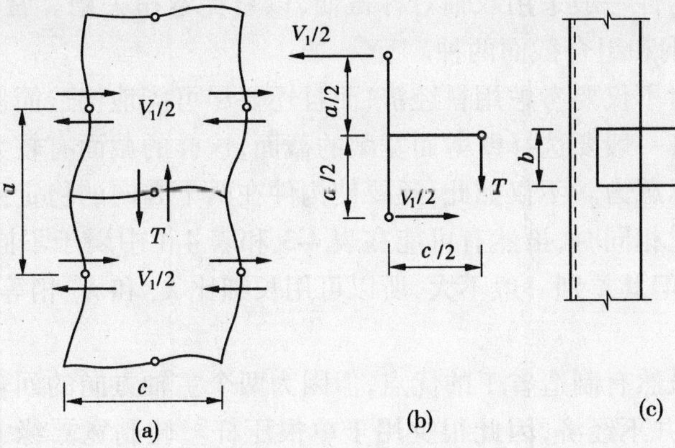

图4-11　缀板式格构式构件的剪力及受力分析

$$T = V_1 \frac{a}{c} \tag{4-29}$$

$$M = V_1 \frac{a}{2} \tag{4-30}$$

式中　V_1——分配到一个缀板面上的剪力；

a——缀板中心线间的距离；

c——单肢轴线间的距离。

为了保证缀板的局部稳定，缀板厚度 t_b 应满足式(4-31)，即

$$t_b \geqslant \frac{c}{40} \tag{4-31}$$

且不小于6 mm。

满足这一条件后，缀板可只计算其强度，即

$$\sigma = \frac{M}{W} \leqslant f \tag{4-32}$$

$$\tau = 1.5\frac{T}{bt_b} \leq f_v \tag{4-33}$$

式中　W——缀板截面的截面模量；

　　b——缀板宽度。

缀板的内力一般不大，其截面尺寸可由构造要求确定。规范规定，同一截面处两侧缀板线刚度之和不得小于较大分肢线刚度的 b 倍，一般取 $b \geq 2c/3$，端缀板可适当加宽，可取 $b = c$。

第六节　轴心受压柱设计

一、轴心受压实腹柱设计

（一）截面形式

轴心受压实腹式构件一般采用双轴对称截面，以避免弯扭失稳。常用的截面形式有如图 4-2(a) 所示的型钢和组合截面两种。

选择截面的形式时不仅要考虑用料经济，而且还要尽可能地构造简便、制造省工和便于运输。为了用料经济一般要选择壁薄而宽敞的截面，这样的截面有较大的回转半径，使构件具有较高的稳定承载力。不仅如此，还要使构件在两个方向的稳定系数相近，当构件在两个方向上的长细比相同时，虽然有可能在表 4-3 和表 4-4 中属于不同类别，而它们的稳定系数不一定相同，但其差别一般不大，所以可用长细比 λ_x 和 λ_y 相等作为考虑等稳定的方法。

热轧普通工字钢虽然有制造省工的优点，但因为两个主轴方向的回转半径差别较大，而且腹板又较厚，一般并不经济，因此很少用于单根压杆。轧制宽翼缘 H 型钢的宽度与高度相同时，对强轴的回转半径约为弱轴回转半径的 2 倍，对于中点有侧向支撑的独立支柱最为适宜。

焊接工字形截面最为简单，利用自动焊可以做成一系列定型尺寸的截面，腹板按局部稳定的要求可以做得很薄以节省钢材，应用十分广泛。

圆钢管截面轴心受压杆件的承载力较高。但是轧制钢管取材不易，应用不多。焊接圆管压杆用于海洋平台结构，因其腐蚀面小又可做成封闭式构件，故比较经济合理。

方管或由钢板焊成的箱形截面，因其承载力和刚度都较大，虽然连接构造困难，但可以用做高大的承重支柱。

（二）轴心受压实腹柱的计算步骤

在确定了钢材的强度设计值、轴心压力设计值、计算长度以及截面形式以后，可以按照下列步骤设计截面尺寸。

(1) 先假定柱子的长细比 λ，计算需要的截面面积 A。

根据以往的设计经验，对于轴心压力小于 1 500 kN，计算长度为 5 ~ 6 m 的柱，可以假定 $\lambda = 80 \sim 100$；轴心压力为 3 000 ~ 3 500 kN 的柱，可以假定 $\lambda = 60 \sim 70$。再根据截面形式和加工条件由表 4-3 和表 4-4 查得截面分类，然后从附录三查出相应的稳定系数 φ，则

所需要的截面面积为

$$A = \frac{N}{\varphi f} \tag{4-34}$$

（2）计算出对应于假定长细比的两个主轴回转半径 $i_x = l_{0x}/\lambda$ 和 $i_y = l_{0y}/\lambda$。利用表4-6中截面回转半径和其轮廓尺寸的近似关系 $i_x = \alpha_1 h$ 和 $i_y = \alpha_2 b$ 确定截面的高度和宽度为

$$h \approx \frac{i_x}{\alpha_1} \qquad b \approx \frac{i_y}{\alpha_2} \tag{4-35}$$

并根据等稳定条件、便于加工和板件稳定的要求确定截面各部分的尺寸。

表4-6　组合截面回转半径近似值

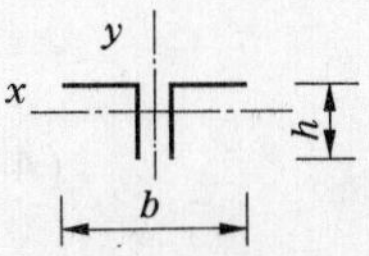 等边 $i_x=0.30h$ $i_y=0.215b$	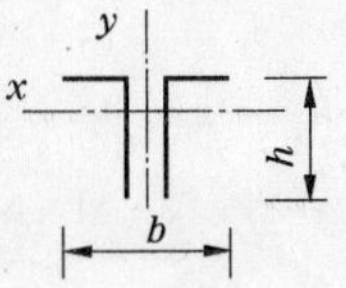 长边相连 $i_x=0.32h$ $i_y=0.20b$	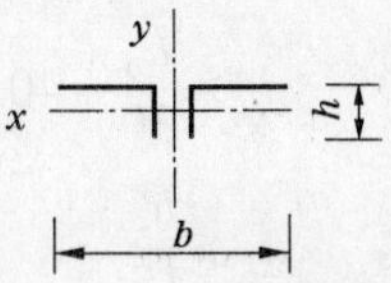 短边相连 $i_x=0.28h$ $i_y=0.24b$	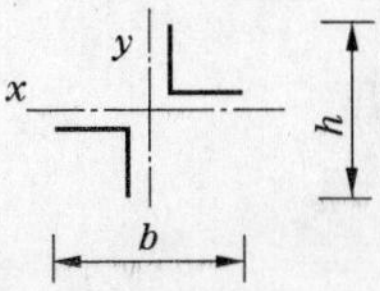 $i_x=0.21h$ $i_y=0.21b$
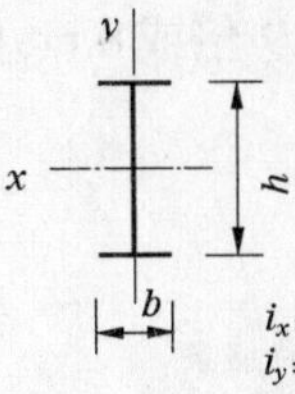 $i_x=0.39h$ $i_y=0.20b$	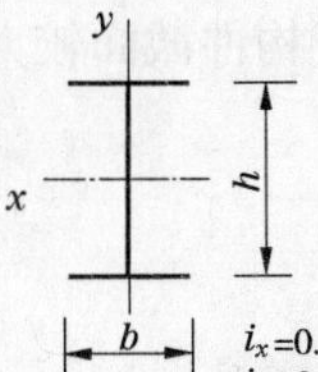 $i_x=0.43h$ $i_y=0.24b$	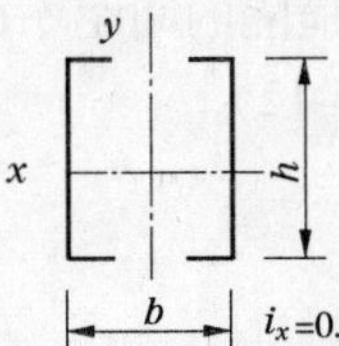 $i_x=0.38h$ $i_y=0.44b$	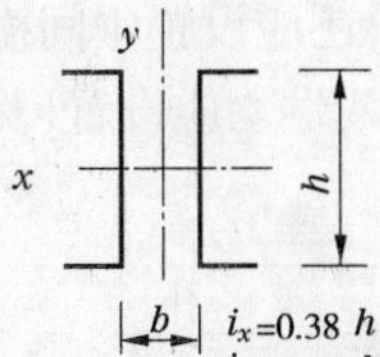 $i_x=0.38h$ $i_y=0.60b$
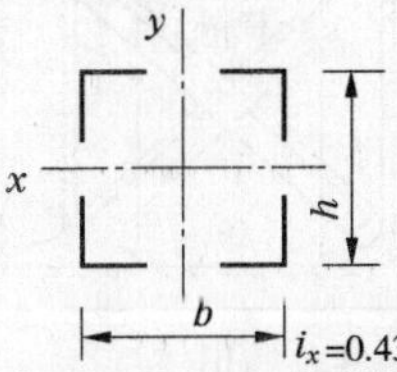 $i_x=0.43h$ $i_y=0.43b$	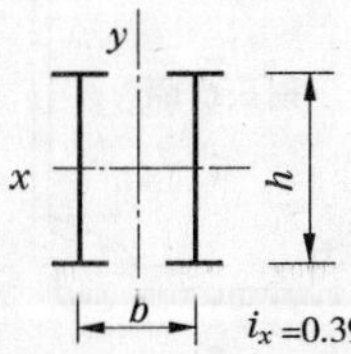 $i_x=0.39h$ $i_y=0.51b$	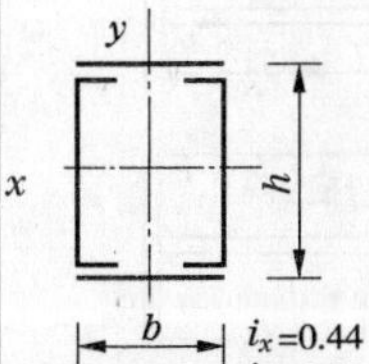 $i_x=0.44h$ $i_y=0.38b$	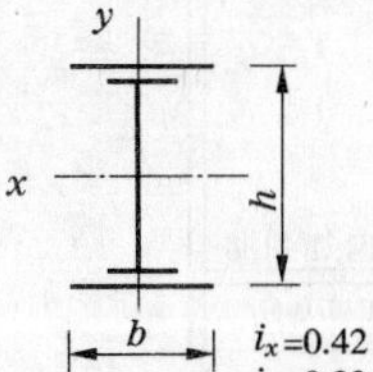 $i_x=0.42h$ $i_y=0.22b$

截面各部分的尺寸也可以参考已有的设计资料确定。

（3）计算出截面特性，按照式（4-12）验算杆件的整体稳定。若不满足要求，则对截面尺寸加以调整并重新计算，直至满足为止。当截面有较大削弱时，还应验算净截面的强度。

（4）局部稳定性验算。如前所述，轴心受压实腹式构件的局部稳定是以限制其组成板件的宽厚比来保证的。对于热轧型钢截面，由于板件的宽厚比较小，一般都能满足要求，可以不必验算；对于组合截面，则应根据式（4-21）~式（4-23）对板件的宽厚比进行验算。

（5）刚度验算。轴心受压实腹式构件的长细比还应符合规范所规定的容许长细比和最小截面尺寸的要求。事实上，在进行整体稳定验算时，构件的长细比已经预先求出或假定，以确定整体稳定系数 φ，因而杆件的刚度验算和整体稳定验算应同时进行。

(6)当截面有削弱时还要按式(4-1)验算截面强度。

(三)构造要求

轴心受压构件中,一般只是由于构件初弯曲、初偏心或偶然横向力作用下才在截面中产生剪力。当轴心压力达到极限承载力时,剪力达到最大,但是数值也并不大。因此,焊接实腹式轴心受压构件中,翼缘与腹板之间的剪力很小,其连接焊缝一般按构造取 h_f = 4 ~ 8 mm。

当实腹式构件的腹板高厚比 h_0/t_w 大,规范规定,$h_0/t_w \geqslant 80\sqrt{\frac{235}{f_y}}$ 时,应采用横向加劲肋加强(见图 4-12),其间距不得大于 $3h_0$,这样可以提高腹板的局部稳定性,增大构件的抗扭刚度,防止制造、运输和安装过程中截面变形。横向加劲肋通常在腹板两侧成对配置,其尺寸应满足:

$$\left.\begin{aligned}&\text{外伸宽度}\quad && b_s \geqslant \frac{h_0}{30} + 40\ \text{mm}\\&\text{厚度}\quad && t_s \geqslant \frac{b_s}{15}\end{aligned}\right\}\tag{4-36}$$

此外,为了保证构件截面几何形状不变和提高构件抗扭刚度,以及传递必要的内力,对大型实腹式构件,在受有较大横向力处和每个运送单元的两端,还应设置横隔(见图 4-13)。构件较长时,还应设置中间横隔,横隔的间距不得大于构件截面较大宽度的 9 倍或 8 m,且在运输单元的两端均应设置(见图 4-12)。

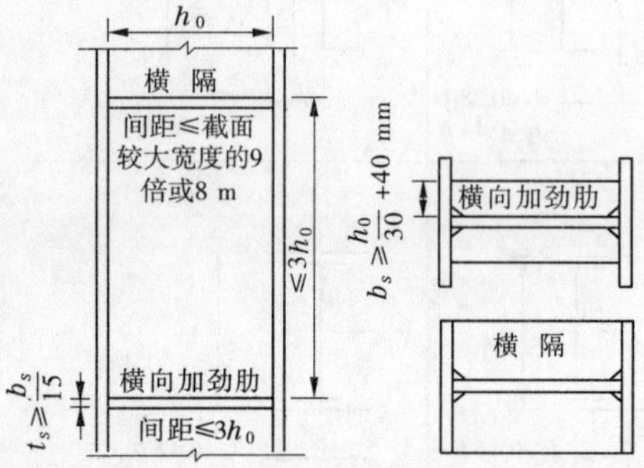

图 4-12 横向加劲肋布置

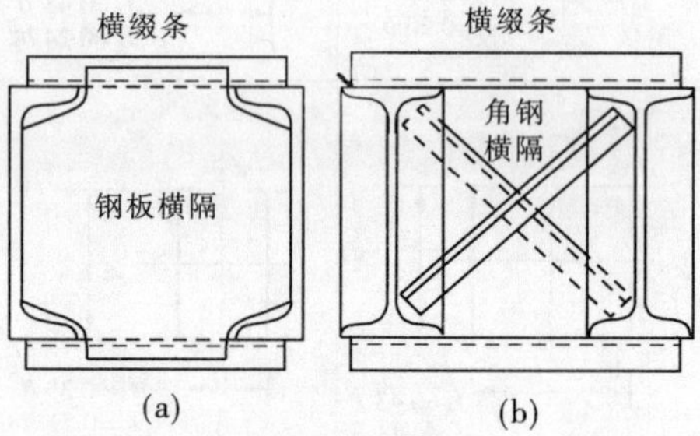

图 4-13 横隔

【例 4-1】 如图 4-14 所示为一根上端铰接、下端固定的轴心受压柱,所承受的轴心压力设计值 N = 900 kN,柱的长度 l = 5.25 m,钢材为 Q235,焊条为 E43 型,试设计选择柱的截面。如果柱的长度改为 l = 7.0 m,试计算原截面能够承受多大设计力。

解:柱的计算长度系数 μ = 0.707,则 $l_{0x} = l_{0y}$ = 0.707 × 5.25 ≈ 3.712(m),f = 215 N/mm^2。

采用三块板焊接而成的工字形截面,翼缘为轧制边,容许长细比取[λ] = 150。

(1)假定长细比取 λ = 80,由附表 3-2 查得 φ_x = 0.688,由附表 3-3 查得 φ_y = 0.578。所需截面面积为

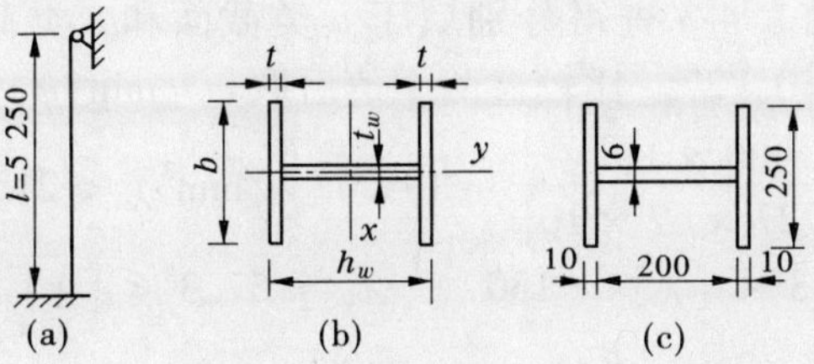

图 4-14　例 4-1 计算简图　（单位：mm）

$$A = \frac{N}{\varphi f} = \frac{900 \times 10^3}{0.578 \times 215} \approx 7\,242(\mathrm{mm}^2) = 72.42\ \mathrm{cm}^2$$

所需回转半径为

$$i = \frac{l_{0x}}{\lambda} = \frac{371.2}{80} = 4.64(\mathrm{cm})$$

（2）确定截面尺寸。

利用表 4-6 的近似关系可得 $\alpha_1 = 0.43$，$\alpha_2 = 0.24$。

$$h = \frac{i}{\alpha_1} = \frac{4.64}{0.43} \approx 10.8\ (\mathrm{cm}) \qquad b = \frac{i}{\alpha_2} = \frac{4.64}{0.24} \approx 19.3(\mathrm{cm})$$

截面宽度取 $b = 20$ cm，截面高度按照构造要求选择和宽度大致相同，因此也取 $h = 20$ cm。

翼缘截面采用 10 mm × 200 mm 的钢板，面积为 $20 \times 1 \times 2 = 40(\mathrm{cm}^2)$，宽厚比 $b/t \approx 100/10 = 10$，能够满足局部稳定要求。

腹板所需面积为 $A - 40 = 72.42 - 40 = 32.42(\mathrm{cm}^2)$。这样，所需腹板厚度为 $32.42/(20-2) \approx 1.80(\mathrm{cm})$，比翼缘厚度大得多，说明假定的长细比偏大，材料过分集中在弱轴附近，不是经济合理的截面，应当把截面放宽一些。因此，翼缘宽度 $b = 25$ cm，厚度 $t = 1.0$ cm；腹板高度 $h_w = 20$ cm，厚度 $t_w = 0.6$ cm。截面尺寸见图 4-14。

（3）截面特性计算。

$$A = 2 \times 25 \times 1 + 20 \times 0.6 = 62(\mathrm{cm}^2)$$

$$I_x = \frac{0.6 \times 20^3}{12} + 50 \times 10.5^2 = 5\,913(\mathrm{cm}^4)$$

$$i_x = \sqrt{\frac{I_x}{A}} = \sqrt{\frac{5\,913}{62}} = 9.77(\mathrm{cm})$$

$$I_y = \frac{2 \times 1 \times 25^3}{12} = 2\,604(\mathrm{cm}^4)$$

$$i_y = \sqrt{\frac{I_y}{A}} = \sqrt{\frac{2\,604}{62}} = 6.48(\mathrm{cm})$$

$$\lambda_x = \frac{l_{0x}}{i_x} = \frac{371.2}{9.77} \approx 38$$

$$\lambda_y = \frac{l_{0y}}{i_y} = \frac{371.2}{6.48} \approx 57.3$$

（4）验算柱的整体稳定、刚度和局部稳定。

截面绕 x 轴和 y 轴由表 4-3 查得分别属于 b 类截面和 c 类截面，查附表 3-2 得 $\varphi_x=0.906$，查附表 3-3 得 $\varphi_y=0.727$。比较这两个值后取 $\varphi=\min\{\varphi_x,\varphi_y\}=0.727$，则

$$\frac{N}{\varphi A}=\frac{900\times10^3}{0.727\times62\times10^2}\approx199.7(\mathrm{N/mm^2})<215\ \mathrm{N/mm^2}$$

$$\lambda_x\approx38<[\lambda]=150\qquad\lambda_y\approx57.3<[\lambda]=150$$

翼缘的宽厚比　$b/t=\left(\frac{250}{2}-\frac{6}{2}\right)/10=12.2<(10+0.1\times57.3)\sqrt{\frac{235}{235}}=15.73$

腹板的高厚比　$h_w/t_w=200/6=33.3<25+0.5\times57.3=53.65$

以上数据说明所选截面对整体稳定、刚度和局部稳定都满足要求。

(5)确定柱长度 $l=7.0$ m 的设计承载力。

$$l_{0x}=0.707\times700=494.9(\mathrm{cm})\qquad\lambda_x=494.9/9.77\approx50.7$$

查附表 3-2 得 $\varphi_x=0.852$。

$$l_{0y}=0.707\times700=494.9(\mathrm{cm})\qquad\lambda_y=494.9/6.48\approx76.4$$

查附表 3-3 得 $\varphi_y=0.6012$。

$\varphi=\min\{\varphi_x,\varphi_y\}=0.6012$，则

$$N=\varphi Af=0.6012\times62\times102\times215=801\,400(\mathrm{N})\approx801.4\ \mathrm{kN}$$

柱的长度为原长度的 1.33 倍，承载能力降低了

$$\frac{0.727-0.6012}{0.727}\times100\%\approx17.3\%$$

由于存在残余应力和初弯曲的影响，柱在弹塑性阶段屈曲，柱的长度增加后，承载力的降低不遵循弹性稳定规律，即不与柱的长度的平方成反比，不是降低$(494.9^2-371.2^2)/494.9^2\times100\%\approx43.74\%$。

二、轴心受压格构柱设计

(一)构造形式

格构柱常用截面形式如图 4-2(b)所示。布置槽钢时，宜将其翼缘向内伸，这样可使缀条或缀板的长度与宽度较小，且外表平整。当承受荷载较大时，可采用两个工字钢，甚至两个组合工字形截面作为单肢。

对荷载较小而长度很大的轴心受压构件，应具有扩展的截面，以保证必需的刚度。为此，可采用由四个角钢组成的截面，在其四周用缀条或缀板相连。这种截面回转半径大，稳定性好，但制造较费工。

在工程中也有采用由 3 根或 4 根钢管组成的格构式构件，在各管之间用钢管或圆钢缀条相连。

缀板式格构柱构造简单，外形平整，因此受力不大的柱常采用缀板式格构柱。但缀条式格构柱刚度大，对受力较大的柱，应采用缀条式格构柱。

与大型实腹式柱相似，格构式构件在受有较大水平力处和每个运输单元的两端，应设置横隔。

(二)截面选择

实腹轴心受压构件的截面设计应当考虑的原则在格构柱截面设计中也是适用的。但

是，格构式构件是由分肢组成的，在具体设计步骤上有其特点。当格构式轴心受压构件的压力设计值 N、计算长度 l_{0x} 和 l_{0y}、钢材强度设计值 f 和截面类型都已知时，在截面选择中主要有两大步骤：首先按照实轴稳定要求选择截面分肢的尺寸，其次按照虚轴与实轴等稳定性确定分肢间距（见图 4-15）。

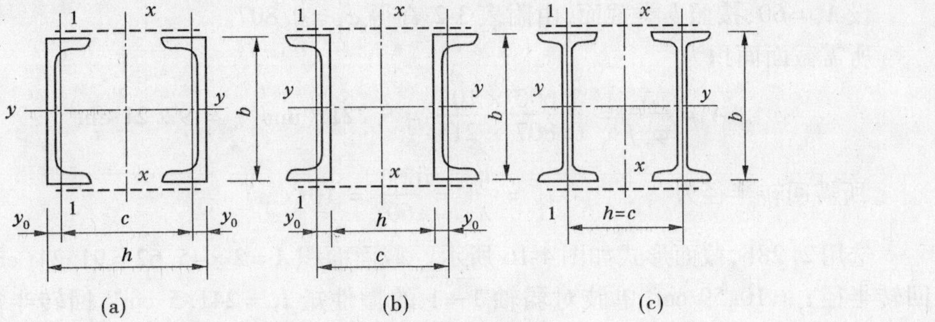

图 4-15　格构式构件截面设计

1. 按实轴（设为 y 轴）稳定条件选定截面尺寸

（1）假定绕实轴长细比 λ_y，一般可先在 60 ~ 100 范围选取，当 N 较大而 l_{0y} 较小时取较小值，反之取较大值。根据 λ_y 及钢号和截面类别查得整体稳定系数 φ 值，按照式（4-34）求所需截面面积。

（2）求所需绕实轴回转半径 i_y，若分肢为组合截面，则还应由 i_y 按表 4-6 查得 α_2（α_1）的近似值求所需截面宽度 b。

$$i_y = \frac{l_{0y}}{\lambda_y} \qquad b = \frac{i_y}{\alpha_2} \tag{4-37}$$

（3）根据所需 A、i_y（或 A、b）初选分肢型钢规格（或截面尺寸），进行实轴整体稳定验算和刚度验算，必要时还应进行强度验算和板件宽厚比验算。

2. 按虚轴（设为 x 轴）与实轴等稳定原则确定两分肢间距 c 及截面高度 h

（1）根据换算长细比 $\lambda_{0x} = \lambda_y$，可得所需 λ_x 的最大值。

对于缀条式格构式构件　$$\lambda_x = \sqrt{\lambda_{0x}^2 - \frac{27A}{A_{1x}}} = \sqrt{\lambda_y^2 - \frac{27A}{A_{1x}}} \tag{4-38}$$

对于缀板式格构式构件　$$\lambda_x = \sqrt{\lambda_{0x}^2 - \lambda_1^2} = \sqrt{\lambda_y^2 - \lambda_1^2} \tag{4-39}$$

（2）根据 λ_x 求所需 i_x，即

$$i_x = \frac{l_{0x}}{\lambda_x} \tag{4-40}$$

（3）根据 i_x 和 i_1 求两分肢轴线间距 c 和 h，即

$$c = 2\sqrt{i_x^2 - i_1^2} \tag{4-41}$$

$$h = c \pm 2y_0 \tag{4-42}$$

两分肢翼缘间的净距 c 应为 100 ~ 150 mm，以便油漆防腐处理；h 的实际尺寸应放大到 10 mm 的倍数。

（三）按第五节的内容进行缀材设计

【例 4-2】 设计一轴心受压焊接缀条式格构柱的截面。已知荷载设计值（包括估算构件自重）为轴心压力 1 600 kN，柱高 6.0 m，两端铰接，钢材为 Q235，截面无削弱。

解：柱的计算长度在两主轴方向相等，即 $l_{0x}=l_{0y}=6.0\ m$。

（1）按对实轴（y 轴）的整体稳定选择分肢。

设 $\lambda_y=60$，按照 b 类截面，由附表 3-2 查得 $\varphi_y=0.807$。

所需截面面积为

$$A=\frac{N}{\varphi_y f}=\frac{1\ 600\times10^3}{0.807\times215}=9\ 221\ (\text{mm}^2)\ =92.21\ \text{cm}^2$$

所需回转半径为
$$i_y=\frac{l_{0y}}{\lambda_y}=\frac{600}{60}=10(\text{cm})$$

选用 2[28b，截面形式如图 4-16 所示。截面面积 $A=2\times45.62=91.24(\text{cm}^2)$，对实轴回转半径 $i_y=10.59$ cm，单肢对弱轴 1—1 的惯性矩 $I_1=241.5\ \text{cm}^4$，回转半径 $i_1=2.30$ cm，形心距 $z_1=2.02$ cm。

（2）按两主轴方向的等稳定性确定两分肢轴的间距。

实轴方向长细比为

$$\lambda_y=\frac{l_{0y}}{i_y}=\frac{600}{10.60}=56.6$$

假设缀条截面为 ∠45 ×4，则

$$A_{1x}=2\times3.486=6.97(\text{cm}^2)$$

则由式(4-18) 得

$$\lambda_x=\sqrt{\lambda_y^2-27\frac{A}{A_{1x}}}=\sqrt{56.6^2-27\times\frac{91.24}{6.97}}=53.4$$

$$i_x=\frac{l_{0x}}{\lambda_x}=\frac{600}{53.4}=11.24(\text{cm})$$

由表 4-6 查得 $\alpha_1\approx0.44$，得 $h=\frac{i_x}{\alpha_1}=\frac{11.24}{0.44}=25.55(\text{cm})$，取 26 cm。

整个截面对虚轴的惯性矩为

$$I_x=2\times[242.1+45.65\times(\frac{26}{2}-2.02)^2]=11\ 491(\text{cm}^4)$$

则
$$i_x=\sqrt{\frac{11\ 491}{91.24}}=11.22(\text{cm})$$

$$\lambda_x=\frac{l_{0x}}{i_x}=\frac{600}{11.22}=53.5$$

$$\lambda_{0x}=\sqrt{\lambda_x^2+27\frac{A}{A_{1x}}}=\sqrt{53.5^2+27\times\frac{91.24}{6.97}}=56.7$$

（3）截面验算。

取 $\lambda=\max\{\lambda_{0x},\lambda_y\}=56.7<[\lambda]=150$，刚度满足。

查附表 3-2 得 $\varphi=0.825$，则

$$\frac{N}{\varphi A} = \frac{1\ 600 \times 10^3}{0.825 \times 9\ 124} \approx 213(\text{N/mm}^2) < f = 215\ \text{N/mm}^2$$

整体稳定满足,因截面无削弱,不必验算截面的强度。

(4)单肢验算。

缀条按 $\alpha=45°$布置,如图4-16所示,得:

单肢计算长度　　$l_{01}=21.96$ cm

单肢回转半径　　$i_1=2.30$ cm

单肢长细比

$$\lambda_1 = \frac{l_{01}}{i_1} = \frac{21.96}{2.30} = 9.55 < 0.7\lambda_{\max} = 39.7$$

满足要求。

(5)缀条设计。

作用在柱上的计算剪力为

$$V = \frac{Af}{85}\sqrt{\frac{f_y}{235}} = \frac{9\ 124 \times 215}{85}\sqrt{\frac{235}{235}} = 23\ 078(\text{N}) \approx 23.08\ \text{kN}$$

作用在缀条上的轴力为

$$N_t = \frac{V}{n\cos\alpha} = \frac{23\ 078}{2 \times 0.707} = 16\ 321(\text{N})$$

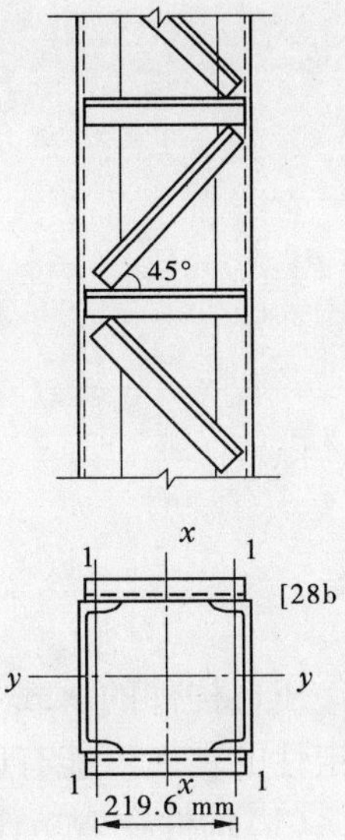

图4-16　例4-2计算简图

缀条的几何特性:

面积 $A_t=3.486$ cm^2,最小回转半径 $i_{\min}=0.89$ cm。

计算长度　　$l_t = \frac{l_{01}}{\cos\alpha} = \frac{21.96}{0.707} = 31.06(\text{cm})$

长细比　　$\lambda = \frac{l_t}{i_{\min}} = \frac{31.06}{0.89} = 34.9$

缀条稳定验算:

由 $\lambda=34.9$ 查附表3-2得 $\varphi=0.918$。

单边连接强度折减系数为

$$\gamma_0 = 0.6 + 0.001\ 5\lambda = 0.6 + 0.001\ 5 \times 34.9 = 0.652$$

$$\sigma = \frac{N_t}{\varphi A_t} = \frac{16\ 321}{0.918 \times 348.6} = 51(\text{N/mm}^2) < \gamma_0 f = 0.652 \times 215 = 140(\text{N/mm}^2)$$

满足要求。

单角钢与柱肢连接的角焊缝,取 $h_f=4$ mm,需要焊缝长度为

$$\sum l_w = \frac{N_t}{0.7h_f \times 0.85f_f^w} = \frac{16\ 321}{0.7 \times 4 \times 0.85 \times 160} = 42.9(\text{mm})$$

横缀条也取∠45×4。由于三杆相交,需在节点处设一节点板,图中未画出。

第七节　实腹式压弯构件的稳定

压弯构件是同时承受轴向压力和弯矩作用的构件。由于这种构件兼有梁和柱两方面

的性质，故又称为梁柱。压弯构件的弯矩可以由横向荷载、轴向力的偏心或端弯矩等三种因素引起，如图 4-17 所示。

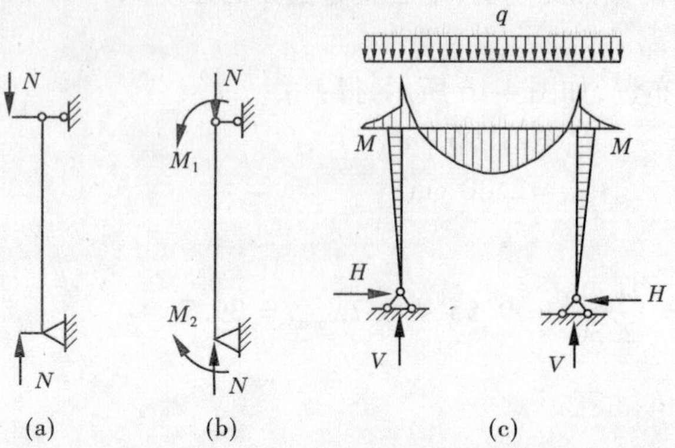

图 4-17　压弯构件

压弯构件的承载力取决于构件的整体稳定性与强度，通常由整体稳定性控制，其整体稳定性的丧失可能有以下两种情况：

(1)构件在弯矩作用平面内的弯曲失稳。

(2)构件在弯矩作用平面外的弯曲扭转失稳。

为了保证压弯构件的整体稳定性，必须分别进行弯矩作用平面内和弯矩作用平面外的稳定计算。

一、弯矩作用平面内的整体稳定性

压弯构件是介于轴向受压柱和受弯梁之间的构件，其计算公式应尽量与两者相衔接，故目前多采用相关公式来确定构件的稳定承载力。

压弯构件在弯矩作用平面内相关公式是由截面受压边缘纤维刚达到屈服强度所得的相关公式推广修正而来的。

边缘屈服准则是以构件截面应力最大的边缘纤维开始屈服的荷载作为压弯构件的稳定承载力（见图 4-18(a)中的 a 点）。这时，构件截面仍处于弹性阶段。其准则表达式为

$$\frac{N}{A}+\frac{M_{\max}}{W_{1x}}=f_y \tag{4-43}$$

轴心压力 N 作用下总挠度对初始挠度（挠度曲线为正弦半波）的放大系数为 $1/(1-N/N_{Ex})$，其中 $N_{Ex}=\pi^2EA/\lambda_x^2$ 为欧拉临界力。N 对其他荷载作用下压弯构件的挠度放大系数，一般也可近似用此式表达。

现以受均匀弯矩的压弯构件（见图 4-18(b)）为例说明（为简化不考虑初始挠度 y_0，这时 $Y=y$）。其平衡微分方程和挠度曲线如下

$$\frac{\mathrm{d}^2y}{\mathrm{d}z^2}+k^2y=\frac{-M}{EI} \tag{4-44}$$

式中，$k^2=N/EI$。

由边界条件可得构件中点最大挠度为

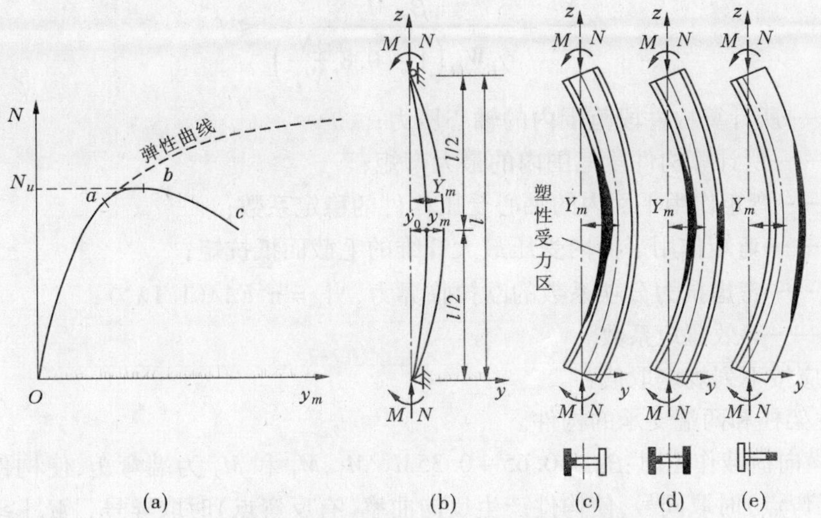

图 4-18　单向压弯构件在弯矩作用平面内的整体失稳

$$y_m \approx \delta_0 \frac{1}{1 - N/N_{Ex}} \tag{4-45}$$

式中，$\delta_0 = Ml^2/(8EI)$ 为不考虑 N 时受均匀弯矩 M 简支梁的跨度中点挠度，$1/(1-N/N_{Ex})$ 为轴心压力 N 作用下的压弯构件挠度放大系数，是根据均匀弯矩作用的压弯构件导出的。对于其他任意荷载条件下的压弯构件，同样可以得到挠度放大系数近似为 $1/(1-N/N_{Ex})$。

压弯构件由于轴心压力 N 作用，对弯矩 M_x 具有增大的影响，因此压弯构件实际作用的最大弯矩 M_{max} 与弯矩 M_x 相比，可以采用弯矩增大系数表示，即

$$M_{max} = \frac{\beta_{mx} M_x}{1 - N/N_{Ex}} \tag{4-46}$$

式中，β_{mx} 称为弯矩修正系数或等效弯矩系数，$\beta_{mx}/(1-N/N_{Ex})$ 即弯矩增大系数。

对于有初始缺陷的压弯构件，通常可以采用一个等效初始挠度 v_0^* 表示综合缺陷。由边缘纤维屈服准则得

$$\frac{N}{\varphi_x A} + \frac{\beta_{mx} M_x}{W_{1x}(1 - \varphi_x N/N_{Ex})} = f_y \tag{4-47}$$

式中　φ_x——在弯矩作用平面内的轴心受压构件整体稳定系数。

式(4-47)即为压弯构件按边缘屈服准则得出的相关公式。

构件截面受压边缘纤维屈服后，再适当考虑截面的塑性发展，在式(4-47)中第二项分母中引入截面塑性发展系数 γ_x，并将 N_{Ex} 改为 N'_{Ex} 引入抗力分项系数后得

$$\frac{N}{\varphi_x A} + \frac{\beta_{mx} M_x}{\gamma_x W_{1x}\left(1 - \varphi_x \dfrac{N}{N'_{Ex}}\right)} \leqslant f \tag{4-48a}$$

同时，通过对多种常用截面的计算表明，将式(4-48(a))中第二项分母中的 φ_x 取为 0.8，可提高计算精度与方便使用，因此《规范》规定实腹式压弯构件在弯矩作用（绕 x 轴）平面内的稳定性按下式计算

$$\frac{N}{\varphi_x A}+\frac{\beta_{mx}M_x}{\gamma_x W_{1x}\left(1-0.8\frac{N}{N'_{Ex}}\right)}\leqslant f \tag{4-48b}$$

式中 N——所计算构件段范围内的轴心压力；

M_x——所计算构件段范围内的最大弯矩；

φ_x——弯矩作用平面内的轴心受压构件的稳定系数；

W_{1x}——弯矩作用平面内受压最大纤维的毛截面抵抗矩；

N'_{Ex}——考虑抗力分项系数的欧拉临界力，$N'_{Ex}=\pi^2 EA/(1.1\lambda_x^2)$；

β_{mx}——等效弯矩系数。

β_{mx}应按下列规定取值：

(1)框架柱和两端支承的构件。

①无横向荷载作用时：$\beta_{mx}=0.65+0.35M_2/M_1$，$M_1$ 和 M_2 为端弯矩，使构件产生同向曲率（无反弯点）时取同号，使构件产生反向曲率（有反弯点）时取异号，$|M_1|\geqslant|M_2|$。

②有端弯矩和横向荷载同时作用时：使构件产生同向曲率时，$\beta_{mx}=1.0$；使构件产生反向曲率时，$\beta_{mx}=0.85$。

③无端弯矩但有横向荷载作用时：$\beta_{mx}=1.0$。

(2)悬臂构件，$\beta_{mx}=1.0$。

对于T型钢、双角钢组成的T形等单轴对称截面压弯构件，当弯矩作用于对称轴平面而且使较大翼缘受压时，构件失稳出现的塑性区除存在前述受压区屈服和受压、受拉区同时屈服两种情况外，还可能在受拉区首先出现屈服而导致构件失去承载力，如图4-18(e)所示，故除按式(4-48b)计算外，还应按下式计算

$$\left|\frac{N}{A}-\frac{\beta_{mx}M_x}{\gamma_x W_{2x}\left(1-1.25\frac{N}{N'_{Ex}}\right)}\right|\leqslant f \tag{4-49}$$

式中 W_{2x}——受拉侧最外纤维的毛截面抵抗矩；

γ_x——与 W_{2x} 相应的截面塑性发展系数；

1.25——经过与理论计算结果比较后引进的修正系数。

二、弯矩作用平面外的整体稳定性

当压弯构件两个方向的刚度相差较大，且弯矩作用在刚度较大的平面内时，对这样的构件，当其侧向刚度较小又没有足够的支撑时，它就有可能首先产生侧向弯曲及扭转的屈曲而丧失承载力，我们常称此为弯矩作用平面外的稳定问题。

(一)单向压弯构件的平面外整体稳定

假定双轴对称截面的压弯构件没有弯矩作用平面外的初始几何缺陷（初挠度与初扭转），从其平面外失稳的平衡微分方程可得到如下平面外弯扭屈曲的临界力相关方程为

$$\left(1-\frac{N}{N_{Ey}}\right)\left(1-\frac{N}{N_\theta}\right)-\frac{M_x^2}{M_{crx}^2}=0 \tag{4-50}$$

式中 N_{Ey}——构件绕 y 轴弯曲屈曲的临界力；

N_θ——构件绕 z 轴扭转屈曲的临界力；

M_{crx}——临界弯矩。

实际结构构件的情况远非如上各种规定那样简单理想。如果截面只有一个对称轴，扭转中心与截面形心不重合，平衡方程及其解的形式都会发生改变。此外，构件比较粗短时，可能发生弹塑性失稳；构件有初始几何缺陷时，平面外稳定承载力也将成为极值型的问题；当构件截面单轴对称而弯曲平面不在对称轴平面内，或者截面无对称轴时，构件在截面两主轴方向的弯曲失稳和纵轴的扭转失稳将耦联在一起。在这些情况下，通常采用数值解法或试验方法来确定构件的失稳临界力。

式(4-50)可绘成图4-19的形式，$\dfrac{N}{N_{Ey}} \sim \dfrac{M_x}{M_{crx}}$ 的曲线形式依赖于系数 $\dfrac{N_\theta}{N_{Ey}}$。根据钢结构构件常用的截面形式分析，绝大多数情况 $\dfrac{N_\theta}{N_{Ey}}$ 都大于1.0，可以近似采用下列直线方程

$$\frac{N}{N_{Ey}} + \frac{M_x}{M_{crx}} = 1 \tag{4-51}$$

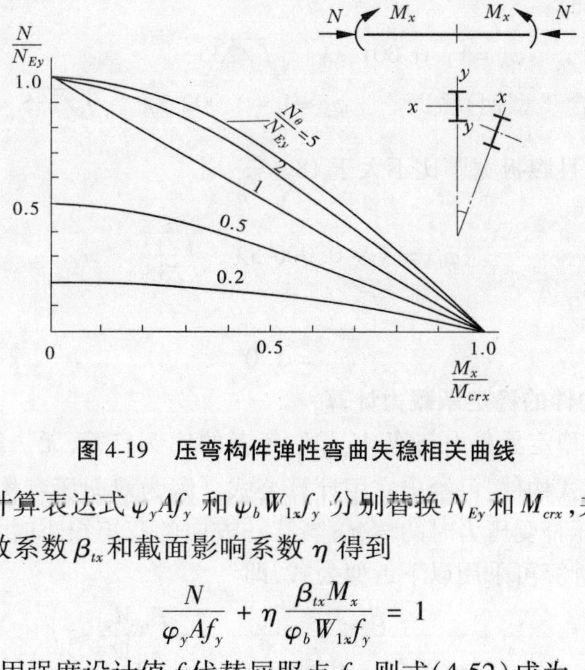

图 4-19　压弯构件弹性弯曲失稳相关曲线

将实际工程中计算表达式 $\varphi_y A f_y$ 和 $\varphi_b W_{1x} f_y$ 分别替换 N_{Ey} 和 M_{crx}，并引入考虑弯矩非均匀分布时的弯矩等效系数 β_{tx} 和截面影响系数 η 得到

$$\frac{N}{\varphi_y A f_y} + \eta \frac{\beta_{tx} M_x}{\varphi_b W_{1x} f_y} = 1 \tag{4-52}$$

在工程设计中，用强度设计值 f 代替屈服点 f_y，则式(4-52)成为

$$\frac{N}{\varphi_y A} + \eta \frac{\beta_{tx} M_x}{\varphi_b W_{1x}} \leqslant f \tag{4-53}$$

式中　M_x——所计算构件段范围内的最大弯矩；

β_{tx}——等效弯矩系数，应根据所计算构件段的荷载和内力情况确定，取值方法与弯矩作用于平面内的等效弯矩系数 β_{mx} 相同；

η——截面影响系数，箱形截面 $\eta = 0.7$，其他截面 $\eta = 1.0$；

φ_y——弯矩作用平面外的轴心受压构件稳定系数；

φ_b——均匀弯曲梁的整体稳定系数。

为了便于设计,规定对压弯构件的整体稳定系数 φ_b 采用近似计算公式。这些公式已考虑了构件的弹塑性失稳问题,因此当 φ_b 大于 0.6 时,不必再换算。

(1)工字形截面(含 H 型钢)。

双轴对称时

$$\varphi_b = 1.07 - \frac{\lambda_y^2}{44\ 000}\frac{f_y}{235} \tag{4-54a}$$

当 $\varphi_b > 1.0$ 时,取 $\varphi_b = 1.0$。

单轴对称时

$$\varphi_b = 1.07 - \frac{W_{1x}}{(2\alpha_b + 0.1)Ah}\frac{\lambda_y^2}{14\ 000}\frac{f_y}{235} \tag{4-54b}$$

当 $\varphi_b > 1.0$ 时,取 $\varphi_b = 1.0$。

式中 $\alpha_b = I_1/(I_1 + I_2)$,$I_1$ 和 I_2 分别为受压翼缘和受拉翼缘对 y 轴的惯性矩。

(2)T 形截面(弯矩作用在对称轴平面,绕 x 轴)。

弯矩使翼缘受压时:

双角钢 T 形截面　　$\varphi_b = 1 - 0.001\ 7\lambda_y\sqrt{f_y/235}$　　(4-55a)

两板组合 T 形(含 T 型钢)截面　　$\varphi_b = 1 - 0.002\ 2\lambda_y\sqrt{f_y/235}$　　(4-55b)

弯矩使翼缘受拉且腹板宽厚比不大于 $18\sqrt{\frac{235}{f_y}}$ 时

$$\varphi_b = 1 - 0.000\ 5\lambda_y\sqrt{\frac{f_y}{235}} \tag{4-56}$$

(3)箱形截面。

$$\varphi_b = 1.0$$

(二)双向压弯构件的稳定承载力计算

双向压弯构件的稳定承载力与 N、M_x、M_y 三者的比例有关,无法给出解析解,只能采用数值解。对于实腹式构件,可给出实用计算公式。因为双向压弯构件当两方向弯矩很小时,应接近非理想压杆受压力时的情况;当某一方向的弯矩很小时,应接近平面压弯问题,因此稳定承载力计算可采用以下近似公式,即

$$\frac{N}{\varphi_x A} + \frac{\beta_{mx}M_x}{\gamma_x W_x\left(1 - 0.8\frac{N}{N'_{Ex}}\right)} + \eta\frac{\beta_{ty}M_y}{\varphi_{by}W_y} \leqslant f \tag{4-57a}$$

$$\frac{N}{\varphi_y A} + \frac{\beta_{my}M_y}{\gamma_y W_y\left(1 - 0.8\frac{N}{N'_{Ey}}\right)} + \eta\frac{\beta_{tx}M_x}{\varphi_{bx}W_x} \leqslant f \tag{4-57b}$$

式中　M_x、M_y——所计算构件段范围内对 x 轴(对于工字形截面和 H 型钢,x 轴为强轴)和 y 轴的最大弯矩;

φ_x、φ_y——对 x 轴和 y 轴的轴心受压构件稳定系数;

φ_{bx}、φ_{by}——均匀弯曲的受弯构件的整体稳定系数,按式(4-54)计算;

其他符号意义同前。

三、压弯构件的局部稳定

除圆管截面外，实腹式构件板件局部稳定都表现为受压翼缘和受有压应力作用的腹板的稳定。

实腹式压弯构件翼缘受力情况与轴心受压构件及受弯构件的受压翼缘基本相同。因此，采用受弯构件受压翼缘局部稳定性的控制方法。《规范》规定如下：

工字形和T形截面（见图4-20）翼缘外伸宽度与厚度之比为

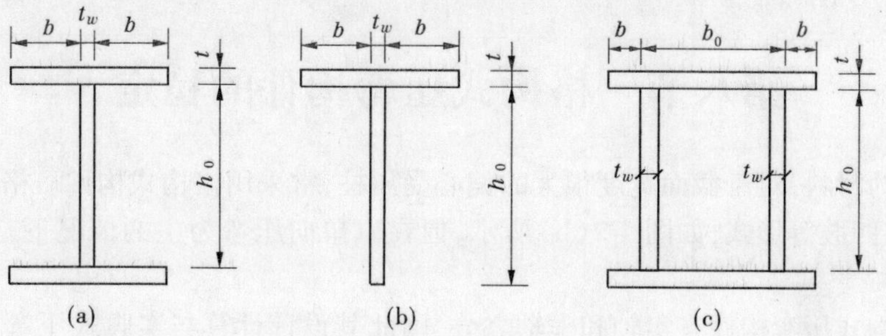

图4-20　实腹式压弯构件的截面

$$\frac{b}{t} \leqslant 13\sqrt{\frac{235}{f_y}} \tag{4-58}$$

当构件按弹性设计，即强度和稳定计算中取 $\gamma_x = 1.0$ 时，可放宽到 $b/t \leqslant 15\sqrt{235/f_y}$。

偏心受压构件工字形截面的腹板同时承受非均匀正应力和均布剪应力的作用，腹板的高厚比限值计算较为复杂，设计规范推荐使用的简化公式为

当 $0 \leqslant \alpha_0 \leqslant 1.6$ 时

$$\frac{h_0}{t_w} \leqslant (16\alpha_0 + 0.5\lambda_x + 25)\sqrt{\frac{235}{f_y}} \tag{4-59a}$$

当 $1.6 < \alpha_0 \leqslant 2.0$ 时

$$\frac{h_0}{t_w} \leqslant (48\alpha_0 + 0.5\lambda_x - 26.2)\sqrt{\frac{235}{f_y}} \tag{4-59b}$$

$$\alpha_0 = \frac{\sigma_{\max} - \sigma_{\min}}{\sigma_{\max}}$$

式中　λ_x——构件在弯矩作用平面内的长细比，当 $\lambda_x < 30$ 时，取 $\lambda_x = 30$，当 $\lambda_x > 100$ 时，取 $\lambda_x = 100$；

$\sigma_{\max}$——腹板计算高度边缘的最大压力，计算时不考虑构件的稳定系数和截面塑性发展系数；

$\sigma_{\min}$——腹板计算高度另一边缘的应力，压应力取负，拉应力取正。

箱形截面的压弯构件腹板受力情况与工字形截面的腹板相同，考虑两块腹板受力可能不一致，而且翼缘对腹板的约束也不如工字形截面，因而箱形截面的宽厚比限值应按式（4-59）的右边乘以0.8后的值采用。当 $h_0/t_w < 40\sqrt{235/f_y}$ 时，应取 $h_0/t_w = 40\sqrt{235/f_y}$。

T 形截面的压弯构件腹板，当 $\alpha_0 \leqslant 1.0$（弯矩较小）时，T 形截面腹板中压应力分布比较均匀，其高厚比限值近似按翼缘板取值，即 $h_0/t_w \leqslant 15\sqrt{235/f_y}$；当 $\alpha_0 > 1.0$（弯矩较大）时，应力分布对稳定有利，高厚比限值可适当放宽，取 $h_0/t_w \leqslant 18\sqrt{235/f_y}$。

如果压弯构件腹板高厚比 h_0/t_w 不满足要求，可以调整腹板的厚度或高度；也可采用纵向加劲肋加强腹板，这时应验算纵向加劲肋与翼缘间腹板高厚比，特别在受压较大翼缘与纵向加劲肋之间的高厚比，应符合上述要求；还可以在计算构件的强度和稳定性时将腹板的截面仅考虑计算高度边缘范围内两侧宽度各为 $20t_w\sqrt{235/f_y}$ 的部分（计算构件的稳定系数时，仍用全截面）。

第八节　格构式压弯构件的稳定

为了节约材料，对于截面宽度很大的偏心受压柱，常采用格构式构件。格构式构件有双肢、三肢或四肢等形式，如图 4-2(b)所示，但在以单向压弯为主的情况下，通常采用双肢的形式。

由于格构式压弯构件有实轴和虚轴之分，因此其设计计算与实腹式压弯构件有一定差异。进行强度计算时，格构式压弯构件当弯矩绕着截面虚轴作用时，应以截面边缘纤维屈服（即弹性极限状态）作为构件的强度设计依据，相应于截面虚轴的塑性发展系数 $\gamma = 1.0$。在稳定计算和刚度计算中涉及到绕虚轴的长细比，要采用换算长细比，换算长细比按轴心受压格构式构件中的方法计算。这类构件整体稳定计算方法与实腹式压弯构件差异较大，是本节主要介绍的内容。

一、整体稳定计算

双肢压弯格构式构件的截面一般是绕虚轴（通常记为 x 轴）的惯性矩和截面模量较大，该轴是弯曲轴。弯矩作用平面内的稳定性计算，采用式(4-48)计算，但取式中截面塑性发展系数 $\gamma_x = 1.0$。通常在计算格构式构件绕虚轴的截面模量 $W_x = I_x/y_0$ 时，y_0 按图 4-21(b)、(c)、(d)的规定取用。需要注意式中轴心受压构件的整体稳定系数 φ_x，应按换算长细比 λ_{x0} 计算。弯矩作用平面外的稳定性，将转变为单肢在弯矩作用平面外的稳定计算，详见单肢稳定计算。

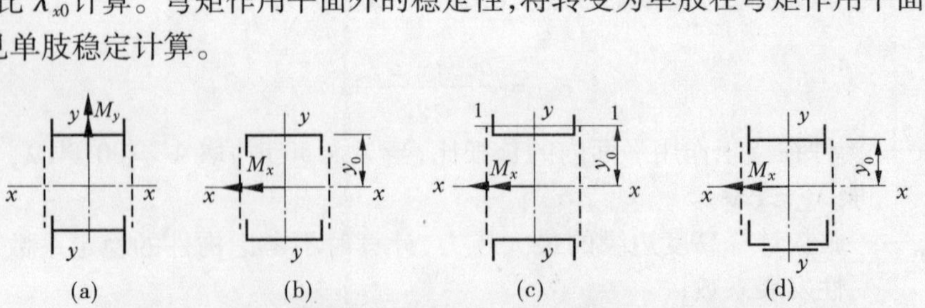

图 4-21　格构式压弯构件截面

工程上可能出现以实轴（通常记为 y 轴）为弯曲轴的情况见图 4-21(a)。此时，弯矩作用平面内外的稳定计算均与实腹式构件相同。

二、单肢稳定计算

弯矩绕虚轴作用的格构式压弯构件，可能因弯矩作用平面外的刚度（即对实轴的刚度）不足而失稳，但其失稳形式与实腹式压弯构件不尽相同。实腹式压弯构件在弯矩作用平面外失稳通常呈现弯扭屈曲变形，而格构式压弯构件由于缀件比较柔弱，在较大的压力作用下，构件趋向弯矩作用平面外弯曲时，分肢之间的整体性不强，以致呈现为单肢失稳。因此，弯矩绕虚轴作用的格构式压弯构件在弯矩作用平面外的整体稳定计算用各个分肢的稳定计算代替。

如图 4-22 所示，可将构件视为一个平行弦桁架，构件的两个分肢视为桁架的弦杆，将压力和弯矩分配到两个分肢，每个分肢按轴心受压构件计算。若各分肢的两个主轴方向稳定得到保证，则整个构件在弯矩作用平面外的整体稳定也就得到保证。

两分肢的轴心力应按下列公式计算（见图 4-22）：

分肢 1　$$N_1 = N\frac{y_2}{c} + \frac{M_x}{c} \tag{4-60a}$$

分肢 2　$$N_2 = N - N_1 \tag{4-60b}$$

缀条式压弯构件的分肢按轴心受压构件计算。分肢的计算长度，在缀材平面内（见图 4-22 中的 1—1 轴）取缀条体系的节间长度；在缀条平面外，取整个构件两侧向支承点间的距离。

当缀材采用缀板时，分肢除受轴心力 N_1（或 N_2）作用外，还应考虑剪力作用引起的局部弯矩，按实腹式压弯构件验算单肢的稳定性。

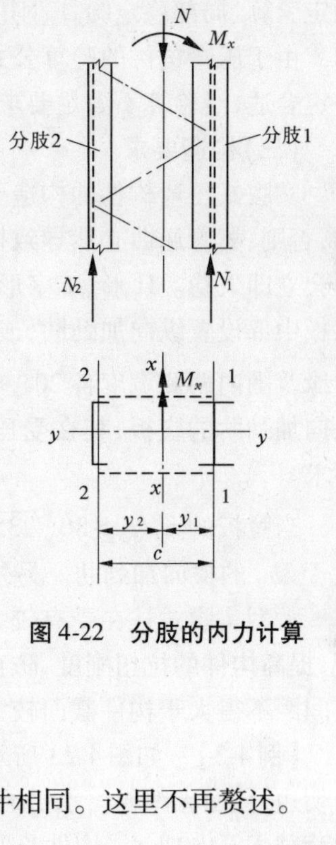

图 4-22　分肢的内力计算

三、缀材的计算

格构式压弯构件的缀材计算方法与格构式轴心受压构件相同。这里不再赘述。

第九节　偏心受压柱设计

一、偏心受压实腹柱设计

（一）设计原则

实腹式压弯构件的截面设计应满足强度、刚度、整体稳定、局部稳定的要求。通常根据压弯构件的受力大小和方向、使用要求、构造要求，选择截面形式。在满足局部稳定和使用与构造要求时，截面应做得轮廓尺寸大而板件较薄，以获得较大的惯性矩和回转半径，充分发挥钢材的有效性，从而节约钢材。同时，为取得较好的经济效果，宜使弯矩作用平面内和平面外的整体稳定性相接近，即等稳定性。对于单向压弯构件，根据弯矩的大小，使截面的高度适当大于宽度，以减小弯曲应力。

(二)设计步骤

(1)确定压弯构件的内力设计值，包括弯矩、轴心压力、剪力。

(2)选择截面的形式，实腹式压弯构件的截面可参考第一节给出的形式。

(3)确定钢材及其强度设计值。

(4)计算弯矩作用平面内和平面外的计算长度 l_{0x} 和 l_{0y}。

(5)结合经验或参照已有资料，初选截面尺寸。

(6)验算截面，包括强度验算、弯矩作用平面内整体稳定验算、弯矩作用平面外整体稳定验算、局部稳定验算、刚度验算等。

由于压弯构件的验算公式中所牵涉到的未知量较多，根据估计所初选的截面尺寸不一定合适，当验算不满足要求时，往往需要进行多次调整，直到满足计算要求。

(三)构造要求

实腹式压弯构件的构造要求同轴心受压构件。其翼缘宽厚比必须满足局部稳定的要求，否则，翼缘屈曲必然导致构件整体失稳。但当腹板屈曲时，由于存在屈曲后强度，构件不会立即失稳。H 形、工字形和箱形截面当腹板的高厚比不满足局部稳定性要求时，可在腹板中部设置纵向加劲肋，或在计算构件的强度和稳定时，将腹板的截面仅考虑计算高度边缘范围内两侧宽度各 $20t_w\sqrt{235/f_y}$ 的部分(计算构件的稳定系数时仍用全截面)，设置纵向加劲肋的腹板，其在受压较大翼缘与纵向加劲肋之间的高厚比应符合局部稳定性要求。

当腹板的 $h_0/t_w > 80\sqrt{235/f_y}$ 时，为防止腹板在施工和运输中发生变形，应设置间距不大于 $3h_0$ 的横向加劲肋。另外，设有纵向加劲肋的同时也应设置横向加劲肋。

大型实腹式柱在受有较大水平力处和运送单元的端部应设置横隔，保证截面形状不变，提高构件的抗扭刚度，防止施工和运输过程中变形。若构件较长，则应设置中间横隔，其间距不得大于构件截面较大宽度的 9 倍或 8 m。

【例 4-3】 如图 4-23 所示双轴对称焊接工字形截面压弯构件的截面。已知翼缘板为剪切边，截面无削弱。承受的荷载设计值为：轴心压力 $N = 850$ kN，构件跨度中点横向集中荷载 $F = 180$ kN。构件长 $l = 10$ m，两端铰接并在两端和跨中各设有一侧向支承点。材料用 Q235BF 钢。试验算该截面。

解：(1)截面的几何特征。

截面面积为

$$A = 2bt + h_w t_w = 2 \times 40 \times 1.4 + 50 \times 0.8 = 152(\text{cm}^2)$$

惯性矩为

$$\begin{aligned} I_x &= \frac{1}{12}bh^3 - \frac{1}{12}(b - t_w)h_w^3 \\ &= \frac{1}{12} \times 40 \times 52.8^3 - \frac{1}{12} \times (40 - 0.8) \times 50^3 \\ &= 82\,327(\text{cm}^4) \end{aligned}$$

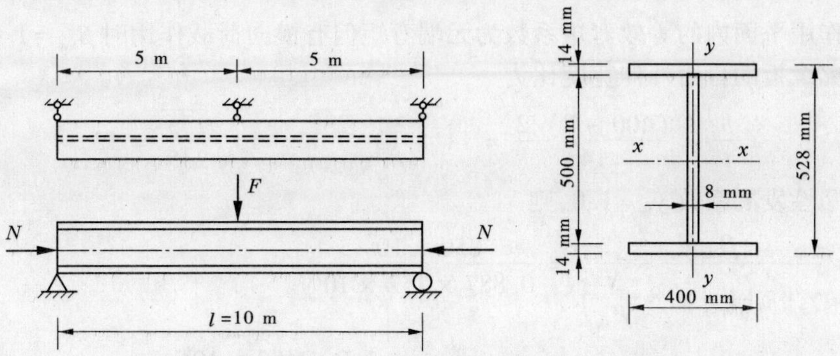

图 4-23　例 4-3 计算简图

$$I_y \approx 2 \times \frac{1}{12}tb^3 = \frac{1}{6} \times 1.4 \times 40^3 = 14\,933(\text{cm}^4)$$

回转半径为

$$i_x = \sqrt{\frac{I_x}{A}} = \sqrt{\frac{83\,237}{152}} = 23.4(\text{cm})$$

$$i_y = \sqrt{\frac{I_y}{A}} = \sqrt{\frac{14\,933}{152}} = 9.91(\text{cm})$$

弯矩作用平面内受压纤维的毛截面抵抗矩为

$$W_{1x} = W_x = \frac{2I_x}{h} = \frac{2 \times 82\,327}{52.8} = 3\,118(\text{cm}^3)$$

(2)验算强度。

最大弯矩设计值为

$$M_x = \frac{1}{4}Fl = \frac{1}{4} \times 180 \times 10 = 450(\text{kN} \cdot \text{m})$$

$$\frac{N}{A_n} + \frac{M_x}{\gamma_x W_{nx}} = \frac{850 \times 10^3}{152 \times 10^2} + \frac{450 \times 10^6}{1.05 \times 3\,118 \times 10^3} = 193.4(\text{N/mm}^2) < f = 215\ \text{N/mm}^2$$

(3)弯矩作用平面内的稳定。

弯矩作用平面内计算长度　　$l_{0x} = 10$ m

长细比　　$\lambda_x = \frac{l_{0x}}{i_x} = \frac{10 \times 10^2}{23.4} = 43.0$

由表 4-3 知翼缘板为剪切边的焊接工字形截面构件对 x 轴屈曲时属 b 类截面，对弱轴 y 轴屈曲时属 c 类截面。

稳定系数 $\varphi_x = 0.887$（b 类截面，查附表 3-2）。

欧拉临界力为

$$N'_{Ex} = \frac{\pi^2 EA}{(1.1\lambda_x)^2} = \frac{\pi^2 \times 206 \times 10^3 \times 152 \times 10^2}{(1.1 \times 43)^2} \times 10^{-3} = 13\,813(\text{kN})$$

$$\frac{N}{N'_{Ex}} = \frac{850}{13\,813} = 0.061\,5$$

弯矩作用平面内的等效弯矩系数为无端弯矩但有横向荷载作用时 $\beta_{mx}=1.0$。

受压翼缘板的自由外伸宽度比为

$$\frac{b}{t}=\frac{(400-8)/2}{14}=14>13\sqrt{\frac{235}{f_y}}=13\sqrt{\frac{235}{235}}=13$$

故取截面塑性发展系数 $\gamma_x=1.0$，则

$$\frac{N}{\varphi_x A}+\frac{\beta_{mx}M_x}{\gamma_x W_{1x}\left(1-0.8\frac{N}{N'_{Ex}}\right)}=\frac{850\times10^3}{0.887\times152\times10^2}+\frac{1.0\times450\times10^6}{1.0\times3\ 118\times10^3\times(1-0.8\times0.061\ 5)}$$

$$=63.0+151.8=214.8(\text{N/mm}^2)<f=215\ \text{N/mm}^2$$

满足要求。

(4)弯矩作用平面外的稳定。

弯矩作用平面外计算长度　　$l_{0y}=5\ \text{m}$

长细比　　$\lambda_y=\frac{l_{0y}}{i_y}=\frac{5\times10^2}{9.91}=50.5$

稳定系数 $\varphi_y=0.772$(c 类截面，查附表 3-3)。

受弯构件整体稳定系数近似值为

$$\varphi_b=1.07-\frac{\lambda_y^2}{44\ 000}\frac{f_y}{235}=1.07-\frac{50.5^2}{44\ 000}\times\frac{235}{235}=1.012>1.0$$

取 $\varphi_b=1.0$。

构件在两相邻侧向支承点间无横向荷载作用，弯矩作用平面外的等效弯矩系数为

$$\beta_{tx}=0.65+0.35\frac{M_2}{M_1}=0.65+0.35\times\frac{0}{M_1}=0.65$$

$$\frac{N}{\varphi_y A}+\frac{\beta_{tx}M_x}{\varphi_b W_{1x}}=\frac{850\times10^3}{0.772\times152\times10^2}+\frac{0.65\times450\times10^6}{1.0\times3\ 118\times10^3}$$

$$=72.4+93.8=166.2(\text{N/mm}^2)<f=215\ \text{N/mm}^2$$

满足要求。

(5)局部稳定性。

①受压翼缘板。

受压翼缘板的自由外伸宽厚比为

$$\frac{b}{t}=14<15\sqrt{235/f_y}=15$$

满足要求。

②腹板。

腹板计算高度边缘的最大压应力为

$$\sigma_{\max}=\frac{N}{A}+\frac{M_x}{I_x}\frac{h_0}{2}=\frac{850\times10^3}{152\times10^2}+\frac{450\times10^6}{82\ 327\times10^4}\times\frac{500}{2}$$

$$=55.9+136.7=192.6(\text{N/mm}^2)$$

腹板计算高度另一边缘相应的应力为

$$\sigma_{\min}=\frac{N}{A}-\frac{M_x}{I_x}\frac{h_0}{2}=55.9-136.7=-80.8(\mathrm{N/mm^2})(拉应力)$$

应力梯度为

$$\alpha_0=\frac{\sigma_{\max}-\sigma_{\min}}{\sigma_{\max}}=\frac{192.6-(-80.8)}{192.6}=1.42$$

腹板计算高度 h_0 与其厚度 t_w 值比的容许值为

$$\left[\frac{h_0}{t_w}\right]=(16\alpha_0+0.5\lambda_x+25)\sqrt{\frac{235}{f}}=(16\times1.42+0.5\times43+25)\sqrt{\frac{235}{235}}=69.22$$

实际为

$$\frac{h_0}{t_w}=\frac{500}{8}=62.5<\left[\frac{h_0}{t_w}\right]=69.22$$

满足要求。

(6)刚度。

构件的最大长细比为

$$\lambda_{\max}=\max\{\lambda_x,\lambda_y\}=\lambda_y=50.5<[\lambda]=150$$

故通过上述验算,构件截面适合。

二、偏心受压格构柱设计

为了节约材料,对于截面宽度很大的偏心受压柱,常采用格构式构件。根据受力情况和使用要求,偏心受压格构柱可以是双轴对称截面或单轴对称截面。由于弯矩作用平面内的截面宽度一般较大,所以柱肢间常采用缀条连接。

截面设计可按以下步骤进行:

(1)确定压弯构件的内力设计值,包括弯矩、轴心压力、剪力。

(2)选择截面的形式。

(3)确定钢材及其强度设计值。

(4)计算弯矩作用平面内和平面外的计算长度 l_{0x}、l_{0y}。

(5)计算换算长细比。

(6)结合经验或参照已有资料,初选截面尺寸。

(7)验算截面,包括强度验算、弯矩作用平面内整体稳定验算、弯矩作用平面外整体稳定验算、局部稳定验算、刚度验算等。

【例 4-4】　有一单向压弯格构式双肢缀条柱,其缀条和截面的规格尺寸如图 4-24 所示,截面无削弱,材料采用 Q235 钢。承受的荷载设计值为:轴心压力 $N=400$ kN,弯矩 $M_x=\pm120$ kN·m,剪力 $V=30$ kN,柱高 $H=6.0$ m,在弯矩作用平面内,上端为有侧移的弱支撑,下端固定,其计算长度 $l_{0x}=8.0$ m,在弯矩作用平面外,柱两端铰接,计算长度 $l_{0y}=H=6.0$ m。焊条 E 43型,手工焊。试验算该柱。

解:(1)柱截面几何特性参数。

2[22a 的截面面积为

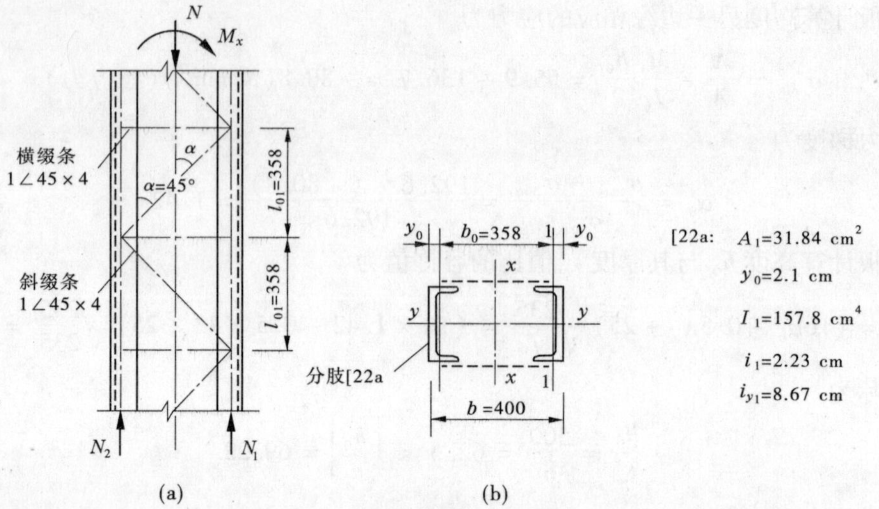

图 4-24　例 4-4 计算简图　（单位:mm）

$$A = 2A_1 = 2 \times 31.84 = 63.68(\text{cm}^2)$$

惯性矩为

$$I_x = 2 \times \left[I_1 + A_1\left(\frac{b_0}{2}\right)^2\right] = 2 \times \left[157.8 + 31.84 \times \left(\frac{40 - 2 \times 2.1}{2}\right)^2\right] = 20\ 719\ (\text{cm}^4)$$

回转半径为

$$i_x = \sqrt{\frac{I_x}{A}} = \sqrt{\frac{20\ 719}{63.68}} = 18.04(\text{cm})$$

抵抗矩为

$$W_x = \frac{2I_x}{b} = \frac{2 \times 20\ 719}{40} = 1\ 035.95(\text{cm}^3)\quad（验算强度时用）$$

$$W_{1x} = \frac{I_x}{y_1} = \frac{I_x}{b/2} = W_x = 1\ 035.95(\text{cm}^3)\quad（验算稳定时用）$$

式中，y_1 为由 x 轴到压力较大的轴线距离或到压力较大分肢腹板边缘的距离，取其较大者。

(2)弯矩作用平面内的整体稳定性验算。

对弯矩绕虚轴 x 轴作用的格构式压弯构件，其弯矩作用平面内的整体性应按下式计算

$$\frac{N}{\varphi_x A} + \frac{\beta_{mx} M_x}{W_{1x}\left(1 - \varphi_x \dfrac{N}{N'_{Ex}}\right)} \leqslant f$$

长细比为

$$\lambda_x = \frac{l_{0x}}{i_x} = \frac{8.0 \times 10^2}{18.04} = 44.3$$

垂直于 x 轴的缀条∠45×4 毛截面面积之和为

$$A_{1x} = 2 \times 3.49 = 6.98(\text{cm}^2)$$

换算长细比为

$$\lambda_{0x}=\sqrt{\lambda_x^2+27\frac{A}{A_{1x}}}=\sqrt{44.3^2+27\times\frac{63.68}{6.98}}=47$$

稳定系数 $\varphi_x=0.870$（b 类截面，查附表 3-2）。

欧拉临界力为

$$N'_{Ex}=\frac{\pi^2 EA}{(1.1\lambda_{0x})^2}=\frac{\pi^2\times 206\times 10^3\times 63.68\times 10^2}{(1.1\times 47)^2}\times 10^{-3}=4\ 844(\text{kN})$$

$$\varphi_x\frac{N}{N'_{Ex}}=0.870\times\frac{400}{4\ 844}=0.071\ 8$$

在弯矩作用平面内柱上端有侧移，属于弱支撑，取相应的等效弯矩系数 $\beta_{mx}=1.0$，则

$$\frac{N}{\varphi_x A}+\frac{\beta_{mx}M_x}{W_{1x}\left(1-\varphi_x\frac{N}{N'_{Ex}}\right)}=\frac{400\times 10^3}{0.870\times 63.68\times 10^2}+\frac{1.0\times 120\times 10^6}{1\ 035.95\times 10^3\times(1-0.071\ 8)}$$

$$=72.2+124.8=197(\text{N/mm}^2)<f=215\ \text{N/mm}^2$$

弯矩作用平面外的整体稳定计算用分肢的稳定计算代替。

(3)分肢稳定计算。

轴心压力为

$$N_1=\frac{N}{2}+\frac{M_x}{b_0}=\frac{400}{2}+\frac{120\times 10^2}{40-2\times 2.1}=535.2(\text{kN})$$

分肢对 1—1 轴的计算长度 l_{01} 和长细比 λ_1 分别为

$$l_{01}=35.8\ \text{cm}$$

$$\lambda_1=\frac{l_{01}}{i_1}=\frac{35.8}{2.23}=16.1$$

分肢对 y 轴的长细比 λ_{y1} 为

$$\lambda_{y1}=\frac{l_{0y}}{i_{y1}}=\frac{6.0\times 10^2}{8.67}=69.2>\lambda_1=16.1$$

按 $\lambda_{y1}=69.2$ 查附录三，得分肢稳定系数 $\varphi_1=0.756$，则

$$\frac{N_1}{\varphi_1 A_1}=\frac{535.2\times 10^3}{0.756\times 31.84\times 10^2}=222.3(\text{N/mm}^2)>f=215\ \text{N/mm}^2$$

虽大于 f 但不超过 5%，故安全。

不必验算分肢的局部稳定性（钢材 Q235 的热轧普通槽钢，其局部稳定性有保证）。

(4)刚度验算。

最大长细比　$\lambda_{\max}=\max\{\lambda_{0x},\lambda_1,\lambda_{y1}\}=\lambda_{y1}=69.2<[\lambda]=150$

满足要求。

柱截面无削弱且 $\beta_{mx}=1.0$ 和 $W_{1x}=W_x$，强度不必计算。

(5)缀条验算。

柱的计算剪力为

$$V=\frac{Af}{85}\sqrt{\frac{f_y}{235}}=\frac{2\times 31.84\times 10^2\times 215}{85}\sqrt{\frac{235}{235}}\times 10^{-3}=16.1(\text{kN})$$

小于柱的实际剪力 $V=30$ kN,计算缀条内力时取 $V=30$ kN。

每个缀条截面承担的剪力为

$$V_1 = \frac{1}{2}V = \frac{1}{2} \times 30 = 15\ (\text{kN})$$

①缀条的内力。

按平行弦桁架的腹杆计算为

$$N_1 = \frac{V_1}{\sin\alpha} = \frac{15}{\sin 45^\circ} = 21.2(\text{kN})$$

②缀条截面验算。

缀条按轴心受压构件计算:

缀条计算长度为

$$l_d \approx \frac{b_0}{\sin\alpha} = \frac{40 - 2 \times 2.1}{\sin 45^\circ} = 50.6(\text{cm})$$

缀条 1∠45×4 的几何参数为

$$A_d = 3.49\ \text{cm}^2 \qquad i_{\min} = i_{y0} = 0.89\ \text{cm}$$

$$\lambda_d = \frac{l_d}{i_{\min}} = \frac{50.6}{0.89} = 56.85 \qquad \varphi_d = 0.822$$

$$\frac{N_1}{\varphi_d A_d} = \frac{21.2 \times 10^3}{0.822 \times 349} = 73.9 < \eta f = 0.685 \times 215 = 147.3(\text{N/mm}^2)$$

式中,η 为单面连接等边角钢强度折减系数,其值为

$$\eta = 0.6 + 0.0015\lambda = 0.6 + 0.0015 \times 56.85 = 0.685$$

满足要求。

从上述计算结果可以看出,该柱的截面和缀件选择合适。

第十节 梁柱连接

柱的顶部与梁(或桁架)连接的部分称为柱头,其作用是将梁等上部结构的荷载传递到柱身。轴心受压柱是一根独立的构件,与梁的连接应为铰接,否则产生弯矩作用,使柱成为压弯构件。按照与梁连接的位置不同,有两种连接方式:一种是将梁直接放在柱顶上,谓之顶面连接;另一种是将梁连接于侧面,谓之侧面连接。连接构造设计的原则是:传力明确、可靠、简捷,便于制造安装,经济合理。

一、顶面连接

顶面连接通常是将梁安放在焊于柱顶面的柱顶板上(见图 4-25(a)~(d))。按照梁的支承方式不同,又有以下两种做法:

(1)梁端支承加劲肋采用突缘板形式,底部刨平(或铣平),与柱顶板顶紧。

这种连接即使两相邻梁的支座反力不相等,对柱引起的偏心也很小,柱仍接近轴心受压状态,是一种较好的轴心受压柱—梁连接形式。顶板厚度一般采用 16~25 mm。

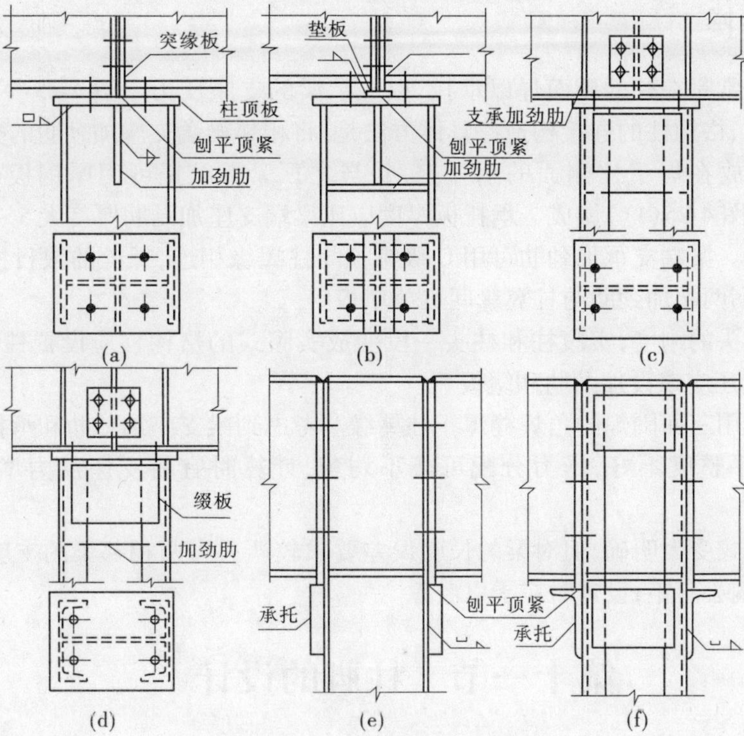

图 4-25　轴心受压柱柱头

当梁的支座反力较大时，可以对着梁端支座加劲肋位置，在柱腹板上、顶板下面焊一对加劲肋以加强腹板；加劲肋与顶板可以焊接，也可以刨平顶紧，以便更好地将梁支座反力传至柱身，这种做法利用承压可以传递更大的压力。当梁的支座反力更大时，为了加强刚度，常在柱顶板中心部位加焊一块垫板（见图 4-25（b））。有时为了增加柱腹板的稳定性，在柱的腹板上再设水平加劲肋。

柱顶板平面尺寸一般向柱四周外伸 20 ~ 30 mm，以便与柱焊接。为了便于制造和安装，两相邻梁相接处预留 10 ~ 20 mm 间隙，等安装就位后，在靠近梁下翼缘处的梁支座加劲肋间填以钢板，并用螺栓相连。这样既可使梁相互连接，又可避免梁弯曲时由于弹性约束而产生支座弯矩。

（2）梁端支承加劲肋对准柱的翼缘放置，使梁的支座反力通过承压直接传给柱翼缘。

这种采用与中间加劲肋相似的形式构造简单、施工方便，适用于相邻梁的支座反力相等或差值较小的情况。当支座反力不等且相差较大时，柱将产生较大的偏心距，设计时应予考虑。两相邻梁可在安装就位后，用连接板和螺栓在靠近下翼缘处连接起来。

当轴心受压柱为格构式时，可在柱的两分肢腹板内侧中央焊一块加劲肋（或称竖隔板），使格构式柱在柱头一段变为实腹式。这样，格构柱与梁的顶面连接构造可与实腹柱作同样处理（见图 4-25（d））。

无论采用哪种形式，每个梁端都应采用两个螺栓将梁下翼缘与柱顶板加以连接，使其位置固定在柱顶板上。

二、侧面连接

侧面连接通常是在柱的侧面焊以承托,以支承梁的支座反力。图 4-25(e)、(f)分别表示梁与实腹柱、格构柱的连接构造。具体方法是:将相邻梁端支座加劲肋的突缘部分刨平(或铣平),安放在焊于柱侧面的承托上,并与之顶紧。承托可用厚钢板(见图 4-25(e))或厚角钢(图 4-25(f))做成。承托板厚度应比梁端支座加劲肋厚度大 5 ~ 10 mm,一般为 25 ~ 40 mm。梁端支承加劲肋可用 C 级螺栓与柱翼缘相连,螺栓的数目按照构造要求布置。必要时,两端加劲肋与柱翼缘间可放填板。

为了加强柱头的刚度,实腹柱和柱头一段变成实腹式的格构柱应设置柱顶板(起横隔作用),必要时还应该设加劲肋和缀板。

承托通常采用三面围焊的角焊缝焊于柱翼缘。考虑到梁支座加劲肋和承托的端面由于加工精度差,平整度不好,压力分配可能不均匀,计算时宜将支座反力增加 25% ~ 30%。

侧面连接形式受力明确,但对梁的长度误差要求较严。当两相邻梁的支座反力不相等时,对柱产生偏心弯矩,设计时应予以考虑。

第十一节　柱脚的设计

柱下端与基础相连的部分称为柱脚。柱脚的作用是将柱身所受的力传递和分布到基础,并将柱固定于基础。基础一般由钢筋混凝土或混凝土做成,强度远远低于钢材。因此,必须将柱身的底端扩大,以增加与基础接触的面积,使接触面上承压力小于或等于基础的抗压强度。这就要求柱脚应有一定的宽度和长度,也应有一定的刚度和强度,使柱身压力比较均匀地传递到基础。所以,柱脚构造比较复杂,用钢量较大,制造比较费工。柱脚设计时应当做到传力明确、可靠、简捷、构造简单、节约材料、施工方便,并符合计算模型和简图。

一、轴心受压柱的柱脚形式和构造

轴心受压柱的柱脚一般设计成铰接,通常由底板、靴梁、肋板和锚栓等组成。图 4-26 是常用的铰接柱脚的几种形式,用于轴心受压柱。当柱轴力较大时,需要在底板上采取加劲措施,以防在基础反力作用下底板抗弯刚度不够。

当柱轴力较小时,可采用图 4-26(a)的形式,柱通过焊缝将压力传给底板,底板将此压力扩散至混凝土基础。底板是柱脚不可缺少的部分,在轴心受压柱柱脚中,底板接近正方形。

一般情况下,还应当保证柱端与底板间有足够长的传力焊缝。这时,常用的柱脚形式如图 4-26(b)、(c)、(d)所示。柱端通过竖焊缝将力传给靴梁,靴梁通过底部焊缝将压力传给底板。靴梁成为放大的柱端,不仅增加了传力焊缝的长度,也将底板分成较小的区格,减小了底板在反力作用下的最大弯矩值。采用靴梁后,当底板区格仍较大因而弯矩值较大时,可再采用隔板与肋板,这些加劲板又起到了提高靴梁稳定性的作用。图 4-26(c)

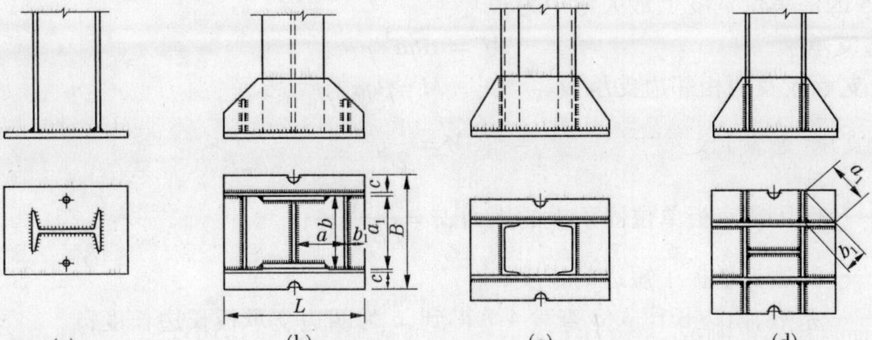

图 4-26　铰接柱脚

是仅采用靴梁的形式，图 4-26(b)和(d)是分别采用了隔板与肋板的形式。靴梁、隔板、肋板等都应有一定的刚度。此外，在设计柱脚焊缝时，要注意施工的可能性，如柱端、靴梁、隔板等围成的封闭框内，有些地方不能布置受力焊缝。

柱脚通过锚栓固定在基础上。铰接柱脚一般只沿着一条轴线设置两个连接于底板上的锚栓，以使柱端能绕此轴线转动；当柱端绕另一轴线转动时，由于锚栓固定在底板上，底板抗弯刚度很小，在受拉锚栓下的底板会产生弯曲变形，对柱端转动的阻力不大，接近于铰接。底板上的锚栓孔的直径应比锚栓直径大 1 ~ 1.5 mm，待柱就位并调整到设计位置后，再用垫板套住锚栓并与底板焊牢。垫板上的孔径只比锚栓直径大1 ~ 2 mm。在铰接柱脚中，锚栓不需计算，按构造设置。

二、轴心受压柱柱脚计算

轴心受压柱柱脚是一个受力复杂的空间结构，计算时通常作适当的简化，对底板、靴梁和隔板等分别进行计算。

1. 底板的计算

底板的计算包括底板平面尺寸和厚度。

1)底板的平面尺寸

底板与基础之间接触面上的压应力可假定是均匀分布的，底板长度 L 和宽度 B 按下式确定

$$LB \geqslant \frac{N}{\beta_1 f_c} + A_0 \qquad (4\text{-}61)$$

式中　N——柱的轴心压力；

f_c——基础所用钢筋混凝土抗压强度设计值；

β_1——混凝土局部承压强度提高系数；

A_0——锚栓孔的面积。

2)底板厚度

底板的厚度由底板在基础的反力作用下产生的弯矩计算决定。靴梁、肋板、隔板和柱的端面等均可作为底板的支承边，将底板分成几块各种支承形式的区格，其中有四边支承、三边支承、两相邻边支承和一边支承(见图 4-26(b)、(d))。在均匀分布的基础反力

作用下,各区格单位宽度上最大弯矩为:

四边支承板 $$M = \alpha q a^2 \tag{4-62}$$

三边支承板及两相邻边支承板 $$M = \beta q a_1^2 \tag{4-63}$$

一边支承(悬臂)板 $$M = \frac{1}{2} q c^2 \tag{4-64}$$

式中 q——作用在底板单位面积上的压力,$q = \dfrac{N}{LB - A_0}$;

a——四边支承板中短边的长度;

α——系数,由边长比 b/a 查表4-7得到,b 为四边支承板长边长度;

a_1——三边支承板中自由边长度或两相邻边支承中对角线长度;

β——系数,由边长比 b_1/a_1 查表4-8得到,b_1 为三边支承板中垂直于自由边方向的长度或两相邻边支承板中内角顶点至对角线的垂直距离,当三边支承板的 $b_1/a_1 \leqslant 0.3$ 时,按照悬臂长为 b_1 的悬臂板计算;

c——悬臂长度。

表4-7 四边支承板弯矩系数 α

b/a	1.0	1.1	1.2	1.3	1.4	1.5	1.6
α	0.047 9	0.055 3	0.062 6	0.069 3	0.075 3	0.081 2	0.086 2
b/a	1.7	1.8	1.9	2.0	2.5	3.0	≥4.0
α	0.090 8	0.094 8	0.098 5	0.101 7	0.113 2	0.118 9	0.125

表4-8 三边支承板及两相邻边支承板弯矩系数 β

b_1/a_1	0.3	0.35	0.4	0.45	0.5	0.55	0.6	0.65	0.7	0.75
β	0.027 3	0.035 5	0.043 9	0.052 2	0.060 2	0.067 7	0.074 7	0.081 2	0.087 1	0.092 4
b_1/a_1	0.8	0.85	0.9	0.95	1.0	1.1	1.2	1.3	≥1.4	
β	0.097 2	0.101 5	0.105 3	0.108 7	0.111 7	0.116 7	0.120 5	0.123 5	0.125 0	

取各区格弯矩中的最大值 $M_{\max}$ 来计算板的厚度,即

$$t = \sqrt{\frac{6M_{\max}}{f}} \tag{4-65}$$

2. 焊缝计算

柱的压力一部分由柱身通过焊缝传给靴梁、肋板或隔板,再传给柱底板;另一部分则直接通过柱端与底板之间的焊缝传给底板。但制作柱脚时,柱端不一定平齐,有时为控制标高,柱端与底板之间可能出现较大的且不均匀的缝隙,因此柱端与底板之间的焊缝质量不一定可靠;而靴梁、隔板和肋板的底边可预先刨平,拼装时可任意调整位置,使之与底板密合,它们与底板间的焊缝质量是可靠的。所以,计算时可偏安全地假定柱端与底板间的焊缝不受力,靴梁、隔板、肋板与底板的角焊缝则可按柱的轴心压力 N 计算;柱与靴梁间的角焊缝也按受力 N 计算。角焊缝厚度由下式计算

$$h_f = \frac{N}{0.7\sum l_w \times 1.22 f_f^w} \tag{4-66}$$

式中 $\sum l_w$——焊缝的总长度，可根据靴梁、隔板、肋板与柱脚底板之间可能焊到的地方确定，但柱身与柱脚底板之间的联系焊缝不计入 $\sum l_w$ 之内。

3. 靴梁、隔板、肋板计算

靴梁可作为承受由底面焊缝传来的均布力并支承于柱边的双悬臂简支梁计算（见图4-27）。可先根据靴梁与柱身之间的焊缝长度要求来确定靴梁的高度，其厚度取略小于柱翼缘，然后再验算其抗弯强度和抗剪强度。靴梁与柱身间的竖直焊缝应能传递全部

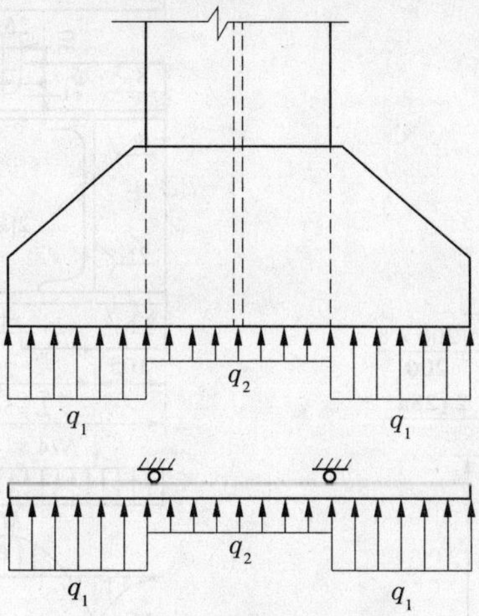

图4-27 靴梁计算简图

柱压力 N，则靴梁的高度为

$$h \geqslant \frac{N}{n \times 0.7 h_f f_f^w} + 2h_f \tag{4-67}$$

隔板作为底板的支承边，应具有一定的刚度，其厚度可以比靴梁略薄些，高度略小些。在较大的柱脚中，隔板需要计算，计算时在它两侧的底板区格中划出适当部分作为它的受载面积，按两端支承于靴梁上的简支梁计算。

肋板则可按悬臂梁计算强度和与靴梁间的焊缝。

【例4-5】 试设计如图4-28所示轴心受压格构式柱的柱脚。轴心压力设计值 N = 1 420 kN（静力荷载），钢材Q235，焊条E43型，基础混凝土强度等级C15。

解：选用带靴梁的柱脚如图4-28所示。

(1)确定底板平面尺寸 $B \times L$。

基础混凝土强度等级C15，$f_c = 7.2\ \text{N/mm}^2$。

采用 $d = 24$ mm 锚栓，锚栓孔面积为

$$A_0 = 2 \times (50 \times 30 + \pi \times 25^2/2) \approx 4\ 963\ (\text{mm}^2)$$

靴梁厚度取 $t_b = 10$ mm，悬臂 c 取 $c = 3d \approx 75$(mm)，则

$$A = BL = \frac{N}{f_c} + A_0 = \frac{1\ 420 \times 10^3}{7.5} + 4\ 963 = 194\ 296(\text{mm}^2)$$

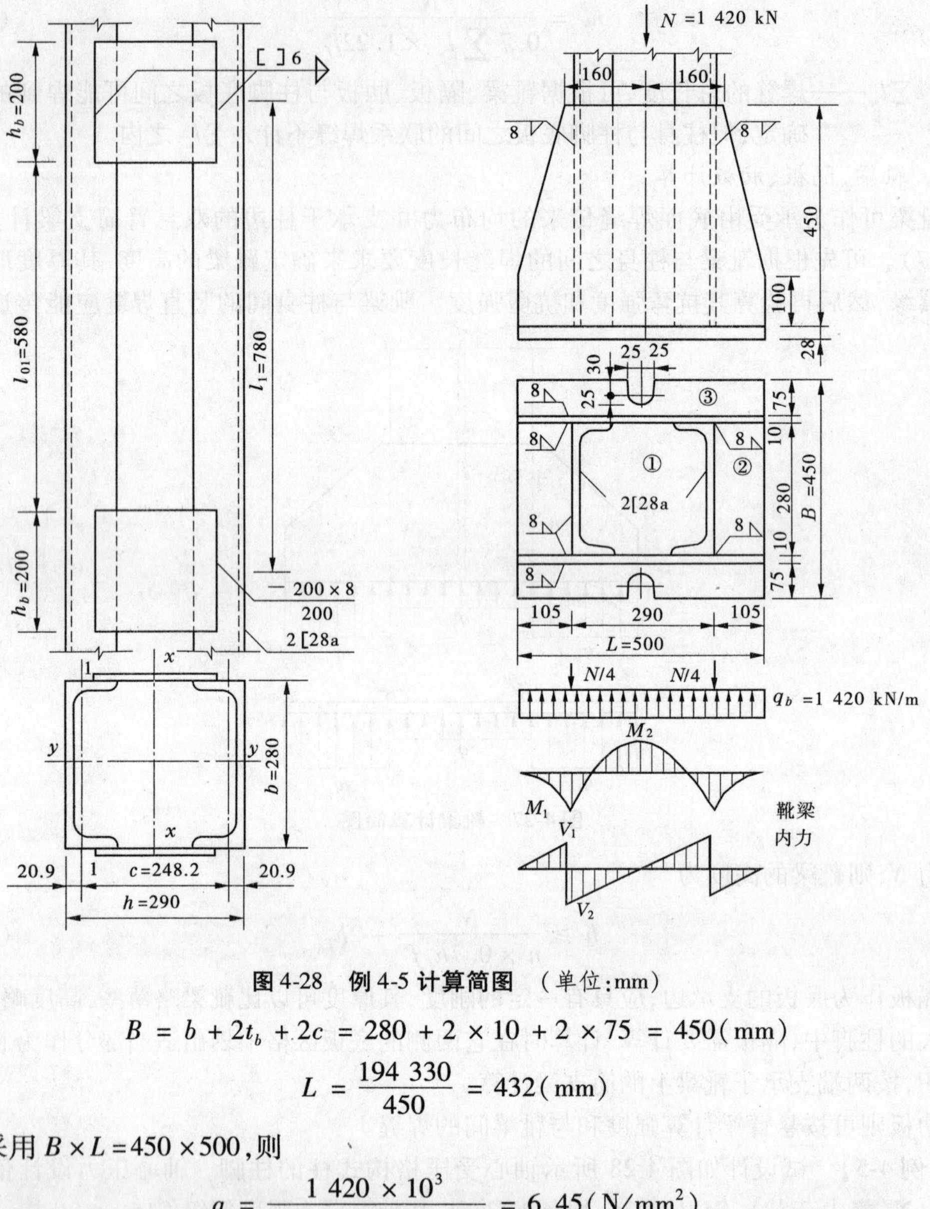

图 4-28　例 4-5 计算简图　（单位：mm）

$$B = b + 2t_b + 2c = 280 + 2 \times 10 + 2 \times 75 = 450 (\text{mm})$$

$$L = \frac{194\ 330}{450} = 432 (\text{mm})$$

采用 $B \times L = 450 \times 500$，则

$$q = \frac{1\ 420 \times 10^3}{450 \times 500 - 5\ 000} = 6.45 (\text{N/mm}^2)$$

（2）确定底板厚度。

区格①为四边支承板，$b/a = 290/280 = 1.036$，查表 4-7，$\alpha = 0.050\ 6$，则

$$M = \alpha q a^2 = 0.050\ 6 \times 6.45 \times 280^2 = 25\ 587 (\text{N} \cdot \text{mm})$$

区格②为三边支承板，$b_1/a_1 = 105/280 = 0.375$，查表 4-8，$\beta = 0.039\ 7$，则

$$M = \beta q a_1^2 = 0.039\ 7 \times 6.45 \times 280^2 = 20\ 076 (\text{N} \cdot \text{mm})$$

区格③为悬臂板，则

$$M = qc^2/2 = 6.45 \times 75^2/2 = 18\ 140 (\text{N} \cdot \text{mm})$$

最大弯矩为 $M_{max} = 25\ 587\ \text{N} \cdot \text{mm}$，$f = 200\ \text{N/mm}^2$（$16\ \text{mm} < t \leqslant 40\ \text{mm}$ 钢板），柱承受

静力荷载,钢板受弯时 $\gamma = 1.2$,则

$$t = \sqrt{\frac{6M_{\max}}{\gamma_x f}} = \sqrt{\frac{6 \times 25\ 587}{1.2 \times 200}} = 25.3(\text{mm})$$

取 28 mm。

(3)靴梁与柱身的竖向焊缝计算。

焊缝共有 4 条,则

$$h_f l_w = \frac{N}{4 \times 0.7 f_f^w} = \frac{1\ 420 \times 10^3}{4 \times 0.7 \times 160} = 3\ 170(\text{mm}^2)$$

取 $h_f \times l_w = 8 \times 440 = 3\ 520(\text{mm}^2) > 3\ 170\ \text{mm}^2$,则靴梁高度取 450 mm。

(4)靴梁与底板连接焊缝计算。

焊缝总长度为

$$\sum l_w = 2 \times (500 - 16) + 4 \times (105 - 8) = 1\ 356(\text{mm})$$

所需焊缝尺寸为

$$h_f = \frac{N}{0.7\beta_f f_f^w \sum l_w} = \frac{1\ 420 \times 10^3}{0.7 \times 1.22 \times 160 \times 1\ 356} = 7.66(\text{mm})$$

取 8 mm。

$$h_f = 8\ \text{mm} > 1.5\sqrt{t} = 1.5\sqrt{28} = 7.94(\text{mm})$$

满足要求。

(5)靴梁验算。

截面采用　　$t_b \times h_b = 10 \times 450$

线均布荷载　　$q_b = \dfrac{N}{2L} = \dfrac{1\ 420 \times 10^3}{2 \times 500} = 1\ 420(\text{N/mm})$

支座和跨中的弯矩和剪力分布分别为

$$M_1 = \frac{q_b l_1^2}{2} = \frac{1\ 420 \times 105^2}{2} = 7.83 \times 10^6(\text{N} \cdot \text{mm})$$

$$M_2 = \frac{q_b l_2^2}{8} - M_1 = \frac{1\ 420 \times 290^2}{8} - 7.83 \times 10^6$$

$$= 14.93 \times 10^6 - 7.83 \times 10^6 = 7.10 \times 10^6(\text{N} \cdot \text{mm})$$

$$M_{\max} = 7.83 \times 10^6\ \text{N} \cdot \text{mm}$$

$$V_1 = q_b l_1 = 1\ 420 \times 105 = 149.1 \times 10^3(\text{N})$$

$$V_2 = q_b l_2/2 = 1\ 420 \times 290/2 = 205.9 \times 10^3(\text{N})$$

$$V_{\max} = 205.9 \times 10^3\ \text{N}$$

$$\sigma_{\max} = \frac{6M_{\max}}{\gamma_x t_b h_b^2} = \frac{6 \times 7.83 \times 10^6}{1.2 \times 10 \times 450^2} = 19.3(\text{N/mm}^2) < f = 215\ \text{N/mm}^2$$

$$\tau_{\max} = \frac{1.5V_{\max}}{t_b h_b} = \frac{1.5 \times 205.9 \times 10^3}{10 \times 450} = 68.6(\text{N/mm}^2) < f_v = 125\ \text{N/mm}^2$$

满足要求。

三、偏心受压柱柱脚

偏心受压柱柱脚可以做成铰接和刚接两种。铰接柱脚仅传递轴心压力和剪力，其计算和构造与轴心受压柱的柱脚相同，但所受的剪力较大，需采取抗剪的构造措施。刚接柱脚除传递轴心压力和剪力外，还要传递弯矩。工程中多采用与基础刚性连接的柱脚。

根据柱的形式及其宽度，偏心受压柱柱脚多采用整体式。图 4-29、图 4-30 所示的柱脚为整体式刚接柱脚，实腹柱和分肢距离较小（一般分肢间距≤1.5 m）的格构柱常采用整体式刚接柱脚。

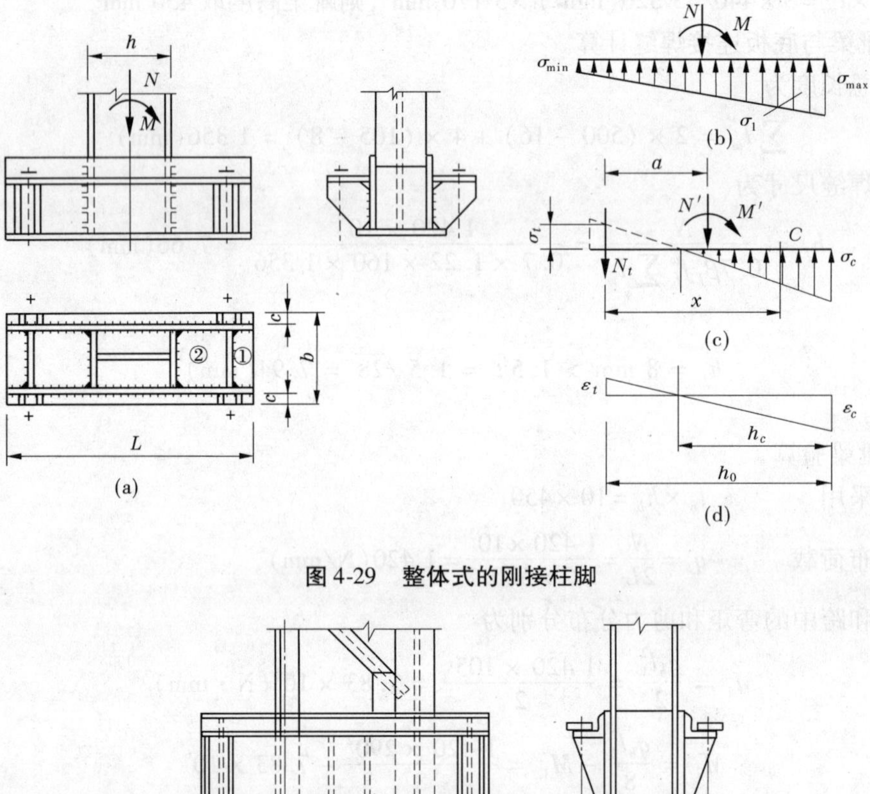

图 4-29　整体式的刚接柱脚

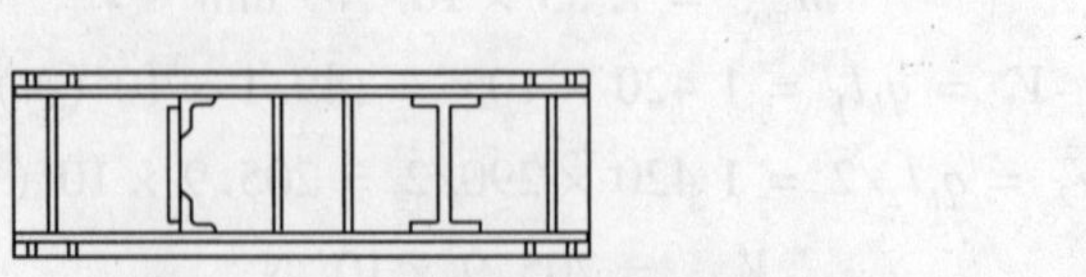

图 4-30　格构柱的整体式刚接柱脚

刚接柱脚在轴心压力和弯矩作用下，传给基础的压力分布是不均匀的，可能会在底板某一侧产生拉力，因此需要由锚栓承受拉力，应对锚栓进行计算。一般情况下，柱脚每边各设置 2～4 个直径为 30～75 mm 的锚栓。

如图 4-29 所示，为保证柱脚与基础刚性连接，锚栓不应直接固定在底板上，宜固定在靴梁侧面焊接的两块肋板上面的顶板上。同时,为便于安装,调整柱脚的位置,锚栓位置宜在底板之外,顶板上锚栓孔的直径应是锚栓直径的1.5～2.0倍,待柱子就位并调整到设计要求后,再用垫板套住锚栓并与顶板焊牢,垫板上的孔径比锚栓直径大1～2 mm。

当柱截面刚度较大时,如箱形截面或加强腹板的工字形截面,也可以不设置靴梁而将锚栓固定在柱翼缘外侧的支承托座上。

偏心受压柱整体式柱脚有实用近似计算方法以及考虑锚栓和混凝土基础弹性性质计算方法两种。下面介绍比较简单实用的计算方法。

(一)底板的计算

1. 底板的面积尺寸

通常需根据柱截面、柱脚内力的大小和构造要求初步选取底板的宽度 b 和长度 L,宽度方向的外伸长度 c 一般取20～30 mm。然后,按底板下的压应力为直线分布,计算底板对基础混凝土的最大应力为

$$\sigma_{\max}=\frac{N}{bL}+\frac{6M}{bL^2}\leqslant f_c \tag{4-68}$$

式中　N、M——柱脚所承受的轴心压力、最不利弯矩,取使基础一侧产生最大压应力的内力组合;

f_c——混凝土的轴心抗压强度设计值。

根据混凝土的强度等级选择承压强度设计值 f_c,当为C15、C20、C25时,f_c 分别为7.2 N/mm^2、9.6 N/mm^2、11.9 N/mm^2。

如果不满足式(4-68)的条件,初选宽度 b 和长度 L 不合适,应修改并重新计算。

而另一侧的应力为

$$\sigma_{\min}=\frac{N}{bL}-\frac{6M}{bL^2} \tag{4-69}$$

于是,可以绘出底板下的压应力分布图形,如图4-29(b)所示。

2. 底板的厚度

按照此压应力产生的弯矩计算底板的厚度,计算方法同轴心受压柱脚。对于偏心受压柱脚,因底板压应力分布不均,分布压应力 q 可偏安全地取为底板各区格的最大压应力。但这种方法只适用于底板全部受压的情况。如果底板出现拉应力,即 $\sigma_{\min}<0$(以压为正,拉为负),则应计算锚栓,并按锚栓计算中所算得的基础压应力进行底板的厚度计算。

(二)锚栓设计

当弯矩较大时,$\sigma_{\min}<0$,表明底板与基础混凝土之间仅部分受压,这时锚栓不仅起到固定柱脚于基础之上的作用,而且将承受拉力。

设计锚栓时,应按照产生最大拉力的基础内力 N' 和 M' 组合考虑,按式(4-68)和式(4-69)近似求得底板两侧的应力,并假设底板与基础混凝土间的应力是直线分布的,拉应力的合力完全由柱脚锚栓承受,如图4-29(c)所示。根据 $\sum M_c=0$ 条件,即可求得锚栓拉力为

$$N_t=\frac{M'-N'(x-a)}{x} \tag{4-70}$$

式中　a——锚栓至轴力 N' 作用点的距离；

x——锚栓至基础受压区合力作用点的距离。

$$A_e \geqslant \frac{N_t}{nf_t^a} \tag{4-71}$$

式中　n——锚栓的数量；

f_t^a——锚栓的抗拉强度设计值；

A_e——锚栓的有效截面面积。

(三)靴梁、隔板及其连接焊缝的计算

设计靴梁、隔板、肋板及其连接焊缝应按使底板产生最大压应力的内力为最不利组合，并应按不均匀底板压应力所产生的实际荷载情况计算。

靴梁与柱身的连接焊缝应按可能产生的最大内力 N_1 计算，并以此焊缝所需要的长度来确定靴梁的高度，则

$$N_1 = \frac{N}{2} + \frac{M}{h} \tag{4-72}$$

靴梁按支于柱边缘的悬伸梁来验算其截面强度。靴梁的悬伸部分与底板间的连接焊缝共有四条，应按整个底板宽度下的最大基础反力计算。

隔板的计算同轴心受力柱脚，它所承受的基础反力应取该计算段内的最大值计算。

肋板顶部的水平焊缝以及肋板与靴梁的连接焊缝应根据每个锚栓的拉力来计算。锚栓支承垫板的厚度根据其抗弯强度计算。

小　结

(1)轴心受压构件的可能破坏形式有强度破坏、整体失稳破坏和局部失稳破坏等几种。轴心受压构件的截面若无削弱，一般不会发生强度破坏，因为整体失稳或局部失稳总发生在强度破坏之前。

(2)轴心受压格构式构件绕实轴失稳时，整体稳定计算方法与实腹式构件相同；绕虚轴失稳时整体稳定计算应采用换算长细比。

(3)轴心受压构件翼缘、腹板、格构式构件的单肢、缀板或缀条在压力作用下有可能发生局部失稳，规范通过限定翼缘的宽厚比、腹板的高厚比和单肢的长细比等来保证。

(4)实腹式压弯构件的整体稳定计算分为平面内和平面外。规范是按照边缘纤维屈服准则，通过压力与弯矩的相关关系得到计算公式的。格构式压弯构件的弯矩作用平面内绕虚轴的整体稳定采用换算长细比，与实腹式压弯构件弯矩作用平面内的计算方法相同。而弯矩作用平面外的稳定计算转化为单肢的稳定计算。

(5)梁柱连接有两种连接方式：一是顶面连接，一是侧面连接。

(6)轴心受压柱的柱脚一般设计成铰接，通常由底板、靴梁、肋板和锚栓组成。偏心受压柱柱脚常采用整体式刚接柱脚。

思考题

4-1　影响轴心受压稳定极限承载力的初始缺陷有哪些？在钢结构设计中如何考虑？

4-2　如何判断轴心受压构件将产生哪一种形式的屈曲？

4-3　轴心受压构件采用什么样的截面形式合理？

4-4　工字形截面轴心受压构件翼缘和腹板的局部稳定性计算公式中，λ 为什么应取构件两个方向长细比的较大值？

4-5　简述轴心受压构件的设计步骤。设计时需注意哪些问题？

4-6　压弯构件采用什么样的截面形式合理？

4-7　为什么要采用等效弯矩系数？其值是怎样确定的？

4-8　简述压弯构件的设计步骤。设计时需注意哪些问题？

习　题

4-1　有一工作平台柱高 6 m，两端铰接，截面为焊接工字形，翼缘为轧制边，柱的轴心压力设计值为 5 000 kN，钢材为 Q235B，焊条为 E43 型，采用自动焊。试设计该柱的截面。

4-2　某轴心受压柱的长度为 6.5 m，截面组成如图 4-31 所示，缀板式柱，两端铰接，单肢长细比 $\lambda_1 = 35$，材料为 Q235 钢。试确定柱的轴心压力设计值。

4-3　设计如图 4-32 所示焊接工字形截面轴心受压柱的铰接柱脚。柱的设计压力 $N = 1\ 000$ kN，钢材为 Q235 钢，焊条为 E43 型，采用手工焊，基础混凝土强度等级为 C15，并请按照比例绘制柱脚构造图。

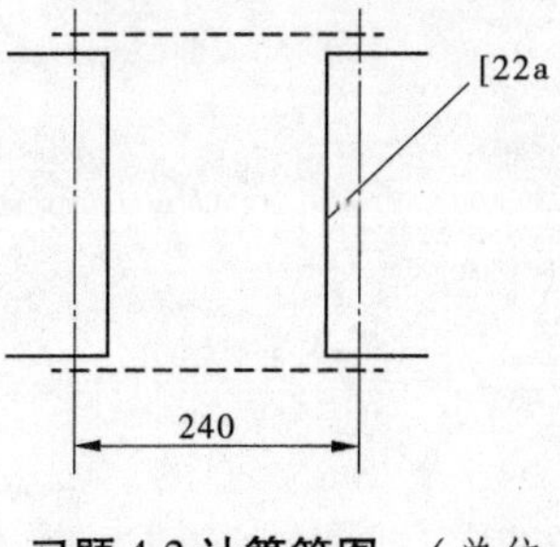

图 4-31　习题 4-2 计算简图　（单位：mm）

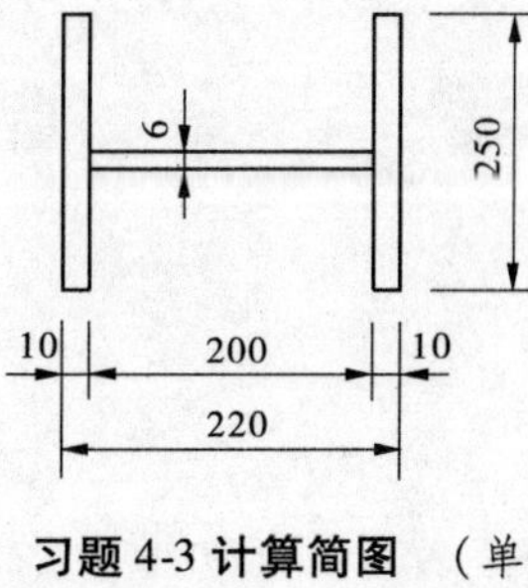

图 4-32　习题 4-3 计算简图　（单位：mm）

4-4　试设计某支承工作平台的轴心受压柱，柱身为由两个热轧工字钢组成的缀条柱。单缀条体系，缀条用单角钢∠45×5，倾角为 45°，钢材为 Q235 钢，柱高 10.0 m，上端铰接，下端固定，由平台传递给柱身的轴心压力设计值为 1 550 kN。请选择柱肢工字钢型号，并验算缀条的稳定性。

4-5　有一高度为 4.0 m 的压弯构件，两端铰接，材料采用 Q235，截面选择 HN400×200×8×13，承受的荷载：轴心压力的设计值 $N = 500$ kN，弯矩设计值 $M_x = 80$ kN·m。试验算该构件的截面。

4-6　试设计图 4-33 所示的柱。承受的设计压力 $N = 1\,750$ kN，$M_x = 525$ kN · m。在弯矩作用平面外有支撑体系如图 4-33(a) 所示，柱上端自由，下端固定。要求选定热轧 H 型钢或焊接工字形截面，材料为 Q235。

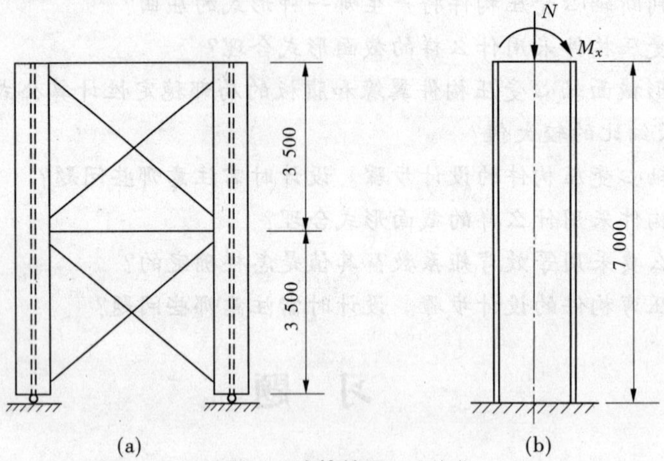

图 4-33　习题 4-6 计算简图　（单位：mm）

第五章　钢桁架

内容提要

本章主要介绍桁架的特点，桁架外形选择、尺寸的确定和腹杆布置，桁架支撑设计，桁架的荷载和杆件内力计算，桁架杆件截面的选择、节点的设计以及施工图的绘制。通过学习，了解桁架的类型、构造和应用范围；掌握桁架间支撑的作用、桁架的荷载和杆件内力计算、桁架杆件截面选择及节点的设计、桁架设计步骤及设计方法。

学习重点

掌握桁架内力计算方法、杆件截面选择及节点设计、桁架设计步骤及方法。

第一节　概　述

桁架是指由直杆在杆端相互连接而成的以抗弯为主的格构式结构。桁架中的杆件大多只承受轴向力，杆件截面上应力分布均匀，材料性能发挥较好，从而能节省钢材、减轻结构自重，特别适用于跨度或高度较大的结构。

最常用的是平面钢桁架，在横向荷载作用下其受力实质是格构式的梁。平面钢桁架和钢梁一样，是钢结构中应用非常广泛的基本受弯构件。钢桁架与实腹式钢梁相比较，主要特点是以弦杆代替梁的翼缘和以腹杆代替梁的腹板，而在节点处通过节点板（或其他零件）用焊缝或其他连接将腹杆和弦杆互相连接，有时也可不用节点板而直接将各杆件互相焊接（或其他连接）。这样，平面桁架整体受弯时的弯矩表现为上、下弦杆的轴心受压和受拉，剪力则表现为各腹杆的轴心受压或受拉，且应力沿截面分布均匀，能充分利用材料。所以，结构自重较轻，型钢又较钢板价廉，特别是当结构的跨度很大而荷载较小时，采用桁架更显得经济合理。此外，桁架还便于按照不同要求制成各种外形。因此，钢桁架是一种刚度较大、用材经济、外形美观的格构式结构，但是桁架杆件和节点较多，制造较为费工。

桁架在钢结构中应用很广，例如工业与民用建筑中的大跨度屋架、水工建筑中各种类型的大跨度钢闸门，浮码头的钢引桥、水利施工和海上油码头钢栈桥、海洋采油平台，以及各种类型塔架（如输电、钻井、通信及起重机用塔架）等常用桁架作为承重结构的主要构件。海洋采油平台的桩基导管架也是一种空间桁架结构。此外，桁架也常作为承重结构之间的支撑系统。

在水工钢结构中，梁式简支静定桁架最为常用。因为这种桁架受力明确，杆力不受支座沉陷和湿度变化的影响，构造简单、安装方便，但用钢量稍大。刚架式及多跨连续桁架等虽能节约钢材，但对支座沉陷和温度变化的影响较敏感，制造安装精度要求较高，因此采用较少。

桁架按照杆件受力大小、截面形式以及节点构造，可分为重型桁架、普通桁架、轻型桁架和薄壁型钢桁架四种。重型桁架杆件受力很大，需采用强大的 H 形截面或箱形截面，在节点处用两块平行的节点板与杆件连接，构造较为复杂，一般只适用于大跨度桥梁，闸门、海洋平台以及升船机等重型结构中。普通桁架一般采用单腹式杆件，如常用两个角钢组成的 T 形截面等，在节点处用一块节点板连接而成，构造简单，应用最为普遍。轻型桁架由圆钢和小角钢（小于∠45×4 或∠56×36×4）组成，它仅适用于跨度不超过 18 m 的轻屋盖结构中。薄壁型钢桁架的杆件分为开口截面和闭口截面，壁厚一般为 1.5～5 mm，目前主要用于荷载较小的屋架中。

本章将着重讲述钢桁架选型、腹杆布置、支撑设计、桁架荷载计算及杆件内力计算、杆件截面设计、节点设计等内容。

第二节　桁架的外形、尺寸和腹杆设计

一、桁架外形的选择

设计桁架首先要选择合理的桁架外形，选择时主要考虑以下几个因素：

（1）满足使用要求。对屋架来说，上弦的坡度应满足屋面防水材料的要求。此外，桁架与柱是简支还是刚接、建筑净空要求、有无吊顶和悬挂吊车、有无天窗和天窗形式以及建筑造型的需要等，也都影响桁架的外形。

（2）受力合理。只有受力合理时才能充分发挥材料的作用，从而达到节省材料的目的。桁架的外形应尽量与弯矩图接近，以使弦杆内力均匀、材料充分发挥作用。腹杆的布置应使内力分布合理、短杆受压、长杆受拉，且节点和腹杆数量宜少、腹杆的总长度宜短。同时，应尽量使荷载作用在节点上，以避免弦杆因受节点间荷载产生的局部弯矩而加大截面。当梯形桁架与柱刚接时，其端部应有足够的高度，以便有效地传递支座弯矩，而端部弦杆不致产生过大的内力。

（3）便于制造和安装。桁架杆件的数量和品种规格宜少、尺寸力求统一、构造应简单，以便制造。杆间夹角宜为 30°～60°，夹角过小，将使节点构造困难。

（4）综合技术、经济效果好。传统的分析方法多着眼于构件本身的省料与节省工时，这样是不全面的。在确定桁架形式与主要尺寸时，除上述各点外还应考虑到各种有关的因素，如跨度大小、荷载状况、材料供应条件等。尤其应该考虑建设速度的要求，以期获得较好的综合技术、经济效果。

常用的平面桁架形式的外形如图 5-1 所示。在梁式桁架中，平行弦、梯形、多边形、三角形桁架较为典型，工程实践中都有应用。

平行弦桁架（见图 5-1（a）、（b））在水工钢结构中应用最广。它的最大优点是弦杆和腹杆长度均能一致，节点的构造可以统一，上、下弦杆的拼接数量较少。其主要用于平面闸门、钢引桥、栈桥及海洋采油平台导管架等。平行弦桁架两端可与钢柱做成刚性连接，共同形成承重刚架，这样可提高整体结构的刚度，如弧形闸门主框架。

梯形桁架（见图 5-1（c））上弦带有缓坡，常用的坡度是 1∶8～1∶12，以适应卷材（如高

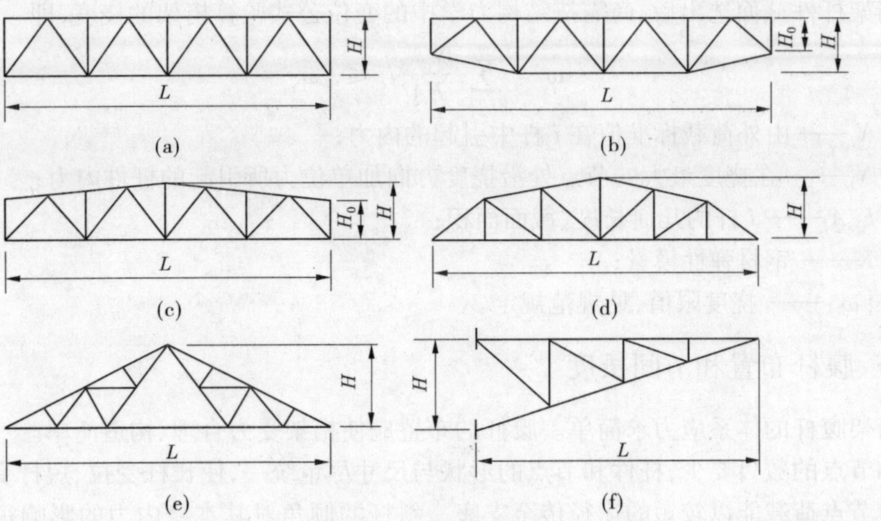

图 5-1　桁架的外形

聚物卷材)防水屋面的排水要求,它是厂房屋架的基本形式,桁架两端和柱子连接也易于构成刚性框架,因而可提高厂房横向刚度。

多边形桁架(见图 5-1(d))由于外形接近于弯矩图形,不但腹杆内力较小,而且各节间弦杆内力相差也不大,这样,可用同一截面尺寸。这种桁架由于上弦杆需要做成折线形,比较费工,但是用于大跨度桁架中能节约钢材,如油码头钢栈桥等。

三角形桁架(见图 5-1(e))上弦坡度一般大于1:5,适用于轻屋面材料的屋架。跨度在 18 m 以下由小角钢和圆钢组成的轻型钢屋架,常可取得经济合理的效果。

三角形悬臂式桁架(见图 5-1(f))多用于海洋采油平台上直升飞机场承重支架。

二、桁架的基本尺寸

桁架的基本尺寸是指桁架的跨度 L 和高度 H(见图 5-1)。跨度主要决定于结构的使用要求。

对于屋面采用钢筋混凝土大型屋面板的屋架,因受大型屋面板(常用宽 1.5 m 或 3 m)的尺寸限制,故屋架跨度一般为 3 m 的倍数,常用跨度为 15 m,18 m,21 m,…,36 m 等,屋架间距采用 6 m。

桁架高度与组合梁的高度相似,主要应根据经济和刚度的要求而定。桁架的经济高度应由桁架的弦杆和腹杆总重量最轻的条件决定。桁架由刚度条件要求的高度,是根据相对挠度的限值$[\omega/L]$来决定的。在水工钢闸门中主桁架的$[\omega/L]=1/700\sim1/600$,钢屋架的$[\omega/L]=1/500$,钢引桥的$[\omega/L]\approx1/400$。

根据上述要求,梯形桁架和平行弦桁架的高度常采用 $H=(1/10\sim1/5)L$,$[\omega/L]$限值愈小,则桁架高度 H 应愈大。三角形桁架 $H=(1/6\sim1/4)L$,三角形悬臂式桁架 $H=(1/2.5\sim1/1.5)L$。桁架的最大高度还应考虑运输条件的限制(如铁路运输限高为 3.85 m)。

当桁架与柱刚接时桁架端部高度 H_0 应有足够的大小,以便形成力臂来传递支座弯矩而不使端部弦杆产生过大的内力,则通常要求 $H=(1/18\sim1/9)L$。

桁架杆件截面选出后,尚需按结构力学中的变位公式验算桁架的挠度,即

$$\omega = \sum_{i=1}^{n} \frac{N_i N_1}{EA_i} l_i \leqslant [\omega] \tag{5-1}$$

式中 N_i——由外荷载标准值在 i 杆中引起的内力;

N_1—— 在挠度最大的节点处沿挠度方向加单位力所引起的杆件内力;

l_i、A_i—— i 杆的几何长度、截面面积;

E—— 钢材弹性模量;

$[\omega]$—— 挠度限值,见规范规定。

三、腹杆布置和节间长度

桁架腹杆的体系应力求简单。腹杆的布置应使桁架受力合理、构造简单。一般来说,腹杆和节点的数目要少,杆件和节点的形状与尺寸尽量统一,使长杆受拉、短杆受压,并且尽量使节点荷载能以较短的途径传至支座。斜杆的倾角对其本身内力的影响很大,一般应为30°~60°,最好是45°左右,这样可以使节点的构造合理,节点板尺寸不致过长或过宽。这样,均可以减少钢材用量和制造的劳动量。

腹杆布置和桁架节间长度的划分应同时进行。节间数宜为偶数,这样能使腹杆布置对称,以适应桁架之间支撑的布置。当钢闸门和钢引桥中桁架与次梁相连接时,宜使次梁布置在桁架弦杆的节点上,以避免弦杆因受节间荷载而引起的弯矩,故节间长度的划分一般应与次梁的间距配合一致。桁架节间一般不宜超过1.5~2.5 m。

在平行弦桁架或梯形桁架中,腹杆体系通常用人字式(见图5-2(a))或单斜式(见图5-2(d)),以人字式最为常用。人字式腹杆数及节点数最少,适用于跨度较小或节点荷载数较少的桁架。从受力情况分析,腹杆承受剪力,人字式腹杆体系中荷载从所作用的节点至支座的内力传递途径最短。对于中等以上跨度的桁架,由于斜杆中合理倾角的要求,节间长度将随桁架高度而增大,常需附加竖杆,借以减小上弦的节间长度,适应次梁或屋架檩条间距的要求,并减小上弦压杆的计算长度(见图5-2(b)),故较经济、常用,如水工闸门和上承式钢引桥中的主桁架等。下承式钢引桥主桁架下弦节点与次梁连接,为传递次梁的节点荷载尚需附加受拉竖杆(吊杆)(见图5-2(c))。附加受压或受拉竖杆因只承受局部节点荷载,故所需截面较小。有时也采用单斜式腹杆体系(见图5-2(d)),其优点是较长的斜杆受拉、用钢较省、节点形状相同、加工方便,但杆数和节点数较多,比人字式腹杆费工。单斜式腹杆中从荷载作用的节点向支座传递内力的途径最长。在大跨度、大高度桁架中,为了缩小受压弦杆长度和竖杆长度,并使斜杆保持合理倾角,可采用较复杂的杆体系,如再分式(见图5-3(a)、(c))、K形(见图5-3(b)、(d))及菱形桁架(见图5-3(e))等。这些桁架常用于大跨度结构中。

此外,当桁架作为支撑桁架时,常采用交叉式的腹杆体系(见图5-2(e))。它的特点是腹杆可以承受变向荷载(如风荷载、水压力等),并能提高结构的稳定性和刚度。这种多次超静定桁架一般可以简化为静定桁架来计算,即认为只有一组受拉斜杆起作用,而另一组受压斜杆将因长细比较大,稍一受力就会发生纵向弯曲而退出工作。当荷载的方向改变时,两组斜杆的工作即互相交换。

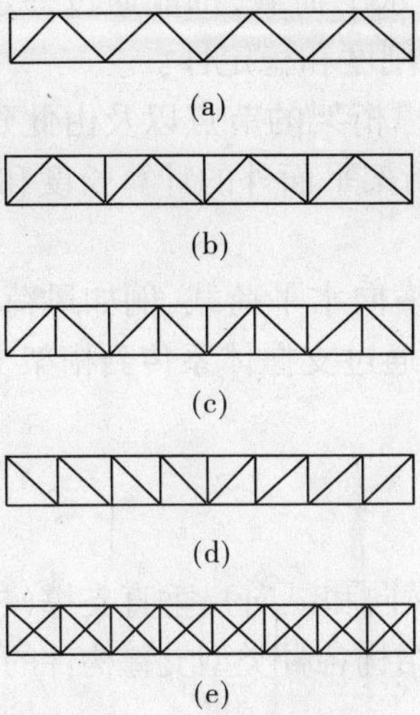

图 5-2 常用的腹杆体系

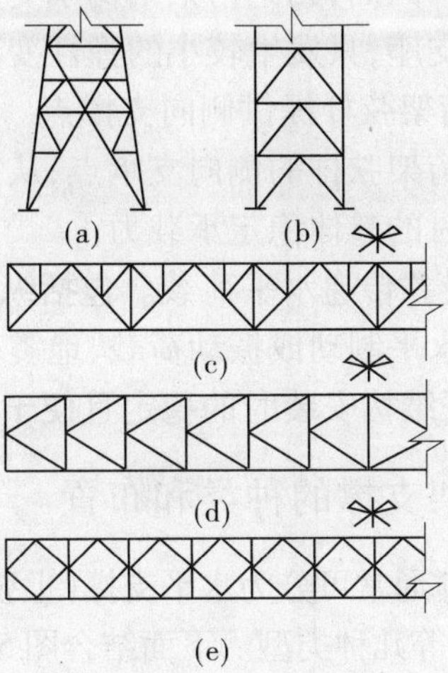

图 5-3 较复杂的腹杆

第三节 桁架支撑设计

一、桁架支撑的作用

平面桁架在其本身平面内具有较大的刚度,能承受桁架平面内的各种荷载。但在垂直于桁架平面方向(称为桁架平面外)不能保持其几何不变,即使桁架上弦与檩条或屋面等铰接相连,桁架仍会侧向倾倒,如图 5-4(a)中虚线所示。为了防止桁架侧向倾倒破坏和改变桁架工作性能,对于平面桁架体系,必须设置支撑系统,在水工结构中称之为联结系。桁架支撑的作用主要有:

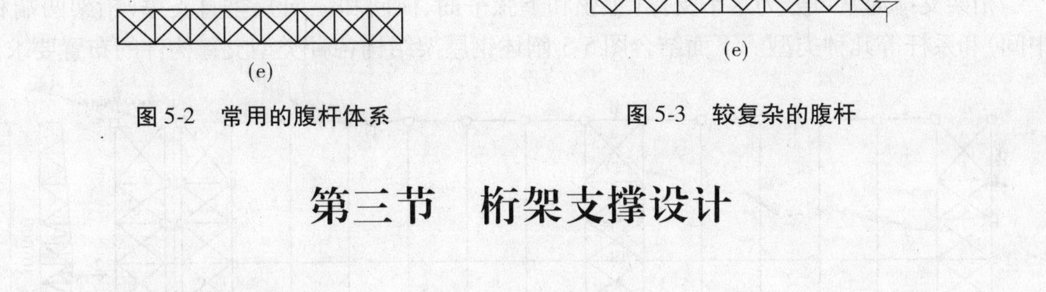

(a)无支撑 (b)有支撑

图 5-4 支撑作用示意图

(1)保证桁架结构的空间几何稳定性,即形状不变。平面桁架能保证桁架平面内的几何稳定性,支撑系统则保证桁架平面外的几何稳定性。

(2)保证桁架结构的空间刚度和空间整体性。桁架上弦和下弦的水平支撑与桁架弦杆组成水平桁架,桁架端部和中部的垂直支撑则与桁架竖杆组成垂直桁架,都有一定的侧向抗弯刚度。因而,无论桁架结构承受竖向或纵、横向水平荷载,都能通过一定的桁架体系把力传向支座,只发生较小的弹性变形,即有足够的刚度和稳定性。

(3)为桁架弦杆提供侧向支撑点。水平和垂直支撑桁架的节点以及由此延伸的支撑系杆都成为桁架弦杆的侧向支承点,从而减小弦杆在桁架平面外的计算长度和长细比,并提高其受压时的整体稳定承载力。

(4)承受并传递水平荷载。包括纵向水平荷载和横向水平荷载,例如风荷载、悬挂或桥式吊车的水平制动或振动荷载、地震荷载等,最后都通过支撑体系传到桁架支座。

(5)保证结构安装时的稳定且便于安装。

二、桁架支撑的种类和布置

桁架支撑通常可分为水平支撑(上弦和下弦平面、横向和纵向)、垂直支撑(桁架两端和中间)和系杆等几种类型。下面结合图 5-5 阐述钢屋架结构各种类型支撑构件的布置要求。

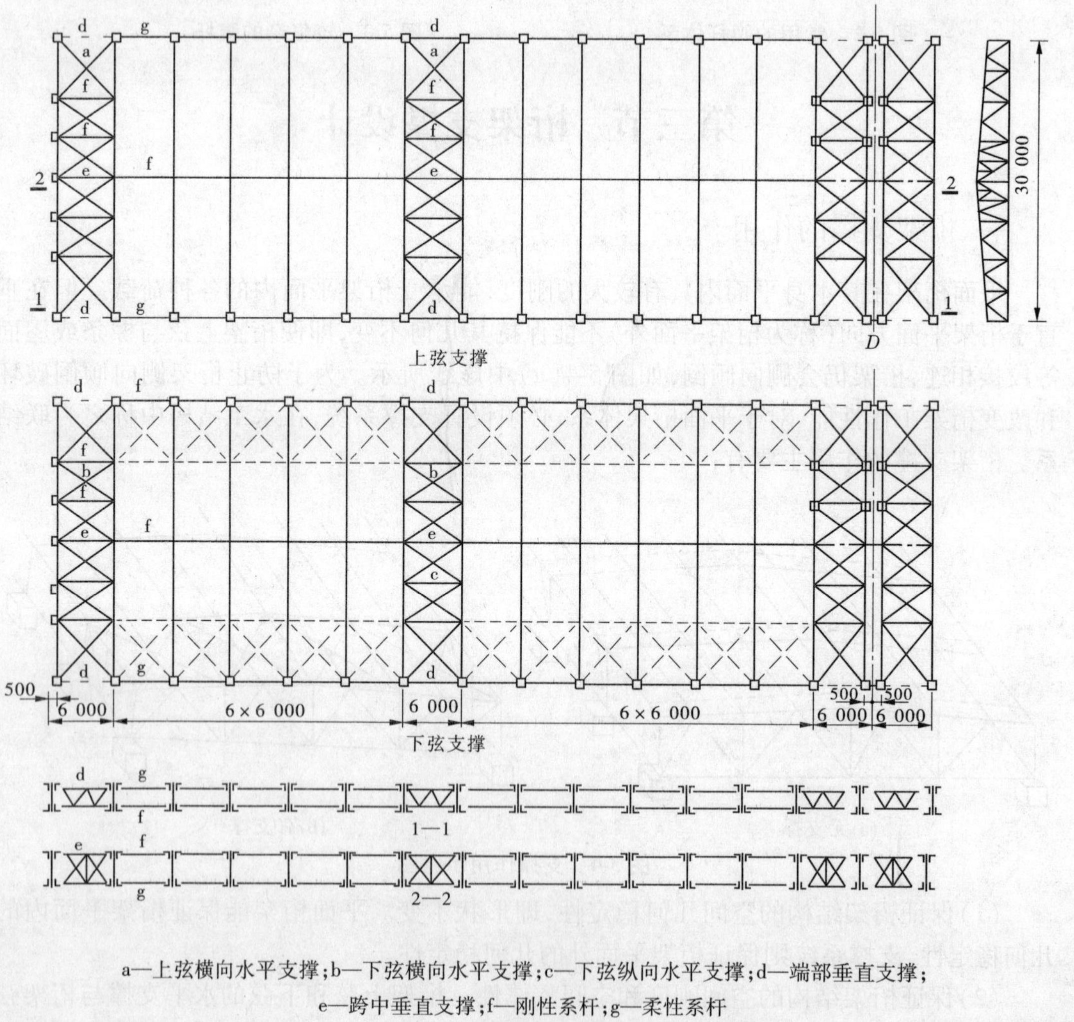

a—上弦横向水平支撑;b—下弦横向水平支撑;c—下弦纵向水平支撑;d—端部垂直支撑;
e—跨中垂直支撑;f—刚性系杆;g—柔性系杆

图 5-5　屋盖支撑布置图　(单位:mm)

(一)上、下弦横向水平支撑

在组成空间桁架结构的相邻两榀屋架的上弦和下弦平面内沿跨度全长设置。为了提高屋盖结构刚度和缩短系杆传力途径，一般在房屋或每个温度区段的两端各设置一道，区段较长时还应在中间增设一道或几道，以使其净距不超过 60 m(见图 5-5)。

从受力考虑，端部横向支撑最好设在端部第一开间(见图 5-5)，这样房屋端部抗风柱顶风荷载传给横向水平支撑更为直接；但当区段较长，中间也设横向支撑，且端部第一开间比其他开间缩进 0.5 m 时，横向支撑(上、下弦水平支撑和垂直支撑)将有正常开间和缩小开间两种规格尺寸(见图 5-5 中 6 m 和 5.5 m)。在这种情况下，为了把横向支撑规格统一为正常开间，常将端部横向支撑移到端部第二开间。当屋盖有天窗时，由于天窗常从区段第二开间开始(第二开间不设天窗，以便消防灭火时屋面通行)，横向支撑也常设在端部第二开间，以便屋盖和天窗横向支撑都集中在同一开间内得到重点加强。

横向水平支撑桁架的节间划分应与屋架节间相配合，一般为 4.5 ~ 6 m，个别可小至 3 m，因其杆件较长而受力较小，通常采用交叉斜腹杆体系。交叉斜腹杆常采用单角钢柔性杆(即按只能受拉设计，受压时失稳退出受力)，横腹杆采用双角钢组成的十字形截面刚性杆(即按兼能受压设计和受拉设计)。

当屋架跨度较小($L \leqslant 18$ m)，且没有悬挂式吊车，或虽有悬挂式吊车但起重吨位不大，厂房内也无较大的振动设备时，可不设下弦横向水平支撑。

(二) 垂直支撑

在组成空间桁架的两榀屋架间，除设置在上、下弦横向水平支撑外，还应在端部竖杆和某些跨中竖杆平面内设置垂直支撑。某些桁架形式无适当竖杆时，垂直支撑也可设于斜杆平面内。垂直支撑与屋架的连接节点应该也是横向水平支撑的连接节点。

通常情况下，梯形屋架在跨度 $L \leqslant 30$ m、三角形屋架在跨度 $L \leqslant 24$ m 时，在端部和跨中共设置三道垂直支撑；当跨度大于上述数值时，宜在两端和跨度约 1/3 处或天窗架侧柱处共设置四道垂直支撑。三角形屋架没有端部竖杆，故只设跨中垂直支撑：通常 $L \leqslant 18$ m 时在跨中设一道，$L > 18$ m 时在跨中约 1/3 处或天窗架侧柱处共设两道。

垂直支撑本身是一个平行弦桁架，根据高宽尺寸比例可采用图 5-6 所示腹杆体系，使斜杆与弦杆夹角为 35° ~ 55°。垂直支撑的弦杆一般采用双角钢组成的 T 形截面。腹杆较短时采用单角钢(按受压设计)，较长时采用单角钢柔性(受拉)交叉斜腹杆和双角钢受压竖杆(见图 5-6)。

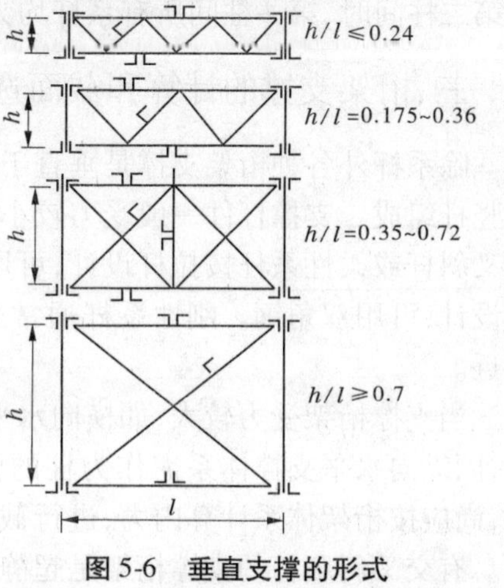

图 5-6　垂直支撑的形式

(三) 天窗架支撑

当屋盖有天窗架时，对天窗架也应与屋架一样设置天窗架上弦横向水平支撑和垂直支撑(一般配合屋架横向支撑设于同一开间内)以及相应系杆。天窗架垂直支撑通常设于天窗架两个侧柱平面，天窗架跨度 $\geqslant 12$ m 时还设于跨度中央。

(四)下弦纵向水平支撑

一般房屋的屋盖结构不设纵向水平支撑。当房屋内设有托架,或有较大吨位的重级、中级工作制的桥式吊车,或有壁行吊车,或有锻锤等大型振动设备,以及房屋较高、跨度较大、空间刚度要求较高时,均应布置下弦纵向水平支撑(见图5-5中虚线)。当房屋排架柱间距较大而中间设有墙架柱,且墙架柱顶需以下弦纵向水平支撑为水平支承点,以便把侧向风荷载等传给排架柱时,也应设置下弦纵向水平支撑。

单跨房屋的下弦纵向水平支撑一般设于房屋两侧(见图5-5中虚线)。对多跨的等高房屋或不等高房屋的等高部分,可仅沿两侧边柱列处设置,并根据各跨吊车和振动情况在中间柱列处适当增设,一般可每隔一列柱设置于一侧屋架。这样,下弦纵向水平支撑与横向水平支撑组成封闭水平框,可大大提高屋盖的纵、横向水平刚度。

当屋盖有托架时,为了保证托架的侧向刚度和稳定性,以及传递侧向水平力,应在托架范围及其两端至少各延伸一个柱间的下弦端部设置下弦纵向水平支撑。

对于三角形屋架、主要支座节点在上弦的梯形屋架以及在某些情况下,纵向水平支撑也可设于上弦平面。

(五)系杆

不设横向支撑的其他屋架,其上、下弦的侧向稳定性由与横向支撑点相连的系杆来保证。能承受拉力也能承受压力的系杆,叫刚性系杆;只能承受拉力的系杆,叫柔性系杆。它们的长细比分别按压杆和拉杆控制。

上弦平面内,大型屋面板的肋可起系杆作用,但为了安装屋架时的方便与安全,在屋脊及两端设刚性系杆。当用檩条时,檩条可兼作系杆。有天窗时,屋脊节点的系杆对于保证屋架的稳定有重要作用,因屋架在天窗范围内没有屋面板或檩条,屋脊处仍需设置刚性系杆。

下弦杆受拉,为保证下弦杆在桁架平面外的长细比满足要求,也应设置系杆。

系杆的布置原则:在垂直支撑的平面内一般设置上、下弦杆;屋脊节点及主要支承节点处需设置刚性系杆,天窗侧柱处及下弦跨中附近设置柔性系杆;当屋架横向支撑设在端部第二柱间时,第一柱间所有系杆均为刚性系杆。

三、桁架支撑的计算和截面选择

除系杆外各种桁架支撑是垂直于桁架平面的平面桁架,由设置的支撑与桁架的弦杆或竖杆组成。支撑杆件一般受力较小,可不作内力计算,杆件截面按容许长细比来选择。交叉斜杆或柔性系杆按拉杆设计,可用单角钢;非交叉斜杆、弦杆、竖杆以及刚性系杆按压杆设计,可用双角钢。刚性系杆通常采用双角钢组合十字形截面,以便两个方向的刚度相近。

当支撑桁架受力较大,如横向水平支撑传递较大的山墙风荷载,或结构按空间工作计算,因纵向水平支撑体系需作为柱的弹性支座时,支撑杆件除需满足允许长细比的要求外,尚应按桁架体系计算内力,进行截面设计。

有交叉斜腹杆的支撑桁架是超静定体系,但因受力比较小,一般常用简化方法进行分析。可采用柔性方案设计,腹杆只考虑拉杆参与工作。如图5-5中用虚线表示的一组斜杆因受压而退出工作，此时桁架按单斜杆体系分析。当荷载反向作用时，则认为另一组斜杆退出工作。当按斜杆可以承受压力设计(刚性方案设计)时，可按结构力学的方法进行内力分析。

第四节　桁架的荷载和杆件内力计算

一、荷载的计算

作用于桁架上的荷载可分为永久荷载和可变荷载两大类。以屋架为例进行说明：

永久荷载。如桁架自重(包括支撑)、天窗架自重、屋面材料重等。

可变荷载。如风荷载、雪荷载、积灰荷载、吊棚重量、吊挂管道重量等。

作用在屋架上的荷载标准值及它们的分项系数、组合系数等，可参阅《建筑结构荷载规范》(GB 50009—2012)或其他有关手册查得。

计算桁架内力时，应根据使用过程和施工过程可能出现的最不利荷载组合进行计算。对屋架设计应考虑以下三种荷载组合：

(1)全跨永久荷载+全跨可变荷载；

(2)全跨永久荷载+半跨可变荷载；

(3)全跨屋架、支撑及天窗自重+半跨檩条、屋面板和活(雪)荷载(屋面活荷载主要指人群荷载，它与雪荷载不会同时出现，可取两者中的较大值计算)。

在荷载组合中，对轻质屋面的屋架，在风荷载和永久荷载作用下，由于风荷载可能出现负压的情况(当屋面坡度很小时)，桁架杆件内力可能会变号，即原来受拉的杆件可能变为受压，设计时应当注意这种可能性。

二、桁架内力计算

实际桁架节点多为焊接，也有采用高强度螺栓连接的，具有很大的刚性，接近于刚接。按刚接节点分析桁架时，各杆件既受轴心力又受弯矩作用。但是，通常钢桁架中各杆件截面的高度都较小，仅为其长度的1/10(弦杆)和1/15(腹杆)以下，抗弯刚度较小，因而按刚接桁架算得的杆件弯矩 M 较小，引起的弯曲应力(称为次应力)相对于轴心力引起的应力(称为主应力)较小，且杆件的轴心力 N 也与铰接桁架计算结果相差很小，故一般情况下都按铰接桁架进行计算。

对于承受较大荷载的重型钢桁架，如铁路桁架桥等，当杆件在桁架平面内的截面高度超过其几何长度的1/10(对弦杆)或1/15(腹杆)时，次应力的比重逐渐增大，可达10%～30%或以上，应按刚接桁架进行内力计算。

当桁架只承受节点荷载时，其杆件内力一般按节点荷载作用下的铰接桁架计算。这样，所有杆件都是轴心受压或轴心受拉杆件，不承受弯矩。具体计算可用数解法(节点法或截面法)、图解法(主要是指节点法)、有限单元法进行计算。有节间荷载作用的桁架如图5-7所示，可先把所有节间荷载按该段节间为简支，求出支座反力，再把支座反力反向与节点荷载叠加，按只有节点荷载作用，计算桁架各杆的轴力。然后对有节间荷载的杆件计算局部弯矩。局部弯矩可按刚接桁架用计算机求解，但通常采用简化法，取中间节间正弯矩及节点负弯矩为 $M = 0.6M_0$，两端节间正弯矩为 $M = 0.8M_0$，其中 M_0 为将上弦节间视为简支梁所得跨中弯矩，当在节间中点仅作用一集中荷载 Q 时，$M_0 = Qa_1/4$。弦杆端节点按铰接（$M = 0$）或取悬臂负弯矩 M_e（见图 5-7（b））。

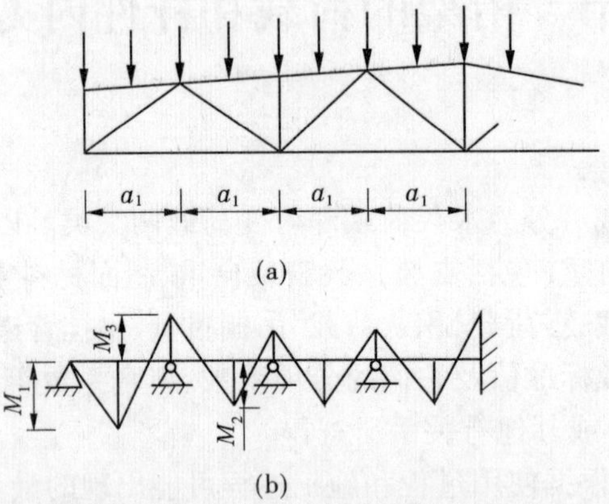

图 5-7　上弦杆局部弯矩计算简图

当进行内力计算时，应进行荷载组合对比，求出杆件的最不利内力。受拉（压）构件的最不利内力是最大轴心拉（压）力，受拉为主并可能受压的杆件，如梯形桁架跨中的一些腹杆，在满跨荷载作用时受拉，但在半跨荷载作用时可能受压。这些杆件的最不利内力为最大轴心拉力和可能最大轴心压力。压杆比拉杆长细比限制严格，且整体稳定承载力一般小于强度承载力，因此最大压力虽小，但也应作为最不利内力。对于拉（压）弯杆件，还应考虑最大正或负弯矩的不利组合。

三、桁架杆件的内力组合

桁架不同荷载情况，即永久荷载和各种活荷载的不同组合情况，将对各杆件引起不同的内力。设计时应考虑各种可能的荷载组合，并对每根杆件分别比较考虑哪一种荷载组合引起的内力最为不利，取其一组或几组作为该杆的设计内力。

对于桁架的轴心受力杆件，最不利内力是指：

（1）拉杆的最大轴心拉力；

（2）压杆的最大轴心压力；

（3）受压为主可能受拉杆件的最大轴心压力；

（4）受拉为主可能受压杆件的最大轴心拉力和最大轴心压力两组内力并列，受压杆件的长细比限制较严，且整体稳定计算时要考虑 φ_b，故最大压力虽小于最大拉力也应并列为最不利内力。

对于兼受弯矩的杆件，还应考虑最大正或负弯矩的不利情况。

（一）梯形屋架杆件的内力组合

对于梯形屋架的设计内力，通常应考虑下列三种组合：

（1）组合一。全跨永久荷载 + 活荷载（选用活荷载或雪荷载的较大值）。

（2）组合二。全跨永久荷载 + 左或右半跨活荷载（选用活荷载或雪荷载的较大值）。

(3)组合三。全跨屋架重 + 左或右半跨檩条、屋面板重和施工时活荷载(选用施工活荷载或雪荷载的较大值)。

当为不上人屋面时,使用活荷载即取施工活荷载值,屋面有积灰荷载时,在组合一、组合二的使用活荷载中应予以加入。组合三是针对通常的屋盖安装方法和步骤而规定的,即屋架(包括支撑和可能有的天窗架)安装完毕后从其一侧顺次吊装檩条和屋面板,并在其上暂时堆放待装的屋面板或其他建筑材料。

对多数杆件只需考虑组合一。只对靠近跨中的个别腹杆,左半跨荷载使其受拉(压),而右半跨荷载使其受压(拉),则需考虑组合二、组合三,这时少加某一个半跨的活荷载将使杆件拉(压)力增加,少加另一个半跨的活荷载则有可能使杆件由受拉变为受压。

(二) 三角形屋架杆件的内力组合

(1)对于三角形屋架的杆件内力,通常只需考虑组合一,即全跨永久荷载和活荷载(施工活荷载和雪荷载的较大值)。

三角形屋架中,左或右半跨荷载均使上弦杆受压和下弦杆受拉,对腹杆则是左或右半跨荷载只使本半跨腹杆受力,因而组合二、组合三的杆件内力不会变号也不会超过组合一,故不必考虑。

(2)对轻屋面并承受较大风荷载的屋架,还应考虑下列组合:全跨永久荷载 + 向左或向右风荷载。本组合可能使某些腹杆(甚或某些弦杆)发生较大反号内力或由受拉变为受压、支座反力由受压变为受拉需要锚固等。

(3)风荷载使屋面某些部分引起风压力时(屋面坡度 > 30°或有天窗时),还应考虑下列两种组合:全跨永久荷载 +0.85 全跨活荷载 +0.85 向左或向右风荷载,全跨永久荷载 + 向左或向右风荷载。这两种组合可能使受风压力处某些腹杆(甚或某些弦杆)的内力更大。0.85 是考虑最大活荷载和最大风荷载同时发生的概率较小而引入的荷载组合系数。

第五节　桁架杆件的截面选择

桁架经选定形式和确定钢号,并求出各杆件的设计内力 N(或 N 和 M)后,需再确定杆件在各个方向的计算长度、截面的组成形式、节点板厚度等,便可进行截面选择。

一、桁架杆件的计算长度

(一)杆件的计算长度

桁架中压杆和拉杆都必须先求得其计算长度 l_0,因为确定了计算长度才能按稳定性选择压杆的截面以及进行压杆和拉杆刚度验算。

1. 桁架平面内(对 x 轴)的计算长度 l_x

桁架按理想铰接节点考虑时,各杆件两端接近不动铰接,在桁架平面内的计算长度大致为 $l_x = l$(l 为杆件的几何长度,即相邻节点中心间距离)(见图 5-8(a))。但在钢桁架中,由于汇交于节点的各杆通过节点板焊接在一起而且具有一定的刚性,同时节点上还有受拉杆件对节点转动起到约束作用,因此在桁架平面内,节点不是真正的铰接(见

图 5-9）。

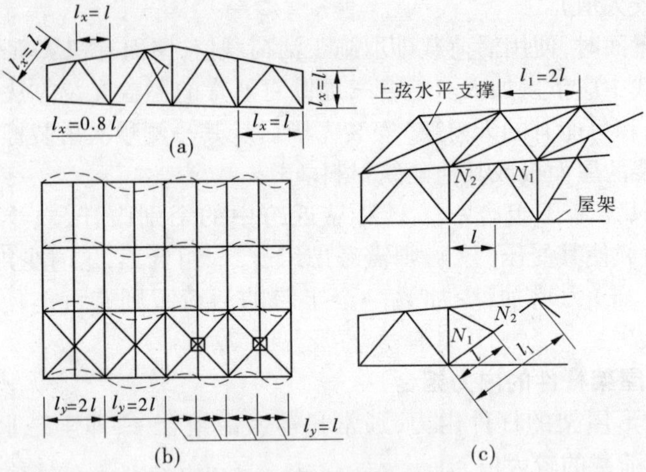

图 5-8　桁架杆件计算长度

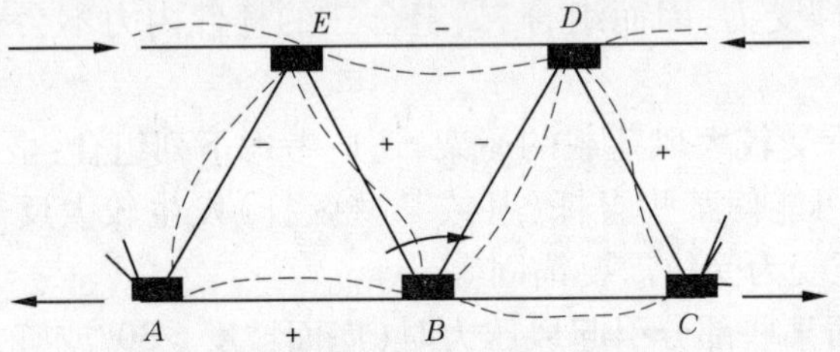

图 5-9　桁架杆件在节点上的嵌固

当某一压杆如 ED 在桁架平面内屈曲而绕节点转动时，将受到与节点相连接的其他杆件的约束，节点的这种弹性嵌固作用对压杆的工作是有利的。理论分析和试验证明，约束节点转动的主要因素是拉杆。它有拉直绷紧的倾向，节点上的拉杆数量愈多，拉力和拉杆的线刚度愈大，则节点的嵌固程度也愈大；而压杆易屈曲，有促使节点转动的倾向，节点上的压杆数量愈多，则节点转动倾向也愈大。因此，可把汇集压杆较多的上弦节点和桁架的端节点视为铰接，其他节点视为弹性嵌固，由此可确定杆件在桁架平面内的计算长度。图 5-8（a）和图 5-9 所示桁架的受压弦杆以及支座竖杆和斜杆的计算长度一律取 $l_x = l$。对于中间腹杆的计算长度取 $l_x = 0.8l$。至于受拉弦杆，其所受嵌固作用比受压杆要大些，但为了简化取 $l_x = l$。

2. 桁架平面外（对 y 轴）的计算长度 l_y

受压杆的计算长度 l_y 应等于侧向支撑点的间距 l_1，因为它在垂直于桁架平面方向发生纵向弯曲时，只能在侧向支撑点间发生弯曲。在无横向支撑的开间，则由纵向系杆作为侧向支撑点。如图 5-8（b）的左半部分，由于横向水平支撑在交叉点与系杆无连接，故 l_y 为 2 倍的节间长度；图 5-8（b）的右半部分，由于横向水平支撑在交叉点与系杆相连，故 l_y 为节间长度。

由于节点板在桁架平面外的刚度很小，相当于板铰，故不能约束腹杆端部的转动，因此受压腹杆在桁架平面外的计算长度 $l_y = l$。

单角钢腹杆和双角钢十字形截面腹杆，当截面的两主轴均不在桁架平面内时，杆件沿最小刚度平面（斜平面）发生纵向弯曲，杆端的节点板起着不完全的嵌固作用，故其计算长度 $l_y=0.9l$。

现将各种桁架的计算长度综合列于表 5-1。

表 5-1　桁架弦杆和单系腹杆的计算长度

项次	弯曲方向	弦杆	腹杆	
			支座斜杆和支座竖杆	其他腹杆
1	桁架平面内	l	l	$0.8l$
2	桁架平面外	l_1	l	l
3	斜平面	—	l	$0.9l$

注：1. l 为构件的几何长度（节点中心间距离），l_1 为桁架弦杆侧向支承点之间的距离。

2. 斜平面指与桁架平面斜交的平面，适用于构件截面两主轴均不在桁架平面内的单角钢腹杆和双角钢十字形截面腹杆。

3. 无节点板的腹杆计算长度在任意平面内均取其等于几何长度（钢管结构除外）。

如果桁架弦杆侧向支撑点之间的距离 l_1 为 2 倍节间长度（$l_1=2l$），且两个节间杆件内力不等（见图 5-8(c)），一边有较大的压力 N_1，另一边有较小的压力或拉力 N_2（计算时压力取正，拉力取负），此时，这种杆件在桁架平面外的稳定性比支撑点之间均受较大压力有利，故当按较大压力 N_1 验算该弦杆在桁架平面外的稳定性时，其计算长度可进行折减，按式(5-2)确定

$$l_y = l_1\left(0.75 + 0.25\frac{N_2}{N_1}\right) \tag{5-2}$$

但 l_y 不小于 $0.5l_1$。确定桁架交叉腹杆的计算长度，在桁架平面内应取节点中心到交叉点间的距离，即 $l_x=0.5l$（见图 5-10(a)）；在桁架平面外的计算长度，应根据另一斜杆的受力情况和在交叉点的构造形式而定（见图 5-10(b)、(c)），其具体规定如下。

1）压杆

（1）当与压杆相交的另一杆受压，且两杆截面相同并在交叉点均不中断时，则按式(5-3)计算

$$l_y = l\sqrt{\frac{1}{2}\left(1 + \frac{N_0}{N}\right)} \tag{5-3}$$

（2）相交的另一杆受拉，此压杆在交叉点中断但以节点板搭接，则

$$l_y = l\sqrt{1 + \frac{\pi^2}{12}\frac{N_0}{N}} \tag{5-4}$$

（3）相交的另一杆受拉，两杆截面相同并在交叉点均不中断，则

$$l_y = l\sqrt{\frac{1}{2}\left(1 - \frac{3}{4}\frac{N_0}{N}\right)} \geqslant 0.5l \tag{5-5}$$

（4）相交的另一杆受拉，此拉杆在交叉点中断但以节点板搭接，则

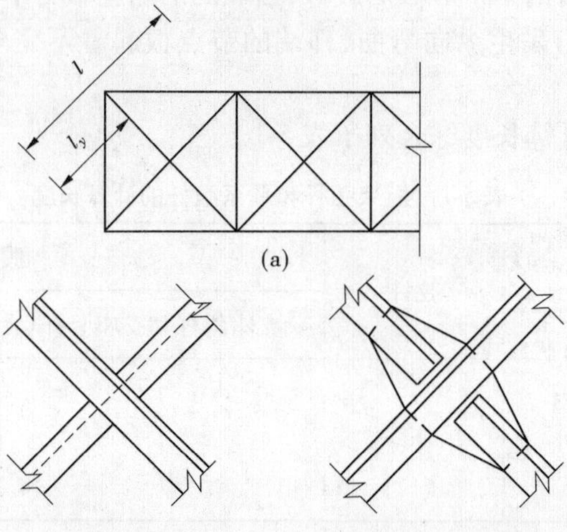

图 5-10　桁架交叉腹杆计算长度的确定

$$l_y = l\sqrt{1 - \frac{3}{4}\frac{N_0}{N}} \geqslant 0.5l \tag{5-6}$$

当此拉杆连续而压杆在交叉点中断但以节点板搭接，若 $N_0 \geqslant N$ 或拉杆在桁架平面外的抗弯刚度 $EI_y \geqslant \frac{3N_0 l^2}{4\pi^2}\left(\frac{N}{N_0} - 1\right)$（$l$ 为节点中心间距离（交叉点不作为节点考虑），N 为所计算杆的内力，N_0 为相交另一杆的内力，均为绝对值）时，取 $l_y = 0.5l$。

两杆均受压时，$N_0 \leqslant N$，两杆截面应相同。

2）拉杆

应取 $l_y = l$。当两交叉杆都受压时，宜做成两杆均不中断。

3）斜平面的计算长度 l_a

斜平面指与桁架平面斜交的平面，其构件截面的两个主轴均不在桁架平面内且与桁架平面成 α 角（α 一般为 45°），如单角钢做成的腹杆或双角钢十字形截面腹杆，它们在斜平面的计算长度一般取上述 l_x 及 l_y 的平均值，即支座腹杆等 $l_a = l$，一般腹杆 $l_a = 0.9l$。

钢管桁架和轻型钢桁架的节点连接不采用节点板时，节点对腹杆的嵌固作用很小，腹杆在桁架平面内及平面外的计算长度取 $l_x = l_y = l$。

（二）桁架杆件的容许长细比

桁架或支撑杆件应设计成具有一定刚度的杆件，长细比（$\lambda = l_0/i$）对于受压杆具有特别重要的意义。过于细长的杆件不仅对压杆的稳定不利，而且在使用中将因自重而变形下垂，使杆件出现不利的偏心，在动载作用下容易产生振动，另外也不便于运输和安装。对于受拉杆件同样也不应过于细柔，以防在运输和安装时因偶然碰撞而弯曲和损坏。在动荷载作用下，若拉杆的刚度不够也会引起振动。静载作用时的拉杆，一般只需验算在竖直平面内的长细比，以防过大的垂度。《规范》对不同用途的压、拉杆规定了不同的容许长细比［λ］，见表 5-2 和表 5-3。

表 5-2　受压杆件的容许长细比[λ]

项次	构件名称	容许长细比
1	柱、桁架和天窗架中的杆件 柱的缀条、吊车梁或吊车桁架以下的柱间支撑	150
2	支撑(吊车梁或吊车桁架以下的柱间支撑除外) 用以减小受压构件长细比的杆件	200

注:1. 桁架(包括空间桁架)的受压腹杆,当其内力等于或小于承载能力的50%时,容许长细比值可取200。
2. 计算单角钢受压构件的长细比时,应采用角钢的最小回转半径,但计算在交叉点相互连接的交叉杆件平面外的长细比时,可采用与角钢肢边平行轴的回转半径。
3. 跨度等于或大于60 m的桁架,其受压弦杆和端压杆的容许长细比值宜取100,其他受压腹杆可取150(承受静力荷载或间接承受动力荷载)或120(直接承受动力荷载)。
4. 由容许长细比控制截面的杆件,在计算其长细比时,可不考虑扭转效应。

表 5-3　受拉构件的容许长细比

项次	构件名称	承受静力荷载或间接承受动力荷载的结构		直接承受动力荷载的结构
		一般建筑结构	有重级工作制吊车的厂房	
1	桁架的杆件	350	250	250
2	吊车梁或吊车桁架以下的柱间支撑	300	200	—
3	其他拉杆、支撑、系杆等(张紧的圆钢除外)	400	350	—

注:1. 承受静力荷载的结构中,可仅计算受拉构件在竖向平面内的长细比。
2. 在承受动力荷载的结构中,单角钢受拉构件长细比的计算方法与表5-2中注2相同。
3. 中、重级工作制吊车桁架下弦杆的长细比不宜超过200。
4. 在设有夹钳或刚性料耙等硬钩吊车的厂房中,支撑(表中第2项除外)的长细比不宜超过300。
5. 受拉构件在永久荷载与风荷载组合作用下受压时,其长细比不宜超过250。
6. 跨度等于或大于60 m的桁架,其受拉弦杆和腹杆的长细比不宜超过300(承受静力荷载或间接承受动力荷载)或250(直接承受动力荷载)。

二、桁架杆件的截面形式

在选择桁架截面形式时,应考虑既便于弦杆和腹杆在桁架平面内的节点连接,又便于在垂直于桁架平面上与支撑、次梁、檩条等相连接。对于作为桁架外框的上、下弦杆还要具有足够的侧向刚度,以免在运输和安装时发生侧向弯曲。对于轴心受力杆件应使其两主轴方向的稳定性近似相等,即 $\lambda_x \approx \lambda_y$,以便节约钢材。当有弯矩作用时,则适当加大弯矩作用方向的截面高度。

普通桁架杆件通常采用由两个等肢角钢或不等肢角钢组成的T形截面、十字形截面或管形截面(见图5-11),能较好地满足上述构造要求。

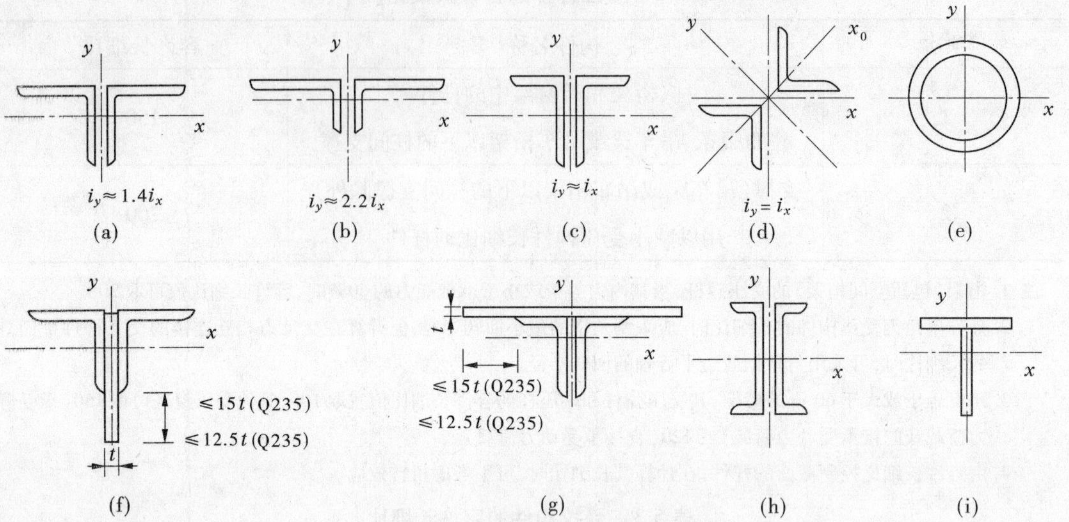

图 5-11　普通桁架杆件截面形式

(一)弦杆截面

当弦杆为轴心受压杆时,根据等稳定性要求,截面形式应按两方向的计算长度而定。当 $l_y = 2l_x$ 时,应采用两个不等肢角钢以短肢拼合的截面(见图 5-11(b)),因其回转半径 $i_y = 2.2i_x$,则两方向的稳定性大致相等。当 $l_y = l_x$ 时,若仅考虑等稳定性要求,可采用两个不等肢角钢以长肢拼合的截面(见图 5-11(c))。但实际上,还应考虑运输和安装对弦杆侧向刚度要求,故常采用两个等肢角钢拼合的截面(见图 5-11(a))。

当弦杆为压弯杆件时,若弯矩很小,仍可采用等肢角钢拼合或不等肢角钢长肢拼合截面;若弯矩较大,为了增大桁架平面内的抗弯能力,可采用两角钢间夹一钢板条来加强(见图 5-11(f))。钢板条外伸部分不得超过板厚的 15 倍(对于 3 号钢),并且弦杆高度不宜超过 1/10 节间长度。当弦杆直接与钢面板相连(如钢闸门主桁架)时,可利用部分钢板参加弦杆截面(见图 5-11(g));当弯矩很大时,也可采用一对槽钢组成的截面(见图 5-11(h)),但这种截面形式与横向联结系的连接构造较复杂;当具备自动焊条件时,可采用由两块钢板条焊成的 T 形截面(见图 5-11(i))。

轴心受拉弦杆不必考虑等稳定性以及桁架平面内抗弯刚度问题,在选择截面形式时主要考虑与腹杆的连接方便。运输及安装时对弦杆侧向刚度的要求,一般采用等肢角钢或不等肢角钢以短肢拼合截面。

(二)腹杆截面

受压腹杆一般采用等肢角钢拼合截面,因 $l_x = 0.8l = 0.8l_y$,即 $l_y = 1.25l_x$,而截面的回转半径 $i_y \approx 1.4i_x$,两方向稳定性比较接近,但对于支承端压杆因 $l_x = l_y$,故宜采用两长肢拼合的截面。受拉腹杆一般也采用等肢角钢拼合截面。

当桁架竖杆须与纵向垂直支撑连接时,宜采用两个等肢角钢拼合的十字形截面(见图 5-11(d)),其回转半径较大则对压杆稳定有利,而且纵向垂直支撑的杆件轴线能通过十字形截面中心,受力较好。

对于受力很小或不受力的腹杆也可采用单角钢截面。但由于单面连接偏心的影响，若按轴心受力杆件验算其强度和连接时，《规范》规定其设计强度应乘以相应的折减系数0.85，按轴心受压计算稳定性时，设计强度折减系数的选取见《规范》。

（三）钢管截面

钢管截面也是钢桁架截面的一种好形式。钢管壁较薄，而截面材料分布离几何中心较远，且各方向的回转半径均相等（见图5-11（e）），与其他型钢截面相比回转半径较大，相应的长细比较小，因而管形截面作为受压或受弯构件比其他型钢截面的承载能力要大得多。钢管的抗扭能力也较其他截面强。圆管绕流条件好，当承受风载或波浪压力时，其阻力可降低2/3左右。一般轧制无缝钢管及焊接钢管规格均可满足管壁的局部稳定性。设计大直径的焊接薄壁钢管构件，为了保证局部稳定性要求，应按有关规范确定直径和壁厚的比值。露天结构采用封闭圆管的壁厚不应小于4 mm。钢管结构的节点一般不用另加节点板，而将腹管端部切成马鞍形与弦管壁直接焊接，构造简单，连接平滑，作为大跨度的钢管平面桁架或空间桁架结构较方便。因此，钢管结构比型钢结构可节约钢材20%～30%。此外，钢管端部可以密封，有利于耐大气及海水腐蚀，管截面周长最小，所需油漆等维护费用也小；缺点是无缝钢管价格较普通型钢贵，目前国内生产的管径规格少，大直径焊接钢管制造较费工，对管节点的切割和焊接质量要求较高。对于海洋工程的桁架结构来说，管形截面是主要形式，如固定式采油平台桩基导管架、自升式钻井船的桁架桩腿结构、平台间大跨度连络桥以及平台上直升飞机场支承桁架等杆件也多采用钢管截面。

三、杆件截面设计

桁架杆件一般为轴心受力构件，当桁架弦杆节间有荷载时，弦杆为压弯或拉弯构件。

（一）桁架杆件截面设计的一般原则

（1）应优先选用肢宽壁薄的角钢，使在相同用钢量的情况下截面具有较大的惯性矩和回转半径，减小螺栓等孔洞的可能削弱，节省钢材。

（2）对于杆力很小或不受力的杆件，其截面尺寸须按容许长细比[λ]或构造要求确定。水工闸门钢结构中桁架最小角钢一般为∠50×6或∠63×40×6，建筑钢结构中最小角钢为∠45×4或∠56×36×4（对焊接结构）及∠50×5（对螺栓连接结构）。

（3）桁架的弦杆一般采用等截面，若采用变截面宜在节点处改变宽度而保持厚度不变，一般只改变一次；同一屋架的角钢规格应尽量统一，不宜超过6～9种，边宽相同的角钢厚度相差至少2 mm，以便识别。

（二）截面计算

轴心受拉杆件应按强度条件计算杆件需要的净截面面积：$A_n = F/f$。轴心受压杆件应按整体稳定性条件计算杆件需要的毛截面面积：$A = F/(\varphi A)$。压弯或拉弯杆件，当上弦或下弦杆件受节间荷载时，杆件同时承受轴心力和局部弯矩作用，应按压弯或拉弯构件计算，通常采用试算法初估截面，然后再验算其强度和刚度，对压弯构件尚应验算弯矩作用平面内和平面外的稳定性。

内力很小或按构造设置的杆件，可按容许长细比选择构件的截面。首先计算截面所需的回转半径，$i_x = l_{0x}/[\lambda]$，$i_y = l_{0y}/[\lambda]$或$i_{min} = l_0/[\lambda]$，再根据所需的i_x、i_y、i_{min}，查角钢规格表选择角钢，确定截面。

【例 5-1】　某梯形桁架上弦杆的轴向压力设计值及侧向支承点位置如图 5-12 所示，上弦杆截面无削弱，材料为 Q235AF 钢，节点板厚 10 mm。上弦杆采用两角钢组合 T 形截面，试选择上弦杆的截面。

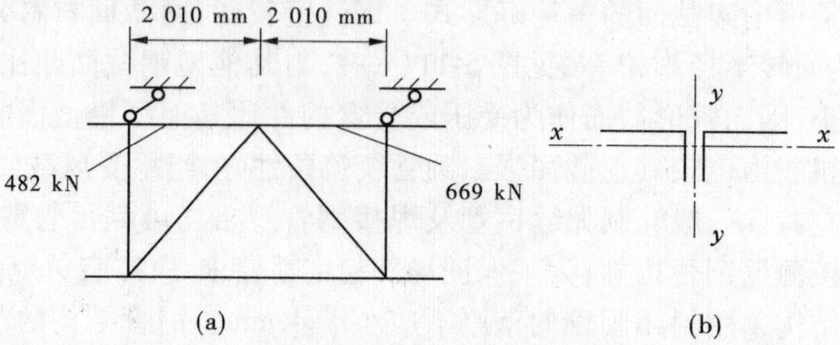

图 5-12　例 5-1 计算简图

解：上弦杆桁架平面内的计算长度为 $l_{0x}=2\ 010$ mm。

桁架平面外的计算长度为

$$l_{0y}=l_1\left(0.75+0.25\frac{N_2}{N_1}\right)=4\ 020\times\left(0.75+0.25\times\frac{482}{669}\right)=3\ 739(\mathrm{mm})$$

$l_{0y}/l_{0x}=3\ 739/2\ 010=1.86$，由 $\lambda_x=\lambda_y$，有 $i_y/i_x\approx1.86$，可以选用两不等肢角钢短肢相并或两等肢角钢组合的 T 形截面。

设 $\lambda=70$，双角钢组合 T 形截面属 b 类，查附录三得 $\varphi=0.751$。

取强度设计值 $f=215$ N/mm^2，根据所设的 λ 可知

$$A=\frac{N_1}{\varphi f}=\frac{669\times10^3}{0.751\times215}=4\ 143(\mathrm{mm}^2)$$

$$i_x=\frac{l_{0x}}{\lambda}=\frac{2\ 010}{70}=28.7(\mathrm{mm})$$

$$i_y=\frac{l_{0y}}{\lambda}=\frac{3\ 739}{70}=53.4(\mathrm{mm})$$

根据求出的 A、i_x 及 i_y，并已知节点板厚 $\delta=10$ mm，由型钢表初选 $2\angle140\times90\times10$（见图 5-12），查得 $A=2\times2\ 230=4\ 460(\mathrm{mm}^2)$，$i_x=25.6$ mm，$i_y=67.7$ mm。

截面验算

$$\lambda_x=l_{0x}/i_x=2\ 010/25.6=78.5<[\lambda]=150$$

$$\lambda_y=l_{0y}/i_y=3\ 739/67.7=55.2$$

由 $\lambda_{\max}=\lambda_x=78.5$，查附录三得 $\varphi=0.698$，则可得

$$\frac{N_1}{\varphi A}=\frac{669\times10^3}{0.698\times4\ 460}=214.9(\mathrm{N/mm}^2)<215\ \mathrm{N/mm}^2$$

截面无削弱时强度不必验算，所选截面合适。

【例 5-2】　桁架承受的荷载及内力如图 5-13 所示，节点荷载设计值 $P=29.4$ kN，试选择上弦杆截面。

解：(1) 初选截面。

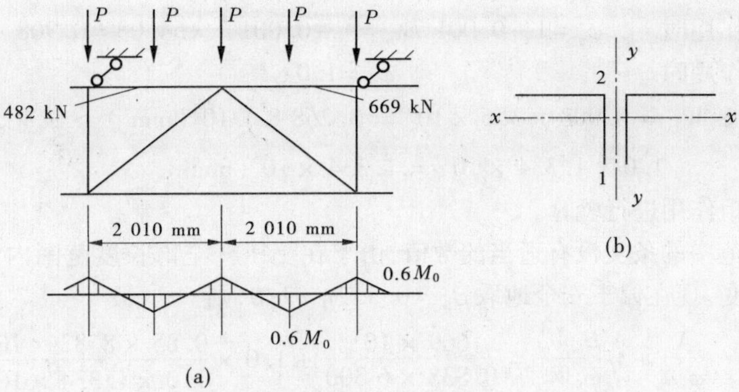

图 5-13　例 5-2 计算简图

上弦杆承受有节间荷载，为压弯构件。在节间和节点处的正负弯矩为(见图 5-13(a))

$$M_x = 0.6M_0 = 0.6Pd/4 = 0.6 \times 29.4 \times 10^3 \times 2\,000/4 = 8.82 \times 10^6 (\mathrm{N \cdot mm})$$

$$N'_{Ex} = \frac{\pi^2 EA}{1.1\lambda_x^2} = \frac{\pi^2 \times 2.06 \times 10^5 \times 6\,300}{1.1 \times 40.36^2 \times 10^3} = 7\,148.5(\mathrm{kN})$$

(2)桁架平面内稳定验算。

处于节间的上弦杆相当于两端支承的杆件，杆件承受有端弯矩和横向荷载同时作用，使构件产生反向曲率，故取等效弯矩系数 $\beta_{mx} = 0.85$。

上弦杆在弯矩作用平面内，节间正弯矩和支座负弯矩都是最大弯矩且值相等。验算如下

$$\gamma_{x1} W_{1x} = 1.05 \times 3.6 \times 10^5 = 3.78 \times 10^5 (\mathrm{mm^3}) > \gamma_{x2} W_{2x} = 1.2 \times 1.334 \times 10^5$$
$$= 1.60 \times 10^5 (\mathrm{mm^3})$$

只需按负弯矩作用来验算平面内稳定性，即

$$\frac{N}{\varphi_x A} + \frac{\beta_{mx} M_x}{\gamma_{x2} W_{2x}(1 - 0.8N/N'_{Ex})}$$
$$= \frac{669 \times 10^3}{0.898 \times 6\,300} + \frac{0.85 \times 8.82 \times 10^6}{1.2 \times 1.334 \times 10^5 \times (1 - 0.8 \times 669/7\,148.5)}$$
$$= 168.88(\mathrm{N/mm^2}) < f = 215\ \mathrm{N/mm^2}$$

此时，还应对正弯矩作用使 2 点(指背)受拉的情况进行附加验算，即

$$\left| \frac{N}{A} - \frac{\beta_{mx} M_x}{\gamma_{x2} W_{2x}(1 - 1.25N/N'_{Ex})} \right|$$
$$= \left| \frac{669 \times 10^3}{6\,300} - \frac{0.85 \times 882 \times 10^4}{1.2 \times 1.334 \times 10^5 \times (1 - 1.25 \times 669/7\,148.5)} \right|$$
$$= 53.15(\mathrm{N/mm^2}) < f = 215\ \mathrm{N/mm^2}$$

桁架平面内的稳定性满足要求。

(3)桁架平面外稳定性验算。

由例 5-1 可知平面外的计算长度 $l_{0y} = 3\,739$ mm，则

$$\lambda_y = l_{0y}/i_y = 3\,739/69.2 = 54.03 < [\lambda] = 150$$

查表得 $\varphi_y = 0.838$。

正弯矩作用时　$\varphi_b = 1 - 0.0017\lambda_y = 1 - 0.0017 \times 54.03 = 0.908$

负弯矩作用时　$\varphi_b = 1.0$

$$\varphi_b W_{1x} = 0.908 \times 3.6 \times 10^5 = 3.2688 \times 10^5 (\text{mm}^3) > \varphi_b W_{2x} = 1.0 \times 1.334 \times 10^5 = 1.334 \times 10^5 (\text{mm}^3)$$

只需按负弯矩作用进行验算。

β_{tx}按规范中的条文没有适当的数值,由于在受压杆全部长度范围内弯矩和曲率出现多次符号改变,现在偏于安全地取 $\beta_{tx} = 0.85$,$\eta = 1.0$,则

$$\frac{N}{\varphi_y A} + \eta \frac{\beta_{tx} M_x}{\varphi_b W_{2x}} = \frac{669 \times 10^3}{0.838 \times 6300} + 1.0 \times \frac{0.85 \times 8.82 \times 10^6}{1.0 \times 1.334 \times 10^5} = 182.92 (\text{N/mm}^2) < f = 215\ \text{N/mm}^2$$

桁架平面外的稳定性满足要求。

(4)强度验算。

$\gamma_{x2} W_{2x} < \gamma_{x1} W_{1x}$,只需按负弯矩作用时验算强度。

$$\frac{N}{A} + \frac{M_x}{\gamma_{x2} W_{2x}} = \frac{669 \times 10^3}{6300} + \frac{8.82 \times 10^6}{1.2 \times 1.334 \times 10^5} = 161.29 (\text{N/mm}^2) < f = 215\ \text{N/mm}^2$$

强度满足要求。

例 5-2 中的上弦杆除承受节间荷载外,上弦杆的计算长度和轴心力都与例 5-1 相同,由于存在节间荷载,上弦杆的用钢量显著增加。可采用加大檩距或设再分腹杆的办法,使上弦杆不再承受节间荷载。实际设计中不应仅看上弦杆的用钢量,还要看总体方案的用钢量。

【例 5-3】 某 24 m 钢屋架支座斜杆 abC 的尺寸和内力设计值见图 5-14(全部永久荷载、活荷载),试设计其截面。已知钢材选用 Q235,杆件截面为双角钢,节点板厚 12 mm(支座节点板厚 14 mm)。

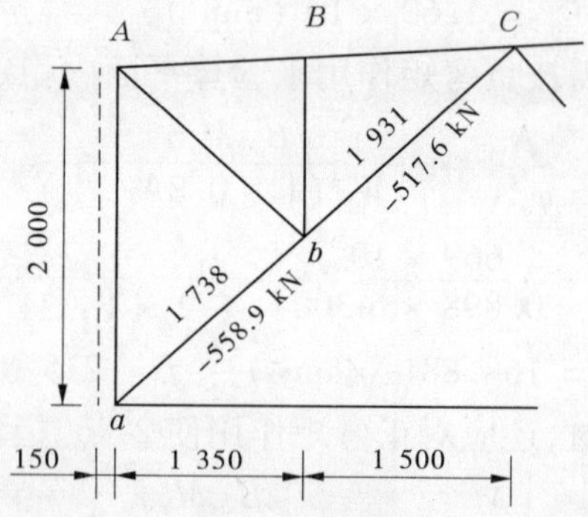

图 5-14　例 5-3 计算简图　(单位:mm)

解: 支座斜杆 ab 段 $N_1 = -558.9$ kN(压),bc 段 $N_2 = -517.6$ kN(压)。桁架平面内计算长度 $l_{0x1} = 1738$ mm,$l_{0x2} = 1931$ mm。

支座斜杆两段长度即 l_{0x1} 和 l_{0x2} 不相等,但相差不多,且压力较大的是短段,故其桁架平面外计算长度(压杆)仍按式(5-2)计算

$$l_y = \sum l \left(0.75 + 0.25 \frac{N_2}{N_1}\right) = (1738 + 1931) \times \left(0.75 + 0.25 \times \frac{517.6}{558.9}\right) = 3669 \times 0.9815 = 3601 (\text{mm})$$

通常再分主斜杆中 $N_2 = N_1$，为简化可不分拉压杆均取 $l_y = \sum l = 3\ 669\ \text{mm}$，差别很小，并偏安全。

现按内力较大的 ab 段初选截面。$\dfrac{l_y}{l_x} = \dfrac{3\ 601}{1\ 738} = 2.07$，可采用短边相并的不等边角钢或一对等边角钢组合的 T 形截面。计算 i_y 时节点板厚度按 12 mm。

假设 $\lambda_{\max} = 70$，b 类 $\varphi = 0.751$，需要

$$A = \frac{N}{\varphi f} = \frac{558.9 \times 10^3}{0.751 \times 215} = 3\ 461(\text{mm}^2)$$

$$i_x = \frac{l_x}{\lambda_{\max}} = \frac{1\ 738}{70} = 24.83(\text{mm})$$

$$i_y = \frac{l_y}{\lambda_{\max}} = \frac{3\ 601}{70} = 51.44(\text{mm})$$

查角钢表，较好符合上列要求的规格为：

(1)┐┌100×10（$A = 3\ 852\ \text{mm}^2, i_x = 30.5\ \text{mm}, i_y = 46.0\ \text{mm}$）；

(2)┐┌125×8（$A = 3\ 950\ \text{mm}^2, i_x = 38.8\ \text{mm}, i_y = 55.5\ \text{mm}$）；

(3)┐┌140×90×8（$A = 3\ 605\ \text{mm}^2, i_x = 25.9\ \text{mm}, i_y = 68.0\ \text{mm}$）。

上述第(1)种规格的 i_y 略不够但 A 有富裕，第(2)、(3)种规格的 A、i_x、i_y 都略富裕。经比较考虑，暂选用双等边角钢，取截面面积 A 较小的┐┌100×10 验算

$$\lambda_{x1} = \frac{1\ 738}{30.5} = 57.0, \lambda_{x2} = \frac{1\ 931}{30.5} = 63.3, \lambda_y = \frac{3\ 601}{46.0} = 78.3$$

两段均为 $\lambda_{\max} = \lambda_y = 78.3 < [\lambda] = 150$，b 类 $\varphi = 0.699$，则

$$\sigma_1 = \frac{558.9 \times 10^3}{0.699 \times 3\ 852} = 207.6(\text{N/mm}^2) < f = 215\ \text{N/mm}^2$$

$$\sigma_2 = \frac{517.6 \times 10^3}{0.699 \times 3\ 852} = 192.2(\text{N/mm}^2) < f = 215\ \text{N/mm}^2$$

截面合适，故确定用┐┌100×10。

第六节　桁架节点设计

桁架各杆件截面形式和尺寸确定后，即可进行各节点构造设计。桁架一般在节点处设置节点板，把交汇于节点的各杆件都与节点板相连接，形成桁架的节点，各杆件把力传给节点板并互相平衡。节点设计是桁架设计中的重要环节，在设计中首先要确定各杆件的相互位置，再根据杆件内力和焊缝构造要求确定杆件与节点板之间的焊缝尺寸，定出节点板形状及尺寸。节点构造要既符合受力要求又便于制造、保证焊接质量。

一、节点构造

（一）杆件的轴线

在理论上，各杆件的形心应与杆件轴线重合，以免各构件在节点连接处产生偏心而引起附加弯矩，但是考虑到制造方便，在焊接桁架中取角钢肢背外表面到桁架轴线距离 Z_0

为 5 mm 的倍数。如果弦杆采用两种不同的截面尺寸，为了便于拼接和放置次梁等构件，则将角钢水平肢的外边缘对齐。一般在节点处改变截面，改变后的两截面重心距的平均值 $Z_0=(Z_1+Z_2)/2$ 也取 5 mm 的倍数处作为弦杆的公共轴线，各腹杆的轴线交汇于公共轴线上。

（二）节点板的形状及其厚度

节点板的作用主要是通过它将交汇于节点上的腹杆连接到弦杆上，并传递和平衡节点上各杆件内力。因此，节点板的形状和尺寸取决于被连接杆件的受力和构造要求。节点板的形状应尽量简单，一般采用矩形、梯形或平行四边形等，使切割节点板时省工且杆件传力好。腹杆内力是通过焊缝逐渐传给节点板的，故节点板宽度应随其受力的逐渐增大而放宽，一般规定节点板边缘与杆件轴线夹角不应小于 15° ~ 20°（见图 5-15（a）、（b））。此外，节点板的形状还应避免有凹角，以防止形成严重的应力集中和切割困难。

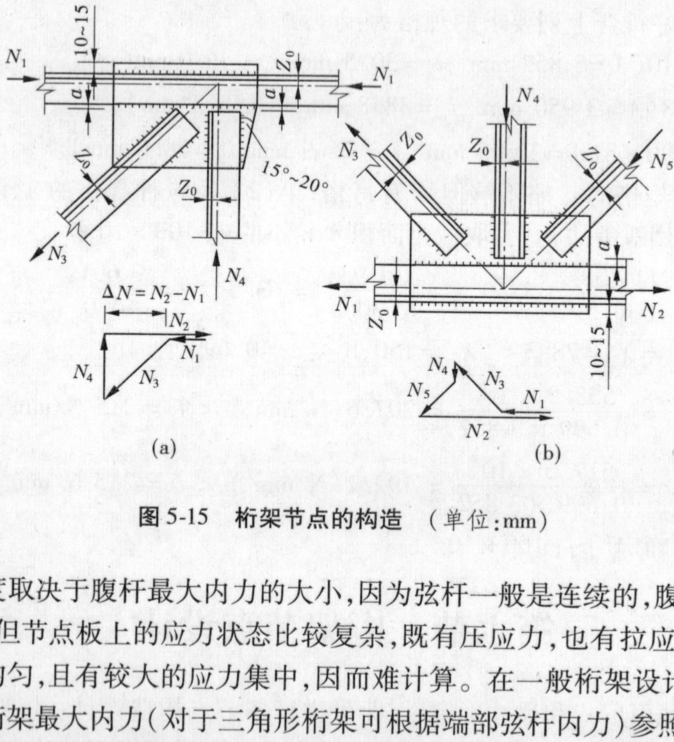

图 5-15　桁架节点的构造　（单位：mm）

节点板厚度取决于腹杆最大内力的大小，因为弦杆一般是连续的，腹杆内力是通过节点板相平衡的，但节点板上的应力状态比较复杂，既有压应力，也有拉应力，还有剪应力，应力分布极不均匀，且有较大的应力集中，因而难计算。在一般桁架设计中，中间节点板的厚度可根据桁架最大内力（对于三角形桁架可根据端部弦杆内力）参照表 5-4 中的经验数据来确定（此表用于 Q235 号钢的节点板，如用 Q345 钢或 Q390 钢可将其厚度减薄 1 ~ 2 mm），并在整个桁架中采用相同的厚度。桁架支座节点板厚度应较中间节点板加厚 2 mm。

表 5-4　节点板厚度的经验数据

梯形、平行弦桁架腹杆最大内力，三角形桁架端节间弦杆内力（kN）	≤150	160 ~ 250	260 ~ 400	410 ~ 600	610 ~ 900
中间节点板厚度（mm）	6	8	10	12	14

（三）腹杆角钢的切割和腹杆长度的确定

角钢切割通常垂直于轴线，当角钢肢较宽时，为了减小节点板尺寸，可将角钢与节点板相连的一肢切去一个角，当构造上有特殊要求时，可将一肢斜切。但不得采用将一肢完全切割的斜肢，如图 5-16 所示。

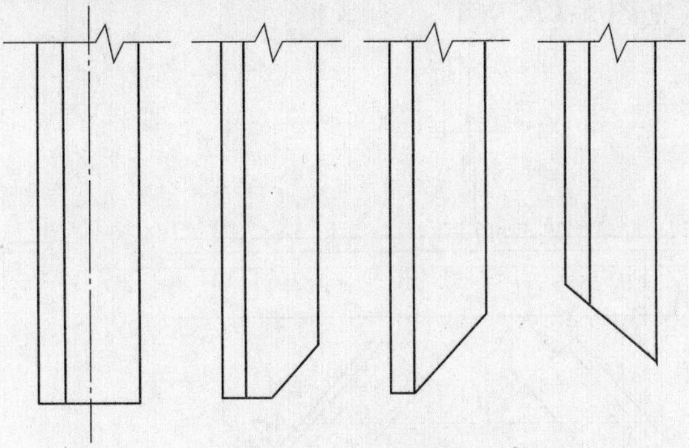

(a)正常　(b)允许　(c)特殊　(d)不允许

图 5-16　角钢切割

为了减小节点板尺寸，应尽量将腹杆端部靠近弦杆，使布置紧凑，但其间须保持一定的间隙 a（见图 5-15），以免焊缝过分密集，使节点板经多次焊接而变脆，或产生过高的应力集中。在不直接承受动荷载的桁架中，间隙 a 不宜低于 10 ~ 20 mm；在直接承受动荷载的桁架中，间隙不宜小于 40 mm，在绘制节点图时即可确定腹杆的实际长度。

（四）腹杆焊缝

桁架腹杆与节点板的连接焊缝，一般采用两边侧焊，当内力较大以及在直接承受动荷载的桁架中可采用三面围焊，这样可使节点板尺寸减小，改善节点抗疲劳性能。当内力较小时也可采用仅有角钢肢背和杆端的 L 形围焊。围焊转角处必须连续施焊。此外，为了简化制造，在同一桁架中角焊缝的厚度不宜多于三种。

二、节点设计

（一）无集中荷载的节点

无集中荷载的节点见图 5-15。首先按各腹杆的内力计算出腹板与节点板相连的角焊缝尺寸为

$$\sum l_w = \frac{N_3(N_4 \text{ 或 } N_5)}{2 \times 0.7 h_f f_f^w} \tag{5-7}$$

式中　N_3、N_4、N_5——双角钢腹杆内力。

$\sum l_w$ 是一个角钢与节点板之间需要焊缝总长度（不包括两端焊口缺陷值 $2h_f$），然后将 $\sum l_w$ 按比例分配于肢尖和肢背。再考虑到上述构造要求，就可确定节点板的外形和尺寸。

弦杆采用通长的角钢与节点板连接时，其连接角焊缝只承受与该节点相邻的两个节间弦杆内力差值，即

$$\Delta N = N_1 - N_2 \quad (\text{设 } N_1 > N_2) \tag{5-8}$$

求得 ΔN 后,仍按式(5-7)进行计算。但一般 ΔN 很小,所需焊缝一般按构造要求用连续焊缝沿节点板全长布置,焊缝厚度可采用6 mm。节点板伸出弦杆角钢肢背10~15mm,以便施焊。

(二)有集中荷载的节点

有集中荷载的节点见图5-17。

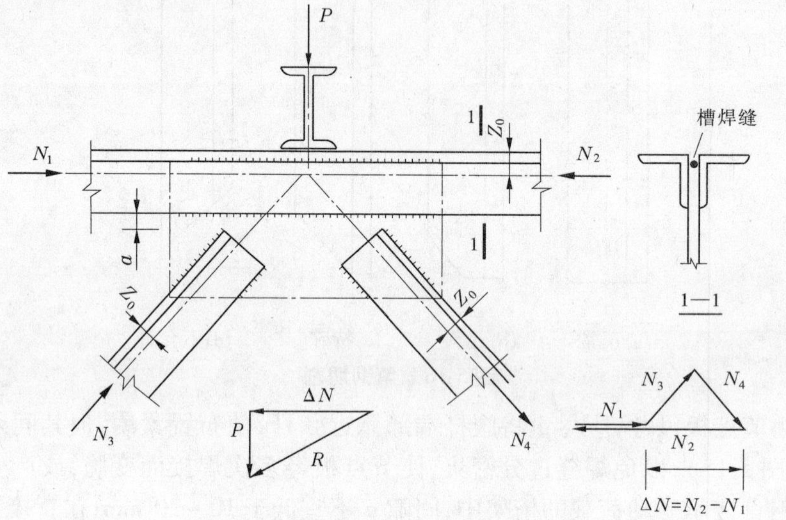

图5-17 上弦杆设置次梁的节点构造

在集中荷载作用下,根据荷载情况和构造要求,节点板有伸出弦杆表面和缩进弦杆表面两种做法。做法不同,计算方法也不同。

1. 当节点板伸出弦杆表面时

弦杆与节点板之间的焊缝将承受集中荷载 P 和弦杆内力差 ΔN。在 ΔN 作用下,弦杆肢背与节点板之间角焊缝所引起的剪应力为

$$\tau_{\Delta N} = \frac{k_1 \Delta N}{2 \times 0.7 h_f l_w} \tag{5-9}$$

式中 k_1——角钢和节点板搭接时两侧焊缝内力分配系数。

在 P 作用下,倘若忽略 P 与焊缝形心 C 的影响(一般偏心小且焊缝长)。弦杆与节点板之间的四条角焊缝引起的剪应力为

$$\tau_p = \frac{P}{0.7 l_w \sum_{i=1}^{4} h_{fi}} \tag{5-10}$$

当弦杆为水平或倾斜不大时,可认为 $\tau_{\Delta N}$ 与 τ_p 相互垂直,其合成剪力 τ_f 应满足强度要求,即

$$\tau_f = \sqrt{\tau_{\Delta N}^2 + \left(\frac{\tau_p}{1.22}\right)^2} \leqslant f_f^w \tag{5-11}$$

当 P 为直接动力荷载时,式(5-11)中 τ_p 项的分母1.22改为1,设计时取 h_f 及 l_w(l_w 为实际长度减 $2h_f$),然后按上述公式验算。

2. 当节点板缩进弦杆表面时

桁架上弦为便于搁置其他构件，常将节点板缩进弦杆角钢肢背约 $0.6t$（t 为节点板厚度），用塞焊缝"K"施焊，而弦杆角钢肢尖处仍用角焊缝"A"施焊。

对于塞焊缝因质量不易保证，常假设它只承受荷载 P 的作用，并将焊缝设计强度适当降低，近似地按两条焊脚尺寸为 $h'_f = t/2$ 的角焊缝进行强度验算

$$\tau = \frac{P}{2 \times 0.7 h'_f l_w} \leqslant 0.7 f_f^w \tag{5-12}$$

肢尖焊缝"A"除承受弦杆内力差 $\Delta N = N_1 - N_2$（当 $N_1 > N_2$ 时）外，还承受 ΔN 沿角钢轴线到肢尖所形成的偏心弯矩 $M = \Delta N e$（e 为角钢轴线到肢尖的距离）。ΔN 在焊缝"A"中引起的平均剪应力为

$$\tau_{\Delta N} = \frac{\Delta N}{2 \times 0.7 h_f l_w} \tag{5-13}$$

由 M 在焊缝"A"中引起的剪应力为

$$\sigma_M = \frac{6M}{2 \times 0.7 h_f l_w^2} \tag{5-14}$$

焊缝"A"两端的最大合成应力应满足

$$\tau_f = \sqrt{\tau_{\Delta N}^2 + \left(\frac{\sigma_M}{1.22}\right)^2} \leqslant f_f^w \tag{5-15}$$

（三）弦杆拼接节点

由于运输条件和材料定货尺寸的限制，以及构造的要求（如弦杆有弯折），弦杆需要拼接，其位置通常布置在节点上，如图 5-18 所示。在设计弦杆的拼接时，应保证拼接的强度和在两个方向的刚度不低于弦杆的强度与刚度，并应尽量使拼接处传力平顺。由于节点板的厚度只是根据传递腹杆的最大杆力的需要而定，因此断开的弦杆不能依靠节点板来传递弦杆内力，而依靠另加拼接角钢或拼接板。拼接角钢一般采用与弦杆相同规格的角钢。

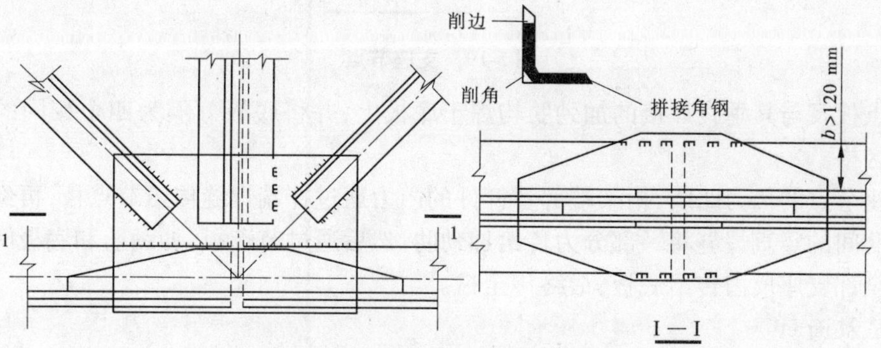

图 5-18　桁架下弦的拼接节点构造

拼接角钢与弦杆相连的焊缝可按相邻节间的最大杆力来计算（偏于安全）。为了便于拼接角钢与弦杆角钢贴合紧密，须将拼接角钢肢背的棱角铲去，同时为了便于焊接，它的竖直肢应切去 $\Delta = t + h_f + 5$ mm（t 为拼接角钢的厚度，h_f 为焊缝的焊脚尺寸，5 mm 为避

开弦杆角钢肢尖圆角的余量)。当拼接角钢肢宽较大(大于 120 mm)时,应将角钢斜切(见图 5-18),使它沿全部截面上均匀传递内力而减缓应力集中。

(四)支座节点

桁架与柱的连接分铰接和刚接两种形式。图 5-19 所示为梯形桁架的铰接支座支点,采用由节点板、支座底板、加劲肋和锚栓组成的构造形式。加劲肋的作用是分布支座反力,减小底板弯矩和提高节点板的侧向刚度;加劲肋应设在节点的中心,其轴线与支座反力的作用线重合。支座底板的作用是增加支座节点与混凝土柱顶的接触面积,把节点板和加劲肋传来的支座反力均匀地传递到柱顶上。为便于施焊,下弦杆和底板间应保持一定的距离(见图 5-19 中 s),一般应不小于下弦角钢水平肢的宽度。锚栓常用 M20 ~ M24。为便于桁架安装和调整,底板上的锚栓孔径取锚栓直径的 2.0 ~2.5 倍或做成 U 形缺口。待桁架调整定位后,用孔径比锚栓直径大 1 ~2 mm 的垫板套进锚栓,并将垫板与底板焊牢。

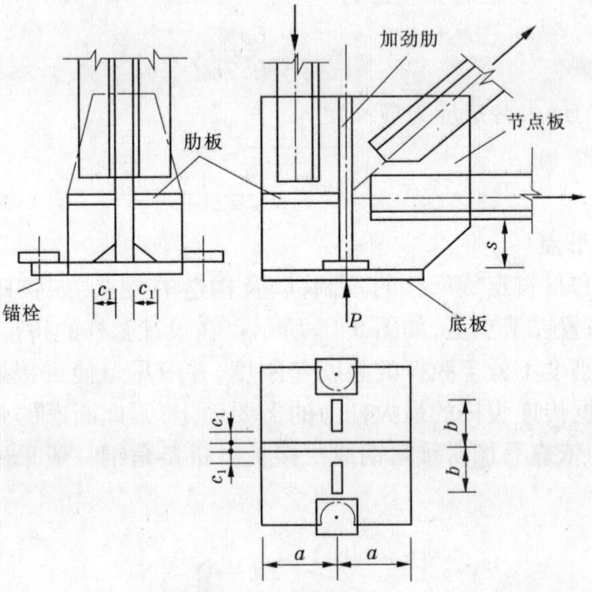

图 5-19 支座节点

节点板及与其垂直焊接的加劲肋均焊于底板上,并将底板分隔为四个相同的两邻边支承的区格。

支座节点的传力路线:桁架端部各杆件的内力通过杆端焊缝传给节点板,再经节点板和加劲肋间的竖直焊缝将一部分力传给加劲肋,然后通过节点板、加劲肋和底板间的水平焊缝将全部支座反力传给底板,最终传至柱。

1. 底板面积

底板面积按式(5-16)计算

$$A = BL = N/f_c + A_0 \tag{5-16}$$

式中 N——柱的轴心压力设计值;

f_c——基础混凝土的抗压强度设计值,当基础上表面面积 A_c 大于底板面积 A 时,混凝土的抗压强度设计值应考虑局部承压引起的提高；

A_0——锚栓孔面积，锚栓孔的直径一般取锚栓直径的 1.5 ~ 2.0 倍。

一般当支座反力不大时，可按设置锚栓孔等构造要求决定，通常以短边尺寸不小于 200 mm 为宜。

2. 底板厚度

底板厚度按式(5-17)计算

$$t \geqslant \sqrt{6M_{\max}/(\gamma_x f)} \tag{5-17}$$

式中 $M_{\max}$——两边为直角支承板时，单位板宽的最大弯矩值 $M=\beta q a_1^2$；

q——底板单位板宽承受的计算线荷载；

a_1——自由板边长度；

β——系数；

γ_x——受弯构件的截面塑性发展系数，当构件承受静力或间接动力荷载时取 1.2，当构件承受直接动力荷载时取 1。

为使柱顶压力分布均匀，底板不宜太薄：一般当屋架跨度 $l \leqslant 18$ m 时，$t \geqslant 16$ mm；当 $l > 18$ m 时，$t \geqslant 20$ mm。

3. 加劲肋

加劲肋的厚度可取与节点板相同，高度对于梯形屋架由节点板尺寸决定，对于三角形屋架支座节点加劲肋，应紧靠上弦杆角钢水平肢并焊接。

加劲肋可视为支承于节点板的悬臂梁，每个加劲肋近似按承受 1/4 支座反力考虑，偏心距可近似取支承加劲肋下端 $b/2$ 宽度，则每条加劲肋与节点板的连接焊缝承受的剪力为 $F_v = F_R/4$，弯矩为 $M = \dfrac{F_R}{4}\dfrac{b}{2} = \dfrac{F_R b}{8}$，按角焊缝强度条件验算，即

$$\sqrt{\left(\frac{6M}{2\beta_f \times 0.7 h_f l_w^2}\right)^2 + \left(\frac{F_v}{2 \times 0.7 h_f l_w}\right)^2} \leqslant f_f^w \tag{5-18}$$

加劲肋的强度验算按悬臂梁计算，内力为 M、F_v。

节点板、加劲肋和底板连接的水平焊缝按全部支承反力 F_R 计算，总焊缝长度应满足下列强度条件

$$\sigma_f = \frac{F_R}{\beta_f \times 0.7 h_f \sum l_w} \leqslant f_f^w \tag{5-19}$$

式中 $\sum l_w$——水平焊缝总长度，应考虑加劲肋切角及每条焊缝从实际长度中减去 10 mm。

【例 5-4】 桁架节点各杆内力及截面如图 5-20 所示，下弦有拼接，节点板厚 $t = 10$ mm，钢材为 Q235，角焊缝强度设计值 $f_f^w = 160$ N/mm²，试设计节点。

解：下弦采用∠90 × 8 的拼接角钢，拼接角钢切棱并按 $\Delta = t + h_f + 5 = 18$(mm)切肢。两相邻下弦角钢使肢背外表齐平以便拼接角钢能贴合(见图 5-20)。两角钢形心线间有间距 e。取两角钢形心线间的中线作为整个下弦的公共轴线，同时得节点偏心弯矩 $M = (N_1 + N_2)e/2$。当 e 较大时，应将此偏心弯矩按线刚度分配给汇交于节点的各杆，各杆按

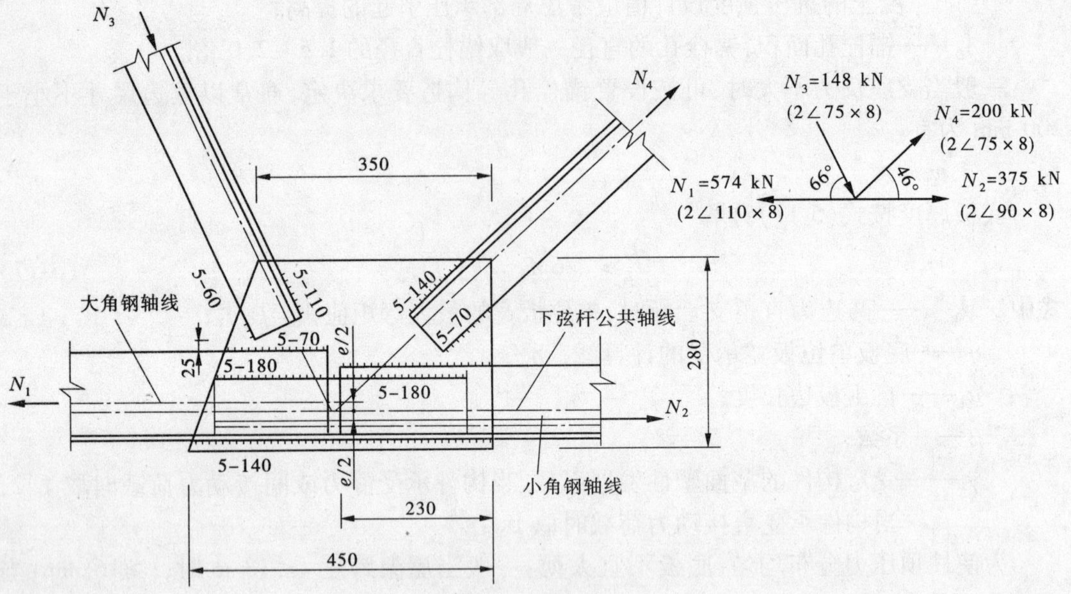

图 5-20 例 5-4 计算简图 （单位:mm）

压弯或拉弯杆设计并且传力焊缝也受到偏心弯矩作用。当 e 较小,例如小于下弦较大角钢肢宽的 5% 时,计算中可略去偏心影响。本题中 $e = 30.1 - 25.2 = 4.9(\text{mm}) < 0.05 \times 110 = 5.5(\text{mm})$,故计算时对偏心作用不予考虑。

(1)拼接焊缝设计。

拼接角钢一侧所需焊缝面积为

$$h_f l_w = \frac{N_2}{4 \times 0.7 f_f^w} = \frac{375 \times 10^3}{4 \times 0.7 \times 160} = 837(\text{mm}^2)$$

取 $h_f = 5$ mm,则 $l_w = 837/5 = 167.4(\text{mm})$,实际取 180 mm。

拼接角钢长度采用 $2 \times 180 + 10 = 370(\text{mm})$。

(2)连接焊缝设计。

N_3 杆:肢背 $$h_f l_w = \frac{0.7 N_3}{2 \times 0.7 f_f^w} = \frac{0.7 \times 148 \times 10^3}{2 \times 0.7 \times 160} = 463(\text{mm}^2)$$

取 $h_f = 5$ mm,则 $l_w = 463/5 = 93(\text{mm})$,实际焊缝长度用 110 mm。

肢尖 $$h_f l_w = \frac{0.3}{0.7} \times 463 = 201.4(\text{mm}^2)$$

取 $h_f = 5$ mm,则 $l_w = 198.4/5 = 39.7(\text{mm})$,实际用 60 mm。

N_4 杆:同理得肢背 $h_f = 5$ mm,$l_w = 125$ mm,实际用 140 mm。

肢尖 $h_f = 5$ mm,$l_w = 54$ mm,实际用 70 mm。

下弦:N_1 杆与节点板间的焊缝面积为

肢背 $$h_f l_w = \frac{0.7(N_1 - N_2)}{2 \times 0.7 f_f^w} = \frac{0.7 \times (574 - 375) \times 10^3}{2 \times 0.7 \times 160} = 622(\text{mm}^2)$$

取 $h_f = 5$ mm,则 $l_w = 622/5 = 124.4(\text{mm})$,实际用 140 mm。

肢尖
$$h_f l_w = \frac{0.3}{0.7} \times 622 = 267(\text{mm}^2)$$

取 $h_f = 5$ mm，则 $l_w = 53$ mm，实际用 70 mm。

N_2 杆与节点板间的焊缝理论上不传力，但按节点构造要求，采用与 N_1 杆所用相同的焊缝。

节点板尺寸要能框住各杆所需焊缝，并且各边较整齐（由作图量出），见图 5-20，节点板尺寸确定后，有些焊缝应延长满焊。

第七节　桁架的施工图绘制

钢结构施工图是制造厂加工制造构件和工地结构安装的主要依据，一般包括构件布置图和构件详图两部分，它们是钢结构制造和安装的主要依据，必须绘制正确，表达详尽。

一、结构布置图

结构布置图是表达各类构件（如柱、吊车梁、屋架、墙架、平台等系统）位置的整体图，主要用于钢结构安装。其内容一般包括平面图、侧面图和必要的剖面图，图中应标明有关轴线、尺寸和标高；表示出全部需要安装构件（柱、屋架、天窗架、檩条、屋面板和各种支撑等）的编号、安装位置（轴线、标高、相邻构件位置关系）和控制尺寸等；并用剖面符号、引出线和圆圈等标明有关安装节点及大样的索引编号。

结构布置图中每一构件用与其他构件断开的单根粗线条或简单外形图表示。同类构件只要略有差异就应给以不同编号，或相同编号附不同尾标。每张图应列出本张图的构件统计表。

安装节点大样图可包括正面图、侧面图、剖面图等，每个图的编号应与结构布置图的索引编号相一致。图中应表示不同构件间的位置、尺寸和安装关系，以及螺栓或焊缝连接的尺寸和要求等。每个图应尽量简化通用于同类型但细节尺寸或规格上略有差别的安装连接。必要时可在图旁作一些简要文字说明或注明几种尺寸关系。

二、构件详图

构件详图是表达所有单体构件（按构件编号）的详细图，主要用于钢结构制造。其内容包括众多方面，现将钢桁架详图的主要内容和绘制要点叙述如下：

（1）桁架详图一般应按运输单元绘制，但当桁架对称时，可仅绘制半榀桁架。

（2）构件详图应包括屋架的正面图，上、下弦的平面图，必要的侧面图和剖面图，以及某些安装节点或特殊零件的大样图。桁架施工详图通常采用两种比例绘制，杆件的轴线一般用 1∶20～1∶30；节点和杆件截面图尺寸用 1∶10～1∶15。重要节点大样，比例还可较大，以能够清楚地表达节点的细部尺寸为准。

（3）在图面左上角用合适比例绘制桁架简图。图中左半部分应注明杆件的几何长度（mm），右半部分注明杆件的轴力设计值（kN）。当梯形桁架 $l \geqslant 24$ m、三角形屋架 $l \geqslant 15$ m 时，为防止挠度值较大，不影响使用和外观，须在制造时起拱。拱度一般取桁架跨度的 1/500，并在桁架简图中注明。

（4）应注明各零件（型钢和钢板）的型号和尺寸，包括加工尺寸（宜取 5 mm 的倍数）、定位尺寸、孔洞位置以及对工厂制造和工地安装的要求。定位尺寸主要有轴线至角钢肢背的距离、节点中心至各杆件杆端和节点板上下左右边缘的距离等。螺栓位置应符合型钢上容许线距和螺栓排列的最大、最小容许距离的要求。对制造和安装的其他要求，包括零件切斜角、孔洞直径和焊缝尺寸等都应注明。工地拼接焊缝要注意标出安装焊缝符号，以适应运输单元的划分和拼接。

（5）应对零件详细编号，编号应按构件主次、上下、左右顺序逐一进行。完全相同的零件用同一编号。如果两个零件的形状和尺寸完全一样，仅因开孔位置或因切斜角等原因有所不同，但系镜面对称时，亦采用同一编号，在材料表中应注明正或反字样，以示区别。有些桁架仅在少数部位的构造略有不同，如与支撑相连的桁架和不与支撑相连的桁架只在螺栓孔上有区别，可在图上螺栓孔处注明所属桁架的编号，这些桁架就可绘在同一张施工图上。

（6）材料表应包括各零件的编号、截面规格、长度、数量（正、反）和重量等。材料表的作用不但可归纳各零件以便备料和计算用钢量，同时也可供选择起吊和运输设备时参考。

（7）文字说明应包括钢号和附加条件、焊条型号、焊接方法和质量要求，图中未注明的焊缝和螺栓孔尺寸、油漆、运输、安装和制造要求，以及一些不易用图表达的内容。

小　结

本章主要介绍桁架的特点及应用，桁架外形选择、尺寸拟订和腹杆布置，桁架支撑设计，桁架的荷载和杆件内力计算，桁架杆件截面的选择、节点的设计以及施工图的绘制。作为第三、四章的后续章节，学习完本章后，应该重点掌握桁架的设计方法与设计原理，会进行桁架结构设计。

本章的主要内容有：

（1）桁架的构造，桁架的受力特点，桁架按照杆件受力大小、截面形式以及节点构造，可分为重型桁架、普通桁架、轻型桁架和薄壁型钢架四种。

（2）常用的平面桁架形式有平行弦、梯形、多边形、三角形等，掌握其特点及适用范围；桁架的基本尺寸拟订及腹杆布置。

（3）桁架支撑的作用，桁架支撑的分类。

（4）桁架上承受的荷载计算、内力计算及其组合。

（5）桁架杆件的平面内计算长度与平面外计算长度的确定。

（6）普通桁架杆件通常采用由两个等肢角钢或不等肢角钢组成的 T 形截面、十字形截面或管形截面，在设计时适当选取杆件的截面形式，并掌握截面设计的一般原则。

（7）桁架节点构造的一般要求。

（8）桁架节点的分类及其设计方法。

（9）桁架的施工图一般包括结构布置图和构件详图两部分，掌握每一部分内容及要点。

学习本章的重点与难点：

(1)重点是桁架的受力特点，桁架支撑的作用及种类，桁架的内力计算及其组合，杆件计算长度的确定，节点设计的要求与方法，施工图绘制的内容及要点。

(2)难点是掌握桁架的设计思路、设计步骤及设计原理，进行钢桁架的设计。

思考题

5-1　钢桁架与钢梁相比有哪些特点？为什么它适合大跨度？

5-2　三角形、梯形屋架各适用于哪种情况？优缺点如何？

5-3　三角形、梯形、平行弦桁架各有何特点？各适用于何种情况？

5-4　腹杆布置的原则是什么？

5-5　桁架的支撑有哪几种类型？桁架支撑的作用是什么？

5-6　双角钢组合T形截面中的等肢角钢相并，不等肢角钢短肢相并和不等肢角钢长肢相并截面各适用于何种情况？

5-7　桁架的节点设计有哪些基本要求？

5-8　桁架节点板的厚度应如何确定？

5-9　桁架内力计算时考虑了几种荷载组合，为什么？

5-10　桁架施工图应表述哪些主要内容？

习　题

5-1　某桁架腹杆设计内力 $N=-430$ kN(压力)，$l_{0x}=l_{0y}=250$ cm，选用 2∠100×80×10的角钢与厚度为 12 mm 的节点板用长肢相连，用 Q235 钢，查得强度设计值 $f=215$ N/mm^2，试验算杆件的稳定性。

5-2　试设计一桁架上弦杆用不等肢双角钢组成的截面尺寸。已知设计内力 $N=-880$ kN，$l_{0x}=150$ cm，$l_{0y}=300$ cm，节点板厚度为 12 mm，短肢相靠。钢材为 Q235，强度设计值 $f=215$ N/mm^2。

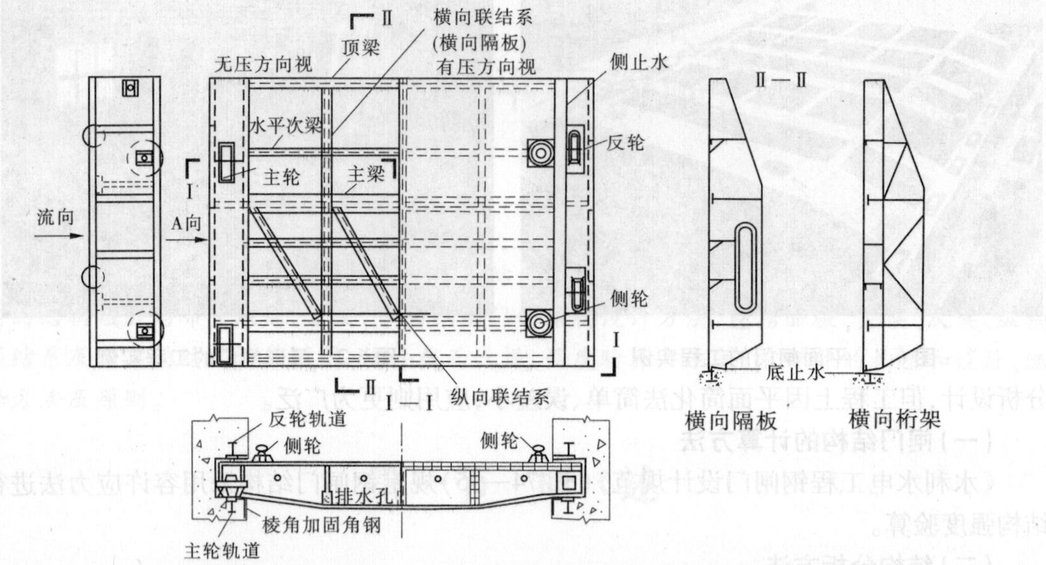

图 6-4　平面钢闸门门叶结构总图

1. 平面钢闸门的承重结构

平面钢闸门的承重结构一般由钢面板、梁格，以及纵、横向联结系组成。

(1)面板。用来挡水，直接承受水压并传给梁格。面板通常设在闸门的上游面，这样可以避免梁格和行走支承浸没于水中而积聚污物，也可以减小因门底过水而产生的振动。

(2)梁格。由互相正交的梁系(水平次梁、竖立次梁、主梁和边梁等)组成，用来支承面板并将面板传来的全部水压力传给支承边梁，然后通过设置在边梁上的行走支承将闸门上的水压力传给闸墩。

(3)纵向联结系。布置在闸门下游面主梁(或主桁架)的下翼缘(或下弦杆)之间的纵向竖直平面内，承受闸门部分自重和其他竖向荷载，并可增强闸门纵向竖平面的刚度，当闸门受双向水头时还能保证主梁的整体稳定性(当闸门承受反向水头时，主梁下翼缘受压)。

(4)横向联结系。布置在垂直于闸门跨度方向的竖直平面内，以保证闸门横截面的刚度，使门顶和门底不致产生过大的变形。其主要承受由顶梁、底梁和水平次梁传来的水压力并传给主梁。其形式主要有实腹隔板式和桁架式。

2. 行走支承

平面钢闸门的行走支承应保证既能将闸门所受的全部水平荷载安全地传递给闸墩，又能沿门槽上下顺利移动，并减小闸门移动时的摩擦阻力。

行走支承包括主行走支承、侧向支承(侧轮)及反向支承(反轮)装置三部分。

3. 止水

止水是为了防止闸门漏水而固定在门叶周边的橡胶止水。

4. 吊具

吊具是用来连接闸门启闭机的牵引构件。

(二)埋固构件

平面闸门的固定埋设部件一般包括:①主轮或主滑道的轨道,简称主轨;②侧轮和反轮的轨道,简称侧轨和反轨;③止水埋件,顶止水埋件简称门楣,底止水埋件简称底坎;④门槽护角、护面和底槛,用以保护混凝土不受漂浮物的撞击、泥沙磨损和气蚀剥落。

闸门上水压力的传递路径为:水平水压力 → 面板(齐平连接时) →水平次梁 →竖立次梁 → 主梁 → 边梁 → 主轮(或主滑块) → 轨道 → 混凝土闸墩。

(三)闸门的启闭机械

常用的闸门启闭机有卷扬式、螺杆式和液压式三种。它们又可分为固定式和移动式两类。

二、平面钢闸门的结构布置

布置内容:确定闸门上需要设置的构件及其数目和位置。应统筹考虑、全面安排并进行必要的方案比较后最终确定。

(一)主梁的布置

1. 主梁的数目

主梁是闸门的主要承重部件。主梁的数目主要取决于闸门的尺寸和水头的大小。平面闸门按主梁的数目可分为双主梁式和多主梁式。建议当闸门的跨高比 $L/H \geqslant 1.2$ 时,采用双主梁;而当闸门的跨高比 $L/H \leqslant 1.0$ 时,采用多主梁。在大跨度的露顶式闸门中常采用双主梁。

2. 主梁的位置

主梁的位置确定应考虑下列因素:

(1)主梁宜按等荷载要求布置,可使每根主梁所需的截面尺寸相同,便于制造;

(2)主梁间距应适应制造、运输和安装的条件;

(3)主梁间距应满足行走支承布置的要求;

(4)底主梁到底止水的距离应符合底缘布置的要求。

对于实腹式主梁的工作闸门和事故闸门,一般应使底主梁的下翼缘到底止水边缘连线的倾角不应小于30°(见图6-5、图6-6),以免启门时水流冲击底主梁和在底主梁下方产生负压而导致闸门振动。当闸门支承在非水平底槛上时,该角度可适当增减,当不能满足

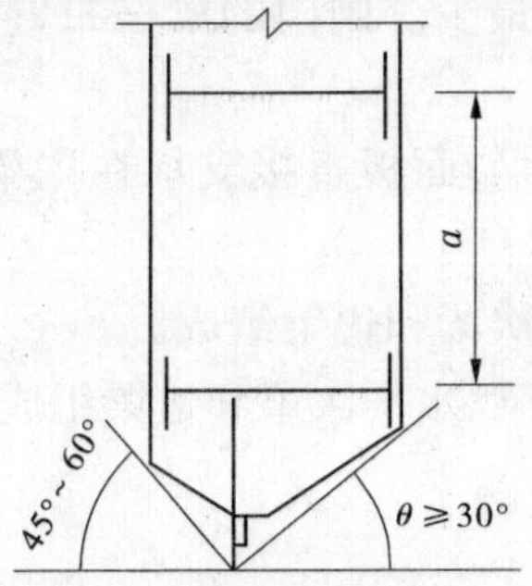

图6-5　闸门底缘的布置要求

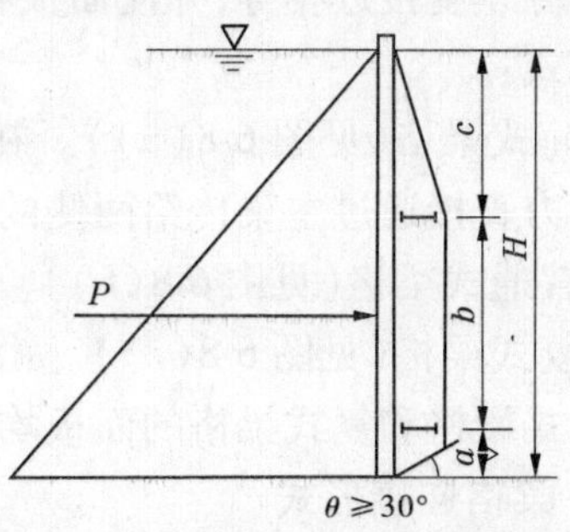

图6-6　双主梁闸门的主梁布置图

30°要求时,应对门底部采取补气措施。部分利用水柱闭门的平面闸门,其上游倾角不应小于45°,宜采用60°(见图6-5)。

如图6-6所示,双主梁式闸门的主梁位置应对称于静水压力合力 P 的作用线,在满足上述底缘布置要求的前提下,两主梁的间距 b 宜尽量大些,并注意上主梁到门顶的距离 c 不宜太大,一般不超过0.45H。

多主梁式闸门的主梁位置,可根据各主梁等荷载的原则确定。具体做法有图解法和数解法两种,下面按数解法进行介绍。

假定水面至门底的距离为 H,主梁的数目为 n,第 $k(k=1,2,\cdots,n)$ 根主梁至水面的距离为 y_k。

对于露顶闸门(见图6-7(a))有

$$y_k = \frac{2H}{3\sqrt{n}}[k^{1.5} - (k-1)^{1.5}] \tag{6-1}$$

对于潜孔闸门(见图6-7(b))有

$$y_k = \frac{2H}{3\sqrt{n+m}}[(k+m)^{1.5} - (k+m-1)^{1.5}] \tag{6-2}$$

式中 $m = \dfrac{na^2}{H^2 - a^2}$;

a——水面至门顶止水的距离。

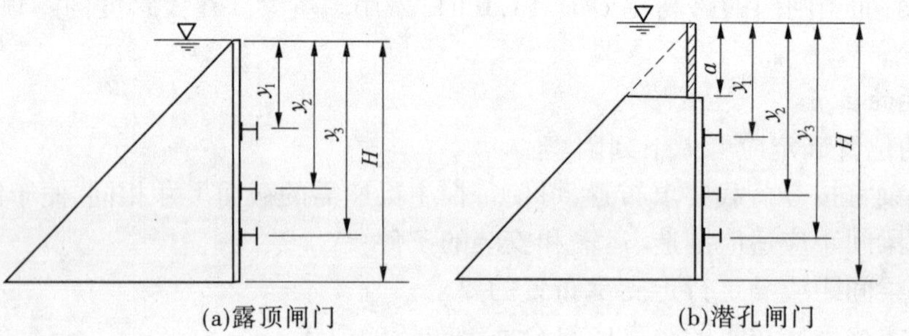

图6-7 主梁位置

(二)梁格的布置形式

梁格的布置应考虑钢面板厚度的经济合理性和梁格制造省工等要求,尽量使面板各区格的计算厚度接近相等,并使面板和梁格的总用钢量最少。闸门的梁格布置可分为以下三种形式:

(1)简式梁格(见图6-8(a))。在主梁之间不设次梁,面板直接支承在主梁上,面板上的水压力直接通过主梁传给两侧的边梁。

(2)普通式梁格(见图6-8(b))。由水平主梁、竖立次梁和边梁组成。

(3)复式梁格(见图6-8(c))。由水平主梁、竖立次梁、水平次梁和边梁组成。

普通式梁格和复式梁格的面板均为四边支承板。

(三)梁格连接形式

如图6-9所示,梁格的连接形式有以下三种:

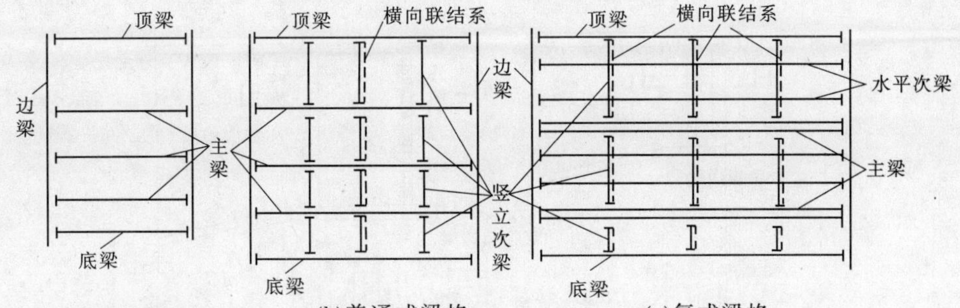

图 6-8　梁格布置图

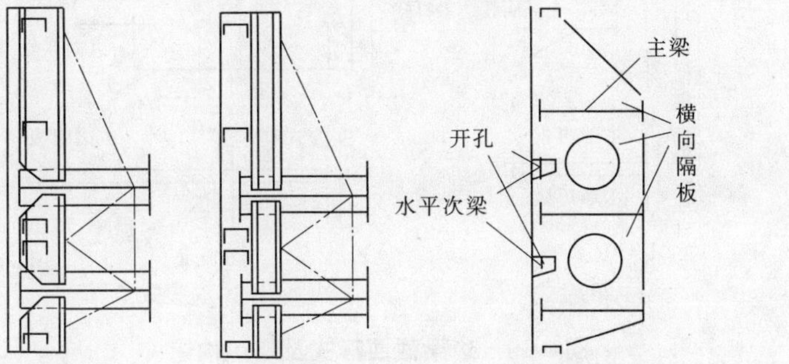

图 6-9　梁格连接形式

(1)齐平连接,即水平次梁、竖立次梁和主梁的前翼缘表面齐平,都直接与面板相连,又称为等高连接。

(2)降低连接,即主梁和水平次梁直接与面板相连,竖立次梁则离开面板降低到水平次梁下游,这样水平次梁可以在面板与竖立次梁间穿过而成为连续梁。

(3)层叠连接,即水平次梁和竖立次梁直接与面板相连,主梁放在竖立次梁后面。由于该连接形式使得闸门的整体刚度和抗振性能有所削弱,且增大了闸门的总厚度,故在平面闸门中现已很少采用。

(四)边梁的布置

边梁的截面形式有单腹式(见图 6-10(a))和双腹式(见图 6-10(b))两种。

单腹式边梁构造简单,便于与主梁相连接,但抗扭刚度差,这对于闸门因弯曲变形、温度胀缩及其他力作用而在边梁中产生扭转的情况是不利的。单腹式边梁主要用于滑道式支承的闸门。

双腹式边梁的抗扭刚度大,也便于设置滚轮和吊轴,但构造复杂且用钢量较多,截面内部的焊接也较困难。双腹式边梁广泛用于定轮闸门中。

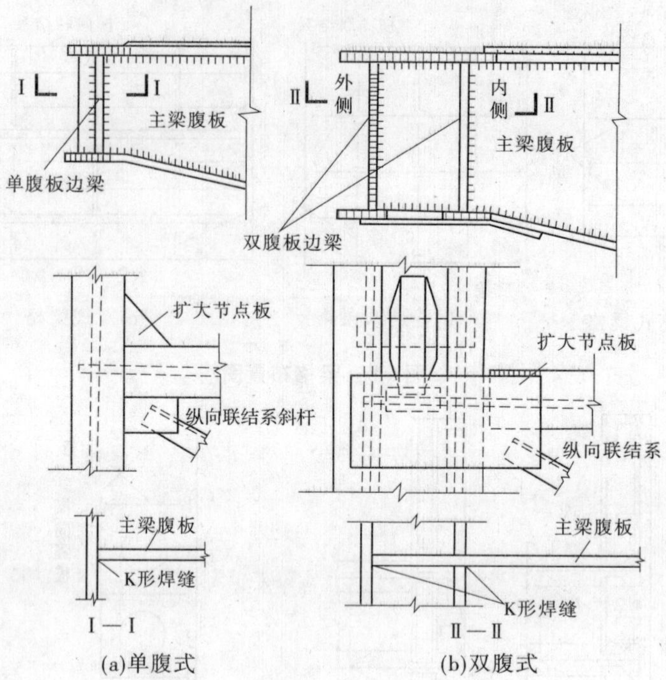

图 6-10 边梁截面形式及连接构造

第三节 平面钢闸门的结构设计

一、钢面板的设计

对于四边固定支承面板(见图 6-11),根据理论分析和试验研究,在均布荷载作用下最大弯矩出现在面板支承长边的中点 A 处。但是当该点的应力达到所用钢材的屈服点 f_y 时,面板的承载能力还远远没有耗尽,随着荷载的增加,支承边上其他各点的弯矩都随之增加,而使面板上、下游面局部逐步达到屈服点,此时,面板仍然能够承受继续增大的荷载。试验及理论分析表明,当荷载增加到设计荷载(点 A 屈服时)的 3. 5 ~4. 5 倍时,面板跨中部分才进入弹塑性阶段。这说明此时面板有很大的强度储备。

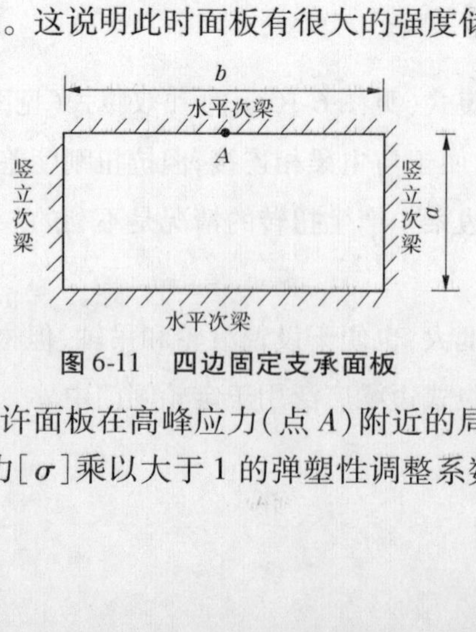

图 6-11 四边固定支承面板

因此,在强度计算中,容许面板在高峰应力(点 A)附近的局部小范围进入弹塑性阶段工作,故可将面板的容许应力$[\sigma]$乘以大于 1 的弹塑性调整系数 α 予以提高。

(一)初选面板厚度 t

钢面板是支承在梁格上的弹性薄板,在静水压力作用下,面板的应力由两部分组成:一是局部弯曲应力,即矩形薄板本身的弯曲应力;二是整体弯曲应力,即面板兼作主(次)梁翼缘参与梁系弯曲的整体弯曲应力。初选面板厚度时,由于主(次)梁的截面尚未确定,面板参与主(次)梁的整体弯曲应力尚未求得,故面板的厚度可先按面板支承长边中点 A 的最大局部弯曲应力强度条件初步计算(见图6-12)。

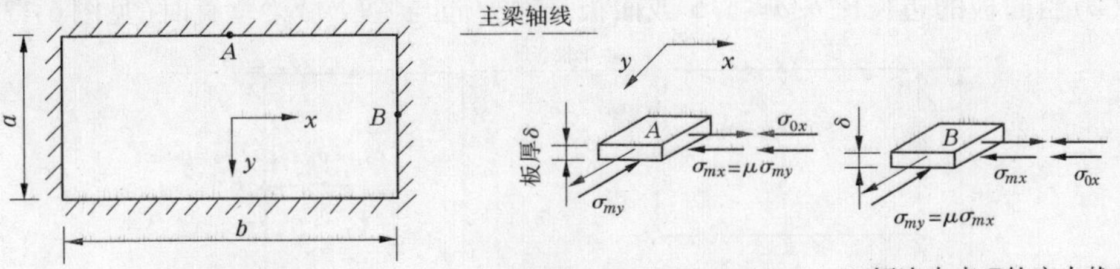

(a)面板计算区格　(b)长边中点A的应力状态　(c)短边中点B的应力状态

图6-12　$b/a>1.5$ 且面板长边沿主梁轴线方向时的面板应力状态

$$\sigma_{\max}=\frac{M_{\max}}{1\times t^2/6}=kpa^2/t^2\leqslant\alpha[\sigma]\quad(t\geqslant a\sqrt{\frac{kp}{\alpha[\sigma]}})\tag{6-3}$$

式中　k——弹性薄板支承长边中点(A 点)的弯曲应力系数(见附录四);

p——面板计算区格中心的水压力强度,MPa,$p=\rho gh=\gamma h$;

h——区格中心的水头,m;

a、b——面板计算区格的短边、长边长度,mm,从面板与主(次)梁的连接焊缝算起;

α——弹塑性调整系数,当 $b/a\leqslant3$ 时,$\alpha=1.5$,当 $b/a>3$ 时,$\alpha=1.4$;

$[\sigma]$——钢材的抗弯容许应力,MPa。

对于普通式和复式梁格布置的面板,其支承情况实际上为双向连续板。根据试验研究,面板的中间区格在水压力作用下,其在各支承边上的倾角均接近于零,故为简化计算,中间区格可当做四边固定板计算。对于顶、底梁截面比较小的顶、底部区格,因面板在刚度较小的顶梁和底梁处会产生较大的倾角,接近于简支边,故顶、底部区格按三边固定另一边(顶或底边)简支的矩形板计算。

钢面板厚度的计算需与水平次梁间距的布置同时进行,因钢面板的重量占闸门比重量大,为节约钢材,钢面板宜选用较薄的钢板,但考虑锈蚀余量要求,一般不应小于6 mm,通常可取8~16 mm。

(二)面板参加主(次)梁整体弯曲时的强度计算

在初步选定面板厚度,并在主(次)梁截面选定后,考虑到面板本身在局部弯曲的同时还随主(次)梁受整体弯曲的作用,则面板为双向受力状态,故应按第四强度理论验算面板的折算应力强度。

(1)当面板的边长比 $b/a>1.5$,且长边 b 沿主梁轴线方向时(见图6-12(b)),只需按式(6-4)验算面板 A 点在上游面的折算应力,即

$$\sigma_{eq}=\sqrt{\sigma_{my}^2+(\sigma_{mx}-\sigma_{0x})^2-\sigma_{my}(\sigma_{mx}-\sigma_{0x})}\leqslant1.1\alpha[\sigma]\tag{6-4}$$

式中　σ_{my}——垂直于主(次)梁轴线方向面板支撑长边中点的局部弯曲应力,$\sigma_{my}=k_y pa^2/t^2$;

k_y——支撑长边中点的水压强度,N/mm^2;

σ_{mx}——面板沿主(次)梁轴线方向的局部弯曲应力,$\sigma_{mx}=\mu\sigma_{my}$,$\mu=0.3$;

$[\sigma]$——抗弯容许应力;

σ_{my}、σ_{mx}、σ_{0x}均取绝对值。

(2)当面板的边长比 $b/a\leqslant1.5$ 或面板长边方向与主(次)梁垂直时(见图6-13),面板

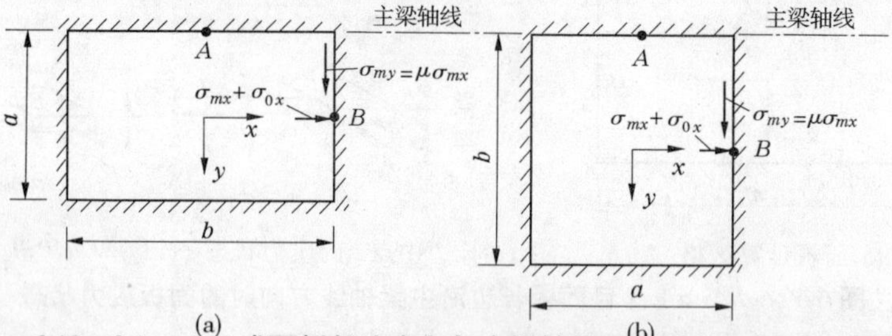

6-13　$b/a>1.5$ 或面板长边方向与主梁轴线垂直时的面板应力状态

在 B 点下游面的应力值($\sigma_{mx}+\sigma_{0x}$)较大,这时虽然 B 点下游面的双向应力为同号(均受压),但还是可能比 A 点上游面更早地进入塑性状态,故应按式(6-5)验算 B 点下游面在同号平面(压)应力状态下的折算应力强度,即

$$\sigma_{eq}=\sqrt{\sigma_{my}^2+(\sigma_{mx}+\sigma_{0x})^2-\sigma_{my}(\sigma_{mx}+\sigma_{0x})}\leqslant1.1\alpha[\sigma] \tag{6-5}$$

σ_{0x}是对应于面板验算点(B 点)主梁前翼缘的整体弯曲应力。考虑整体弯曲应力沿面板宽度分布不均影响后,可按式(6-6)计算

$$\sigma_{0x}=(1.5\xi_1-0.5)M/W \tag{6-6}$$

式中　ξ_1——面板兼作主(次)梁前翼缘工作的有效宽度系数(见表6-1),式(6-6)的适用条件为$\xi_1\geqslant1/3$。

表6-1　面板的有效宽度系数 ξ_1 和 ξ_2

l_0/b	0.5	1.0	1.5	2.0	2.5	3	4	5	6	8	10	12
ξ_1	0.20	0.40	0.58	0.70	0.78	0.84	0.90	0.94	0.95	0.97	0.98	1.00
ξ_2	0.16	0.30	0.42	0.51	0.58	0.64	0.71	0.77	0.79	0.83	0.86	0.92

注:l_0 为主(次)梁弯矩零点之间的距离,对于简支梁取 $l_0=l$;对于连续的边跨和中间跨的正弯矩段,可近似地取 $l_0=0.8l$和 $l_0=0.6l$;对于连续梁的负弯矩段,可近似地取 $l_0=0.4l$。

(三)面板与梁格的连接计算

当水压力作用下面板弯曲时,由于梁格之间相互移近受到约束,在面板与梁格之间的连接角焊缝将产生垂直于焊缝方向的侧拉力。经分析计算,每毫米焊缝长度上的侧拉力 N_t(N/mm^2)可按下面的近似公式计算

$$N_t=0.07t\sigma_{max} \tag{6-7}$$

式中　σ_{max}——厚度为 t 的面板中的最大弯曲应力,σ_{max}可取$[\sigma]$。

此外,由于面板作为主梁的翼缘,当主梁弯曲时,面板与主梁之间的连接角焊缝还承

受沿焊缝长度方向的水平剪力，主梁轴线一侧的角焊缝每单位长度内的剪力为 T，则

$$T = VS/(2I)$$

因此，面板与梁格连接角焊缝的焊脚尺寸 h_f 可近似按式(6-8)计算

$$h_f = \sqrt{N_t^2 + T^2}/(0.7[\tau_f^w]) \tag{6-8}$$

式中 $[\tau_f^w]$——角焊缝的容许剪应力。

面板与梁格的连接焊缝应采用连续焊缝，通常 h_f 不宜小于 6 mm。

二、次梁设计

(一)次梁的荷载与计算简图

1. 降低连接

对于降低连接梁格(见图 6-14)，竖立次梁为简支在主梁上的简支梁，而水平次梁为支承在竖立次梁上的连续梁。

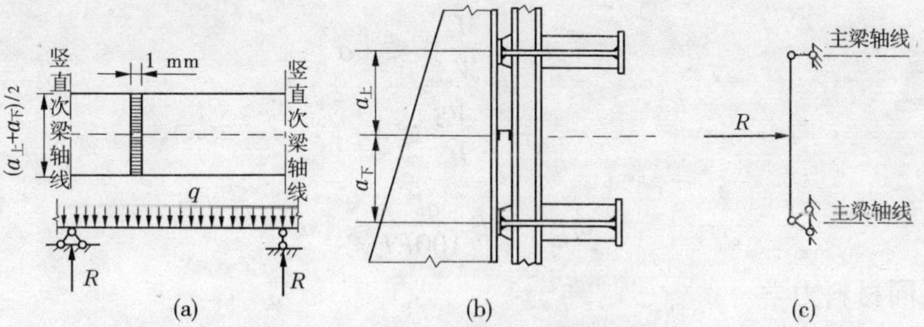

图 6-14 降低连接梁格计算简图

水平次梁承受均布水压力荷载，水压力荷载作用范围按面板区格的中线来划分，则水平次梁所受的均布荷载 q(N/mm)为

$$q = p(a_上 + a_下)/2 \tag{6-9}$$

竖立次梁则承受水平次梁支座反力传来的集中力 R。

2. 齐平连接

如图 6-15 所示为梁格齐平连接，水平次梁和竖立次梁同时支承着面板。面板传给梁格的水压力，按梁格夹角的平分线来划分各梁所负担的水压力作用范围。

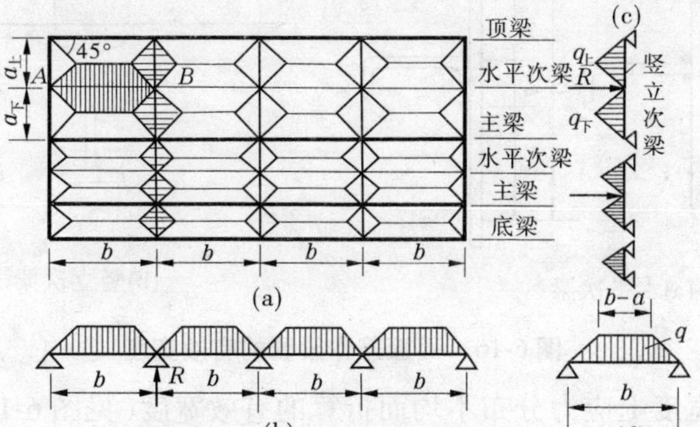

图 6-15 齐平连接计算简图

水平次梁的计算简图:①当水平次梁为在竖立次梁处断开后再连接于竖立次梁时,水平次梁为简支梁;②当采用实腹隔板兼作竖立次梁时,水平次梁为连续穿过实腹隔板预留的切孔并支承在隔板上的连续梁。水平次梁的荷载集度 q 同式(6-9),计算简图分别如图 6-15(c)、(d)所示。

竖立次梁为支承在主梁上的简支梁。作用荷载有三角形分布水压力荷载 $q_{上}$ 和 $q_{下}$ 及水平次梁的支座反力传来的集中力 R。

(二)次梁的截面设计

当计算简图确定后,计算步骤如下:

(1)按上述次梁的计算简图计算次梁的最大内力 $M_{\max}$、V。

(2)按梁的弯曲应力强度条件求所需的截面模量,即

$$W_{req} = M_{\max}/[\sigma] \tag{6-10}$$

根据此截面模量和满足刚度要求的最小梁高 $h_{\min}$,次梁一般受荷不大,常按轧成梁设计,选择合适型钢。

$$\sigma = \frac{M_{\max}}{W_{\min}} \leqslant [\sigma]$$

$$\tau = \frac{VS}{It_w} \leqslant [\tau]$$

$$\omega_{\max} = \beta \frac{ql^4}{100EI} \leqslant [\omega]$$

符号含义同材料力学。

(3)当次梁直接焊接于面板时,焊缝两侧的面板在一定的宽度(有效宽度)内可以兼作次梁的翼缘参加次梁的抗弯工作。

面板参加次梁工作的有效宽度 B 可按式(6-11)和式(6-12)计算的较小值取用。

①考虑面板兼作梁受压翼缘但不致失稳而限制的有效宽度(见图 6-16)为

$$B = b_l + 2 \times 30t \sqrt{\frac{235}{f_y}} \tag{6-11}$$

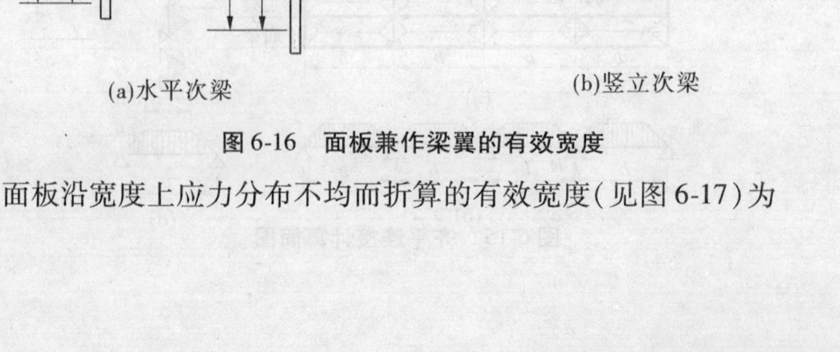

图 6-16　面板兼作梁翼的有效宽度

②考虑面板沿宽度上应力分布不均而折算的有效宽度(见图 6-17)为

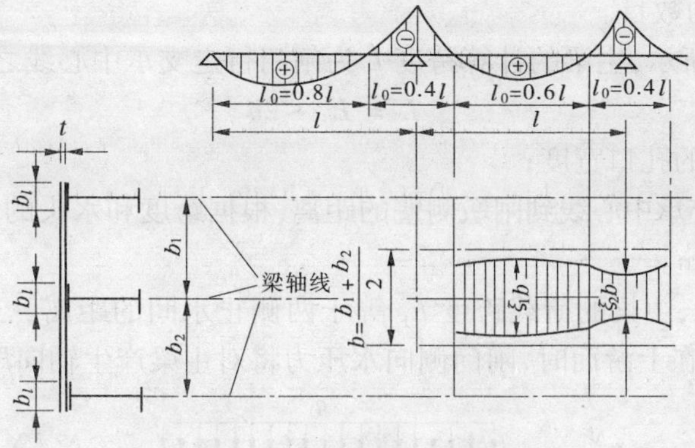

图 6-17　有效宽度示意图

$$B = \xi_1 b \quad 或 \quad B = \xi_2 b \tag{6-12}$$

$$b = (b_1 + b_2)/2$$

式中　b_1、b_2——次梁与两侧相邻梁的间距；

ξ_1、ξ_2——有效宽度系数，ξ_1 用于正弯矩区，ξ_2 用于负弯矩区，可由表 6-1 查得。

三、主梁设计

(一)主梁的形式

主梁是平面钢闸门中的主要受力构件。根据闸门的跨度和水头大小，主梁可采用实腹式或桁架式。跨度小水头低的闸门，可采用制造方便的型钢梁；对于中等跨度的闸门(5～10 m)常采用实腹式组合梁，为缩小门槽宽度和节约钢材，也常采用变高度的主梁(见图 6-18)；对于大跨度的闸门，则宜采用桁架式主梁，以节约钢材。

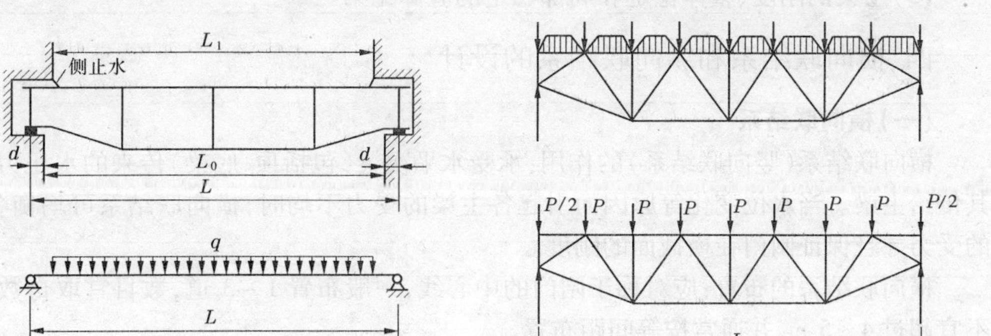

图 6-18　主梁计算简图

(二)主梁的荷载和计算简图

主梁为支承在闸门边梁上的单跨简支梁。当主梁按等荷载原则布置时，每根主梁所受的均布荷载集度 q(kN/m)为

$$q = P/n \tag{6-13}$$

式中　P——闸门单位跨度上作用的总水压力，kN/m；

n——主梁的数目。

如图 6-18(a)所示，主梁的计算跨度 L 为闸门行走支承中心线之间的距离，即

$$L = L_0 + 2d \tag{6-14}$$

式中　L_0——闸门的孔口宽度；

d——行走支承中心线到闸墩侧壁的距离，根据跨度和水头的大小，一般 $d = 0.15 \sim 0.4$ mm。

如图 6-19 所示，主梁的荷载跨度 L_1 等于两侧止水间的距离。当侧止水布置在闸门的下游面而面板设在上游面时，闸门侧向水压力将对主梁产生轴向压力 N。

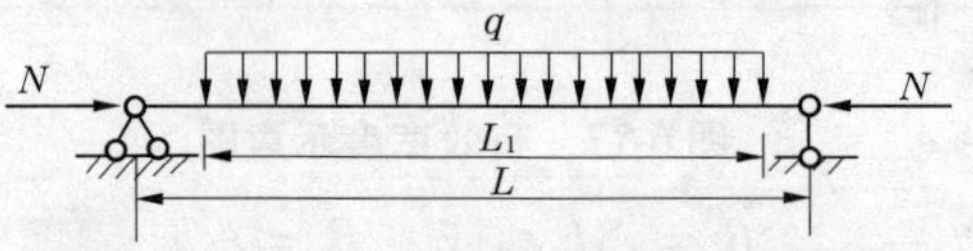

图 6-19　止水在下游面时主梁的计算简图

当主梁采用桁架式时，可将水压力化为节点荷载 $P = qb$(b 为桁架的节间长度)，然后求解主桁架在节点荷载作用下的杆件内力并选择截面。但对于直接与面板相连的上弦杆，应考虑面板传来的水压力对上弦杆引起的局部弯曲而按压弯构件选择截面。

(三)主梁设计特点

(1)对于钢闸门的主梁，考虑到其除承受闸门水平水压力而产生水平弯曲外，其下翼缘兼作纵向联结系的弦杆，还需承受一部分闸门自重产生的应力，故按主梁的水平水压力荷载产生的内力选择截面时，可按 $0.9[\sigma]$ 计算。计算方法见第三章第六节。

(2)当主梁直接与面板相连时，部分面板可兼作主梁上(前)翼缘的一部分参加其抗弯工作。面板的有效宽度按式(6-12)计算。

(3)主梁的刚度、整体稳定和局部稳定的验算见第三章。

四、横向联结系和纵向联结系的设计

(一)横向联结系

横向联结系(竖向联结系)的作用：承受水平次梁(包括顶、底梁)传来的水压力，并将其传给主梁。当水位变化等原因而引起各主梁的受力不均时，横向联结系可均衡各主梁的受力并且保证闸门在横截面的刚度。

横向联结系的布置：应对称于闸门的中心线，一般布置 1 ~ 3 道，数目宜取奇数，间距不宜超过 4 ~ 5 m，并通常按等间距布置。

横向联结系的形式：应根据主梁的截面高度、间距和数目而定。主要有实腹隔板式和桁架式两种。

实腹式隔板的计算简图如图 6-20(a)所示，通常可按图 6-20(b)所示简化计算。

横隔板的截面设计：横隔板的应力一般都很小，其尺寸可按构造要求及稳定条件确定，隔板的截面高度与主梁的截面高度相同，其腹板厚度一般采用 8 ~ 12 mm，前翼缘可利用面板兼作而不必另行设置；后翼缘可采用扁钢，宽度取 100 ~ 200 mm，厚度取 10 ~ 12 mm。为减轻门重，可在隔板中间弯曲应力较小区域开孔，但孔边需用扁钢镶固(见图 6-21(b))。

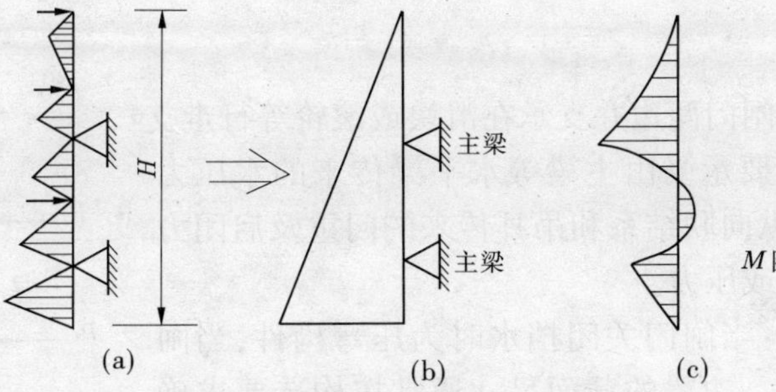

图 6-20　横向隔板的计算简图

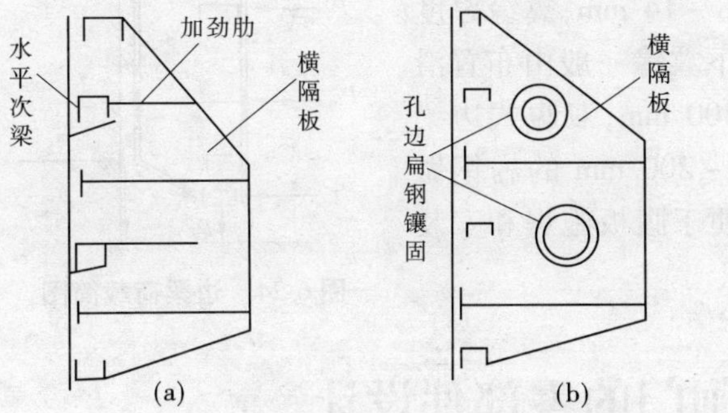

图 6-21　横隔板的构造

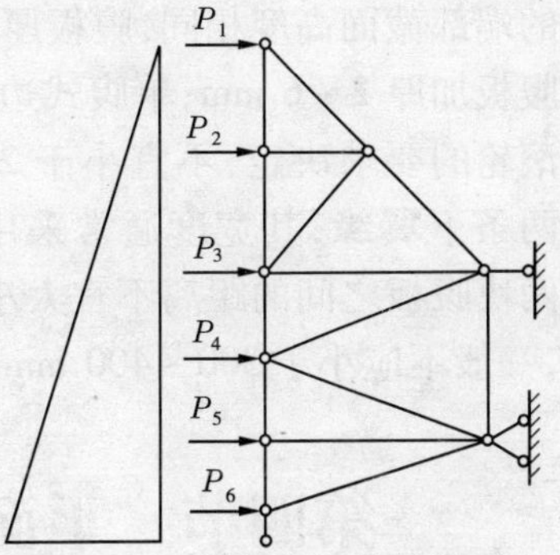

图 6-22　横向桁架计算简图

横向桁架是支承在主梁上的双悬臂桁架，其计算简图如图 6-22 所示。上弦杆为闸门的竖立次梁，一般为压弯构件，腹杆及下弦杆为轴心受力构件。

(二)纵向联结系

纵向联结系位于闸门各主梁后翼缘之间的竖平面内。其主要作用是承受闸门上的竖向力(闸门的自重、门顶的水柱重以及门底的下吸力等)，保证闸门在竖向平面内的刚度，并与主梁和面板构成封闭的空间体系以承受偶然的作用力对闸门引起扭矩。

纵向联结系多为桁架式(见图 6-23)。可按支承在闸门两侧边梁上的简支平面(当主梁高度改变时为折面)桁架计算。闸门的自重 G 可根据闸门的重心位置按杠杆原理分配给上下游面的面板和纵向联结系，然后再将分配来的竖向荷载($G_1 = G \times c_1/h$，c_1 为闸门重心至面板的距离，h 为闸门厚度)均匀地分到桁架节点上 $P_1 = G_1/n$(n 为桁架的节间数)，从而计算各个杆件内力并选择杆件截面。

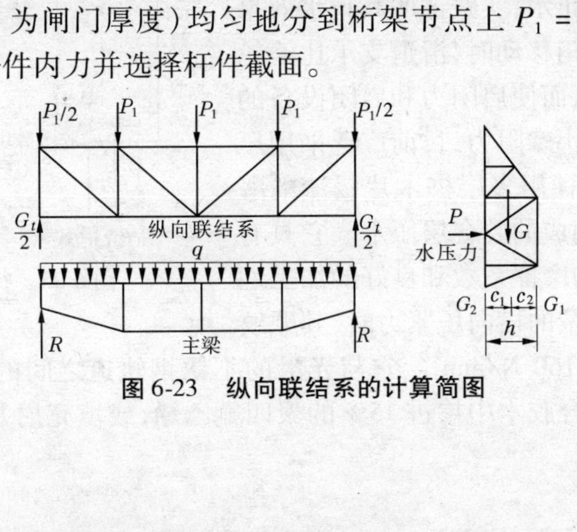

图 6-23　纵向联结系的计算简图

五、边梁设计

支承边梁是位于闸门两边并支承在滑块或滚轮等行走支承上的竖向梁。其主要承受由主梁等水平梁传来的水压力产生的弯矩，以及由纵向联结系和吊耳传来的门重及启闭力等竖向力产生的拉力或压力。

边梁的工作条件：当闸门关闭挡水时为压弯构件，当闸门开启时为拉弯构件。边梁的截面尺寸通常按构造要求确定，然后进行强度计算。如图 6-24 所示，边梁的截面高度与主梁的端部截面高度相同，腹板厚度为 8 ~ 14 mm，翼缘厚度应比腹板加厚 2 ~6 mm；单腹式边梁的下翼缘一般由布置滑块或滚轮的要求决定，不宜小于 200 ~ 300 mm；双腹式边梁常用两条下翼缘，其宽度通常采用 100 ~ 200 mm 的扁钢做成。两块腹板之间的距离不宜太小，以便于腹板施焊和安装滚轮，一般不应小于 300 ~400 mm。

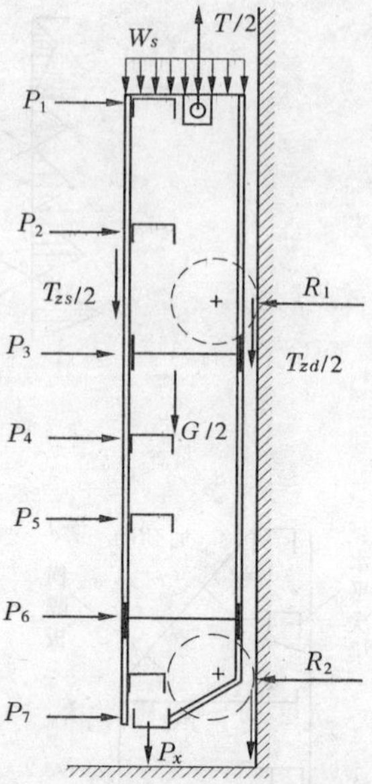

图 6-24　边梁荷载简图

第四节　平面钢闸门的零部件设计

一、行走支承

闸门的行走支承有滑道式和滚轮式两种类型（见图 6-25）。这两种类型应根据闸门的工作条件、荷载和跨度选定。工作闸门和事故闸门宜采用滚轮或胶木滑道支承。检修闸门和启闭力不大的工作闸门，可采用钢或铸铁等材料制造的滑块支承。行走支承承受闸门全部的水压力并传给轨道。为使闸门在闸槽中移动顺利，还需在门叶上设置导向的反轮和侧轮（见图 6-25）。

（一）滑道支承

滑道支承制造简单、经济可靠。在中小型闸门上还可以将它兼作侧向止水，实践证明其止水效果是比较理想的。但当闸门移动时，滑道支承比滚轮支承产生的摩阻力大，从而使启闭力和启闭设备的重量都要增加。为了减小摩阻力，目前广泛采用压合胶木滑道。胶木是一种用多层桦木片浸渍酚醛树脂后，经过加热加压制成的胶合层压木。它具有较高的机械性能、较低的摩擦系数和良好的加工性能。压合胶木当有一定量的横向压紧力时，其顺纹承压极限强度可以达到 160 N/mm^2。它与光滑的不锈钢轨道之间的最大摩擦系数仅为 0.10 ~0.17。如果在压合胶木中掺进 15% 的聚四氟乙烯，或填充尼龙和钢基铜塑复合材

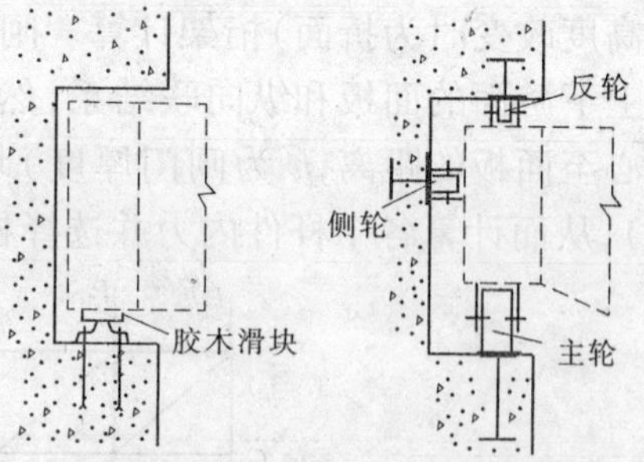

(a)滑道式　(b)滚轮式

图 6-25　行走支承类型

料，其摩擦系数还可以进一步降低。

压合胶木滑块是将总宽度为 100 ~ 150 mm 的三条胶木按其承受水压方向为顺木纹方向压入宽度稍小的铸钢夹槽中（见图 6-26（a）、（b））。三条胶木的总宽度应比夹槽的宽度大 1.3% ~ 1.7%，这样可以使胶木受到足够的横向夹紧力以提高承压面的强度。压入夹槽以前的胶木含水率不得大于 5%，压入后的胶木表面应略高于槽顶（见图 6-26（a）），然后使其加工的粗糙度 R_a 达到 3.2 μm。使胶木表面比槽顶低 2 ~ 4 mm，加工后表面应用润滑脂保护，最后用螺栓将钢夹槽固定到边梁上。

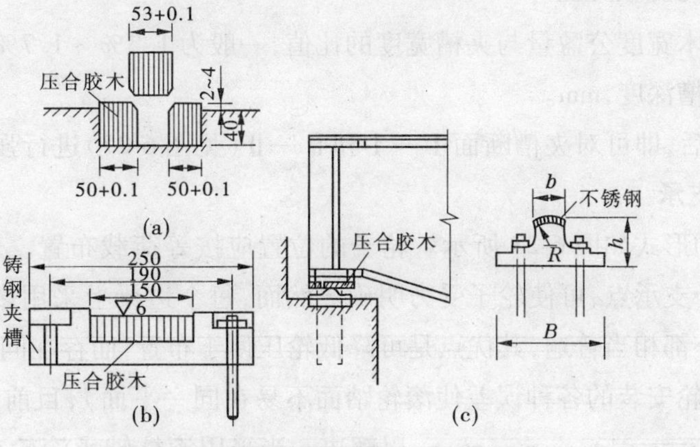

图 6-26　胶木滑道构造图　（单位：mm）

支承胶木滑块的钢轨表面通常做成圆弧形（见图 6-26（c））。为了减少摩阻力，在钢轨表面上堆焊一层 3 ~ 5 mm 厚的不锈钢，然后加工表面应达到 R_a = 3.2 μm，加工后的不锈钢厚度应不小于 2 ~ 3 mm。轨头设计宽度 b 和轨顶圆弧半径 R 应按胶木与轨面之间单位长度上的支承压力由表 6-2 确定。

表 6-2　钢轨工作表面宽度与圆弧半径

支承压力 q（N/mm）	1 000 以下	1 000 ~2 000	2 000 ~3 000	3 000 ~4 000
轨顶圆弧半径 R（mm）	100	150	200	300
轨头设计宽度 b（mm）	25	35	40	50

注：b 值不得与滑块中间的一条胶木同宽。

钢轨底面宽度 B（见图 6-26（c））应根据混凝土的容许承压强度确定。钢轨高度 h 不应小于 $B/3$。

胶木块与轨道弧面之间的最大接触应力可按式（6-15）❶计算

$$\sigma_{\max} = 104\sqrt{\frac{q}{R}} \leqslant [\sigma_j] \tag{6-15}$$

式中　q——滑块单位长度上的计算荷载，N/mm；

❶该式按胶木顺纹方向弹模 E = 31 000 N/mm^2 和泊松比 μ = 0.475 推算得出。

R——轨道工作表面的曲率半径,mm;

$[\sigma_j]$——胶木容许接触应力,$[\sigma_j]=500\ \mathrm{N/mm^2}$。

如图 6-27 所示的夹槽,当胶木以公盈尺寸压入夹槽以后,在槽壁产生的侧压力 P_c(N/mm)按式(6-16)计算

$$P_c = E_c \varepsilon h \tag{6-16}$$

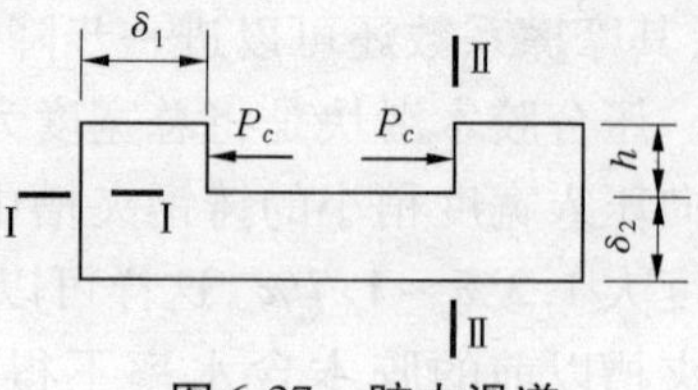

图 6-27　胶木滑道

式中　E_c——胶木沿层压方向的弹性模量,$\mathrm{N/mm^2}$,E_c = 2 500 ~ 3 500 $\mathrm{N/mm^2}$;

ε——胶木宽度公盈量与夹槽宽度的比值,一般为 1.3% ~ 1.7%;

h——夹槽深度,mm。

求出 P_c 值后,即可对夹槽断面Ⅰ—Ⅰ和Ⅱ—Ⅱ(见图 6-27)进行强度验算。

(二)滚轮支承

滚轮支承的形式如图 6-28 所示。轮子的位置应按等荷载布置。若在闸门的每个边梁上只布置两个支承点,可使轮子受力明确。然而,每个边梁上采用多滚轮支承,目前无论在国内或国外都相当普遍,其优点是可降低轮压便于布置;而存在问题是轮压不易均匀(由于轨道与滚轮安装的各种误差使滚轮踏面不易在同一平面),目前已采用偏心轴法加以解决。当采用滚柱轴承滚轮或采用弧形轨道的升卧式闸门时,应将轮子装设在双腹式边梁的外侧(见图 6-28(a))。当然,对于滑动轴承的滚轮也可以采用悬臂轴(见图 6-29))。悬臂轴滚轮的优点是轮子安装和检修比较方便,所需门槽深度较小。但悬臂轴增大了边梁外侧腹板的支承压力并使边梁受扭,悬臂轴的弯矩也较大,因此一般情况只用于水头和孔口都较小的闸门。当闸门的水头和孔口都较大时,宜将轮子装设在边梁的两块腹板之间(见图 6-28(b)和图 6-30)。这种简支轴避免了上述悬臂轴的缺点,在工程上用得较多。我国目前最大轮压已达 3 200 kN。

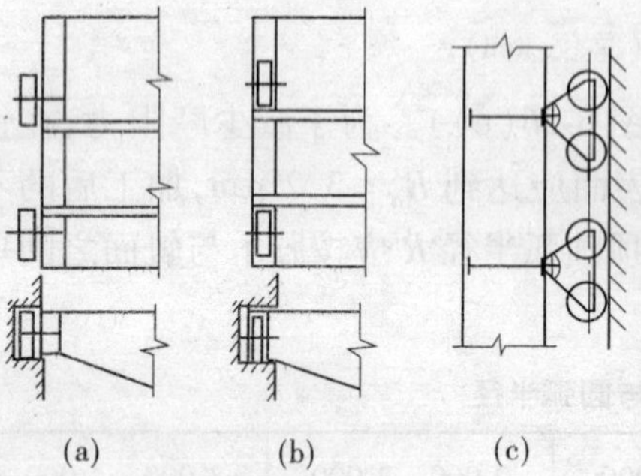

图 6-28　滚轮支承的形式

滚轮的材料,对小型闸门常采用铸铁。当轮压较大(超过 200 kN)时,铸铁轮子的尺寸就显得太大,必须采用碳钢或合金钢。轮压在 1 200 kN 以下时,可选用普通碳素铸钢;超过 1 200 kN 则可选用合金铸钢,如 ZG50Mn2、ZG35CrMo、ZG35CrMnSi 等。轮子的表面还可根据需要进行硬化处理,以提高表面硬度。表面硬化深度,一般取为发生最大接触剪应力处深度的 2 倍(约等于接触面的半径)。

轮子的主要尺寸是轮径 D 和轮缘宽度 b(见图 6-30)。这些尺寸是根据轮缘与轨道之间接触应力的强度条件来确定的。对于圆柱形滚轮与平面轨道的接触情况是线接触,其

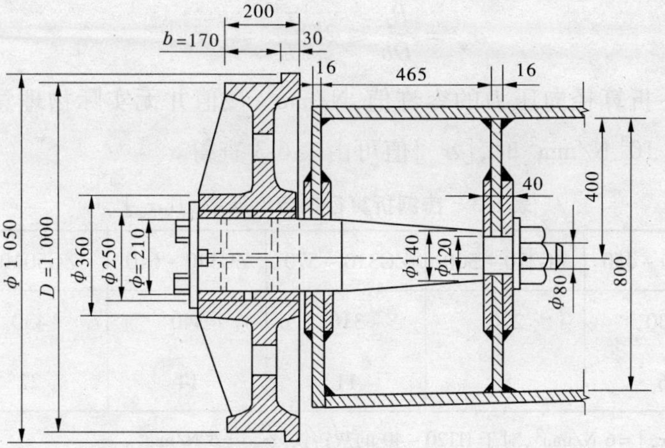

图 6-29　悬臂式滚轮　（单位:mm）

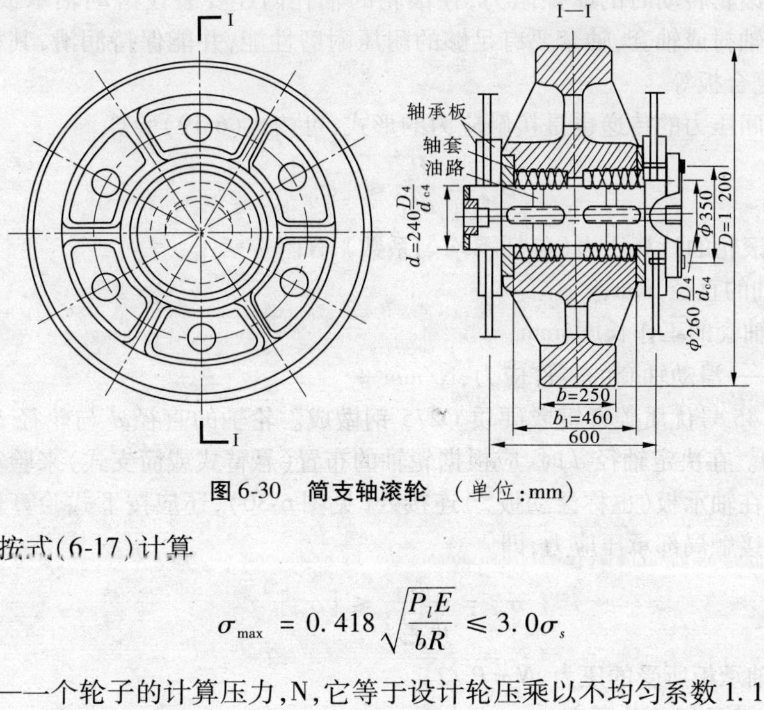

图 6-30　简支轴滚轮　（单位:mm）

接触应力可按式(6-17)计算

$$\sigma_{\max} = 0.418\sqrt{\frac{P_l E}{bR}} \leqslant 3.0\sigma_s \tag{6-17}$$

式中　P_l——一个轮子的计算压力，N，它等于设计轮压乘以不均匀系数 1.1；

b、R——轮缘宽度、轮半径（$R = D/2$），mm；

E——材料的弹性模量，N/mm^2，当互相接触的两种材料的弹性模量不同时，应采用合成弹性模量 $E' = \frac{2E_1E_2}{E_1 + E_2}$ 来计算；

σ_s——互相接触两种材料的屈服强度中的较小者，N/mm^2。

式(6-17)可以简化成下列形式，即计算滚轮直径 D 平面上的挤压应力 σ_φ（N/mm^2）为

$$\sigma_{\varphi} = \frac{P_l}{Db} \leqslant 25\frac{\sigma_s^2}{E} = [\sigma_{\varphi}] \tag{6-18}$$

式中　$[\sigma_{\varphi}]$——折算径向压力的容许值，N/mm²，该值并无实际物理意义，当 $E = 206 \times 10^3$ N/mm² 时，$[\sigma_{\varphi}]$ 值可由表 6-3 查得。

表 6-3　铸钢折算径向容许压应力 $[\sigma_{\varphi}]$　　（单位：N/mm²）

项目	ZG230 - 450	ZG270 - 500	ZG310 - 570	ZG340 - 640	ZG50Mn2	ZG35CrMo
σ_s	230	270	310	340	430	530
$[\sigma_{\varphi}]$	6	8	11	14	22	34

注：对于 Q235 钢 $[\sigma_{\varphi}] = 6$ N/mm²，对于 HT20 - 40 的灰铸铁 $[\sigma_{\varphi}] = 3$ N/mm²。

轮子直径 D 通常为 300 ~ 1 000 mm，轮缘宽度 b 通常为 80 ~ 150 mm。$D/b \approx 4 \sim 6$。

为了减小滚轮转动时的摩擦阻力，在滚轮的轴孔内还要装设滑动轴承或滚动轴承。滑动轴承也叫轴衬或轴套，轴套要有足够的耐压耐磨性能，并能保持润滑，其材料有铜合金、钢基铜塑复合板等。

轴和轴套间压力的传递也是接触应力的形式，可按式（6-19）验算

$$\sigma_{cg} = \frac{P_l}{db_1} \leqslant [\sigma_{cg}] \tag{6-19}$$

式中　P_l——滚轮的计算压力（包括不均匀系数），N；

d——轴的直径，mm；

b_1——轴套的工作长度，mm；

$[\sigma_{cg}]$——滑动轴套的容许应力，N/mm²。

轮轴常用 45 号优质碳素钢或硬质 Q275 钢做成。轮轴的直径 d 与轮径 D 之比一般为 0.15 ~ 0.30。在决定轴径 d 时，应根据轮轴的布置（悬臂式或简支式）来验算弯曲应力和剪应力。轴在轴承板（也称浮动板❶）连接处（见图 6-30），还应按下式验算轮轴与轴承板之间的紧密接触局部承压应力，即

$$\sigma_{cj} = \frac{N}{d\sum t} \leqslant [\sigma_{cj}]$$

式中　N——轴承板所受的压力，$N = P_l/2$；

$\sum t$——轴承板叠总厚度，mm；

$[\sigma_{cj}]$——紧密接触局部承压容许应力，N/mm²，见表 1-10。

为了使滚轮安装位置正确，轮轴可采用偏心轴的办法（见图 6-31），它是一两端支承中心在同一轴线上而与滚轮接触的中段轴线偏离 5 mm（可得调整幅度 10 mm）的偏心轴，安装时利用偏心轴的转动，可以调整轮子到正确的位置，然后再将轮轴固定在边梁腹板上。

---

❶为了便于滚轮定位，通常使边梁腹板上的轴孔直径大于轴径，在安装定位以后，再将轴承板焊在边梁腹板上，故轮轴仅与轴承板接触。

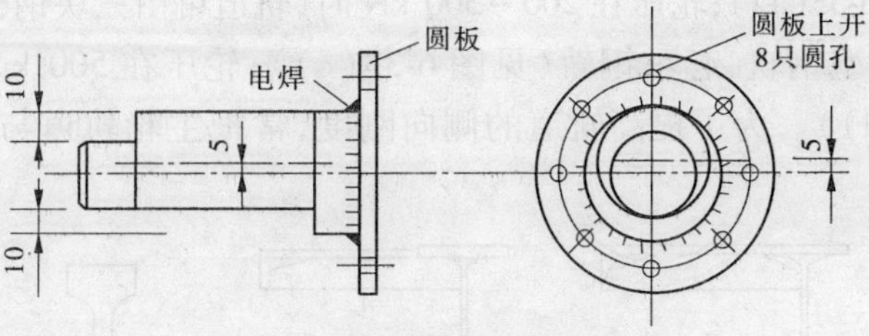

图 6-31　偏心轴　（单位：mm）

（三）平面钢闸门的导向装置——侧轮与反轮

闸门启闭时，为了防止闸门在闸槽中因左右倾斜而被卡住或前后碰撞，并减少门下过水时的振动，需设置导向装置——侧轮和反轮（见图 6-32）。

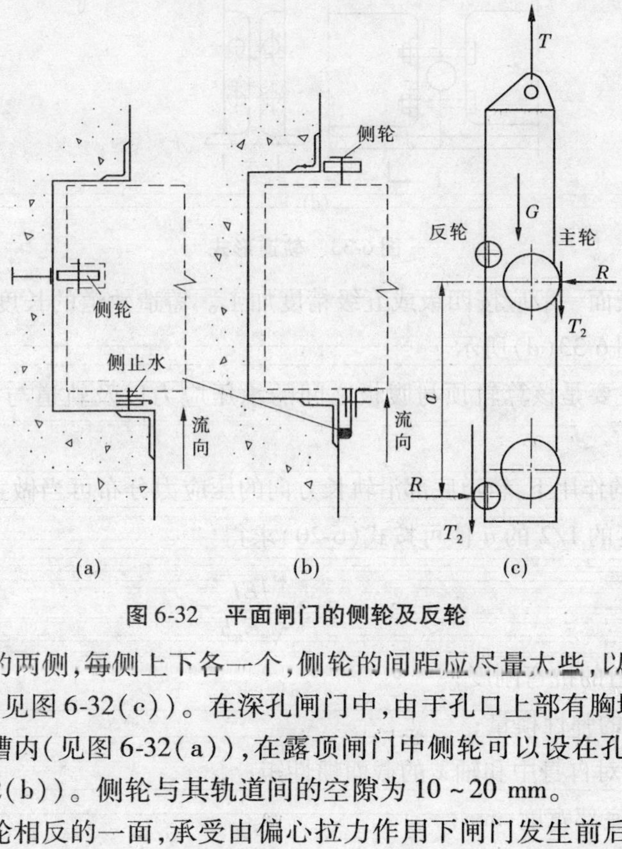

图 6-32　平面闸门的侧轮及反轮

侧轮设在闸门的两侧，每侧上下各一个，侧轮的间距应尽量大些，以承受因闸门左右倾斜时引起的反力（见图 6-32(c)）。在深孔闸门中，由于孔口上部有胸墙的影响，侧轮应设在闸门两侧的闸槽内（见图 6-32(a)），在露顶闸门中侧轮可以设在孔口之间闸门边部的构件上（见图 6-32(b)）。侧轮与其轨道间的空隙为 10～20 mm。

反轮设在与主轮相反的一面，承受由偏心拉力作用下闸门发生前后倾斜时的反力 R（见图 6-32(c)）。反轮与其轨道间的空隙为 15～30 mm。对于高压闸门，为了减少振动，常把反轮安装在板式弹簧上或把反轮安装在具有橡皮垫块的缓冲车架上，使反轮紧贴在轨道上。在中小型闸门中，常利用悬臂式主轮兼作反轮，可不另设反轮。

二、轨道与其他埋件

（一）轨道

根据轮压大小轨道可采用如图 6-33 所示的不同形式。轮压在 200 kN 以下时，可采用轧成工字钢(见图 6-33(a));轮压在 200 ~ 500 kN 时,轨道可由三块钢板焊成如图 6-33(b)所示的截面,或用重型钢轨、起重钢轨(见图 6-33(c));轮压在 500 kN 以上时,需要采用铸钢轨(见图 6-33(d))。为了提高轨道的侧向刚度,常把主轮轨道与门槽的护角角钢连接起来(见图 6-33)。

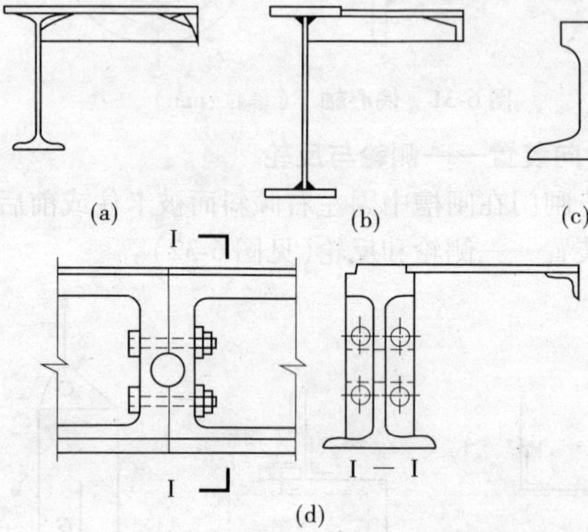

图 6-33　轨道形式

铸造轨道的表面一般应按四级或五级精度加工。铸造轨道的长度一般为 2 ~ 3 m,各段之间的连接如图 6-33(d)所示。

轨道的计算主要是核算轨顶与腹板之间的承压应力以及轨道与混凝土之间的承压应力。

在轮压力 P_l 的作用下,轨道底部沿轨长方向的压应力分布可当做三角形(见图 6-34)。其三角形底边长度的 1/2 的 a 值可按式(6-20)求得

$$a = 3.3\sqrt[3]{\frac{EI_x}{E_h b}} \tag{6-20}$$

式中　EI_x——轨道的抗弯刚度;

E——钢材的弹性模量;

I_x——钢轨对自身中和轴 x 的截面惯性矩;

b——轨道底部宽度,mm;

E_h——轨底混凝土的弹性模量,kN/mm²,一般取$(2.5 \sim 3) \times 10^4$ kN/mm²。

从图 6-34 知,根据力的平衡条件有 $ab\sigma_h = P_l$,因此轨底与混凝土之间的最大承压应力可按式(6-21)验算

$$\sigma_h = \frac{P_l}{ab} \leqslant [\sigma_h] \tag{6-21}$$

式中　$[\sigma_h]$——混凝土的容许承压应力,N/mm²。

轨道颈部的局部承压应力分布情况和计算方法与上法相同。由于轨道的上翼缘与其

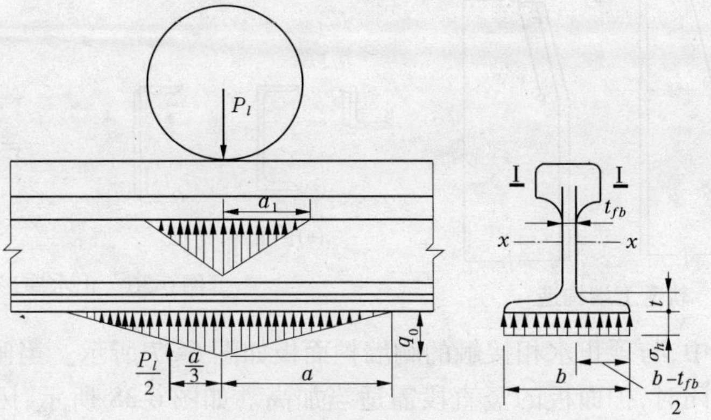

图 6-34　滚轮的轨道受力图

腹板的弹性模量相同，并且取代式(6-20)中的 b 为腹板厚度 t_{fb}，所以式(6-20)应改为

$$a_1 = 3.3\sqrt[3]{\frac{I_1}{t_{fb}}} \tag{6-22}$$

式中　a_1——轮压在轨头与腹板交接处分布长度的 1/2(见图 6-34)；

I_1——轨头对其自身中和轴Ⅰ—Ⅰ的截面惯性矩(见图 6-34)。

求出 a_1 之后，即可类似于式(6-21)写出轨道颈部的承压应力 σ_{cd} 的验算公式为

$$\sigma_{cd} = \frac{P_l}{a_1 t_{fb}} \leqslant [\sigma_{cd}] \tag{6-23}$$

式中　$[\sigma_{cd}]$——钢材的局部承压容许应力，N/mm²，见表 1-10。

轨道的抗弯强度可按倒置的悬臂梁验算，由图 6-34 知，抗弯条件为

$$M = \frac{P_l a}{6} \leqslant [\sigma] W \tag{6-24}$$

式中　$[\sigma]$——钢轨的容许弯曲应力，N/mm²；

W——钢轨的截面抵抗矩。

同样，轨道的底板厚度 t 也可按倒置的悬臂梁验算，即沿轨道长度方向取单位长度的板条当做脱离体来验算其固定端(腹板处)的抗弯强度，即

$$M = \frac{\sigma_h (b - t_{fb})^2}{8} \leqslant [\sigma] \frac{t^2}{6} \tag{6-25}$$

为了便于把闸门引入闸槽，常将轨道的上端做成斜坡形(见图 6-35)，即把轨道上端的腹板切割去一三角形部分，再将轨道的翼缘弯到剩下的部分上焊接起来。

(二)止水座

在门体止水橡皮紧贴于混凝土的部位，应埋设表面光滑平整的钢质止水座，以满足止水橡皮与之贴紧后不漏水，并减少当橡皮滑动时的磨损。对于重要的工程，在钢质止水座的表面再焊一条不锈钢条(见图 6-36)。

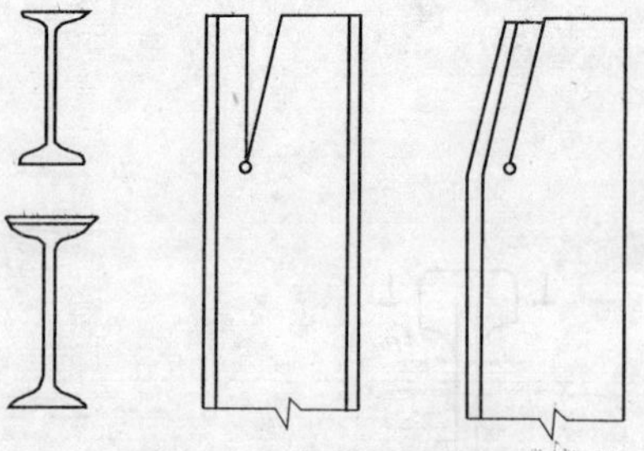

图 6-35　轨道上端构造

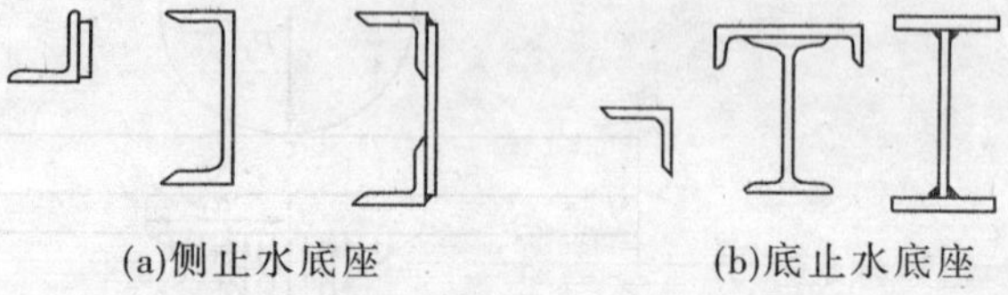

图 6-36　止水座形式

在潜孔闸门中，与顶止水相接触的胸墙护面板如图 6-37 所示。当闸门需要借助门顶水柱压力才能关闭时，护面板的竖直段需适当加高。如图 6-38 所示，因为只有当闸门的顶止水与护面板的竖直段紧贴不漏水时才能产生完全的门顶水柱压力。为了避免护面板耗费钢材过多，根据试验成果，只要闸门的上游边留有足够的供水净空 S_0（见图 6-38），闸门下游边的净空（$S_1+\Delta$）适当的小（见图 6-38 中的 $S_0 \geqslant 5S_1$，$S_1=100$ mm 或 $\Delta \approx S_1$），则关闭闸门时，闸门顶部的水位就可以得到及时补充，这时护面板的竖直段高度仅需为孔口高度 H 的 5%～10%，但不得少于 300 mm。这样就可以利用水柱压力迅速关闭闸门。

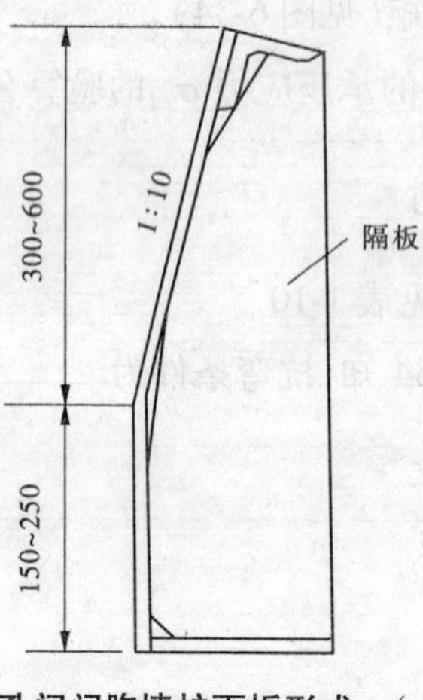

图 6-37　潜孔闸门胸墙护面板形式　（单位：mm）

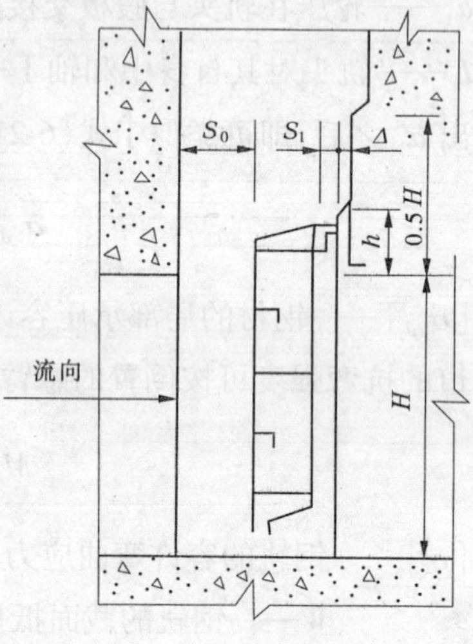

图 6-38　形成门顶水柱压力时的门槽布置

第五节　止水、启闭力和吊耳

一、止水

为了防止闸门与门槽之间的缝隙漏水，需设置止水。露顶闸门上有侧止水和底止水；潜孔闸门上还有顶止水；当闸门孔口较高，需要采用分段闸门时，尚须在各段闸门之间另设中间止水。

止水的材料主要是橡皮。底止水为条形橡皮，侧止水和顶止水为 P 形橡皮（见图 6-39）。它们用垫板与压板夹紧再用螺栓固定到门叶上。螺栓直径一般为 14～20 mm，间距为

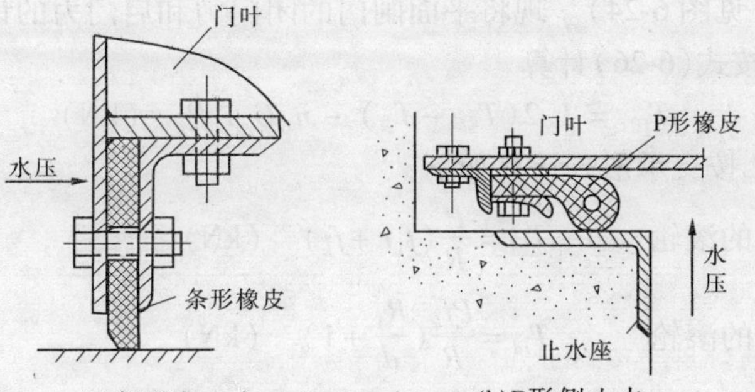

(a)条形底止水　　(b)P形侧止水

图 6-39　橡皮止水构造

150～200 mm。

露顶闸门的侧止水与底止水通常随面板的位置来设置，例如当面板设在上游面时，这些止水也都设在上游面（见图 6-40）。

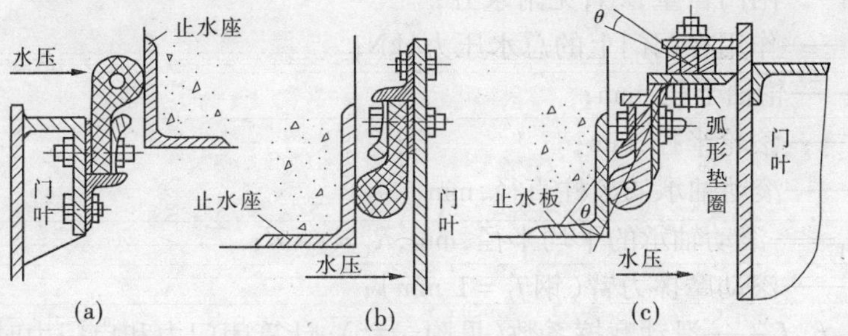

图 6-40　顶止水

潜孔闸门止水的布置主要根据胸墙的位置和操作的要求确定。当胸墙在闸门的上游面时，侧止水应布置在闸槽内，顶止水布置在上游面（见图 6-40（b）、（c））。考虑到门叶受力的挠曲变形会使顶止水脱离止水座，故设计时应使顶止水与止水座之间有一定的预压值，压缩量可取 3～10 mm。当闸门的跨度较大时，还可选用图 6-40（c）所示的形式，使顶止水转动产生较大的变形以适应门叶挠曲变形的要求。

在深孔闸门中，若因摩阻力较大而不能靠闸门自重关闭，为使闸门顶部形成水柱压力促使闸门关闭，这时，侧止水和顶止水均需布置在下游面，而底止水布置在靠近上游面。

二、启闭力

闸门启闭力的计算，对于确定启闭机械的容量、牵引构件的尺寸以及对闸门吊耳的设计等都是必要的。

（一）动水中启闭的闸门

此类闸门特别是深孔闸门，在水压力作用下，由于摩阻力大，有时仅靠自重不能关闭，因此必须分别计算闭门力和启门力。在确定闸门启闭力时，除考虑闸门自重 G 外，还要考虑由于水压力作用而在滚轮或滑道支承处产生的摩擦阻力 T_{zd}、止水摩擦阻力 T_{zs}、闭门时门底的上托力 P_t、启门时由于门底水流形成部分真空而产生的下吸力 P_x，有时还有门

顶水柱压力 W_s 等(见图 6-24)。现将平面闸门的闭门力和启门力的计算分述如下。

(1)闭门力。按式(6-26)计算

$$T_{闭} = 1.2(T_{zd} + T_{zs}) - n_G G + P_t \quad (\text{kN}) \tag{6-26}$$

支承摩阻力 T_{zd} 按支承形式计算如下:

对于滑动轴承的滚轮　$T_{zd} = \frac{P}{R}(f_1 r + f_k)$　(kN)

对于滚动轴承的滚轮　$T_{zd} = \frac{Pf_k}{R}(\frac{R_1}{d} + 1)$　(kN)

对于滑动支承　$T_{zd} = f_2 P$　(kN)

止水摩阻力　$T_{zs} = f_3 P_{zs}$　(kN)

上托力　$P_t = \gamma \beta_t HDB$　(kN)

以上式中　1.2——摩阻力超载系数;

n_G——门重修正系数,闭门时选用 0.9 ~ 1.0;

G——闸门自重,kN,见附录五;

P——作用在闸门上的总水压力,kN;

r——轮轴半径,mm;

R——滚轮半径,mm;

d——滚动轴承的滚柱直径,mm;

R_1——滚动轴承的平均半径,mm,$R_1 = r + d$;

f_k——滚动摩擦力臂(钢 $f_k = 1$ mm);

f_1、f_2、f_3——滑动摩擦系数(见附录六),计算闭门力和启门力时取大值;

P_{zs}——作用在止水上的总水压力,kN;

γ——水的容重,kN/m^3;

H——门底水头,m;

D——底止水到上游面的间距,m;

B——两侧止水间距,m;

β_t——上托力系数,当验算闭门力时,按闸门接近完全关闭时的条件考虑,取 $\beta_t = 1.0$,当计算持住力(见式 6-27)时,按闸门的不同开度考虑,β_t 可参照表 6-4 取用,表 6-4 中 β_t 值适用于闸后明流流态,且在应用时,闸门的开启高度 a 应满足 $0 < a < 0.5H_0$(H_0 为引水道的孔高)。

表 6-4　上托力系数 β_t

α(°)	a/D				
	2	4	8	12	16
60	0.8	0.7	0.5	0.4	0.25
52.5	0.7	0.5	0.3	0.15	—
45	0.6	0.4	0.1	0.05	—

注:a——闸门开启高度,m;D——底止水至上游面板的距离,m;α——闸门底缘上游倾角。

当计算结果 $T_{闭}$ 为正值时,需要加重闸门才能下落,加重方式有加重块、利用水柱压力或机械下压力等。当 $T_{闭}$ 为负值时,说明闸门依靠自重可以关闭孔口。

(2)持住力。按式(6-27)计算

$$T_{持} = n'_G G + G_j + W_s + P_x - P_t - (T_{zd} + T_{zs}) \quad (\text{kN}) \tag{6-27}$$

(3)启门力。按式(6-28)计算

$$T_{启} = 1.2(T_{zd} + T_{zs}) + n'_G G + P_x + G_j + W_s \quad (\text{kN}) \tag{6-28}$$

式中 n'_G——门重修正系数,启门时采用 1.0~1.1;

G_j——加重块重量,kN;

W_s——作用在闸门上的水柱压力,kN;

P_x——下吸力,$P_x = pD_2B$,kN;

D_2——闸门底止水至主梁下翼缘的距离,m;

p——闸门底缘 D_2 部分的平均下吸强度,一般按 20 kN/m² 计算,对溢流坝顶闸门、水闸闸门和坝内明流底孔闸门,当下游流态良好,通气充分时,可以不计下吸力;

其他符号意义同前。

(二)静水中启闭的闸门

启门力的计算除计入闸门的自重外,尚应考虑一定的水位差引起闸门的摩阻力。露顶闸门和电站尾水闸门可采用不大于 1 m 的水位差;潜孔闸门可根据水头的大小采用 1~5 m 的水头差。

(三)吊耳

吊耳是连接闸门与启闭机的部件。至于吊具由柔性钢索具与设在门叶上的吊耳(见图 6-41)相连接。吊耳应设在闸门重心与行走支承之间的闸门顶部。根据闸门的高宽比和启闭机的要求等因素,闸门可采用单吊点和双吊点。一般当闸门高宽比小于 1 时宜采用双吊点。吊耳多数是用一块或两块钢板做成的,设轴孔与吊耳相连接,如图 6-41 所示。

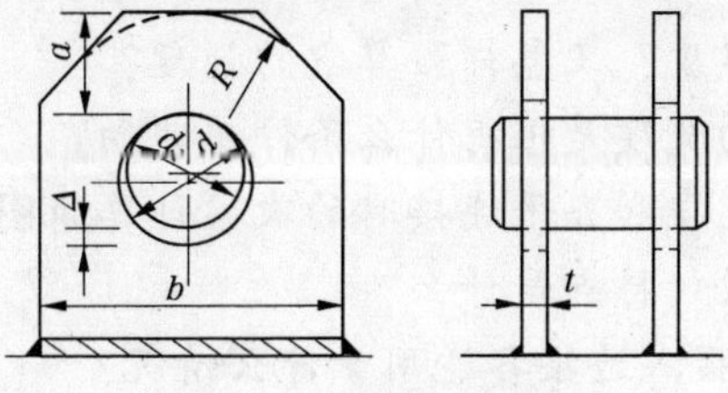

图 6-41　吊耳的构造

吊轴的强度验算与前述的轮轴相同,也需要按机械零件的容许应力验算其弯曲应力和剪应力。当吊轴直径为 d 时,吊耳板的尺寸可按下列各式初选

$$b = (2.4 \sim 2.6)d$$

$$t \geqslant \frac{b}{20}$$

$$a = (0.9 \sim 1.05)d$$

$$\Delta = d - d_1 \leqslant 0.02d$$

吊耳板孔壁的强度应按下列两式验算:

孔壁的局部紧接承压应力为

$$\sigma_{cj}=\frac{N}{dt}\leqslant[\sigma_{cj}] \tag{6-29}$$

式中　N——一块吊耳板上所受的荷载，该荷载按启门力计算时应乘以因受力不均而引起的超载系数(1.1～1.2)，kN；

d——吊轴直径，mm；

t——吊耳板的厚度(当有轴承板时，应为轴承板厚度)，mm；

$[\sigma_{cj}]$——局部紧接承压容许应力，N/mm^2，见表1-10。

孔壁拉应力可近似地按下列弹性力学中的拉梅(G. Lame)公式验算

$$\sigma_k=\sigma_{cj}\frac{R^2+r^2}{R^2-r^2}\leqslant[\sigma_k]$$

式中　R、r——吊耳板孔心到板边的最近距离、轴孔半径($r=d/2$)(见图6-41)，mm；

$[\sigma_k]$——孔壁容许拉应力，N/mm^2，如对于Q235钢，$[\sigma_k]=120\ N/mm^2$，对于可以自由转动或能抽出的轴，应将$[\sigma_k]$再乘以0.8的系数。

思考题

6-1　平面钢闸门根据功用分有几种类型？它们之间的启闭方式有何不同？由于启闭方式不同，在设计上有何区别？

6-2　门叶结构由哪些部件和构件组成？它们的作用是什么？水压力通过什么途径传至闸墩？

6-3　主梁一般按什么原则布置？这种布置的优点是什么？试推证式(6-1)和式(6-2)。

6-4　梁格齐平连接和降低连接各有何优、缺点？

6-5　为什么梁的跨度越大，梁的数目宜越少？大跨度平面闸门的主梁数为何又不宜少于2个？

6-6　怎样确定面板的厚度？又怎样验算它的强度？

6-7　面板参与梁截面的宽度是根据什么条件确定的？

6-8　试画出梁格降低连接和齐平连接时的次梁计算简图。

6-9　平面闸门的主梁设计特点是什么？

6-10　单腹式边梁和双腹式边梁各适用于什么情况？

6-11　行走支承有哪两大类？它们的计算特点是什么？

6-12　平面闸门的主轨如何计算？

6-13　为什么要分别计算闸门的启门力和闭门力？若闭门力大于闸门自重，可采取哪些措施使闸门关闭？

6-14　试画出几种止水的构造图。

附　录

附录一　梁的整体稳定系数

一、焊接工字形等截面简支梁

焊接工字形等截面（见附图 1-1）简支梁的整体稳定系数 φ_b 应按下式计算

$$\varphi_b = \beta_b \frac{4\,320}{\lambda_y^2} \times \frac{Ah}{W_x}\left[\sqrt{1+\left(\frac{\lambda_y t_1}{4.4h}\right)^2}+\eta_b\right]\frac{235}{f_y} \qquad 附(1\text{-}1)$$

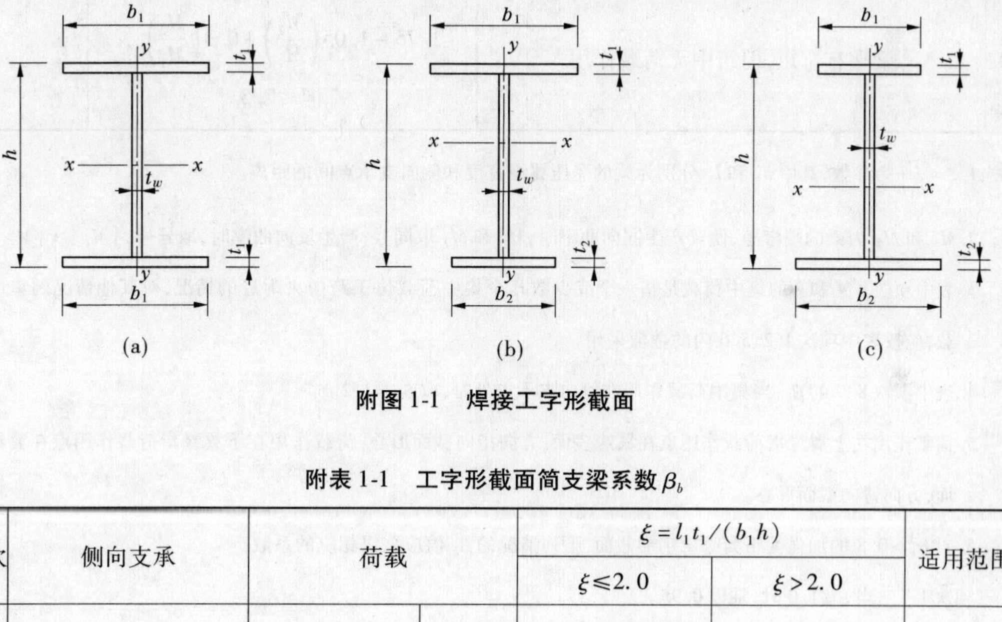

附图 1-1　焊接工字形截面

附表 1-1　工字形截面简支梁系数 β_b

项次	侧向支承	荷载		$\xi = l_1 t_1/(b_1 h)$		适用范围
				$\xi \leqslant 2.0$	$\xi > 2.0$	
1	跨中无侧向支承	均布荷载作用在	上翼缘	$0.69+0.13\xi$	0.95	附图 1-1（a）、（b）的截面
2			下翼缘	$1.73-0.20\xi$	1.33	
3		集中荷载作用在	上翼缘	$0.73+0.18\xi$	1.09	
4			下翼缘	$2.23-0.28\xi$	1.67	

续附表 1-1

<table>
<tr><th rowspan="2">项次</th><th rowspan="2">侧向支承</th><th rowspan="2" colspan="2">荷载</th><th colspan="2">$\xi = l_1 t_1/(b_1 h)$</th><th rowspan="2">适用范围</th></tr>
<tr><th>$\xi \leqslant 2.0$</th><th>$\xi > 2.0$</th></tr>
<tr><td>5</td><td rowspan="3">跨度中点有一个侧向支承点</td><td rowspan="2">均布荷载作用在</td><td>上翼缘</td><td colspan="2">1.15</td><td rowspan="6">附图 1-1 中的所有截面</td></tr>
<tr><td>6</td><td>下翼缘</td><td colspan="2">1.40</td></tr>
<tr><td>7</td><td colspan="2">集中荷载作用在截面高度上任意位置</td><td colspan="2">1.75</td></tr>
<tr><td>8</td><td rowspan="2">跨中点有不少于两个等距离侧向支承点</td><td rowspan="2">任意荷载作用在</td><td>上翼缘</td><td colspan="2">1.20</td></tr>
<tr><td>9</td><td>下翼缘</td><td colspan="2">1.40</td></tr>
<tr><td>10</td><td colspan="3">梁端有弯矩，但跨中无荷载作用</td><td colspan="2">$1.75 - 1.05\left(\frac{M_2}{M_1}\right) + 0.3\left(\frac{M_2}{M_1}\right)^2$，但$\leqslant 2.3$</td></tr>
</table>

注：1. $\xi = \frac{l_1 t_1}{b_1 h}$为参数，其中 b_1 和 l_1 分别为梁的受压翼缘宽度和侧向支承点间的距离。

2. M_1 和 M_2 为梁的端弯矩，使梁产生同向曲率时，M_1 和 M_2 取同号；产生反向曲率时，取异号，$|M_1| \geqslant |M_2|$。

3. 表中项次 3、4 和 7 的集中荷载是指一个或少数几个集中荷载位于跨中央附近的情况，对其他情况的集中荷载，应按表中项次 1、2、5、6 内的数值采用。

4. 表中项次 8、9 的 β_b，当集中荷载作用在侧向支承点处时，取 $\beta_b = 1.2$。

5. 荷载作用在上翼缘指荷载作用点在翼缘表面，方向指向截面形心；荷载作用在下翼缘指荷载作用点在翼缘表面，方向背向截面形心。

6. 对 $\alpha_b > 0.8$ 的加强受压翼缘工字形截面，下列情况的 β_b 值应乘以相应的系数：

项次 1　　当 $\xi \leqslant 1.0$ 时，乘以 0.95。

项次 3　　当 $\xi \leqslant 0.5$ 时，乘以 0.90；当 $0.5 < \xi < 1.0$ 时，乘以 0.95。

二、轧制普通工字形等截面简支梁

轧制普通工字钢简支梁整体稳定系数 φ_b 应按附表 1-2 采用，当所得的 φ_b 值大于 0.60 时，应按式(3-26)算得相应的 φ'_b 代替 φ_b 值。

附表 1-2　轧制普通工字钢简支梁的 φ_b 值

项次	荷载情况			工字钢型号	自由长度 l_1(m)								
					2	3	4	5	6	7	8	9	10
1	跨中无侧向支承点的梁	集中荷载作用于	上翼缘	10~20	2.00	1.30	0.99	0.80	0.68	0.58	0.53	0.48	0.43
				22~32	2.40	1.48	1.09	0.86	0.72	0.62	0.54	0.49	0.45
				36~63	2.80	1.60	1.07	0.83	0.68	0.56	0.50	0.45	0.40
2			下翼缘	10~20	3.10	1.95	1.34	1.01	0.82	0.69	0.63	0.57	0.52
				22~40	5.50	2.80	1.84	1.37	1.07	0.86	0.73	0.64	0.56
				45~63	7.30	3.60	2.30	1.62	1.20	0.96	0.80	0.69	0.60
3		均布荷载作用于	上翼缘	10~20	1.70	1.12	0.84	0.68	0.57	0.50	0.45	0.41	0.37
				22~40	2.10	1.30	0.93	0.73	0.60	0.51	0.45	0.40	0.36
				45~63	2.60	1.45	0.97	0.73	0.59	0.50	0.44	0.38	0.35
4			下翼缘	10~20	2.50	1.55	1.08	0.83	0.68	0.56	0.52	0.47	0.42
				22~40	4.00	2.20	1.45	1.10	0.85	0.70	0.60	0.52	0.46
				45~63	5.60	2.80	1.80	1.25	0.95	0.78	0.65	0.55	0.49
5	跨中有侧向支承点的梁(不论荷载作用点在截面高度上的位置)			10~20	2.20	1.39	1.01	0.79	0.66	0.57	0.52	0.47	0.42
				22~40	3.00	1.80	1.24	0.96	0.76	0.65	0.56	0.49	0.43
				45~63	4.00	2.20	1.38	1.01	0.80	0.66	0.56	0.49	0.43

注:1. 同附表 1-1 的注 3 和注 5。

2. 表中的 φ_b 适用于 Q235 钢,对其他钢号,表中数值应乘以 $235/f_y$。

三、轧制槽钢简支梁

轧制槽钢简支梁的整体稳定系数,不论荷载形式和荷载作用点在截面高度上的位置均可按式附(1-2)计算

$$\varphi_b = \frac{570bt}{l_1 h}\frac{235}{f_y} \qquad \text{附(1-2)}$$

式中　h、b、t——槽钢截面的高度、翼缘宽度、平均厚度。

按式附(1-2)算得的 φ_b 值大于 0.6 时,应按式(3-26)算得相应的 φ'_b 代替 φ_b 值。

附录二　型钢规格和截面特性

附表 2-1　等边角钢

角钢型号		单角钢 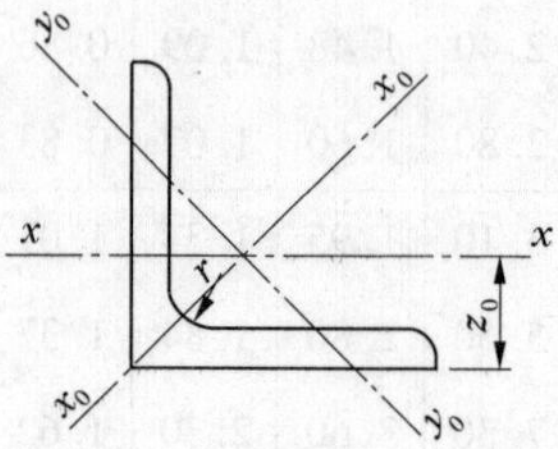										双角钢 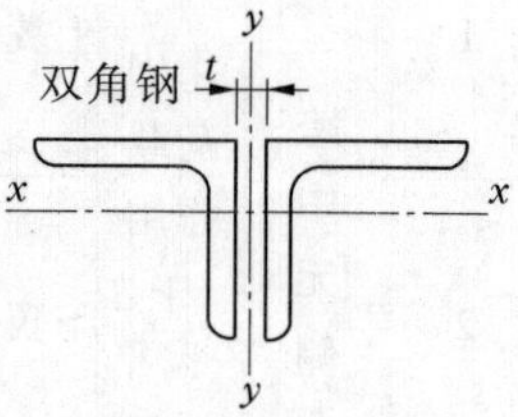			
		圆角 r	重心距 z_0	截面面积	质量	惯性矩 I_x	截面抵抗矩 W_x^{max}	W_x^{min}	回转半径 i_x	i_{x0}	i_{y0}	i_y,当 t 为下列数值 6 mm	8 mm	10 mm	12 mm
		mm		cm²	kg/m	cm⁴	cm³		cm			cm			
∠20 ×	3	3.5	6.0	1.13	0.89	0.40	0.67	0.29	0.59	0.75	0.39	1.08	1.16	1.26	1.34
	4		6.4	1.46	1.15	0.50	0.78	0.36	0.58	0.73	0.38	1.12	1.19	1.28	1.37
∠25 ×	3	3.5	7.3	1.43	1.12	0.82	1.11	0.46	0.76	0.95	0.49	1.28	1.36	1.44	1.53
	4		7.6	1.86	1.46	1.03	1.36	0.59	0.74	0.93	0.48	1.29	1.38	1.46	1.55
∠30 ×	3	4.5	8.5	1.75	1.37	1.46	1.74	0.68	0.91	1.15	0.59	1.47	1.54	1.66	1.71
	4		8.9	2.28	1.79	1.84	2.07	0.87	0.90	1.13	0.58	1.49	1.57	1.69	1.74
∠36 ×	3	4.5	10.0	2.11	1.66	2.58	2.56	0.99	1.11	1.39	0.71	1.70	1.75	1.85	1.94
	4		10.4	2.76	2.16	3.29	3.16	1.28	1.09	1.38	0.70	1.73	1.81	1.88	1.97
	5		10.7	3.38	2.65	3.95	3.70	1.56	1.08	1.36	0.70	1.74	1.82	1.90	1.99
∠40 ×	3	5.0	10.9	2.36	1.85	3.59	3.30	1.23	1.23	1.55	0.79	1.85	1.93	2.01	2.09
	4		11.3	3.09	2.42	4.60	4.10	1.60	1.22	1.54	0.79	1.88	1.96	2.03	2.12
	5		11.7	3.79	2.98	5.53	4.70	1.96	1.21	1.52	0.78	1.90	1.98	2.06	2.14
∠45 ×	3	5.5	12.2	2.66	2.09	5.17	4.20	1.58	1.40	1.76	0.90	2.06	2.13	2.20	2.28
	4		12.6	3.49	2.74	6.65	5.30	2.05	1.38	1.74	0.89	2.09	2.16	2.23	2.32
	5		13.0	4.29	3.37	8.04	6.20	2.51	1.37	1.72	0.88	2.11	2.18	2.26	2.34
	6		13.3	5.08	3.99	9.33	7.00	2.95	1.36	1.70	0.88	2.12	2.20	2.28	2.36
∠50 ×	3	5.5	13.4	2.97	2.33	7.18	5.40	1.96	1.55	1.96	1.00	2.25	2.32	2.40	2.48
	4		13.8	3.90	3.06	9.26	6.70	2.56	1.54	1.94	0.99	2.28	2.36	2.44	2.51
	5		14.2	4.80	3.77	11.2	7.80	3.13	1.53	1.92	0.98	2.30	2.38	2.46	2.53
	6		14.6	5.69	4.47	13.1	9.00	3.68	1.52	1.91	0.98	2.32	2.40	2.48	2.56

续附表 2-1

角钢型号		单角钢									双角钢			
		圆角	重心距	截面面积	质量	惯性矩	截面抵抗矩		回转半径			i_y,当 t 为下列数值			
		r	z_0			I_x	W_x^{max}	W_x^{min}	i_x	i_{x0}	i_{y0}	6 mm	8 mm	10 mm	12 mm
		mm		cm^2	kg/m	cm^4	cm^3		cm			cm			
∠56 ×	3	6.0	14.8	3.34	2.62	10.2	7.00	2.50	1.75	2.20	1.13	2.49	2.57	2.64	2.71
	4		15.3	4.39	3.45	13.2	8.60	3.20	1.73	2.18	1.11	2.51	2.59	2.66	2.74
	5		15.7	5.42	4.25	16.0	10.2	4.00	1.72	2.17	1.10	2.54	2.61	2.69	2.77
	8		16.8	8.37	6.57	23.6	14.0	6.00	1.68	2.11	1.09	2.60	2.67	2.75	2.83
∠63 ×	4	7.0	17.0	4.98	3.91	19.0	11.2	4.10	1.96	2.46	1.26	2.79	2.85	2.93	3.01
	5		17.4	6.14	4.82	23.2	13.2	5.10	1.94	2.45	1.25	2.82	2.88	2.97	3.04
	6		17.8	7.29	5.72	27.1	15.2	6.00	1.93	2.43	1.24	2.84	2.91	3.00	3.06
	8		18.5	9.52	7.47	34.5	18.6	7.80	1.90	2.40	1.23	2.87	2.94	3.02	3.10
	10		19.3	11.66	9.15	41.1	21.3	9.40	1.88	2.36	1.22	2.91	2.99	3.07	3.15
∠70 ×	4	8.0	18.6	5.57	4.37	26.4	14.5	5.14	2.18	2.74	1.40	3.06	3.14	3.21	3.28
	5		19.1	6.88	5.40	32.2	16.8	6.32	2.16	2.73	1.39	3.08	3.16	3.23	3.30
	6		19.5	8.16	6.41	37.8	19.4	7.48	2.15	2.71	1.38	3.10	3.18	3.25	3.33
	7		19.9	9.42	7.40	43.1	21.6	8.59	2.14	2.69	1.38	3.13	3.20	3.28	3.36
	8		20.3	10.67	8.37	48.2	23.8	9.68	2.12	2.68	1.37	3.15	3.22	3.30	3.37
∠75 ×	5	9	20.4	7.37	5.82	40.0	19.6	7.32	2.33	2.92	1.50	3.28	3.35	3.42	3.49
	6		20.7	8.80	6.91	47.0	22.6	8.64	2.31	2.90	1.49	3.30	3.37	3.44	3.52
	7		21.1	10.2	7.98	53.6	25.4	9.93	2.30	2.89	1.48	3.32	3.39	3.46	3.55
	8		21.5	11.5	9.03	60.0	27.8	11.2	2.28	2.88	1.47	3.35	3.42	3.49	3.57
	10		22.2	14.1	11.1	72.0	32.4	13.6	2.26	2.84	1.46	3.38	3.46	3.53	3.61

续附表 2-1

角钢型号		单角钢										双角钢			
		圆角	重心距	截面面积	质量	惯性矩	截面抵抗矩		回转半径			i_y,当 t 为下列数值			
		r	z_0			I_x	W_x^{max}	W_x^{min}	i_x	i_{x0}	i_{y0}	6 mm	8 mm	10 mm	12 mm
		mm		cm^2	kg/m	cm^4	cm^3		cm			cm			
∠80 ×	5	9	21.5	7.91	6.21	48.8	22.7	8.34	2.48	3.13	1.60	3.49	3.56	3.63	3.71
	6		21.9	9.40	7.38	57.4	26.0	9.87	2.47	3.11	1.59	3.51	3.58	3.65	3.72
	7		22.3	10.9	8.53	65.6	29.3	11.4	2.46	3.10	1.58	3.52	3.60	3.67	3.75
	8		22.7	12.3	9.66	73.5	32.4	12.8	2.44	3.08	1.57	3.55	3.62	3.70	3.77
	10		23.5	15.1	11.9	88.4	37.6	15.6	2.42	3.04	1.56	3.59	3.66	3.74	3.81
∠90 ×	6	10	24.4	10.6	8.35	82.8	33.9	12.6	2.79	3.51	1.80	3.90	3.97	4.04	4.11
	7		24.8	12.3	9.66	94.8	38.2	14.5	2.78	3.50	1.78	3.92	3.99	4.06	4.13
	8		25.2	13.9	11.0	106.5	42.1	16.4	2.76	3.48	1.78	3.94	4.01	4.08	4.16
	10		25.9	17.2	13.5	128.6	49.7	20.1	2.74	3.45	1.76	3.98	4.05	4.13	4.20
	12		26.7	20.3	15.9	149.2	56.0	23.6	2.71	3.41	1.75	4.02	4.10	4.17	4.25
∠100 ×	6	12	26.7	11.9	9.37	115	43.1	15.7	3.10	3.90	2.00	4.29	4.36	4.44	4.51
	7		27.1	13.8	10.8	132	48.6	18.1	3.09	3.89	1.99	4.31	4.38	4.45	4.52
	8		27.6	15.6	12.3	148	53.7	20.5	3.08	3.88	1.98	4.32	4.40	4.47	4.54
	10		28.4	19.3	15.1	180	63.2	25.1	3.05	3.84	1.96	4.37	4.44	4.51	4.59
	12		29.1	22.8	17.9	209	71.9	29.5	3.03	3.81	1.95	4.42	4.49	4.56	4.64
	14		29.9	26.3	20.6	237	79.1	33.7	3.00	3.77	1.94	4.45	4.53	4.61	4.68
	16		30.6	29.6	23.3	263	89.6	37.8	2.98	3.74	1.94	4.49	4.56	4.64	4.72
∠110 ×	7	12	29.6	15.2	11.9	177	59.9	22.1	3.41	4.30	2.20	4.71	4.78	4.85	4.92
	8		30.1	17.2	13.5	200	64.7	25.0	3.40	4.28	2.19	4.73	4.80	4.88	4.95
	10		30.9	21.3	16.7	242	78.4	30.6	3.38	4.25	2.17	4.78	4.86	4.93	5.00
	12		31.6	25.2	19.8	283	89.4	36.1	3.35	4.22	2.15	4.81	4.89	4.96	5.03
	14		32.4	29.1	22.8	321	99.2	41.3	3.32	4.18	2.14	4.85	4.92	5.00	5.07

续附表 2-1

角钢型号		单角钢 圆角 r	重心距 z_0	截面面积	质量	惯性矩 I_x	截面抵抗矩 W_x^{max}	W_x^{min}	回转半径 i_x	i_{x0}	i_{y0}	双角钢 i_y,当 t 为下列数值 6 mm	8 mm	10 mm	12 mm
		mm		cm^2	kg/m	cm^4	cm^3		cm			cm			
∠125×	8	14	33.7	19.8	15.5	297	88.1	32.5	3.88	4.88	2.50	5.33	5.40	5.47	5.53
	10		34.5	24.4	19.1	362	105	40.0	3.85	4.85	2.48	5.37	5.45	5.51	5.59
	12		35.3	28.9	22.7	423	120	41.2	3.83	4.82	2.46	5.41	5.48	5.55	5.63
	14		36.1	33.4	26.2	482	133	54.2	3.80	4.78	2.45	5.45	5.52	5.60	5.67
∠140×	10	14	38.2	27.4	21.5	515	135	50.6	4.34	5.46	2.78	5.98	6.05	6.12	6.19
	12		39.0	32.5	25.5	604	155	59.8	4.31	5.43	2.76	6.02	6.09	6.16	6.23
	14		39.8	37.6	29.5	689	173	68.8	4.28	5.40	2.75	6.05	6.12	6.20	6.27
	16		40.6	42.5	33.4	770	190	77.8	4.26	5.36	2.74	6.09	6.16	6.24	6.31
∠160×	10	16	43.1	31.5	24.7	780	180	66.7	4.98	6.27	3.20	6.77	6.83	6.90	6.98
	12		43.9	37.4	29.4	917	208	79.0	4.95	6.24	3.18	6.81	6.88	6.95	7.02
	14		44.7	43.3	34.0	1 048	234	91.0	4.92	6.20	3.16	6.85	6.92	6.99	7.06
	16		45.5	49.1	38.5	1 175	258	103	4.89	6.17	3.14	6.89	6.96	7.03	7.10
∠180×	12	16	48.9	42.2	33.2	1 321	271	101	5.59	7.05	3.58	7.63	7.70	7.77	7.83
	14		49.7	48.9	38.4	1 514	305	116	5.56	7.02	3.56	7.66	7.74	7.81	7.88
	16		50.5	55.5	43.5	1 701	338	131	5.54	6.98	3.55	7.70	7.77	7.84	7.91
	18		51.3	62.0	48.6	1 875	365	146	5.50	6.94	3.51	7.73	7.80	7.87	7.95
∠200×	14	18	54.6	54.6	42.9	2 104	387	145	6.20	7.82	3.98	8.47	8.53	8.60	8.67
	16		55.4	62.0	48.7	2 366	428	164	6.18	7.79	3.96	8.50	8.57	8.64	8.71
	18		56.2	69.3	54.4	2 621	467	182	6.15	7.75	3.94	8.53	8.60	8.67	8.74
	20		56.9	76.5	60.1	2 867	503	200	6.12	7.72	3.93	8.57	8.64	8.72	8.79
	24		58.7	90.7	71.2	3 338	570	236.0	6.07	7.64	3.90	8.65	8.72	8.80	8.87

附表 2-2　普通工字钢

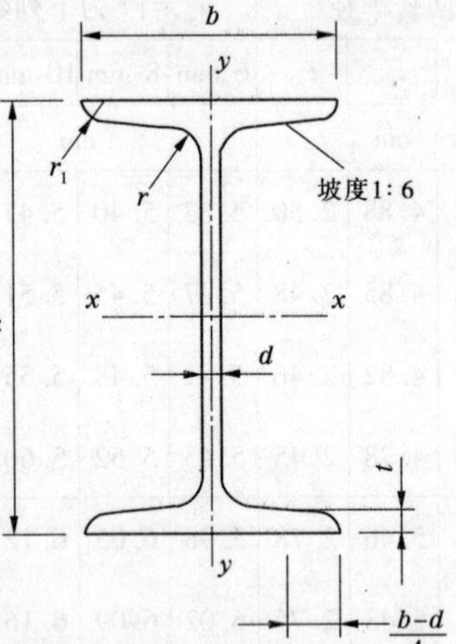

h—高度；　　I—惯性矩；
b—肢宽；　　i—回转半径；
d—腰厚；　　W—截面抵抗矩；
t—平均肢厚；　　S—半截面的面积矩

型号	尺寸(mm)						截面面积 (cm^2)	质量 (kg/m)	表面积 (m^2/m)	x—x				y—y		
	h	b	d	t	r	r_1				I_x cm^4	W_x cm^3	S_x cm^3	i_x cm	I_y cm^4	W_y cm^3	i_y cm
10	100	68	4.5	7.6	6.5	3.3	14.33	11.25	0.432	245	49.0	28.2	4.14	32.8	9.6	1.51
12.6	126	74	5.0	8.4	7.0	3.5	18.10	14.21	0.505	488	77.4	44.4	5.19	46.9	12.7	1.61
14	140	80	5.5	9.1	7.5	3.8	21.50	16.88	0.553	712	101.7	58.4	5.75	64.3	16.1	1.73
16	160	88	6.0	9.9	8.0	4.0	26.11	20.50	0.621	1 127	140.9	80.8	6.57	93.1	21.1	1.89
18	180	94	6.5	10.7	8.5	4.3	30.74	24.13	0.681	1 669	185.4	106.5	7.37	122.9	26.2	2.00
20a	200	100	7.0	11.4	9.0	4.5	35.55	27.91	0.742	2 369	236.9	136.1	8.16	157.9	31.6	2.11
20b	200	102	9.0	11.4	9.0	4.5	39.55	31.05	0.746	2 502	250.2	146.1	7.95	169.0	33.1	2.07
22a	220	110	7.5	12.3	9.5	4.8	42.10	33.05	0.817	3 406	309.6	177.7	8.99	225.9	41.1	2.32
22b	220	112	9.5	12.3	9.5	4.8	46.50	36.50	0.821	3 583	325.8	189.8	8.78	240.2	42.9	2.27
25a	250	116	8.0	13.0	10.0	5.0	48.51	38.08	0.898	5 017	401.4	230.7	10.17	280.4	48.4	2.40
25b	250	118	10.0	13.0	10.0	5.0	53.51	42.01	0.902	5 278	422.2	246.3	9.93	297.3	50.4	2.36
28a	280	122	8.5	13.7	10.5	5.3	55.37	43.47	0.978	7 115	508.2	292.7	11.34	344.1	56.4	2.49
28b	280	124	10.5	13.7	10.5	5.3	60.97	47.86	0.982	7 481	534.4	312.3	11.08	363.8	58.7	2.44
32a	320	130	9.5	15.0	11.5	5.8	67.12	52.69	1.084	11 080	692.5	400.5	12.85	459.0	70.6	2.62
32b	320	132	11.5	15.0	11.5	5.8	73.52	57.71	1.088	11 626	726.7	426.1	12.58	483.8	73.3	2.67
32c	320	134	13.5	15.0	11.5	5.8	79.92	62.74	1.092	12 173	760.8	451.7	12.34	510.1	76.1	2.53

续附表 2-2

型号	尺寸(mm)						截面面积	质量	表面积	x—x				y—y		
	h	b	d	t	r	r_1	(cm^2)	(kg/m)	(m^2/m)	I_x	W_x	S_x	i_x	I_y	W_y	i_y
										cm^4	cm^3		cm	cm^4	cm^3	cm
36a	360	136	10.0	15.8	12.0	6.0	76.44	60.00	1.185	15 796	877.6	508.8	14.38	554.9	81.6	2.69
36b	360	138	12.0	15.8	12.0	6.0	83.64	65.66	1.189	16 574	920.8	541.2	14.08	583.6	84.6	2.64
36c	360	140	14.0	15.8	12.0	6.0	90.84	71.31	1.193	17 351	964.0	573.6	13.82	614.0	87.7	2.60
40a	400	142	10.5	16.5	12.5	6.3	86.07	67.56	1.285	21 714	1 085.7	631.2	15.88	659.9	92.9	2.77
40b	400	144	12.5	16.5	12.5	6.3	94.07	73.84	1.289	22 781	1 139.0	671.2	15.56	692.8	96.2	2.71
40c	400	146	14.5	16.5	12.5	6.3	102.07	80.12	1.293	23 847	1 192.4	711.2	15.29	727.5	99.7	2.67
45a	450	150	11.5	18.0	13.5	6.8	102.40	80.38	1.411	32 241	1 432.9	836.4	17.74	855.0	114.0	2.89
45b	450	152	13.5	18.0	13.5	6.8	111.40	87.45	1.415	33 759	1 500.4	887.1	17.41	895.4	117.8	2.84
45c	450	154	15.5	18.0	13.5	6.8	120.40	94.51	1.419	35 278	1 567.9	937.7	17.12	938.0	121.8	2.79
50a	500	158	12.0	20.0	14.0	7.0	119.25	93.61	1.539	46 472	1 858.9	1 084.1	19.74	1 121.5	142.0	3.07
50b	500	160	14.0	20.0	14.0	7.0	129.25	101.46	1.543	48 556	1 942.2	1 146.6	19.33	1 171.4	146.4	3.01
50c	500	162	16.0	20.0	14.0	7.0	139.25	109.31	1.547	50 639	2 005.6	1 209.1	19.07	1 223.9	151.1	2.96
56a	560	166	12.5	21.0	14.5	7.3	135.38	106.27	1.687	65 576	2 342.0	1 368.8	22.01	1 365.8	164.6	3.18
56b	560	168	14.5	21.0	14.5	7.3	146.58	115.06	1.691	68 503	2 446.5	1 447.2	21.62	1 423.8	169.5	3.12
56c	560	170	16.5	21.0	14.5	7.3	157.78	123.85	1.695	71 430	2 551.1	1 525.6	21.28	1 484.8	174.7	3.07
63a	630	176	13.0	22.0	15.0	7.5	154.59	121.36	1.862	94 004	2 984.3	1 747.4	24.66	1 702.4	193.5	3.32
63b	630	178	15.0	22.0	15.0	7.5	167.19	131.25	1.666	98 171	3 116.6	1 846.5	24.23	1 770.7	199.0	3.25
63c	630	180	17.0	22.0	15.0	7.5	179.79	141.14	1.870	102 339	3 248.9	1 945.9	23.86	1 842.4	204.7	3.20

附表2-3　H型钢和T型钢

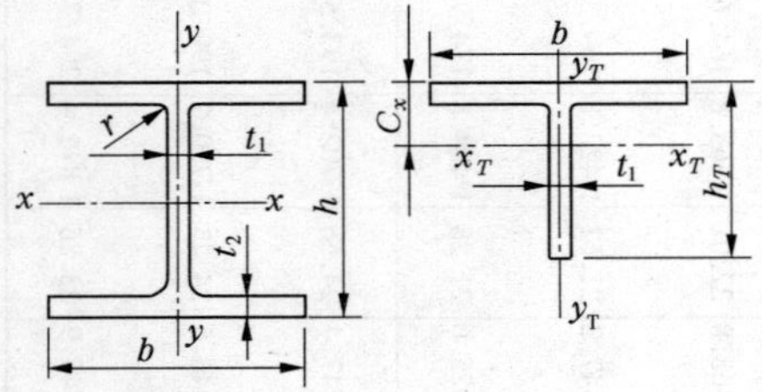

h——H型钢截面高度；

b——翼缘宽度；

t_1——腹板厚度；

t_2——翼缘厚度；

W——截面模量；

i——回转半径；

S——半截面的静力矩；

I——惯性矩

对T型钢：截面高度h_T、截面面积A_T、质量q_T、惯性矩I_{yT}等于相应H型钢的1/2。

HW、HM、HN分别代表宽翼缘、中翼缘、窄翼缘H型钢；

TW、TM、TN分别代表各自H型钢部分的T型钢。

类别	H型钢									H和T	T型钢				类别
	H型钢规格(mm)	截面面积	质量	x—x轴			y—y轴				重心			T型钢规格(mm)	
	($h \times b \times t_1 \times t_2$)	A (cm^2)	q (kg/m)	I_x (cm^4)	W_x (cm^3)	i_x (cm)	I_y (cm^4)	W_y (cm^3)		i_y, i_{yT} (cm)	C_x (cm)	I_{xT} (cm^4)	i_{xT} (cm)	($h_T \times b \times t_1 \times t_2$)	
HW	100×100×6×8	21.90	17.2	383	76.5	4.18	134	26.7		2.47	1.00	16.1	1.21	50×100×6×8	TW
	125×125×6.5×9	30.31	23.8	847	136	5.29	294	47.0		3.11	1.19	35.0	1.52	62.5×125×6.5×9	
	150×150×7×10	40.55	31.9	1 660	221	6.39	564	75.1		3.73	1.37	66.4	1.81	75×150×7×10	
	175×175×7.5×11	51.43	40.3	2 900	331	7.50	984	112		4.37	1.55	115	2.11	87.5×175×7.5×11	
	200×200×8×12	64.28	50.5	4 770	477	8.61	1 600	160		4.99	1.73	185	2.40	100×200×8×12	
	#200×204×12×12	72.28	56.7	5 030	503	8.35	1 700	167		4.85	2.09	256	2.66	#100×204×12×12	
	250×250×9×14	92.18	72.4	10 800	867	10.8	3 650	292		6.29	2.08	412	2.99	125×250×9×14	
	#250×255×14×14	104.7	82.2	11 500	919	10.5	3 880	304		6.09	2.58	589	3.36	#125×255×14×14	
	#294×302×12×12	108.3	85.0	17 000	1 160	12.5	5 520	365		7.14	2.83	858	3.98	#147×302×12×12	
	300×300×10×15	120.4	94.5	20 500	1 370	13.1	6 760	450		7.49	2.47	798	3.64	150×300×10×15	
	300×305×15×15	135.4	106	21 600	1 440	12.6	7 100	466		7.24	3.02	1 110	4.05	150×305×15×15	
	#344×348×10×16	146.0	115	33 300	1 940	15.1	11 200	646		8.78	2.67	1 230	4.11	#172×348×10×16	
	350×350×12×19	173.9	137	40 300	2 300	15.2	13 600	776		8.84	2.86	1 520	4.18	175×350×12×19	

续附表 2-3

类别	H 型钢规格(mm)	截面面积	质量	H 型钢					H 和 T	重心	T 型钢		T 型钢规格(mm)	类别
				x—x 轴			y—y 轴							
	$(h \times b \times t_1 \times t_2)$	A (cm^2)	q (kg/m)	I_x (cm^4)	W_x (cm^3)	i_x (cm)	I_y (cm^4)	W_y (cm^3)	i_y, i_{yT} (cm)	C_x (cm)	I_{xT} (cm^4)	i_{xT} (cm)	$(h_T \times b \times t_1 \times t_2)$	
HW	#388×402×15×15	179.2	141	49 200	2 540	16.6	16 300	809	9.52	3.69	2 480	5.26	#194×402×15×15	TW
	#394×398×11×18	187.6	147	56 400	2 860	17.3	18 900	951	10.0	3.01	2 050	4.67	#197×398×11×18	
	400×400×13×21	219.5	172	66 900	3 340	17.5	22 400	1 120	10.1	3.21	2 480	4.75	200×400×13×21	
	#400×408×21×21	251.5	197	71 100	3 560	16.8	23 800	1 170	9.73	4.07	3 650	5.39	#200×408×21×21	
	#414×405×18×28	296.2	233	93 000	4 490	17.7	31 000	1 530	10.2	3.68	3 620	4.95	#207×405×18×28	
	#428×407×20×35	361.4	284	119 000	5 580	18.2	39 400	1 930	10.4	3.90	4 380	4.92	#214×407×20×35	
HM	148×100×6×9	27.25	21.4	1 040	140	6.17	151	30.2	2.35	1.55	51.7	1.95	74×100×6×9	HM
	194×150×6×9	39.76	31.2	2 740	283	8.30	508	67.7	3.57	1.78	125	2.50	97×150×6×9	
	244×175×7×11	56.24	44.1	6 120	502	10.4	985	113	4.18	2.27	289	3.20	122×175×7×11	
	294×200×8×12	73.03	57.3	11 400	779	12.5	1 600	160	4.69	2.82	572	3.96	147×200×8×12	
	340×250×9×14	101.5	79.7	21 700	1 280	14.6	3 650	292	6.00	3.09	1 020	4.48	170×250×9×14	
	390×300×10×16	136.7	107	38 900	2 000	16.9	7 210	481	7.26	3.40	1 730	5.03	195×300×10×16	
	440×300×11×18	157.4	124	56 100	2 550	18.9	8 110	541	7.18	4.05	2 680	5.84	220×300×11×18	
	482×300×11×15	146.4	115	60 800	2 520	20.4	6 770	451	6.80	4.90	3 420	6.83	241×300×11×15	
	488×300×11×18	164.4	129	71 400	2 930	20.8	8 120	541	7.03	4.65	3 620	6.64	244×300×11×18	
	582×300×12×17	174.5	137	103 000	3 530	24.3	7 670	511	6.63	6.39	6 360	8.54	291×300×12×17	
	588×300×12×20	192.5	151	118 000	4 020	24.8	9 020	601	6.85	6.08	6 710	8.35	294×300×12×20	
	#594×302×14×23	222.4	175	137 000	4 620	24.9	10 600	701	6.90	6.33	7 920	8.44	#297×302×14×23	

续附表 2-3

类别	H 型钢			x—x 轴			y—y 轴		H 和 T	重心	T 型钢			类别
	H 型钢规格(mm) ($h \times b \times t_1 \times t_2$)	截面面积 A (cm^2)	质量 q (kg/m)	I_x (cm^4)	W_x (cm^3)	i_x (cm)	I_y (cm^4)	W_y (cm^3)	i_y, i_{yT} (cm)	C_x (cm)	I_{xT} (cm^4)	i_{xT} (cm)	T 型钢规格(mm) ($h_T \times b \times t_1 \times t_2$)	
HN	100×50×5×7	12.16	9.54	192	38.5	3.98	14.9	5.96	1.11	1.27	11.9	1.40	50×50×5×7	HN
	125×60×6×8	17.01	13.3	417	66.8	4.95	29.3	9.75	1.31	1.63	27.5	1.80	62.5×60×6×8	
	150×75×5×7	18.16	14.3	679	90.6	6.12	49.6	13.2	1.65	1.78	42.7	2.17	75×75×5×7	
	175×90×5×8	23.21	18.2	1 220	140	7.26	97.6	21.7	2.05	1.92	70.7	2.47	87.5×90×5×8	
	198×99×4.5×7	23.59	18.5	1 610	163	8.27	114	23.0	2.20	2.13	94.0	2.82	99×99×4.5×7	
	200×100×5.5×8	27.57	21.7	1 880	188	8.25	134	26.8	2.21	2.27	115	2.88	100×100×5.5×8	
	248×124×5×8	32.89	25.8	3 560	287	10.4	255	41.1	2.78	2.62	208	3.56	124×124×5×8	
	250×125×6×9	37.87	29.7	4 080	326	10.4	294	47.0	2.79	2.78	249	3.62	125×125×6×9	
	298×149×5.5×8	41.55	32.6	6 460	433	12.4	443	59.4	3.26	3.22	395	4.36	149×149×5.5×8	
	300×150×6.5×9	47.53	37.3	7 350	490	12.4	508	67.7	3.27	3.38	465	4.42	150×150×6.5×9	
	346×174×6×9	53.19	41.8	11 200	649	14.5	792	91.0	3.86	3.68	681	5.06	173×174×6×9	
	350×175×7×11	63.66	50.0	13 700	782	14.7	985	113	3.93	3.74	816	5.06	175×175×7×11	
	#400×150×8×13	71.12	55.8	18 800	942	16.3	734	97.9	3.21					

续附表 2-3

类别	H 型钢规格(mm)	截面面积	质量	H 型钢						H 和 T	重心	T 型钢			类别
				x—x 轴			y—y 轴								
	($h \times b \times t_1 \times t_2$)	A (cm^2)	q (kg/m)	I_x (cm^4)	W_x (cm^3)	i_x (cm)	I_y (cm^4)	W_y (cm^3)	i_y, i_{yT} (cm)	C_x (cm)	I_{xT} (cm^4)	i_{xT} (cm)	T 型钢规格(mm) ($h_T \times b \times t_1 \times t_2$)	
HN	396×199×7×11	72.16	56.7	20 000	1 010	16.7	1 450	145	4.48	4.17	1 190	5.76	198×199×7×11	HN
	400×200×8×13	84.12	66.0	23 700	1 190	16.8	1 740	174	4.54	4.23	1 400	5.76	200×200×8×13	
	#450×150×9×14	83.41	65.5	27 100	1 200	18.0	793	106	3.08					
	446×199×8×12	84.95	66.7	29 000	1 300	18.5	1 580	159	4.31	5.07	1 880	6.65	223×199×8×12	
	450×200×9×14	97.41	76.5	33 700	1 500	18.6	1 870	187	4.38	5.13	2 160	6.66	225×200×9×14	
	#500×150×10×16	98.23	77.1	38 500	1 540	19.8	907	121	3.04					
	496×199×9×14	101.3	79.5	41 900	1 690	20.3	1 840	185	4.27	5.90	2 840	7.49	248×199×9×14	
	500×200×10×16	114.2	89.6	47 800	1 910	20.5	2 140	214	4.33	5.96	3 210	7.50	250×200×10×16	
	#506×201×11×19	131.3	103	56 500	2 230	20.8	2 580	257	4.43	5.95	3 670	7.48	#253×201×11×19	
	596×199×10×15	121.2	95.1	69 300	2 330	23.9	1 980	199	4.04	7.76	5 200	9.27	298×199×10×15	
	600×200×11×17	135.2	106	78 200	2 610	24.1	2 280	228	4.11	7.81	5 820	9.28	300×200×11×17	
	#606×201×12×20	153.3	120	91 000	3 000	24.4	2 720	271	4.21	7.76	6 580	9.26	#303×201×12×20	
	#692×300×13×20	211.5	166	172 000	4 980	28.6	9 020	602	6.53					
	700×300×13×24	235.5	185	201 000	5 760	29.3	10 800	722	6.78					

注:“#”表示的规格为非常用规格。

附表 2-4　普通槽钢

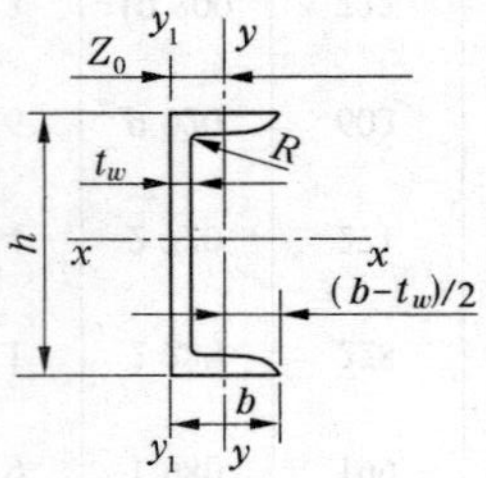

符号含义同普通工字型钢，但 W_y 为对应于翼缘肢尖的截面模量。

长度：型号 5～8，长 5～12 m；
型号 10～18，长 5～19 m；
型号 20～40，长 9～19 m

型号	尺寸(mm)					截面面积	质量	x—x 轴			y—y 轴			y_1—y_1 轴	Z_0
	h	b	t_w	t	R	(cm^2)	(kg/m)	I_x (cm^4)	W_x (cm^3)	i_x (cm)	I_y (cm^4)	W_y (cm^3)	i_y (cm)	I_{y1} (cm^4)	(cm)
5	50	37	4.5	7.0	7.0	6.92	5.44	26	10.4	1.94	8.3	3.5	1.10	20.9	1.35
6.3	63	40	4.8	7.5	7.5	8.45	6.63	51	16.3	2.46	11.9	4.6	1.19	28.3	1.39
8	80	43	5.0	8.0	8.0	10.24	8.04	101	25.3	3.14	16.6	5.8	1.27	37.4	1.42
10	100	48	5.3	8.5	8.5	12.74	10.00	198	39.7	3.94	25.6	7.8	1.42	54.9	1.52
12.6	126	53	5.5	9.0	9.0	15.69	12.31	389	61.7	4.98	38.0	10.3	1.56	77.8	1.59
14a	140	58	6.0	9.5	9.5	18.51	14.53	564	80.5	5.52	53.2	13.0	1.70	107.2	1.71
14b		60	8.0	9.5	9.5	21.31	16.73	609	87.1	5.35	61.2	14.1	1.69	120.6	1.67
16a	160	63	6.5	10.0	10.0	21.95	17.23	866	108.3	6.28	73.4	16.3	1.83	144.1	1.79
16b		65	8.5	10.0	10.0	25.15	19.75	935	116.8	6.10	83.4	17.6	1.82	160.8	1.75
18a	180	68	7.0	10.5	10.5	25.69	20.17	1 273	141.4	7.04	98.6	20.0	1.96	189.7	1.88
18b		70	9.0	10.5	10.5	29.29	22.99	1 370	152.2	6.84	111.0	21.5	1.95	210.1	1.84
20a	200	73	7.0	11.0	11.0	28.83	22.63	1 780	178.0	7.86	128.0	24.2	2.11	244.0	2.01
20b		75	9.0	11.0	11.0	32.83	25.77	1 914	191.4	7.64	143.6	25.9	2.09	268.4	1.95
22a	220	77	7.0	11.5	11.5	31.84	24.99	2 394	217.6	8.67	157.8	28.2	2.23	298.2	2.10
22b		79	9.0	11.5	11.5	36.24	28.45	2 571	233.8	8.42	176.5	30.1	2.21	326.3	2.03

续附表 2-4

型号	尺寸(mm)					截面面积	质量	x—x 轴			y—y 轴			y_1—y_1 轴	Z_0
	h	b	t_w	t	R	(cm^2)	(kg/m)	I_x (cm^4)	W_x (cm^3)	i_x (cm)	I_y (cm^4)	W_y (cm^3)	i_y (cm)	I_{y1} (cm^4)	(cm)
a		78	7.0	12.0	12.0	34.91	27.40	3 359	268.7	9.81	175.9	30.7	2.24	324.8	2.07
25b	250	80	9.0	12.0	12.0	39.91	31.33	3 619	289.6	9.52	196.4	32.7	2.22	355.1	1.99
c		82	11.0	12.0	12.0	44.91	35.25	3 880	310.4	9.30	215.9	34.6	2.19	388.6	1.96
a		82	7.5	12.5	12.5	40.02	31.42	4 753	339.5	10.90	217.9	35.7	2.33	393.3	2.09
28b	280	84	9.5	12.5	12.5	45.62	35.81	5 118	365.6	10.59	241.5	37.9	2.30	428.5	2.02
c		86	11.5	12.5	12.5	51.22	40.21	5 484	391.7	10.35	264.1	40.0	2.27	467.3	1.99
a		88	8.0	14.0	14.0	48.50	38.07	7 511	469.4	12.44	304.7	46.4	2.51	547.5	2.24
32b	320	90	10.0	14.0	14.0	54.90	43.10	8 057	503.5	12.11	335.6	49.1	2.47	592.9	2.16
c		92	12.0	14.0	14.0	61.30	48.12	8 603	537.7	11.85	365.0	51.6	2.44	642.7	2.13
a		96	9.0	16.0	16.0	60.89	47.80	11 874	659.7	13.96	455.0	63.6	2.73	818.5	2.44
36b	360	98	11.0	16.0	16.0	68.09	53.45	12 652	702.9	13.63	496.7	66.9	2.70	880.5	2.37
c		100	13.0	16.0	16.0	75.29	59.10	13 429	746.1	13.36	536.6	70.0	2.67	948.0	2.34
a		100	10.5	18.0	18.0	75.04	58.91	17 578	878.9	15.30	592.0	78.8	2.81	1 057.9	2.49
40b	400	102	12.5	18.0	18.0	83.04	65.19	18 644	932.2	14.98	640.6	82.6	2.78	1 135.8	2.44
c		104	14.5	18.0	18.0	91.04	71.47	19 711	985.6	14.71	687.8	86.2	2.75	1 220.3	2.42

附表 2-5 热轧无缝钢管

I——截面惯性矩；

W——截面模量；

i——截面回转半径

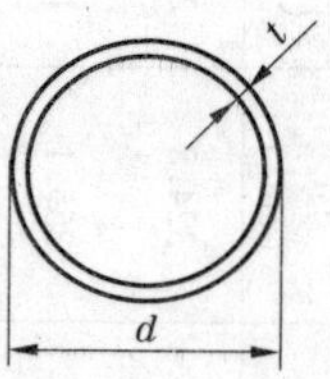

尺寸(mm)		截面	每米	截面特性		
d	t	面积 (cm²)	质量 (kg/m)	I (cm⁴)	W (cm³)	i (cm)
32	2.5	2.32	1.82	2.54	1.59	1.05
	3.0	2.73	2.15	2.90	1.82	1.03
	3.5	3.13	2.46	3.23	2.02	1.02
	4.0	3.52	2.76	3.52	2.20	1.00
38	2.5	2.79	2.19	4.41	2.32	1.26
	3.0	3.30	2.59	5.09	2.68	1.24
	3.5	3.79	2.98	5.70	3.00	1.23
	4.0	4.27	3.35	6.26	3.29	1.21
42	2.5	3.10	2.44	6.07	2.89	1.40
	3.0	3.68	2.89	7.03	3.35	1.38
	3.5	4.23	3.32	7.91	3.77	1.37
	4.0	4.78	3.75	8.71	4.15	1.35
45	2.5	3.34	2.62	7.56	3.36	1.51
	3.0	3.96	3.11	8.77	3.90	1.49
	3.5	4.56	3.58	9.89	4.40	1.47
	4.0	5.15	4.04	10.93	4.86	1.46
50	2.5	3.73	2.93	10.55	4.22	1.68
	3.0	4.43	3.48	12.28	4.91	1.67
	3.5	5.11	4.01	13.90	5.56	1.65
	4.0	5.78	4.54	15.41	6.16	1.63
	4.5	6.43	5.05	16.81	6.72	1.62
	5.0	7.07	5.55	18.11	7.25	1.60
54	3.0	4.81	3.77	15.68	5.81	1.81
	3.5	5.55	4.36	17.79	6.59	1.79
	4.0	6.28	4.93	19.76	7.32	1.77
	4.5	7.00	5.49	21.61	8.00	1.76
	5.0	7.70	6.04	23.34	8.64	1.74
	5.5	8.38	6.58	24.96	9.24	1.73
	6.0	9.05	7.10	26.46	9.80	1.71
57	3.0	5.09	4.00	18.61	6.53	1.91
	3.5	5.88	4.62	21.14	7.42	1.90
	4.0	6.66	5.23	23.52	8.25	1.88
	4.5	7.42	5.83	25.76	9.04	1.86
	5.0	8.17	6.41	27.86	9.78	1.85
	5.5	8.90	6.99	29.84	10.47	1.83
	6.0	9.61	7.55	31.69	11.12	1.82
60	3.0	5.37	4.22	21.88	7.29	2.02
	3.5	6.21	4.88	24.88	8.29	2.00
	4.0	7.04	5.52	27.73	9.24	1.98
	4.5	7.85	6.16	30.41	10.14	1.97
	5.0	8.64	6.78	32.94	10.98	1.95
	5.5	9.42	7.39	35.32	11.77	1.94
	6.0	10.18	7.99	37.56	12.52	1.92

尺寸(mm)		截面	每米	截面特性		
d	t	面积 (cm²)	质量 (kg/m)	I (cm⁴)	W (cm³)	i (cm)
63.5	3.0	5.70	4.48	26.15	8.24	2.14
	3.5	6.60	5.18	29.79	9.38	2.12
	4.0	7.48	5.87	33.24	10.47	2.11
	4.5	8.34	6.55	36.50	11.50	2.09
	5.0	9.19	7.21	39.60	12.47	2.08
	5.5	10.02	7.87	42.52	13.39	2.06
	6.0	10.84	8.51	45.28	14.26	2.04
68	3.0	6.13	4.81	32.42	9.54	2.30
	3.5	7.09	5.57	36.99	10.88	2.28
	4.0	8.04	6.31	41.34	12.16	2.27
	4.5	8.98	7.05	45.47	13.37	2.25
	5.0	9.90	7.77	49.41	14.53	2.23
	5.5	10.80	8.48	53.14	15.63	2.22
	6.0	11.69	9.17	56.68	16.67	2.20
70	3.0	6.31	4.96	35.50	10.14	2.37
	3.5	7.31	5.74	40.53	11.58	2.35
	4.0	8.29	6.51	45.33	12.95	2.34
	4.5	9.26	7.27	49.89	14.26	2.32
	5.0	10.21	8.01	54.24	15.50	2.30
	5.5	11.14	8.75	58.38	16.68	2.29
	6.0	12.06	9.47	62.31	17.80	2.27
73	3.0	6.60	5.18	40.48	11.09	2.48
	3.5	7.64	6.00	46.26	12.67	2.46
	4.0	8.67	6.81	51.78	14.19	2.44
	4.5	9.68	7.60	57.04	15.63	2.43
	5.0	10.68	8.38	62.07	17.01	2.41
	5.5	11.66	9.16	66.87	18.32	2.39
	6.0	12.63	9.91	71.43	19.57	2.38
76	3.0	6.88	5.40	45.91	12.08	2.58
	3.5	7.97	6.26	52.50	13.82	2.57
	4.0	9.05	7.10	58.81	15.48	2.55
	4.5	10.11	7.93	64.85	17.07	2.53
	5.0	11.15	8.75	70.62	18.59	2.52
	5.5	12.18	9.56	76.14	20.04	2.50
	6.0	13.19	10.36	81.41	21.42	2.48
83	3.5	8.74	6.86	69.19	16.67	2.81
	4.0	9.93	7.79	77.64	18.71	2.80
	4.5	11.10	8.71	85.76	20.67	2.78
	5.0	12.25	9.62	93.56	22.54	2.76
	5.5	13.39	10.51	101.04	24.35	2.75
	6.0	14.51	11.39	108.22	26.08	2.73
	6.5	15.62	12.26	115.10	27.74	2.71
	7.0	16.71	13.12	121.69	29.32	2.70

续附表 2-5

尺寸(mm)		截面面积	每米质量	截面特性		
d	t	(cm²)	(kg/m)	I (cm⁴)	W (cm³)	i (cm)
89	3.5	9.40	7.38	86.05	19.34	3.03
	4.0	10.68	8.38	96.68	21.73	3.01
	4.5	11.95	9.38	106.92	24.03	2.99
	5.0	13.19	10.36	116.79	26.24	2.98
	5.5	14.43	11.33	126.29	28.38	2.96
	6.0	15.65	12.28	135.43	30.43	2.94
	6.5	16.85	13.22	144.22	32.41	2.93
	7.0	18.03	14.16	152.67	34.31	2.91
95	3.5	10.06	7.90	105.45	22.20	3.24
	4.0	11.44	8.98	118.60	24.97	3.22
	4.5	12.79	10.04	131.31	27.64	3.20
	5.0	14.14	11.10	143.58	30.23	3.19
	5.5	15.46	12.14	155.43	32.72	3.17
	6.0	16.78	13.17	166.86	35.13	3.15
	6.5	18.07	14.19	177.89	37.45	3.14
	7.0	19.35	15.19	188.51	39.69	3.12
102	3.5	10.83	8.50	131.52	25.79	3.48
	4.0	12.32	9.67	148.09	29.04	3.47
	4.5	13.78	10.82	164.14	32.18	3.45
	5.0	15.24	11.96	179.68	35.23	3.43
	5.5	16.67	13.09	194.72	38.18	3.42
	6.0	18.10	14.21	209.28	41.03	3.40
	6.5	19.50	15.31	223.35	43.79	3.38
	7.0	20.89	16.40	236.96	46.46	3.37
114	4.0	13.82	10.85	209.35	36.73	3.89
	4.5	15.48	12.15	232.41	40.77	3.87
	5.0	17.12	13.44	254.81	44.70	3.86
	5.5	18.75	14.72	276.58	48.52	3.84
	6.0	20.36	15.98	297.73	52.23	3.82
	6.5	21.95	17.23	318.26	55.84	3.81
	7.0	23.53	18.47	338.19	59.33	3.79
	7.5	25.09	19.70	357.58	62.73	3.77
	8.0	26.64	20.91	376.30	66.02	3.76
121	4.0	14.70	11.54	251.87	41.63	4.14
	4.5	16.47	12.93	279.83	46.25	4.12
	5.0	18.22	14.30	307.05	50.75	4.11
	5.5	19.96	15.67	333.54	55.13	4.09
	6.0	21.68	17.02	359.32	59.39	4.07
	6.5	23.38	18.35	384.40	63.54	4.05
	7.0	25.07	19.68	408.80	67.57	4.04
	7.5	26.74	20.99	432.51	71.49	4.02
	8.0	28.40	22.29	455.57	75.30	4.01
127	4.0	15.46	12.13	292.61	46.08	4.35
	4.5	17.32	13.59	325.29	51.23	4.33
	5.0	19.16	15.04	357.14	56.24	4.32
	5.5	20.99	16.48	388.19	61.13	4.30
	6.0	22.81	17.90	418.44	65.90	4.28
	6.5	24.61	19.32	447.92	70.54	4.27
	7.0	26.39	20.72	476.63	75.06	4.25
	7.5	28.16	22.10	504.58	79.46	4.23
	8.0	29.91	23.48	531.80	83.75	4.22
133	4.0	16.21	12.73	337.53	50.76	4.56
	4.5	18.17	14.26	375.42	56.45	4.55
	5.0	20.11	15.78	412.40	62.02	4.53
	5.5	22.03	17.29	448.50	67.44	4.51
	6.0	23.94	18.79	483.72	72.74	4.50
	6.5	25.83	20.28	518.07	77.91	4.48
	7.0	27.71	21.75	551.58	82.94	4.46
	7.5	29.57	23.21	584.25	87.86	4.45
	8.0	31.42	24.66	616.11	92.65	4.43
140	4.5	19.16	15.04	440.12	62.87	4.79
	5.0	21.21	16.65	483.76	69.11	4.78
	5.5	23.24	18.24	526.40	75.20	4.76
	6.0	25.26	19.83	568.06	81.15	4.74
	6.5	27.26	21.40	608.76	86.97	4.73
	7.0	29.25	22.96	648.51	92.64	4.71
	7.5	31.22	24.51	687.32	98.19	4.69
	8.0	33.18	26.04	725.21	103.60	4.68
	9.0	37.04	29.08	798.29	114.04	4.64
	10	40.84	32.06	867.86	123.98	4.61
146	4.5	20.00	15.70	501.16	68.65	5.01
	5.0	22.15	17.39	551.10	75.49	4.99
	5.5	24.28	19.06	599.95	82.19	4.97
	6.0	26.39	20.72	647.73	88.73	4.95
	6.5	28.49	22.36	694.44	95.13	4.94
	7.0	30.57	24.00	740.12	101.39	4.92
	7.5	32.63	25.62	784.77	107.50	4.90
	8.0	34.68	27.23	828.41	113.48	4.89
	9.0	38.74	30.41	912.71	125.03	4.85
	10	42.73	33.54	993.16	136.05	4.82

续附表 2-5

尺寸(mm)		截面面积	每米质量	截面特性			尺寸(mm)		截面面积	每米质量	截面特性		
d	t	(cm²)	(kg/m)	I (cm⁴)	W (cm³)	i (cm)	d	t	(cm²)	(kg/m)	I (cm⁴)	W (cm³)	i (cm)
152	4.5	20.85	16.37	567.61	74.69	5.22	180	5.0	27.49	21.58	1 053.17	117.02	6.19
	5.0	23.09	18.13	624.43	82.16	5.20		5.5	30.15	23.67	1 148.79	127.64	6.17
	5.5	25.31	19.87	680.06	89.48	5.18		6.0	32.80	25.75	1 242.72	138.08	6.16
	6.0	27.52	21.60	734.52	96.65	5.17		6.5	35.43	27.81	1 335.00	148.33	6.14
	6.5	29.71	23.32	787.82	103.66	5.15		7.0	38.04	29.87	1 425.63	158.40	6.12
	7.0	31.89	25.03	839.99	110.52	5.13		7.5	40.64	31.91	1 514.64	168.29	6.10
	7.5	34.05	26.73	891.03	117.24	5.12		8.0	43.23	33.93	1 602.04	178.00	6.09
	8.0	36.19	28.41	940.97	123.81	5.10		9.0	48.35	37.95	1 772.12	196.90	6.05
	9.0	40.43	31.74	1 037.59	136.53	5.07		10	53.41	41.92	1 936.01	215.11	6.02
	10	44.61	35.02	1 129.99	148.68	5.03		12	63.33	49.72	2 245.84	249.54	5.95
159	4.5	21.84	17.15	652.27	82.05	5.46	194	5.0	29.69	23.31	1 326.54	136.76	6.68
	5.0	24.19	18.99	717.88	90.30	5.45		5.5	32.57	25.57	1 447.86	149.26	6.67
	5.5	26.52	20.82	782.18	98.39	5.43		6.0	35.44	27.82	1 567.21	161.57	6.65
	6.0	28.84	22.64	845.19	106.31	5.41		6.5	38.29	30.06	1 684.61	173.67	6.63
	6.5	31.14	24.45	906.92	114.08	5.40		7.0	41.12	32.28	1 800.08	185.57	6.62
	7.0	33.43	26.24	967.41	121.69	5.38		7.5	43.94	34.50	1 913.64	197.28	6.60
	7.5	35.70	28.02	1 026.65	129.14	5.36		8.0	46.75	36.70	2 025.31	208.79	6.58
	8.0	37.95	29.79	1 084.67	136.44	5.35		9.0	52.31	41.06	2 243.08	231.25	6.55
	9.0	42.41	33.29	1 197.12	150.58	5.31		10	57.81	45.38	2 453.55	252.94	6.51
	10	46.81	36.75	1 304.88	164.14	5.28		12	68.61	53.86	2 853.25	294.15	6.45
168	4.5	23.11	18.14	772.96	92.02	5.78	203	6.0	37.13	29.15	1 803.07	177.64	6.97
	5.0	25.60	20.10	851.14	101.33	5.77		6.5	40.13	31.50	1 938.81	191.02	6.95
	5.5	28.08	22.04	927.85	110.46	5.75		7.0	43.10	33.84	2 072.43	204.18	6.93
	6.0	30.54	23.97	1 003.12	119.42	5.73		7.5	46.06	36.16	2 203.94	217.14	6.92
	6.5	32.98	25.89	1 076.95	128.21	5.71		8.0	49.01	38.47	2 333.37	229.89	6.90
	7.0	35.41	27.79	1 149.36	136.83	5.70		9.0	54.85	43.06	2 586.08	254.79	6.87
	7.5	37.82	29.69	1 220.38	145.28	5.68		10	60.63	47.60	2 830.72	278.89	6.83
	8.0	40.21	31.57	1 290.01	153.57	5.66		12	72.01	56.52	3 296.49	324.78	6.77
	9.0	44.96	35.29	1 425.22	169.67	5.63		14	83.13	65.25	3 732.07	367.69	6.70
	10	49.64	38.97	1 555.13	185.13	5.60		16	94.00	73.79	4 138.78	407.76	6.64

续附表 2-5

尺寸(mm) d	t	截面面积 (cm²)	每米质量 (kg/m)	截面特性 I (cm⁴)	W (cm³)	i (cm)
219	6.0	40.15	31.52	2 278.74	208.10	7.53
	6.5	43.39	34.06	2 451.64	223.89	7.52
	7.0	46.62	36.60	2 622.04	239.46	7.50
	7.5	49.83	39.12	2 789.96	254.79	7.48
	8.0	53.03	41.63	2 955.43	269.90	7.47
	9.0	59.38	46.61	3 279.12	299.46	7.43
	10	65.66	51.54	3 593.29	328.15	7.40
	12	78.04	61.26	4 193.81	383.00	7.33
	14	90.16	70.78	4 758.50	434.57	7.26
	16	102.04	80.10	5 288.81	483.00	7.20
245	6.5	48.70	38.23	3 465.46	282.89	8.44
	7.0	52.34	41.08	3 709.06	302.78	8.42
	7.5	55.96	43.93	3 949.52	322.41	8.40
	8.0	59.56	46.76	4 186.87	341.79	8.38
	9.0	66.73	52.38	4 652.32	379.78	8.35
	10	73.83	57.95	5 105.63	416.79	8.32
	12	87.84	68.95	5 976.67	487.89	8.25
	14	101.60	79.76	6 801.68	555.24	8.18
	16	115.11	90.36	7 582.30	618.96	8.12
273	6.5	54.42	42.72	4 834.18	354.15	9.42
	7.0	58.50	45.92	5 177.30	379.29	9.41
	7.5	62.56	49.11	5 516.47	404.14	9.39
	8.0	66.60	52.28	5 851.71	428.70	9.37
	9.0	74.64	58.60	6 510.56	476.96	9.34
	10	82.62	64.86	7 154.09	524.11	9.31
	12	98.39	77.24	8 396.14	615.10	9.24
	14	113.91	89.42	9 579.75	701.81	9.17
	16	129.18	101.41	10 706.79	784.38	9.10

尺寸(mm) d	t	截面面积 (cm²)	每米质量 (kg/m)	截面特性 I (cm⁴)	W (cm³)	i (cm)
299	7.5	68.68	53.92	7 300.02	488.30	10.31
	8.0	73.14	57.41	7 747.42	518.22	10.29
	9.0	82.00	64.37	8 628.09	577.13	10.26
	10	90.79	71.27	9 490.15	634.79	10.22
	12	108.20	84.93	11 159.52	746.46	10.16
	14	125.35	98.40	12 757.61	853.35	10.09
	16	142.25	111.67	14 286.48	955.62	10.02
325	7.5	74.81	58.73	9 431.80	580.42	11.23
	8.0	79.67	62.54	10 013.92	616.24	11.21
	9.0	89.35	70.14	11 161.33	686.85	11.18
	10	98.96	77.68	12 286.52	756.09	11.14
	12	118.00	92.63	14 471.45	890.55	11.07
	14	136.78	107.38	16 570.98	1 019.75	11.01
	16	155.32	121.93	18 587.38	1 143.84	10.94
351	8.0	86.21	67.67	12 684.36	722.76	12.13
	9.0	96.70	75.91	14 147.55	806.13	12.10
	10	107.13	84.10	15 584.62	888.01	12.06
	12	127.80	100.32	18 381.63	1 047.39	11.99
	14	148.22	116.35	21 077.86	1 201.02	11.93
	16	168.39	132.19	23 675.75	1 349.05	11.86

附表 2-6　电焊钢管

I——截面惯性矩；
W——截面模量；
i——截面回转半径

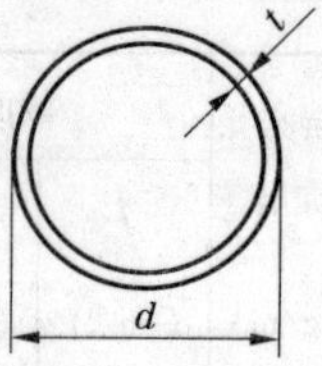

尺寸(mm) *d*	*t*	截面面积 (cm^2)	每米质量 (kg/m)	截面特性 *I* (cm^4)	*W* (cm^3)	*i* (cm)
32	2.0	1.88	1.48	2.13	1.33	1.06
	2.5	2.32	1.82	2.54	1.59	1.05
38	2.0	2.26	1.78	3.68	1.93	1.27
	2.5	2.79	2.19	4.41	2.32	1.26
40	2.0	2.39	1.87	4.32	2.16	1.35
	2.5	2.95	2.31	5.20	2.60	1.33
42	2.0	2.51	1.97	5.04	2.40	1.42
	2.5	3.10	2.44	6.07	2.89	1.40
45	2.0	2.70	2.12	6.26	2.78	1.52
	2.5	3.34	2.62	7.56	3.36	1.51
	3.0	3.96	3.11	8.77	3.90	1.49
51	2.0	3.08	2.42	9.26	3.63	1.73
	2.5	3.81	2.99	11.23	4.40	1.72
	3.0	4.52	3.55	13.08	5.13	1.70
	3.5	5.22	4.10	14.81	5.81	1.68
53	2.0	3.20	2.52	10.43	3.94	1.80
	2.5	3.97	3.11	12.67	4.78	1.79
	3.0	4.71	3.70	14.78	5.58	1.77
	3.5	5.44	4.27	16.75	6.32	1.75
57	2.0	3.46	2.71	13.08	4.59	1.95
	2.5	4.28	3.36	15.93	5.59	1.93
	3.0	5.09	4.00	18.61	6.53	1.91
	3.5	5.88	4.62	21.14	7.42	1.90
60	2.0	3.64	2.86	15.34	5.11	2.05
	2.5	4.52	3.55	18.70	6.23	2.03
	3.0	5.37	4.22	21.88	7.29	2.02
	3.5	6.21	4.88	24.88	8.29	2.00
63.5	2.0	3.86	3.03	18.29	5.76	2.18
	2.5	4.79	3.76	22.32	7.03	2.16
	3.0	5.70	4.48	26.15	8.24	2.14
	3.5	6.60	5.18	29.79	9.38	2.12
70	2.0	4.27	3.35	24.72	7.06	2.41
	2.5	5.30	4.16	30.23	8.64	2.39
	3.0	6.31	4.96	35.50	10.14	2.37
	3.5	7.31	5.74	40.53	11.58	2.35
	4.5	9.26	7.27	49.89	14.26	2.32
76	2.0	4.65	3.65	31.85	8.38	2.62
	2.5	5.77	4.53	39.03	10.27	2.60
	3.0	6.88	5.40	45.91	12.08	2.58
	3.5	7.97	6.26	52.50	13.82	2.57
	4.0	9.05	7.10	58.81	15.48	2.55
	4.5	10.11	7.93	64.85	17.07	2.53
83	2.0	5.09	4.00	41.76	10.06	2.86
	2.5	6.32	4.96	51.26	12.35	2.85
	3.0	7.54	5.92	60.40	14.56	2.83
	3.5	8.74	6.86	69.19	16.67	2.81
	4.0	9.93	7.79	77.64	18.71	2.80
	4.5	11.10	8.71	85.76	20.67	2.78

续附表 2-6

尺寸(mm) d	t	截面面积 (cm²)	每米质量 (kg/m)	截面特性 I (cm⁴)	W (cm³)	i (cm)
89	2.0	5.47	4.29	51.75	11.63	3.08
	2.5	6.79	5.33	63.59	14.29	3.06
	3.0	8.11	6.36	75.02	16.86	3.04
	3.5	9.40	7.38	86.05	19.34	3.03
	4.0	10.68	8.38	96.68	21.73	3.01
	4.5	11.95	9.38	106.92	24.03	2.99
95	2.0	5.84	4.59	63.20	13.31	3.29
	2.5	7.26	5.70	77.76	16.37	3.27
	3.0	8.67	6.81	91.83	19.33	3.25
	3.5	10.06	7.90	105.45	22.20	3.24
102	2.0	6.28	4.93	78.57	15.41	3.54
	2.5	7.81	6.13	96.77	18.97	3.52
	3.0	9.33	7.32	114.42	22.43	3.50
	3.5	10.83	8.50	131.52	25.79	3.48
	4.0	12.32	9.67	148.09	29.04	3.47
	4.5	13.78	10.82	164.14	32.18	3.45
	5.0	15.24	11.96	179.68	35.23	3.43
108	3.0	9.90	7.77	136.49	25.28	3.71
	3.5	11.49	9.02	157.02	29.08	3.70
	4.0	13.07	10.26	176.95	32.77	3.68
114	3.0	10.46	8.21	161.24	28.29	3.93
	3.5	12.15	9.54	185.63	32.57	3.91
	4.0	13.82	10.85	209.35	36.73	3.89
	4.5	15.48	12.15	232.41	40.77	3.87
	5.0	17.12	13.44	254.81	44.70	3.86

尺寸(mm) d	t	截面面积 (cm²)	每米质量 (kg/m)	截面特性 I (cm⁴)	W (cm³)	i (cm)
121	3.0	11.12	8.73	193.69	32.01	4.17
	3.5	12.92	10.14	223.17	36.89	4.16
	4.0	14.70	11.54	251.87	41.63	4.14
127	3.0	11.69	9.17	224.75	35.39	4.39
	3.5	13.58	10.66	259.11	40.80	4.37
	4.0	15.46	12.13	292.61	46.08	4.35
	4.5	17.32	13.59	325.29	51.23	4.33
	5.0	19.16	15.04	357.14	56.24	4.32
133	3.5	14.24	11.18	298.71	44.92	4.58
	4.0	16.21	12.73	337.53	50.76	4.56
	4.5	18.17	14.26	375.42	56.45	4.55
	5.0	20.11	15.78	412.40	62.02	4.53
140	3.5	15.01	11.78	349.79	49.97	4.83
	4.0	17.09	13.42	395.47	56.50	4.81
	4.5	19.16	15.04	440.12	62.87	4.79
	5.0	21.21	16.65	483.76	69.11	4.78
	5.5	23.24	18.24	526.40	75.20	4.76
152	3.5	16.33	12.82	450.35	59.26	5.25
	4.0	18.60	14.60	509.59	67.05	5.23
	4.5	20.85	16.37	567.61	74.69	5.22
	5.0	23.09	18.13	624.43	82.16	5.20
	5.5	25.31	19.87	680.06	89.48	5.18

附表 2-7　热轧不等肢角钢

单角钢

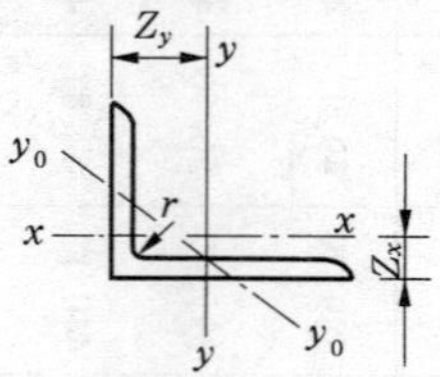

双角钢

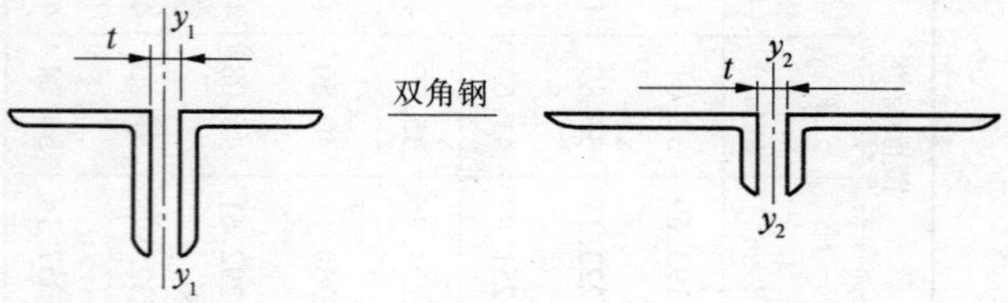

角钢型号	圆角 r	重心距 Z_x	重心距 Z_y	截面积	重量	惯性矩 I_x	惯性矩 I_y	回转半径 i_x	回转半径 i_y	回转半径 i_{y0}	i_{y1}（当 t 为下列数值）6 mm	8 mm	10mm	12 mm	i_{y2}（当 t 为下列数值）6 mm	8 mm	10 mm	12 mm
		mm	mm	cm²	kg/m	cm⁴	cm⁴	cm	cm	cm	cm	cm	cm	cm	cm	cm	cm	cm
∠25×16×3*	3.5	4.2	8.6	1.16	0.91	0.22	0.70	0.44	0.78	0.34	0.84	0.93	1.02	1.11	1.40	1.48	1.57	1.65
∠25×16×4*		4.6	9.0	1.50	1.18	0.27	0.88	0.43	0.77	0.34	0.87	0.96	1.05	1.14	1.42	1.51	1.59	1.68
∠32×20×3*	3.5	4.9	10.8	1.49	1.17	0.46	1.53	0.55	1.01	0.43	0.96	1.05	1.14	1.22	1.71	1.79	1.88	1.96
∠32×20×4*		5.3	11.2	1.94	1.52	0.57	1.93	0.54	1.00	0.42	0.99	1.08	1.16	1.25	1.74	1.82	1.90	1.99
∠40×25×3*	4	5.9	13.2	1.89	1.48	0.93	3.08	0.70	1.28	0.54	1.13	1.21	1.30	1.38	2.06	2.14	2.22	2.30
∠40×25×4*		6.3	13.7	2.47	1.94	1.18	3.93	0.69	1.26	0.54	1.16	1.24	1.32	1.41	2.09	2.17	2.26	2.34
∠45×28×3*	5	6.4	14.7	2.15	1.69	1.34	4.45	0.79	1.44	0.61	1.23	1.30	1.38	1.47	2.28	2.36	2.44	2.52
∠45×28×4*		6.8	15.1	2.81	2.20	1.70	5.69	0.78	1.42	0.60	1.25	1.33	1.41	1.50	2.30	2.38	2.46	2.55
∠50×32×3*	5.5	7.3	16.0	2.43	1.91	2.02	6.24	0.91	1.60	0.70	1.37	1.44	1.52	1.60	2.47	2.56	2.64	2.72
∠50×32×4*		7.7	16.5	3.18	2.49	2.58	8.02	0.90	1.59	0.69	1.39	1.47	1.55	1.63	2.52	2.59	2.67	2.75
∠56×36×3	6	8.0	17.8	2.74	2.16	2.92	8.88	1.03	1.80	0.79	1.51	1.58	1.66	1.74	2.75	2.83	2.90	2.08
∠56×36×4*		8.5	18.2	3.59	2.82	3.76	11.5	1.02	1.79	0.79	1.53	1.60	1.68	1.76	2.77	2.85	2.93	3.01
∠56×36×5*		8.8	18.7	4.42	3.47	4.49	13.9	1.01	1.77	0.78	1.55	1.63	1.71	1.79	2.79	2.87	2.95	3.03
∠63×40×4*	7	9.2	20.4	4.06	3.19	5.23	16.5	1.14	2.02	0.88	1.66	1.73	1.81	1.89	3.08	3.15	3.23	3.31
∠63×40×5*		9.5	20.8	4.99	3.92	6.31	20.0	1.12	2.00	0.87	1.68	1.75	1.83	1.91	3.11	3.19	3.26	3.34
∠63×40×6		9.9	21.2	5.91	4.64	7.29	23.4	1.11	1.99	0.86	1.70	1.78	1.86	1.94	3.13	3.21	3.29	3.37
∠63×40×7		10.3	21.5	6.80	5.34	8.24	26.5	1.10	1.98	0.86	1.72	1.80	1.89	1.96	3.16	3.24	3.33	3.40
∠70×45×4	7.5	10.2	22.4	4.55	3.57	7.55	23.2	1.29	2.26	0.98	1.84	1.92	1.99	2.07	3.40	3.48	3.56	3.62
∠70×45×5		10.6	22.8	5.61	4.40	9.13	27.9	1.28	2.23	0.98	1.85	1.93	2.01	2.08	3.41	3.49	3.58	3.64
∠70×45×6		10.9	23.2	6.65	5.22	10.6	32.5	1.26	2.21	0.98	1.88	1.95	2.03	2.12	3.45	3.52	3.60	3.66
∠70×45×7		11.3	23.6	7.66	6.01	12.0	37.2	1.25	2.20	0.97	1.90	1.97	2.05	2.14	3.47	3.54	3.63	3.68

续附表 2-7

单角钢

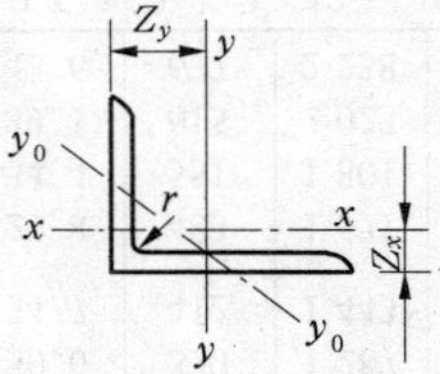

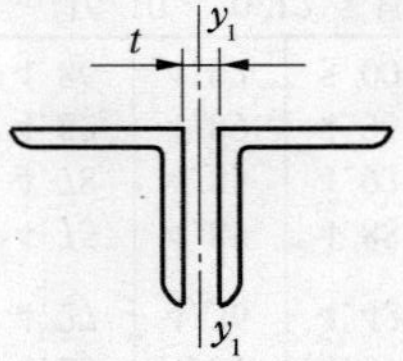

双角钢

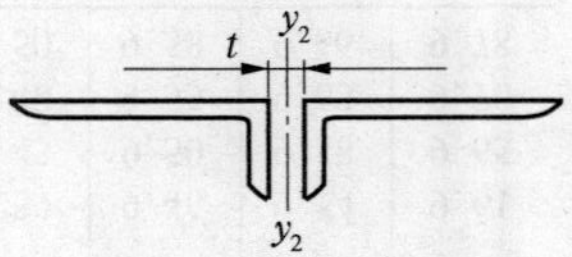

角钢型号		圆角 r	重心距 Z_x	重心距 Z_y	截面积	重量	惯性矩 I_x	惯性矩 I_y	回转半径 i_x	回转半径 i_y	回转半径 i_{y0}	i_{y1}（当 t 为下列数值）6 mm	8 mm	10mm	12 mm	i_{y2}（当 t 为下列数值）6 mm	8 mm	10 mm	12 mm
			mm	mm	cm^2	kg/m	cm^4	cm^4	cm	cm	cm	cm	cm	cm	cm	cm	cm	cm	cm
∠75×50×	5*	8	11.7	24.0	6.13	4.81	12.6	34.9	1.44	2.39	1.10	2.05	2.12	2.20	2.28	3.59	3.67	3.75	3.83
	6*		12.1	24.4	7.26	5.70	14.7	41.1	1.42	2.38	1.08	2.07	2.15	2.22	2.30	3.62	3.70	3.78	3.86
	8		12.9	25.2	9.47	7.43	18.5	52.4	1.40	2.35	1.07	2.12	2.19	2.27	2.35	3.67	3.75	3.83	3.91
	10		13.6	26.0	11.6	9.10	22.0	62.7	1.38	2.33	1.06	2.16	2.25	2.32	2.40	3.71	3.81	3.88	3.96
∠80×50×	5*	8	11.4	26.0	6.38	5.01	12.8	42.0	1.42	2.56	1.10	2.01	2.08	2.16	2.23	3.87	3.94	4.02	4.10
	6*		11.8	26.5	7.56	5.94	15.0	49.5	1.41	2.56	1.08	2.02	2.10	2.18	2.26	3.90	3.97	4.05	4.13
	7		12.1	26.9	8.72	6.85	17.0	56.2	1.39	2.54	1.08	2.06	2.13	2.20	2.27	3.92	4.00	4.07	4.15
	8		12.5	27.3	9.87	7.75	18.9	62.8	1.38	2.52	1.07	2.08	2.16	2.23	2.31	3.95	4.03	4.10	4.18
∠90×56×	5	9	12.5	29.1	7.21	5.66	18.3	60.5	1.59	2.90	1.23	2.22	2.30	2.36	2.43	4.32	4.40	4.47	4.54
	6*		12.9	29.5	8.56	6.72	21.4	71.0	1.58	2.88	1.23	2.24	2.31	2.38	2.45	4.34	4.43	4.49	4.57
	7*		13.3	30.0	9.88	7.76	24.4	81.0	1.57	2.86	1.22	2.26	2.33	2.41	2.47	4.36	4.44	4.52	4.60
	8		13.6	30.4	11.2	8.78	27.2	91.0	1.56	2.85	1.21	2.28	2.35	2.43	2.50	4.39	4.47	4.55	4.62
∠100×63×	6	10	14.3	32.4	9.62	7.55	30.9	99.1	1.79	3.21	1.38	2.48	2.55	2.62	2.70	4.76	4.84	4.92	4.99
	7*		14.7	32.8	11.1	8.72	35.3	114	1.78	3.20	1.38	2.50	2.57	2.64	2.72	4.79	4.87	4.95	5.02
	8*		15.0	33.2	12.6	9.88	39.4	127	1.77	3.18	1.37	2.53	2.59	2.67	2.74	4.82	4.89	4.97	5.04
	10		15.8	34.0	15.5	12.1	47.1	154	1.74	3.15	1.35	2.57	2.64	2.71	2.79	4.86	4.94	5.01	5.09
∠100×80×	6	10	19.7	29.5	10.6	8.35	61.2	107	2.40	3.17	1.72	3.30	3.38	3.44	3.52	4.54	4.62	4.68	4.77
	7		20.1	30.0	12.3	9.66	70.1	123	2.39	3.16	1.72	3.32	3.41	3.46	3.55	4.56	4.64	4.71	4.80
	8		20.5	30.4	13.9	11.0	78.6	138	2.37	3.14	1.71	3.34	3.43	3.48	3.57	4.58	4.66	4.74	4.82
	10		21.3	31.2	17.2	13.5	94.7	167	2.35	3.12	1.69	3.37	3.46	3.52	3.61	4.62	4.70	4.77	4.86
∠110×70×	6	10	15.7	35.3	10.6	8.35	42.9	132	2.01	3.54	1.54	2.74	2.81	2.88	2.97	5.20	5.28	5.36	5.43
	7*		16.1	35.7	12.3	9.66	49.0	153	2.00	3.53	1.53	2.75	2.82	2.89	2.98	5.23	5.30	5.37	5.45
	8*		16.5	36.2	13.9	11.0	54.9	172	1.98	3.51	1.53	2.77	2.84	2.92	2.99	5.26	5.33	5.41	5.49
	10		17.2	37.0	17.2	13.5	65.9	208	1.96	3.48	1.51	2.82	2.90	2.96	3.04	5.31	5.38	5.48	5.54

续附表 2-7

单角钢

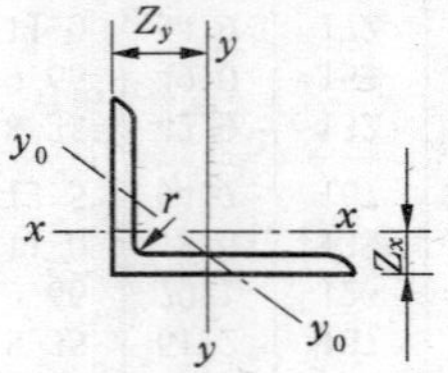

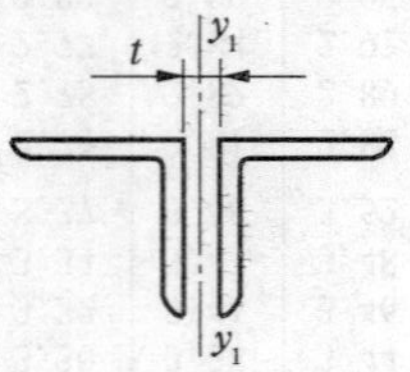

双角钢

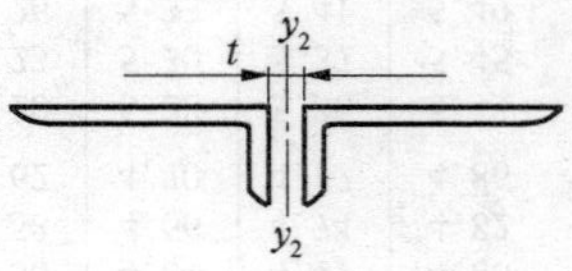

角钢型号	圆角 r	重心距		截面积	重量	惯性矩		回转半径			i_{y1}（当 t 为下列数值）				i_{y2}（当 t 为下列数值）			
		Z_x	Z_y			I_x	I_y	i_x	i_y	i_{y0}	6 mm	8 mm	10mm	12 mm	6 mm	8 mm	10 mm	12 mm
		mm		cm^2	kg/m	cm^4		cm			cm				cm			
∠125×80×7	11	18.0	40.1	14.1	11.1	74.4	228	2.30	4.02	1.76	3.11	3.17	3.24	3.31	5.89	5.96	6.04	6.11
∠125×80×8*	11	18.4	40.6	16.0	12.6	83.5	257	2.28	4.01	1.75	3.13	3.19	3.27	3.34	5.91	5.98	6.06	6.13
∠125×80×10*	11	19.2	41.4	19.7	15.5	101	312	2.26	3.98	1.74	3.17	3.23	3.31	3.38	5.97	6.04	6.11	6.19
∠125×80×12	11	20.0	42.2	23.4	18.3	117	364	2.24	3.95	1.72	3.21	3.28	3.35	3.43	6.00	6.08	6.15	6.23
∠140×90×8*	12	20.4	45.0	18.0	14.2	121	366	2.59	4.50	1.98	3.48	3.55	3.61	3.69	6.57	6.64	6.72	6.79
∠140×90×10*	12	21.2	45.8	22.3	17.5	146	446	2.56	4.47	1.96	3.52	3.59	3.67	3.74	6.62	6.69	6.77	6.84
∠140×90×12	12	21.9	46.6	26.4	20.7	170	522	2.54	4.44	1.95	3.56	3.62	3.70	3.77	6.67	6.73	6.82	6.88
∠140×90×14	12	22.7	47.4	30.5	23.9	192	594	2.51	4.42	1.94	3.60	3.65	3.73	3.80	6.72	6.78	6.87	6.92
∠160×100×10*	13	22.8	52.4	25.3	19.9	205	669	2.85	5.14	2.19	3.84	3.90	3.97	4.04	7.54	7.62	7.69	7.77
∠160×100×12*	13	23.6	53.2	30.1	23.6	239	785	2.82	5.11	2.17	3.88	3.94	4.02	4.09	7.60	7.67	7.74	7.82
∠160×100×14	13	24.3	54.0	34.7	27.3	271	896	2.80	5.08	2.16	3.91	3.98	4.05	4.13	7.64	7.71	7.79	7.86
∠160×100×16	13	25.1	54.8	39.3	30.8	302	1 003	2.77	5.05	2.16	3.95	4.01	4.09	4.16	7.68	7.76	7.84	7.90
∠180×110×10	14	24.4	58.9	28.4	22.3	278	956	3.13	5.80	2.42	4.15	4.22	4.29	4.36	8.48	8.55	8.62	8.70
∠180×110×12	14	25.2	59.8	33.7	26.5	325	1 125	3.10	5.78	2.40	4.19	4.26	4.33	4.40	8.52	8.60	8.67	8.75
∠180×110×14	14	25.9	60.6	39.0	30.6	370	1 287	3.08	5.75	2.39	4.23	4.31	4.37	4.40	8.56	8.64	8.71	8.80
∠180×110×16	14	26.7	61.4	44.1	34.7	412	1 443	3.06	5.72	2.38	4.27	4.36	4.42	4.49	8.60	8.68	8.75	8.84
∠200×125×12	14	28.3	65.4	37.9	29.8	483	1 571	3.57	6.44	2.74	4.75	4.81	4.88	4.95	9.39	9.46	9.54	9.61
∠200×125×14	14	29.1	66.2	43.9	34.4	551	1 801	3.54	6.41	2.73	4.78	4.85	4.92	4.99	9.43	9.50	9.58	9.65
∠200×125×16	14	29.9	67.0	49.7	39.1	615	2 023	3.52	6.38	2.71	4.82	4.89	4.96	5.03	9.48	9.55	9.63	9.70
∠200×125×18	14	30.6	67.8	55.5	43.6	677	2 238	3.49	6.35	2.70	4.86	4.92	5.00	5.07	9.50	9.58	9.66	9.78

注：1. 角钢长度：2.5/1.6～5.6/3.6 号，长 3～9 m；6.3/4～9/5.6 号，长 4～12 m；10/6.3～14/9 号，长 4～19 m；16/10～20/12.5 号，长 6～19 m。

2. 制造钢号：有 * 符号者为 Q235、Q235－F、Q345、Q345－Cu；其余为 Q235、Q235－F。

附录三　轴心受压构件的稳定系数

附表 3-1　a 类截面轴心受压构件的稳定系数 φ

$\lambda\sqrt{\frac{f_y}{235}}$	0	1	2	3	4	5	6	7	8	9
0	1.000	1.000	1.000	1.000	0.999	0.999	0.998	0.998	0.997	0.996
10	0.995	0.994	0.993	0.992	0.991	0.989	0.988	0.986	0.985	0.983
20	0.981	0.979	0.977	0.976	0.974	0.972	0.970	0.968	0.966	0.964
30	0.963	0.961	0.959	0.957	0.955	0.952	0.950	0.948	0.946	0.944
40	0.941	0.939	0.937	0.934	0.932	0.929	0.927	0.924	0.921	0.919
50	0.916	0.913	0.910	0.907	0.904	0.900	0.897	0.894	0.890	0.886
60	0.883	0.879	0.875	0.871	0.867	0.863	0.858	0.854	0.849	0.844
70	0.839	0.834	0.829	0.824	0.818	0.813	0.807	0.801	0.795	0.789
80	0.783	0.776	0.770	0.763	0.757	0.750	0.743	0.736	0.728	0.721
90	0.714	0.706	0.699	0.691	0.684	0.676	0.668	0.661	0.653	0.645
100	0.638	0.630	0.622	0.615	0.607	0.600	0.592	0.585	0.577	0.570
110	0.563	0.555	0.548	0.541	0.534	0.527	0.520	0.514	0.507	0.500
120	0.494	0.488	0.481	0.475	0.469	0.463	0.457	0.451	0.445	0.440
130	0.434	0.429	0.423	0.418	0.412	0.407	0.402	0.397	0.392	0.387
140	0.383	0.378	0.373	0.369	0.364	0.360	0.356	0.351	0.347	0.343
150	0.339	0.335	0.331	0.327	0.323	0.320	0.316	0.312	0.309	0.305
160	0.302	0.298	0.295	0.292	0.289	0.285	0.282	0.279	0.276	0.273
170	0.270	0.267	0.264	0.262	0.259	0.256	0.253	0.251	0.248	0.246
180	0.243	0.241	0.238	0.236	0.233	0.231	0.229	0.226	0.224	0.222
190	0.220	0.218	0.215	0.213	0.211	0.209	0.207	0.205	0.203	0.201
200	0.199	0.198	0.196	0.194	0.192	0.190	0.189	0.187	0.185	0.183
210	0.182	0.180	0.179	0.177	0.175	0.174	0.172	0.171	0.169	0.168
220	0.166	0.165	0.164	0.162	0.161	0.159	0.158	0.157	0.155	0.154
230	0.153	0.152	0.150	0.149	0.148	0.147	0.146	0.144	0.143	0.142
240	0.141	0.140	0.139	0.138	0.136	0.135	0.134	0.133	0.132	0.131
250	0.130									

附表 3-2　b 类截面轴心受压构件的稳定系数 φ

$\lambda\sqrt{\frac{f_y}{235}}$	0	1	2	3	4	5	6	7	8	9
0	1. 000	1. 000	1. 000	0. 999	0. 999	0. 998	0. 997	0. 996	0. 995	0. 994
10	0. 992	0. 991	0. 989	0. 987	0. 985	0. 983	0. 981	0. 978	0. 976	0. 973
20	0. 970	0. 967	0. 963	0. 960	0. 957	0. 953	0. 950	0. 946	0. 943	0. 939
30	0. 936	0. 932	0. 929	0. 925	0. 922	0. 918	0. 914	0. 910	0. 906	0. 903
40	0. 899	0. 895	0. 891	0. 887	0. 882	0. 878	0. 874	0. 870	0. 865	0. 861
50	0. 856	0. 852	0. 847	0. 842	0. 838	0. 833	0. 828	0. 823	0. 818	0. 813
60	0. 807	0. 802	0. 797	0. 791	0. 786	0. 780	0. 774	0. 769	0. 763	0. 757
70	0. 751	0. 745	0. 739	0. 732	0. 726	0. 720	0. 714	0. 707	0. 701	0. 694
80	0. 688	0. 681	0. 675	0. 667	0. 661	0. 655	0. 648	0. 641	0. 635	0. 628
90	0. 621	0. 614	0. 608	0. 601	0. 594	0. 588	0. 581	0. 575	0. 568	0. 561
100	0. 555	0. 549	0. 542	0. 536	0. 529	0. 523	0. 517	0. 511	0. 505	0. 499
110	0. 493	0. 487	0. 481	0. 475	0. 470	0. 464	0. 458	0. 453	0. 447	0. 442
120	0. 437	0. 432	0. 426	0. 421	0. 416	0. 411	0. 406	0. 402	0. 397	0. 392
130	0. 387	0. 383	0. 378	0. 374	0. 370	0. 365	0. 361	0. 357	0. 353	0. 349
140	0. 345	0. 341	0. 337	0. 333	0. 329	0. 326	0. 322	0. 318	0. 315	0. 311
150	0. 308	0. 304	0. 301	0. 298	0. 295	0. 291	0. 288	0. 285	0. 282	0. 279
160	0. 276	0. 273	0. 270	0. 267	0. 265	0. 262	0. 259	0. 256	0. 254	0. 251
170	0. 249	0. 246	0. 244	0. 241	0. 239	0. 236	0. 234	0. 232	0. 229	0. 227
180	0. 225	0. 223	0. 220	0. 218	0. 216	0. 214	0. 212	0. 210	0. 208	0. 206
190	0. 204	0. 202	0. 200	0. 198	0. 197	0. 195	0. 193	0. 191	0. 190	0. 188
200	0. 186	0. 184	0. 183	0. 181	0. 180	0. 178	0. 176	0. 175	0. 173	0. 172
210	0. 170	0. 169	0. 167	0. 166	0. 165	0. 163	0. 162	0. 160	0. 159	0. 158
220	0. 156	0. 155	0. 154	0. 153	0. 151	0. 150	0. 149	0. 148	0. 146	0. 145
230	0. 144	0. 143	0. 142	0. 141	0. 140	0. 138	0. 137	0. 136	0. 135	0. 134
240	0. 133	0. 132	0. 131	0. 130	0. 129	0. 128	0. 127	0. 126	0. 125	0. 124
250	0. 123									

附表 3-3 c 类截面轴心受压构件的稳定系数 φ

$\lambda\sqrt{\frac{f_y}{235}}$	0	1	2	3	4	5	6	7	8	9
0	1.000	1.000	1.000	0.999	0.999	0.998	0.997	0.996	0.995	0.993
10	0.992	0.990	0.988	0.986	0.983	0.981	0.978	0.976	0.973	0.970
20	0.966	0.959	0.953	0.947	0.940	0.934	0.928	0.921	0.915	0.909
30	0.902	0.896	0.890	0.884	0.877	0.871	0.865	0.858	0.852	0.846
40	0.839	0.833	0.826	0.820	0.814	0.807	0.801	0.794	0.788	0.781
50	0.775	0.768	0.762	0.755	0.748	0.742	0.735	0.729	0.722	0.715
60	0.709	0.702	0.695	0.689	0.682	0.676	0.669	0.662	0.656	0.649
70	0.643	0.636	0.629	0.623	0.616	0.610	0.604	0.597	0.591	0.584
80	0.578	0.572	0.566	0.559	0.553	0.547	0.541	0.535	0.529	0.523
90	0.517	0.511	0.505	0.500	0.494	0.488	0.483	0.477	0.472	0.467
100	0.463	0.458	0.454	0.449	0.445	0.441	0.436	0.432	0.428	0.423
110	0.419	0.415	0.411	0.407	0.403	0.399	0.395	0.391	0.387	0.383
120	0.379	0.375	0.371	0.367	0.364	0.360	0.356	0.353	0.349	0.346
130	0.342	0.339	0.335	0.332	0.328	0.325	0.322	0.319	0.315	0.312
140	0.309	0.306	0.303	0.300	0.297	0.294	0.291	0.288	0.285	0.282
150	0.280	0.277	0.274	0.271	0.269	0.266	0.264	0.261	0.258	0.256
160	0.254	0.251	0.249	0.246	0.244	0.242	0.239	0.237	0.235	0.233
170	0.230	0.228	0.226	0.224	0.222	0.220	0.218	0.216	0.214	0.212
180	0.210	0.208	0.206	0.205	0.203	0.201	0.199	0.197	0.196	0.194
190	0.192	0.190	0.189	0.187	0.186	0.184	0.182	0.181	0.179	0.178
200	0.176	0.175	0.173	0.172	0.170	0.169	0.168	0.166	0.165	0.163
210	0.162	0.161	0.159	0.158	0.157	0.156	0.154	0.153	0.152	0.151
220	0.150	0.148	0.147	0.146	0.145	0.144	0.143	0.142	0.140	0.139
230	0.138	0.137	0.136	0.135	0.134	0.133	0.132	0.131	0.130	0.129
240	0.128	0.127	0.126	0.125	0.124	0.124	0.123	0.122	0.121	0.120
250	0.119									

附表 3-4　d 类截面轴心受压构件的稳定系数 φ

$\lambda\sqrt{\frac{f_y}{235}}$	0	1	2	3	4	5	6	7	8	9
0	1.000	1.000	0.999	0.999	0.998	0.996	0.994	0.992	0.990	0.987
10	0.984	0.981	0.978	0.974	0.969	0.965	0.960	0.955	0.949	0.944
20	0.937	0.927	0.918	0.909	0.900	0.891	0.883	0.874	0.865	0.857
30	0.848	0.840	0.831	0.823	0.815	0.807	0.799	0.790	0.782	0.774
40	0.766	0.759	0.751	0.743	0.735	0.728	0.720	0.712	0.705	0.697
50	0.690	0.683	0.675	0.668	0.661	0.654	0.646	0.639	0.632	0.625
60	0.618	0.612	0.605	0.598	0.591	0.585	0.578	0.572	0.565	0.559
70	0.552	0.546	0.540	0.534	0.528	0.522	0.516	0.510	0.504	0.498
80	0.493	0.487	0.481	0.476	0.470	0.465	0.460	0.454	0.449	0.444
90	0.439	0.434	0.429	0.424	0.419	0.414	0.410	0.405	0.401	0.397
100	0.394	0.390	0.387	0.383	0.380	0.376	0.373	0.370	0.366	0.363
110	0.359	0.356	0.353	0.350	0.346	0.343	0.340	0.337	0.334	0.331
120	0.328	0.325	0.322	0.319	0.316	0.313	0.310	0.307	0.304	0.301
130	0.299	0.296	0.293	0.290	0.288	0.285	0.282	0.280	0.277	0.275
140	0.272	0.270	0.267	0.265	0.262	0.260	0.258	0.255	0.253	0.251
150	0.248	0.246	0.244	0.242	0.240	0.237	0.235	0.233	0.231	0.229
160	0.227	0.225	0.223	0.221	0.219	0.217	0.215	0.213	0.212	0.210
170	0.208	0.206	0.204	0.203	0.201	0.199	0.197	0.196	0.194	0.192
180	0.191	0.189	0.188	0.186	0.184	0.183	0.181	0.180	0.178	0.177
190	0.176	0.174	0.173	0.171	0.170	0.168	0.167	0.166	0.164	0.163
200	0.162									

附录四　矩形弹性薄板弯矩系数

附表 4-1　四边简支矩形薄板受均布荷载时的挠度与弯矩系数($\mu=0.3$)

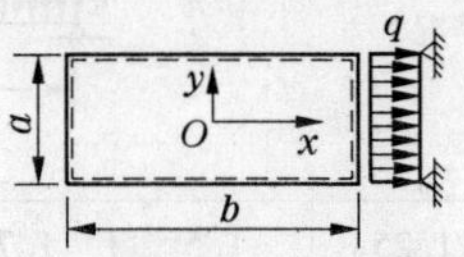

	b/a	1.0	1.1	1.2	1.3	1.4	1.5	1.6	1.7	1.8	1.9	2.0	3.0	∞
薄板中心	$\alpha=\frac{wD}{qa^4}$	0.004 06	0.004 85	0.005 64	0.006 38	0.007 05	0.007 72	0.008 30	0.008 83	0.009 31	0.009 74	0.010 13	0.012 23	0.013 02
	$\beta=\frac{M_x}{qa^2}$	0.047 9	0.055 4	0.062 7	0.069 4	0.075 5	0.081 2	0.086 2	0.090 8	0.094 8	0.098 5	0.101 7	0.118 9	0.125 0
	$\beta_1=\frac{M_y}{qa^2}$	0.047 9	0.049 3	0.050 1	0.050 3	0.050 2	0.049 8	0.049 2	0.048 6	0.047 9	0.047 1	0.046 4	0.040 6	0.037 5

附表 4-2　四边固定矩形薄板受均布荷载时的弯矩与弯曲应力系数($\mu=0.3$)

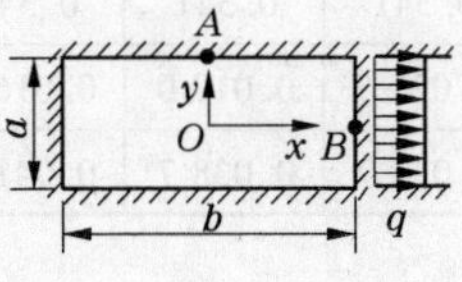

b/a		1.0	1.1	1.2	1.3	1.4	1.5	1.6
支承长边	$M_y/(qa^2)$	−0.051 3	−0.058 1	−0.063 9	−0.068 7	−0.072 6	−0.075 7	−0.078 0
中点 A	k_y	0.308	0.349	0.383	0.412	0.436	0.454	0.468
支承短边	$M_x/(qa^2)$	−0.051 3	−0.053 8	−0.055 4	−0.056 3	−0.056 8	−0.057 0	−0.057 1
中点 B	k_x	0.308	0.323	0.332	0.338	0.341	0.342	0.343
薄板中心	$M_y/(qa^2)$	0.023 1	0.026 4	0.029 9	0.032 7	0.034 9	0.036 8	0.038 1
	$M_x/(qa^2)$	0.023 1	0.023 1	0.022 8	0.022 2	0.021 2	0.020 3	0.019 3
	$wD/(qa^4)$	0.001 26	0.001 50	0.001 72	0.001 91	0.002 07	0.002 20	0.002 30

b/a		1.7	1.8	1.9	2.0	2.5	∞
支承长边	$M_y/(qa^2)$	−0.079 9	−0.081 2	−0.082 2	−0.082 9	−0.083 3	−0.083 3
中点 A	k_y	0.479	0.487	0.493	0.497	0.500	0.500
支承短边	$M_x/(qa^2)$	−0.057 1	−0.057 1	−0.057 1	−0.057 1	−0.057 1	−0.057 1
中点 B	k_x	0.343	0.343	0.343	0.343	0.343	0.343
薄板中心	$M_y/(qa^2)$	0.039 2	0.040 1	0.040 7	0.041 2	0.041 6	0.041 7
	$M_x/(qa^2)$	0.018 2	0.017 4	0.016 5	0.015 8	0.013 4	0.012 5
	$wD/(qa^4)$	0.002 38	0.002 45	0.002 49	0.002 54	0.002 59	0.002 60

注:板的弯曲应力为 $\sigma_x=k_x qa^2/t^2$,$\sigma_y=k_y qa^2/t^2$。

附表 4-3　三边固定、一边简支的矩形薄板受均布荷载时的弯矩与弯曲应力系数($\mu=0.3$)

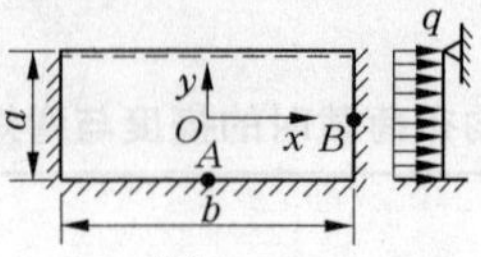

情况1

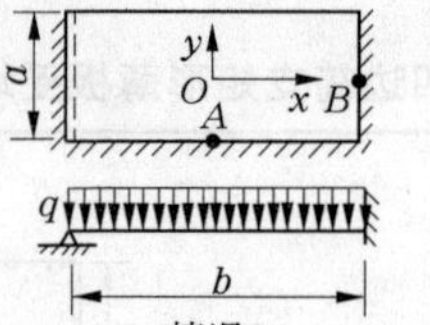

情况2

b/a			1.0	1.25	1.5	1.75	2.0	2.5	3.0	∞
情况1	固支长边中点 A	$M_y/(qa^2)$	−0.054 7	−0.078 7	−0.094 2	−0.105 3	−0.113 9	−0.122 0	−0.123 3	−0.125 0
		k_y	0.328	0.472	0.565	0.632	0.683	0.732	0.740	0.750
	固支短边中点 B	$M_x/(qa^2)$	−0.600 0	−0.070 9	−0.075 8	−0.077 5	−0.078 3	−0.078 4	−0.078 5	−0.078 6
		k_x	0.360	0.425	0.455	0.465	0.470	0.470	0.471	0.472
	板中心 O	$M_x/(qa^2)$	0.027 7	0.030 6	0.030 1	0.027 5	0.025 9	0.022 2	0.020 0	0.018 8
		$M_y/(qa^2)$	0.023 6	0.035 7	0.045 2	0.051 4	0.056 4	0.061 0	0.062 3	0.062 5
情况2	固支长边中点 A	$M_y/(qa^2)$	−0.060 0	−0.074 7	−0.078 8	−0.081 5	−0.083 3	−0.083 3	−0.083 3	−0.083 3
		k_y	0.360	0.448	0.473	0.489	0.500	0.500	0.500	0.500
	固支短边中点 B	$M_x/(qa^2)$	−0.054 7	−0.056 9	−0.056 9	−0.056 9	−0.057 0	−0.057 0	−0.057 0	−0.057 0
		k_x	0.328	0.341	0.341	0.341	0.342	0.342	0.342	0.342
	板中心 O	$M_x/(qa^2)$	0.023 6	0.021 5	0.019 0	0.016 8	0.015 0	0.013 3	0.012 5	0.012 5
		$M_y/(qa^2)$	0.027 7	0.034 7	0.038 7	0.041 0	0.041 6	0.041 7	0.041 7	0.041 7

附表 4-4　二邻边固定、另两边简支的矩形薄板受均布荷载时的弯矩与弯曲应力系数($\mu=0.3$)

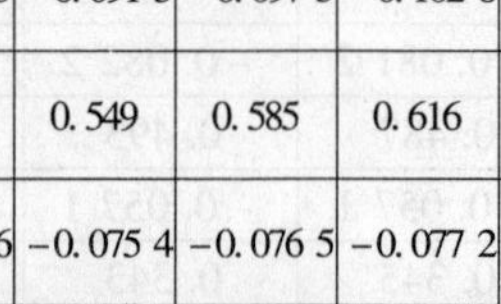

b/a		1.0	1.1	1.2	1.3	1.4	1.5	1.6	1.7	1.8	1.9	2.0
固支长边中点 A	$M_y/(qa^2)$	−0.067 8	−0.076 6	−0.084 5	−0.091 5	−0.097 5	−0.102 8	−0.106 8	−0.110 4	−0.113 4	−0.115 9	−0.118 0
	k_y	0.407	0.459	0.507	0.549	0.585	0.616	0.640	0.662	0.680	0.695	0.708
固支短边中点 B	$M_x/(qa^2)$	−0.067 8	−0.070 9	−0.073 6	−0.075 4	−0.076 5	−0.077 2	−0.077 8	−0.078 2	−0.078 5	−0.078 6	−0.078 7
	k_x	0.407	0.425	0.441	0.452	0.459	0.463	0.467	0.468	0.470	0.471	0.472

附表 4-5　三边简支、一边自由的矩形薄板受均布荷载时的弯矩系数($\mu=0.3$)

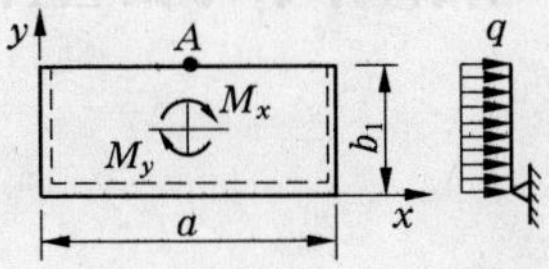

	b/a	0.5	0.6	0.7	0.8	0.9	1.0	1.1	1.2	1.3	1.4	1.5	2.0	∞
自由边中点 A	$\beta=M_x/(qa^2)$	0.060	0.074	0.088	0.097	0.107	0.112	0.117	0.121	0.124	0.126	0.128	0.132	0.133
板中心	$\beta_1=M_x/(qa^2)$	0.039	0.049	0.058	0.066	0.074	0.080	0.085	0.090	0.094	0.098	0.101	0.113	0.125
	$\beta_2=M_y/(qa^2)$	0.022	0.027	0.031	0.035	0.037	0.039	0.040	0.041	0.042	0.042	0.042	0.041	0.037

附录五　钢闸门的自重估算公式

一、露顶式平面闸门

当 5 m≤H≤8 m 时

$$G = K_z K_c K_g H^{1.43} B^{0.88} \times 9.8 \qquad 附(5\text{-}1)$$

式中　H、B——孔口高度及宽度，m；

K_z——闸门行走支承系数，对于滑动式支承 $K_z = 0.81$，对于滚轮式支承 $K_z = 1.0$，对于台车式支承 $K_z = 1.3$；

K_c——材料系数，闸门用普通碳素钢时 $K_c = 1.0$，用低合金钢时 $K_c = 0.8$；

K_g——孔口高度系数，当 $H<5$ m 时，$K_g = 0.156$，当 5 m≤H≤8 m 时，$K_g = 0.13$，当 $H>8$ m 时，按式附(5-2)计算。

$$G = 0.012 K_z K_c K_g H^{1.56} B^{1.85} \times 9.8 \qquad 附(5\text{-}2)$$

式中符号意义同前。

二、露顶式弧形闸门

当 B≤10 m 时

$$G = K_c K_b H^{0.42} B^{0.33} H_s \times 9.8 \qquad 附(5\text{-}3)$$

当 $B>10$ m 时

$$G = K_c K_b H^{0.63} B^{1.1} H_s \times 9.8 \qquad 附(5\text{-}4)$$

式中　H_s——设计水头，m；

K_b——孔口宽度系数，当 B≤5 m 时，$K_b = 0.29$，当 5 m<B≤10 m 时，$K_b = 0.472$，当 10 m<B<20 m 时，$K_b = 0.075$，当 $B>20$ m 时，$K_b = 0.105$；

其他符号意义同前。

三、潜孔式平面滚轮闸门

$$G = 0.073 K_1 K_2 K_3 A^{0.93} H_s^{0.79} \times 9.8 \qquad 附(5\text{-}5)$$

式中　A——孔口面积，m^2；

K_1——闸门工作性质系数，对于工作门与事故门 $K_1 = 1.0$，对于检修门与导流门，$K_1 = 0.9$；

K_2——孔口高宽比修正系数，当 H/B≥2 时，$K_2 = 0.93$，当 $H/B<1$ 时，$K_2 = 1.1$，其他情况 $K_2 = 1.0$；

K_3——水头修正系数，当 $H_s<60$ m 时，$K_3 = 1.0$，当 H_s≥60 m 时，$K_3 = \left(\frac{H_s}{A}\right)^{1/4}$；

其他符号意义同前。

四、潜孔式平面滑动闸门

$$G = 0.022K_1K_2K_3A^{1.34}H_s^{0.63} \times 9.8 \qquad 附(5\text{-}6)$$

式中　K_1——意义同前，对于工作门与事故门 $K_1 = 1.1$，对于检修门 $K_1 = 1.0$；

K_3——意义同前，当 $H_s < 70$ m 时，$K_3 = 1.0$，当 $H_s = 70$ m 时，$K_3 = \left(\frac{H_s}{A}\right)^{1/4}$；

其他符号意义同前。

五、潜孔式弧形闸门

$$G = 0.012K_2A^{1.27}H_s^{1.06} \times 9.8 \qquad 附(5\text{-}7)$$

式中　K_2——意义同前，当 $B/H \geqslant 3$ 时，$K_2 = 1.2$，其他情况 $K_2 = 1.0$；

其他符号意义同前。

附录六　材料的摩擦系数

种类	材料及工作条件	系数值	
		最大	最小
滑动摩擦系数	1. 钢对钢(干摩擦)	0. 5 ~ 0. 6	0. 15
	2. 钢对铸铁(干摩擦)	0. 35	0. 16
	3. 钢对木材(有水时)	0. 65	0. 3
	4. 胶木滑道,胶木对不锈钢在清水中①②		
	压强 $q>2.5$ kN/mm	0. 10 ~ 0. 11	0. 06
	压强 $q=2.5\sim2.0$ kN/mm	0. 11 ~ 0. 13	0. 065
	压强 $q=2.0\sim1.5$ kN/mm	0. 13 ~ 0. 15	0. 075
	压强 $q<1.5$ kN/mm	0. 17	0. 085
	5. 钢基铜塑三层复合材料滑道及填充聚四氟乙烯板滑道对不锈钢,在清水中①		
	压强 $q>2.5$ kN/mm	0. 09	0. 04
	压强 $q=2.5\sim2.0$ kN/mm	0. 09 ~ 0. 11	0. 05
	压强 $q=2.0\sim1.5$ kN/mm	0. 11 ~ 0. 13	0. 05
	压强 $q=1.5\sim1.0$ kN/mm	0. 13 ~ 0. 15	0. 06
	压强 $q<1.0$ kN/mm	0. 15	0. 06
滑动轴承摩擦系数	1. 钢对青铜(干摩擦)	0. 30	0. 16
	2. 钢对青铜(有润滑)	0. 25	0. 12
	3. 钢基铜塑复合材料对镀铬钢(不锈钢)	0. 12 ~ 0. 14	0. 05
止水摩擦系数	1. 橡皮对钢	0. 70	0. 35
	2. 橡皮对不锈钢	0. 50	0. 20
	3. 橡塑复合止水对不锈钢	0. 20	0. 05
滚动摩擦力臂	1. 钢对钢	1 mm	
	2. 钢对铸铁	1 mm	

注:①工件表面粗糙度:轨道工作面应达到 $R_a=1.6$ μm,胶木(填充聚四氟乙烯)工作面应达到 $R_a=3.2$ μm。

②表中胶木滑道所列数值适用于事故闸门和快速闸门,当用于工作闸门时,尚应根据工作条件专门研究。

参考文献

[1] 石建军,姜袁. 钢结构设计原理[M]. 北京:北京大学出版社,2007.
[2] 中华人民共和国建设部,中华人民共和国国家质量监督检验检疫总局. GB 50017—2003 钢结构设计规范[S]. 北京:中国计划出版社,2003.
[3] 王国周,瞿履谦. 钢结构原理与设计[M]. 北京:清华大学出版社,1993.
[4] 曹平周,朱召泉. 钢结构[M]. 2 版. 北京:科学技术文献出版社,2006.
[5] 武汉水利电力大学,大连理工大学,河海大学. 水工钢结构[M]. 3 版. 北京:中国水利水电出版社,1995.
[6] 王正中,赵延风. 刘家峡水电站深孔弧形钢闸门空间结构双向平面简化计算法[J]. 水力发电,1992(9).
[7] 王正中,徐永前. 对四边固支矩形钢面板弹塑性调整系数理论值的探讨[J]. 水力发电,1989(5).
[8] 王正中,徐永前. 弧门双悬臂主梁最优梁高[M]. 水工结构工程理论与应用. 大连:海运学院出版社,1993.
[9] 王正中,沙际德. 深孔钢闸门主梁横力弯曲应力及挠度计算[J]. 水利学报,1995(9).
[10] 中华人民共和国建设部. GB 50205—2001 钢结构工程施工质量验收规范[S]. 北京:中国计划出版社,1995.
[11] 魏明钟. 钢结构[M]. 武汉:武汉工业大学出版社,2000.
[12] 陈绍蕃. 钢结构稳定设计指南[M]. 北京:中国建筑工业出版社,1996.
[13] 范崇仁. 水工钢结构[M]. 北京:中国水利水电出版社,2008.
[14] 陈绍蕃. 钢结构设计原理[M]. 北京:科学出版社,2000.
[15] 钟善桐. 钢结构[M]. 北京:中国建筑工业出版社,1994.
[16] 欧阳可庆. 钢结构[M]. 北京:中国建筑工业出版社,1991.
[17] 沈祖炎,陈扬骥,陈以一. 钢结构基本原理[M]. 北京:中国建筑工业出版社,2000.